Photoshop & After Effectsで学ぶ、
UIデザインとアニメーションの基本

How to create a game UI

ゲームUI 作り方講座

はなさくの／たかゆ 著

技術評論社

【免責】

・本書に記載された内容は、情報の提供のみを目的としています。したがって、本書を用いた運用は、必ずお客様自身の責任と判断によって行ってください。これらの情報の運用の結果、いかなる損害が発生しても、技術評論社および著者はいかなる責任も負いません。

・本書は、以下の環境に基づいた情報を掲載しています。ショートカットはWin/Mac両対応、本書の画像はMac版になりますがWin版にも対応しています。アプリケーションの画面や機能、およびWebサイト等のURL等は更新されることがあり、本書での説明とは機能や画面が異なってしまうこともありえます。

【動作環境】

OS；macOS Sequoia
Photoshopのバージョン；2023
After Effectsのバージョン；2025

・本書の解説に使用しているゲームの内容は、すべて架空のものとなります。実在のゲーム、企業、個人等とは関係がございません。

以上の注意事項をご承諾いただいた上で、本書をご利用願います。これらの注意事項に関わる理由に基づく、返金、返本を含む、あらゆる対処を、技術評論社および著者は行いません。あらかじめ、ご承知おきください。

★ はじめに ★

ゲームをプレイしていると、自然に目に入るもののひとつに「UI（ユーザーインターフェース）」があります。
ボタンやメニュー、ステータス表示など、UIはプレイヤーがゲームを快適に遊ぶために欠かせない存在です。
しかし、ゲームのUIデザインに関する書籍は意外と少なく、体系的に学べる機会が限られています。

本書では、そんなゲームUIデザインの基礎から実践までを体系的に学べるように、Photoshop と After Effects を活用したUI制作とアニメーションの手法を詳しく解説します。
初心者の方でも理解しやすいように、画面制作の具体的なプロセスをステップごとに紹介し、実際のゲーム開発で役立つ知識を身につけられる構成になっています。

対象読者は、ゲーム制作を始めたばかりの方や、ゲーム会社に就職して間もない新卒〜入社3年ほどの方です。
UIデザインに欠かせない「Photoshop」と、UIアニメーションの制作に役立つ「After Effects」の基本操作から、実践的な制作フローまでを丁寧に解説しています。
「デザイン・アニメーションツールを触るのがはじめて」という方でも安心して学べるよう、基礎から順を追って説明しているため、経験がなくても大丈夫です。
また、ゲーム会社に入社したばかりの方にとっては、「最初に何を学べばいいのか」の指標となることを意識した内容になっています。

ゲームのUIデザインやアニメーションは、プレイヤーの体験を大きく左右する重要な要素です。
本書を通じて、UIデザインとアニメーションの基礎をしっかりと学び、実際のゲーム制作に活かせるスキルを習得していただければ幸いです。
それでは、一緒に学んでいきましょう！

ゲームUIデザイナー はなさくの / UIアニメーションデザイナー たかゆ

★ 本書の使い方 ★

本書の構成

本書は、ゲームUIデザインとUIアニメーションの基礎を学べるよう、以下の8章で構成されています。

第1章　UI基本
第2章　Photoshopの基本
第3章/第4章　UIデザイン実践編
第5章　UIアニメーション基本
第6章　After Effectsの基本
第7章/第8章　UIアニメーション実践編

第1章〜第4章では、ゲームUIデザインの基礎を学び、Photoshopを使ったUIデザインの実践方法を習得します。また、第5章〜第8章では、After Effectsを使用したUIアニメーションの基礎を学び、実際のアニメーション制作方法を解説します。

効果的な学習方法

本書は、基礎から応用へと学べる構成になっています。初心者の方は第1章から順番に読み進めることで、知識を無理なく積み上げることができます。

読むだけでなく、PhotoshopやAfter Effectsを実際に操作しながら学ぶことで、スキルが定着しやすくなります。

すでに知識がある部分は飛ばし、興味のある章から学んでも問題ありません。UIデザインに重点を置きたい方は1〜4章を、アニメーションを学びたい方は5〜8章を中心に進めてください。

ゲームUIデザインは、プレイヤーの体験を左右する重要な要素です。この書籍を通じて、UIデザインとアニメーションの基礎をしっかりと学び、実際のゲーム制作に活かせるスキルを身につけていただければ幸いです。

●本書での制作物①：【ダイアログ】の UI デザイン・アニメーション

ダイアログのデザイン・アニメーションの基礎知識を学ぶことや、ゲーム制作で使用するツール（Photoshop・After Effects）によるデザイン・アニメーション制作を行っていきます。

●本書での制作物②：【ホーム】の UI デザイン・アニメーション

基礎知識の理解をさらに深めるための制作です。より幅広い機能を使用し、アイコン・バナー・フッター・ヘッダーなどの画面全体の細かい部分の制作を行っていきます。

サンプルファイルの使い方

サンプルファイルのダウンロード

本書の解説に使用しているサンプルファイルは、下記の URL からダウンロードできます。パスワードの入力が必要となりますので、本書 P.231 に記載のパスワードを入力してください。

https://gihyo.jp/book/2025/978-4-297-14818-8/support

サンプルファイルの構成

サンプルファイルは、デザイン編のデータが「design」、アニメーション編のデータが「animation」フォルダに格納されています。サンプルファイルのフォルダ構成は、下記の通りです。

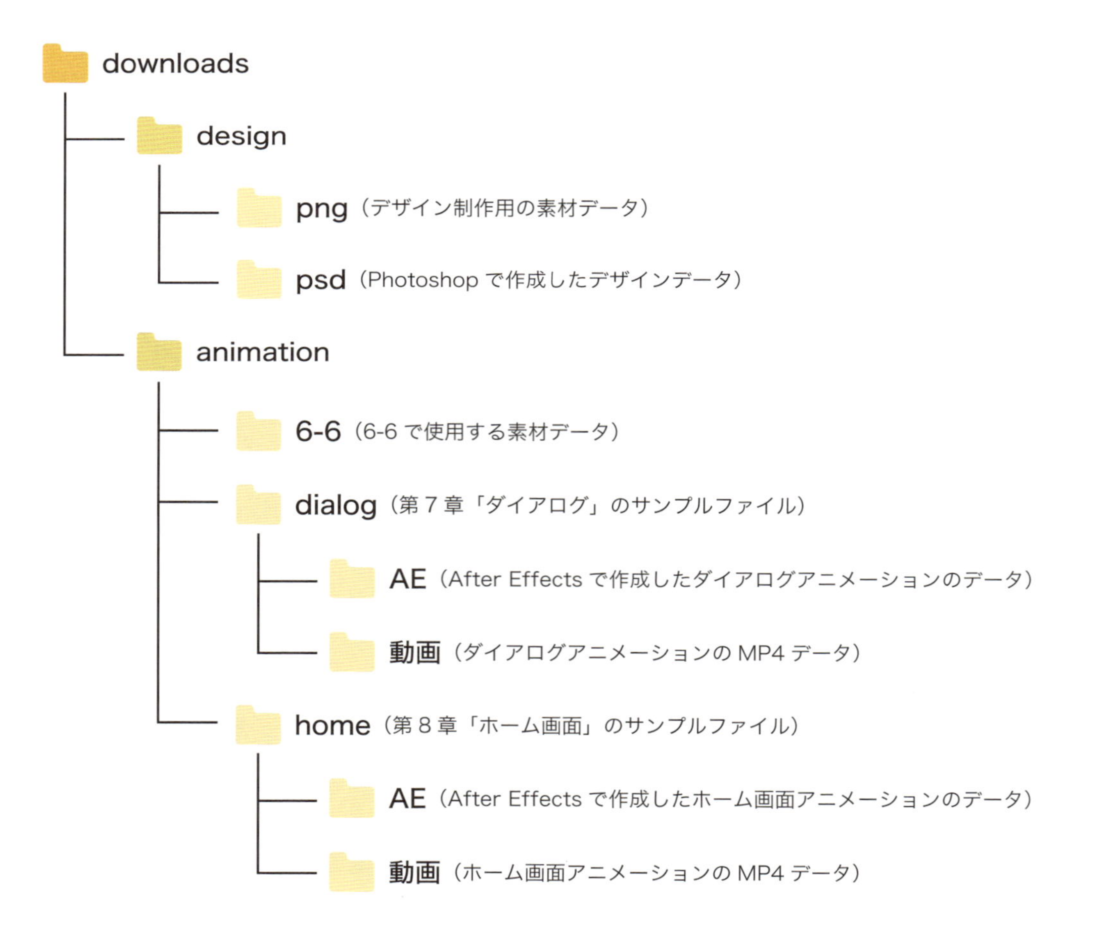

サンプルファイルの種類

サンプルファイルには、以下のような種類があります。

●素材データ

本書の解説に即して、ダイアログ、ホーム画面の制作に必要な素材データとして使用してください。

● Photoshop データ

Photoshop で作成したダイアログ、ホーム画面、アイコン等の完成データです。Photoshop で開き、完成データの構造を確認するために使用してください。

● After Effects データ

After Effects で作成したダイアログ、ホーム画面の完成データです。After Effects で開き、完成データの構造を確認するために使用してください。

●動画データ

完成したダイアログアニメーション、ホーム画面アニメーションの動画データです。アニメーションの実際の動きを確認するために使用してください。

QRコードの使い方

紙面に QR コードの掲載がある場合は、スマートフォンのカメラ機能で読み込み、アニメーションの動きを確認することができます。ダイアログアニメーション、ホーム画面アニメーションのほか、フェードイン／アウトやイーズイン／アウトといったアニメーションの基礎知識や、親子関係やトラックマットといった After Effects の機能を理解するための動画を用意しています。

⚠注意！

本書提供のサンプルファイルは、すべてはなさくの、たかゆ、43 ふじの著作物です。著作権は放棄していません。サンプルファイルは、本書の学習用途に限り、個人的かつ非商用な目的のためにのみダウンロード・利用可能です。商用目的での利用、営業用ポートフォリオでの利用など、本書の学習以外の目的では利用できませんので、ご注意ください。

CONTENTS

CHAPTER3
ダイアログのUIデザインを作ろう

CHAPTER4
ホーム画面のUIデザインを作ろう

UIアニメーション編

CHAPTER5

ゲームUIアニメーションの基本を知ろう

CHAPTER6

ゲームUIにおけるAfter Effectsの基本を知ろう

CHAPTER7
ダイアログのUIアニメーションを作ろう

CHAPTER8
ホーム画面のUIアニメーションを作ろう

CHAPTER

1

ゲームUI デザインの 基本を知ろう

デザインの4原則

デザインの4原則

ゲームの UI をデザインする上で、基本となるデザインの 4 原則を知ることは重要です。これらの原則を理解し、適切に使用することで、見やすくわかりやすいデザインを制作することができます。デザインの 4 原則は、以下の 4 つで構成されています。

1 近接

関連する要素を近くに配置しグループ化することで、視覚的に理解しやすくなります。

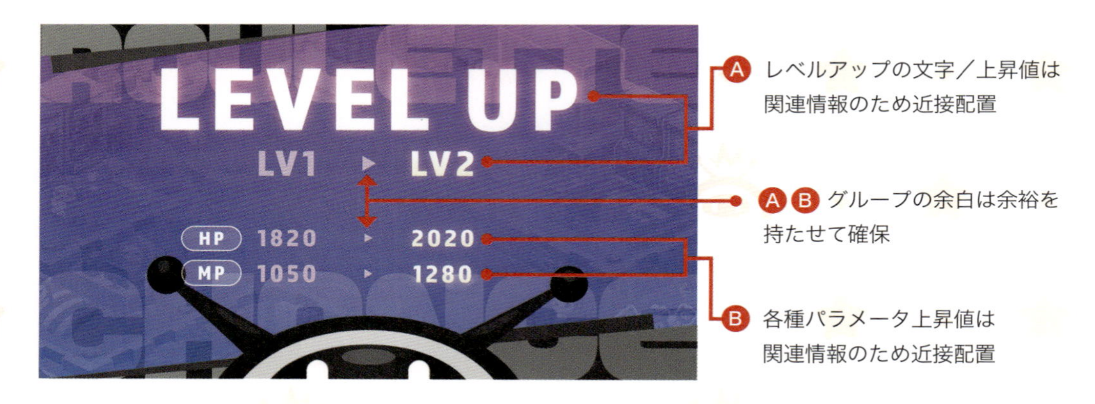

2 整列

一定のルールに沿って要素を揃えることで、デザインの中に見えない線が生まれ、情報が整理整頓されて見やすくなります。

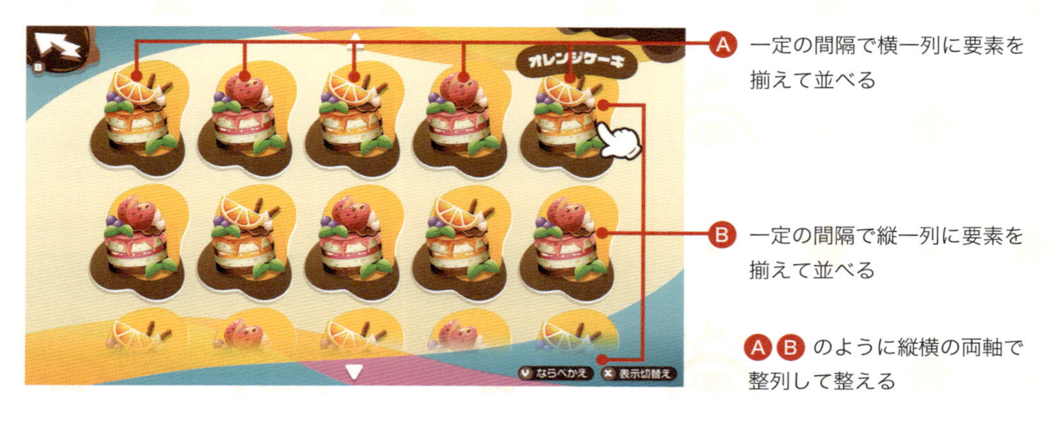

3 反復

同じパターンや要素を繰り返し使用することで、デザイン全体に統一感が生まれ、情報を理解しやすくなります。

A を様々なパターンや要素を含む１つのグループと考え、それを縦に繰り返して並べる

4 対比

要素に大きさや色などで強弱をつけることで、重要な情報であると把握しやすくなります。

強化／進化／開花は提灯風のタブボタンで、現在選択中と直感的にわかるように黄色で発光させて強調

この画面で最重要なボタンのためサイズを大きくし、目立つように黄色を使用して強調

強化するための武器の表示優先度が高いため、画面中央付近に大きく配置

デザインの４原則（近接、整列、反復、対比）は、情報を効果的にわかりやすく伝える場面で幅広く活用されています。この基本原則は、ウェブデザイン、グラフィックデザイン、UI デザインなど、多様な分野で役立ちます。これらをうまく活用すると情報の重要な要素が強調されて注目を集めやすくなるなど、多くのメリットがあります。一見複雑に見える情報も整理されて、効率的に伝えることが可能となり、バランスの取れた魅力的なデザインを実現することもできます。使いやすくわかりやすい UI デザインを作成するためにも、この原則はしっかりと覚えておきましょう。

UIデザインの5つの考え方

UIデザインの基本的な考え方

ゲーム UI のデザインには、5 つの基本的な考え方があります。これらの考え方を理解することで、ユーザーが情報を理解しやすく、ゲームに没入しやすい UI デザインを制作することができます。

1 一貫性

デザインに一貫性を保つことで、ユーザーは画面上の要素や操作方法を理解しやすくなります。共通のデザインパターンやテイストを維持して、色やフォント、UI パーツ、基本レイアウトなどを統一することが重要です。

◎：共通のテイストで整理された画面

A フォントは太めの固い印象のゴシック体を使用

A のフォントと相性がよい、太めで固い印象のサンセリフ体を使用

A フォントは太めの固い印象のゴシック体で統一

✕：複数のテイストが混在して統一感がない画面

B フォントは太めの固い印象のゴシック体を使用

B のフォントとは大きく違い、細く、線に強弱があるセリフ体を使用。そのため、統一感がなくなっている

B フォントは太めの固い印象のゴシック体で統一

2 可読性

ユーザーに情報を伝えるため、フォントやサイズ、色などを考慮して、読みやすくなるように設計する必要があります。

◎：適切なフォントサイズや色で構成された画面

伝えたい情報の優先度に応じて適切な文字のサイズを使用しており、読みやすい

×：フォントサイズが小さく読みづらい画面

文字が小さすぎて読みづらく、重要度に応じた文字サイズの強弱もついていない

3 目的の明確さ

ユーザーがゲーム内の目的を理解できるように、適切な情報をわかりやすく提供する必要があります。ゲーム内の進行状況やクエストの達成状況をプログレスバーで示したり、次に誘導するボタンを用意したりといった工夫が必要です。

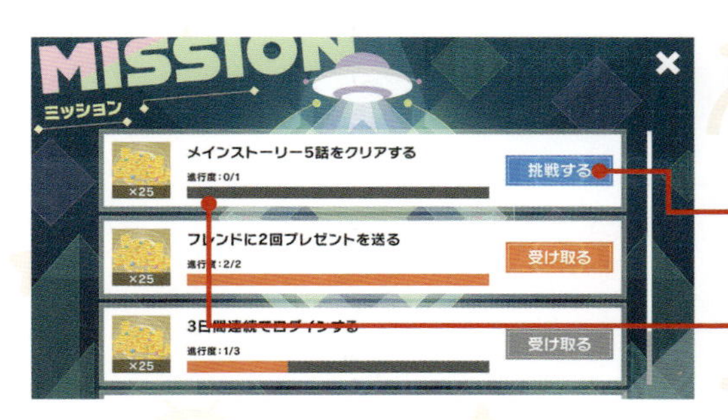

◎：ミッションを達成するための導線がわかりやすく設けられた画面

未挑戦の場合、挑戦するボタンを表示することで誘導でき、迷わせない

進行度を示すゲージで達成度を把握できるため、目標達成意識が芽生えやすい

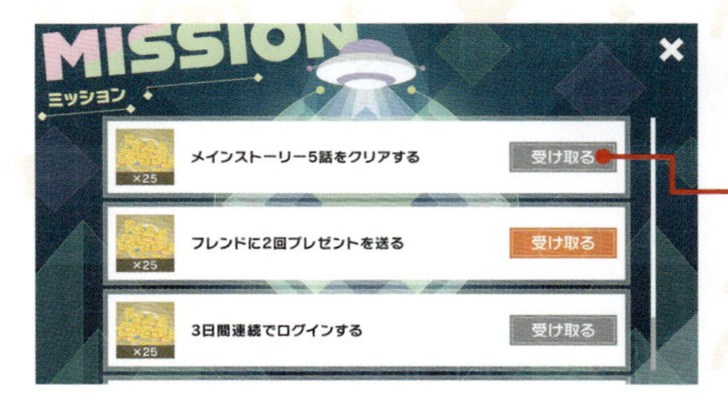

×：ミッションを達成するための適切な誘導がされていない画面

1アクションで挑戦場所へ行けないため、ユーザーが探す手間が増え、面倒だと感じて、離脱される可能性がある。進行度や達成状況も把握できず不便

4 アクセシビリティ

アクセシビリティでは、どんなユーザーでもゲームを楽しく遊べるように、使用する文字の大きさや色、アイコンに配慮することが重要です。

◎：誰にでもわかる指示とアイコンを使用した画面

虫眼鏡アイコンは、キャラ詳細確認画面への遷移ボタンとしてわかりやすい

×：おしゃれだが伝わりにくいアイコンを使用した画面

剣やお墓アイコンは、キャラ詳細確認画面への遷移ボタンとしてわかりにくい

5 演出

演出は、ゲームの世界観や雰囲気を伝えるために重要です。ゲームの操作や世界観への理解を深めたり、ユーザーの高揚感を高めたりすることで、ゲームへの没入感を向上させることができます。

◎：アイテム取得後に豪華な演出が入った画面

取得したアイテムのイラストを大きく表示し、後ろに後光が差す演出を入れることで、高揚感を高められる

×：アイテム取得後に演出がなく文字のみが表示された画面

文字のみだと味気なく、ご褒美として受け取ったアイテムにも関わらず、嬉しさを感じることなく見過ごされる可能性がある

UIデザインの基礎知識 3

ゲームUIの画面設計

ゲームUIの画面設計で気をつけるべきポイント

ゲームUIの画面を設計するにあたり、注意が必要なポイントがあります。これらの注意点は、スマートフォンでゲームを楽しむという、「ゲーム×スマホ」が掛け合わさったことで生まれた特徴であるとも言えます。これらの注意点を知っておくことで、ゲームのUIデザインをスムーズに作成できます。ぜひ、覚えておきましょう。

1 情報を厳選する

スマートフォンは画面の領域が限られているため、伝えたい情報を厳選して表示する必要があります。特にスマートフォン用のゲームでは、スクロールや画面の切り替えをせず、1つの画面で情報を伝えたい場面が多々あります。そのため、ユーザーが迷わないように情報を厳選し、整理して表示することが大切です。また、タップさせるボタンを操作しやすい位置に配置したり、十分なタップエリアを確保したりする必要があります。画面が散らかって見えることのないよう、ゲームの世界観にあった装飾デザインとの間でバランスを保ちながら制作を進めることが重要になります。

2 タップエリアを確保する

スマートフォン用のゲームでは、画面をタップしてゲームをプレイします。そのため、タップエリアを確保しておく必要があります。タップしたいボタンの近くに他のボタンが配置されていると、誤タップする可能性があります。ゲームで遊ぶことがストレスにならないよう、余白を取り、タップエリアを十分に確保しておく必要があります。画面内に表示する情報量が多くなると、ボタン自体を小さくせざるを得ないこともありますが、全体のバランスを見ながらデザインを進めることが重要です。

◎：タップエリアが十分に確保されている

指で押しやすいアイコンサイズで、隣接するアイコンどうしの余白も十分に確保されている

×：タップエリアが十分に確保されていない

アイコンが小さく、隣接するアイコンどうしの余白が十分に確保されていないため、誤タップする可能性がある

3 操作可能と思わせる

画面上で操作可能なボタンについては、「操作できる」とユーザーに伝わるようなデザインにすることが大切です。例えば背景に埋もれないような色や形状にしたり、コントラストを上げて目立たせたり、立体感のあるデザインにしたりなど、さまざまなテクニックがあります。特に重要なボタンについては、光らせるなどのアニメーションを入れて注目させることもできます。

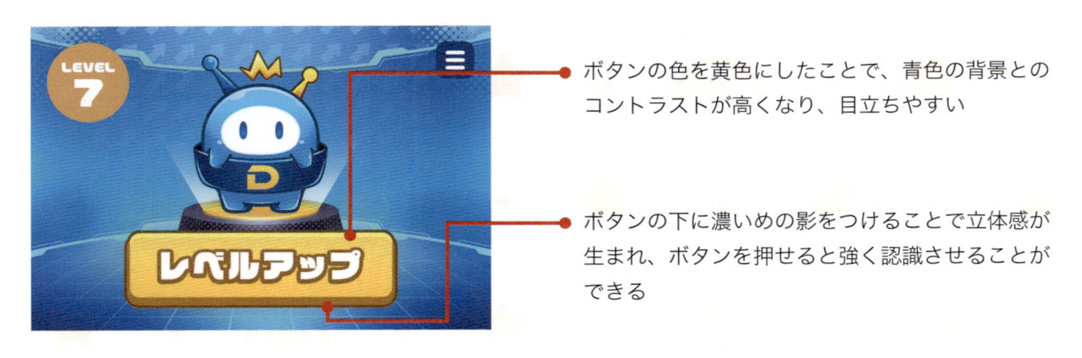

ボタンの色を黄色にしたことで、青色の背景とのコントラストが高くなり、目立ちやすい

ボタンの下に濃いめの影をつけることで立体感が生まれ、ボタンを押せると強く認識させることができる

4 多様な画面サイズに対応させる

スマートフォンの端末には、さまざまなサイズ・解像度があります。これらの画面の大きさによらず、UI が正しく表示されるデザインを心がける必要があります。スマートフォンの画面比率は 16:9 が一般的ですが、より縦長の画面比率を持つ端末もあります。画面比率による UI の表示崩れを防ぐために下記のようなマルチアスペクト比対応を行うことで、どんな端末でもユーザーが快適にゲームで遊ぶことができるようになります。

●レイアウトの自動調整

画面比率に応じて、UI のレイアウトを自動で調整します。

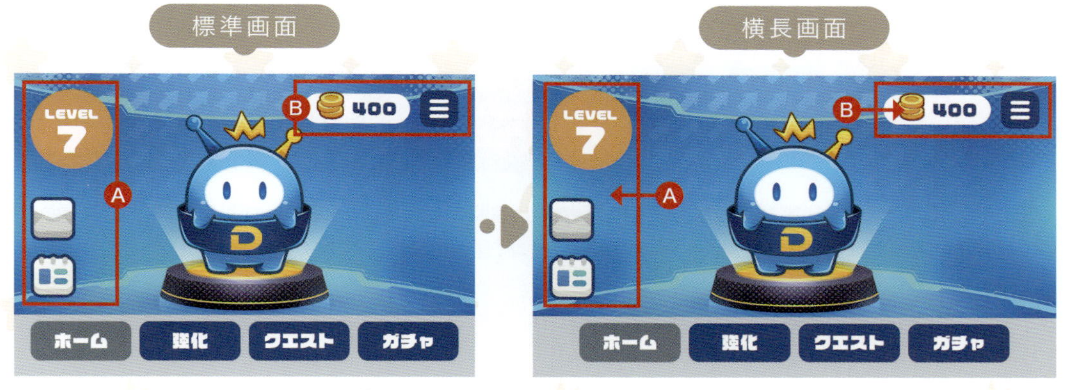

横長画面のサイズに応じて、Aグループは左端へ、Bグループは右端へと移動し、レイアウトが自動的に調整される

●レイアウトの分岐

画面比率ごとに、個別の UI レイアウトを作成します。

横長画面になじむように、Aグループのアイコンは縦から横並びに変更し、Bグループのボタンは個別に横幅サイズを伸ばして調整したレイアウトを作成

●レイアウトの拡大縮小

画面比率に応じて、UI のレイアウトを拡大縮小します。表示が荒くなる場合があるため、解像度に注意が必要です。

画面のサイズに応じて、比率を保ったまま UI が引き伸ばされて拡大するが、ⒶⒷのように UI や絵素材がないエリアまで表示される可能性がある。専用の帯デザインを事前に配置しておくか、背景画像を大きめに作成しておくなどの対応が必要

マルチアスペクト比対応は、スマートフォンの画面比率が多様化する現在では必須となっています。各手法を駆使して、UI を正しく表示できるように対応していきましょう。

5 セーフエリアを知っておく

スマートフォンは、画面サイズやディスプレイの形状などによって操作可能な範囲が異なります。多くの端末で同じ操作を実現するには、「セーフエリア」と呼ばれる領域にコンテンツを表示することが重要です。セーフエリアとは、端末の物理的な制約に対応するために設けられた操作可能な範囲のことです。ノッチやカメラでディスプレイの一部が隠れてしまう端末では、セーフエリアを確保することで、ユーザーが快適にゲームをプレイできるようになります。端末ごとのセーフエリアは、各端末の仕様やドキュメントを確認して調べることができます。ユーザーコミュニティや開発者フォーラムなどで情報が共有されている場合もあります。

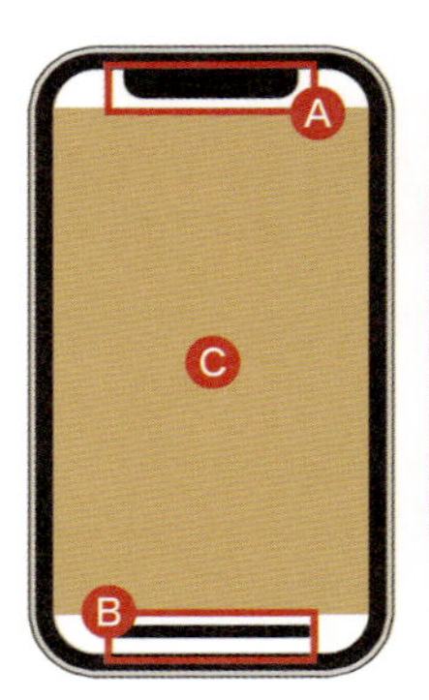

Ⓐのノッチに重要な情報が重なっていないか確認
Ⓑのホームバーに重要な情報が重なっていないか確認
Ⓒのセーフエリアに重要な情報が収まっているか確認

6 UIパーツを使い回す

ゲームは使用するグラフィック素材が多く、全体の容量が膨らむ傾向にあります。そのためUIパーツはできるだけ使い回して、サイズを小さくする必要があります。ダイアログやボタンなど、ゲーム全体で使い回せる汎用パーツは事前にリストアップして、同じ素材や似たような素材を二重で持たないように管理します。また細かなUIパーツについては、元のサイズを小さく書き出し、システム上で引き伸ばして使用するなどして、ゲームの容量を抑えます。こうしたUIパーツは、汎用素材として流用できるようにルール化して、パーツ画像と用途などをドキュメントにまとめておくことをオススメします。また、画像の命名規則を決めておき、ルールに則した方法で書き出すようにしましょう。

ボタンの汎用パーツは、Aのように元画像を小さくして書き出し、システム上でBのように横に引き伸ばして使用することで容量を削減できる

7 世界観に合わせる

ゲームの没入感を高めるために、世界観にあったUIデザインを行う必要があります。ゲーム企画書や仕様書を確認し、ゲームの目的やターゲット、世界観を理解した上で、それに合ったUIデザインを考えていきます。性別や年齢によっても、好まれる色やモチーフ、装飾などのデザインが異なるため、複数のラフ案を作成し、チームメンバーに確認してもらいながら制作を進めます。

現在は、すでに原作があるものを使ったゲームも多く、事前にマンガやアニメ、小説などを見て理解を深めた上で、UIデザインを行うことも多いです。原作のないオリジナルゲームの場合は、イメージに合いそうな資料を集めて、イメージボードを作成して共有しながら、デザインの方向性を決めていくこともあります。どのようなテイストであればその世界観を十分に表現できるのか、じっくり考えて作りましょう。

▶ 女性向けの育成ゲームでポップでカラフルな世界観を表現したUIデザイン例

フォントはきれいに整ったものでなく、少し文字を崩した遊び心のあるものを選定することで、世界観を表現できる

8 UI演出を活用する

ゲームを進行する中で、報酬を獲得したり、レベルが上がったりするなど、ユーザーを褒める場面が何度もあります。このような場面で単に情報を表示するだけでなく、UIによる演出を加えて盛り上げることで、ユーザーの気分を上げて、嬉しい感情を高める工夫を行います。すべて同じテンションで褒めるのでなく、段階に応じて演出の豪華さを変えることで、達成した内容のレベル感をユーザーに伝えることができます。また、ゲーム全体で統一したUI演出を用意することで、気持ちよく、使い勝手のよい体験を提供することができます。

▶ クリスマスの豪華なログインボーナス演出の例

ギフトボックスの蓋が開き、中から大量のコインを発光エフェクトと一緒に表示することで、受け取ったときの嬉しい感情を高めることができる

9 適切なフォントを選ぶ

ゲームの世界観を表現するための要素として、どういったスタイルのフォントを選ぶかは重要ですが、小さな画面でプレイするスマートフォンゲームにおいては、可読性が担保できるように配慮する必要があります。また、ゲーム内で使用するフォントは、組み込みフォントをメイン、サブ、数字などに分類して、厳選することで、ゲーム容量を削減するようにしましょう。なお「組み込みフォント」とは、画像として書き出された固定のフォントでなく、ゲーム内に組み込んで使用できる可変のフォントのことを指します。組み込みフォントには特別なライセンス料金や条件が付与されていることがあるため、事前に利用規約を確認する必要があります。

線の強弱があるフォントで大人オシャレ風の世界観を演出

文字の先端が細い明朝体フォントを使用することでオシャレ和風の世界観を演出

遊び心のあるゴシック体フォントを使用することで楽しい世界観を演出

10 UIルールを決めておく

UI デザインを複数人で分担をすることを考え、UI ルールを決めておくことが重要です。UI ルールを決めておくことには、以下のようなメリットがあります。

・統一感の確保

ゲーム全体として異なる画面でも統一感のあるデザインを実現できます。

・効率的な作業

共通のルールに従うことで、デザインの相違やミスを最小限に抑え、効率的に作業できます。

・再利用性の向上

同じデザインのパーツを再利用することで、制作時間や容量を削減できます。

・品質の向上

フォントの統一やボタンのデザインなど、細かな部分にルールを適用することで、一定の品質を保つことができます。

11 ローカライズを考慮する

海外でもゲームをリリースする可能性を考えて、ローカライズ対応を念頭においた UI デザインにしておく必要があります。ローカライズとは、ゲームを外国語に翻訳し、文化や慣習に合わせた調整を行うことです。ローカライズを考慮する場合、下記の点に気をつけておく必要があります。

- **多言語が収録されたフォントを最初から選んでおくと便利**
- **翻訳後に文字数が長くなった場合に備え、表示崩れが起こりづらいレイアウトにする**
- **国によってタブーとされているシンボルや表現などがあるため、精査が必要**

12 長く運用しても破綻しない設計にする

スマートフォンゲームでは、日々新しいコンテンツや機能が追加されます。そのため、新しい要素を追加する際もスムーズに統合できるようにしておく必要があります。例えば、下記のような工夫が考えられます。

- **ホーム画面には、新規施策やイベントのアイコン、バナーが徐々に増えていくことが多い。そのため、リリース当初は少し余裕をもった状態で情報量を詰め込まないように配慮する**
- **ユーザーに訴求したいガチャバナーなどは、ホーム画面、ガチャ画面など複数の場所に同じデザインが表示される可能性がある。そのため、表示されるバナーの比率を揃えることで、システム上で縮尺を変えて再利用することができる**

ゲーム制作の流れ

ゲーム制作の大きな流れを知ろう

ゲーム制作は、大きく分けて以下の順に進んでいきます。ここでは、各段階でどのようなことが行われているかを把握しておきましょう。

①企画

「企画」段階では、どのようなゲームを作るのかという方針を決めていきます。ゲームジャンルや遊び方とその内容、世界観などのコンセプト決めなどが含まれます。

- ゲームジャンル
- 遊び方、内容
- 世界観、時代、キャラなどを含むコンセプト

さらに、市場調査をしてスケジュールや予算を決めていきます。

- 競合調査
- ターゲット設定
- ニーズ把握
- スケジュール／予算決定

②仕様書作成

仕様書とは、ゲームの企画書に基づいて、ゲームの全体的な構想や設計に関する情報をまとめた資料のことです。ゲーム制作に関わる開発者（プランナー、デザイナー、アニメーター、エンジニア、アーティスト※）などが共通の理解を持ち、スムーズな開発プロセスを進めるために必要な資料といえま

す。仕様書に記載される項目例は、以下になります。

- ・ゲームのストーリー、世界観、キャラクター
- ・ゲームのルールや遊び方
- ・ゲームの目的や難易度
- ・ゲームのグラフィック、音楽、効果音、エフェクト
- ・ゲーム画面に関する詳細な内容
- ・ゲームのシステムや仕組み

※アーティスト：キャラクターや背景制作など、主にゲームのビジュアル面に関わる職種。

③プロトタイプ作成

プロトタイプとは、ゲームのコンセプトやアイデアのコアとなる部分を作成して実際に動かすことで、プレイ感やシステムの検討を行うための試作品のことです。「モック」とも呼びます。ゲーム制作の初期段階で、ゲームの方向性や面白さ、プレイ感、バランスを検討するために作成します。

プロトタイプは、開発チーム内での意見交換や外部への共有を行い、フィードバックをもとに改良を重ねることで、よりよいゲームになるように改善していくための重要な工程です。プロトタイプの出来によって、継続してゲーム開発を続けられるかどうかが決まります。プロトタイプは、ゲームのコアとなるメイン部分（インゲーム）から作成していくことが多いです。

④α／β版作成

ゲーム制作は、α（アルファ）、β（ベータ）と段階を設けながら進めていきます。α版には主要機能、β版には残りの機能とクオリティアップ、テストなどが含まれます。バグをなくしてゲームの品質を上げ、完成度を高めていく工程になります。

⑤リリース

リリースは、ゲームを一般のユーザーに公開し、購入・ダウンロード・プレイできるようにする工程です。リリース方法には、以下のような種類があります。

・パッケージ販売
ディスクなどの媒体として販売します。家庭用ゲーム機（switch、playstation）がこれに当たります。

・ダウンロード販売
インターネットを通じてダウンロード販売します。Steam、App Store、Google Play がこれに当たります。

UIデザイン制作の流れと仕事の内容

ゲームUIデザイナーの担当範囲

前節でゲーム制作の大きな流れを確認しましたが、❶〜❺の工程の中で、UI デザイナーが関わる可能性があるのは❷❸❹の工程になります。それぞれの工程で UI デザイナーが担当する内容を整理すると、以下のようになります。❷の工程では、UI デザイナーが【設計】を担当することがあります。❸の工程では、【デザイン】→【実装】→【テスト】の流れを 1 セットとして行います。❹の工程でも同じく、【デザイン】→【実装】→【テスト】の流れを 1 セットとして行います。

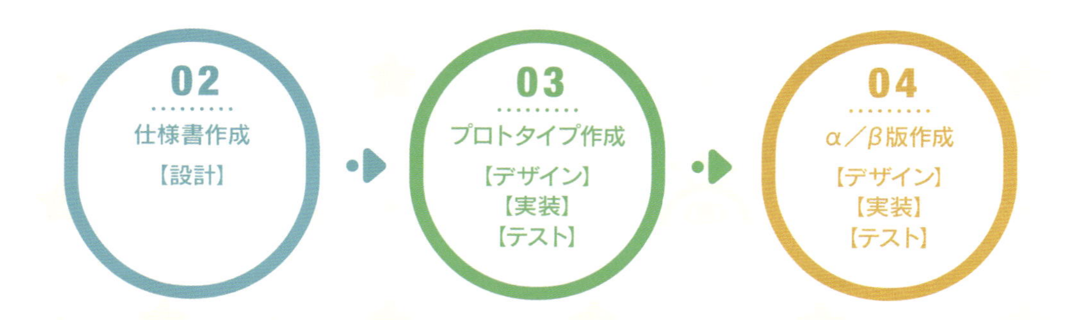

上記の工程の中で、UI デザイナーの具体的な仕事の内容は次のようになります。

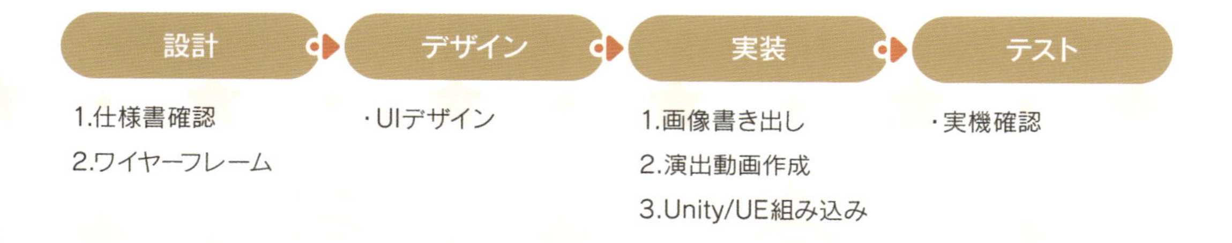

このように、UI デザイナーの担当範囲は広範囲に及びます。各工程で必要とされる知識も多く、すべてを網羅するには豊富な知識と経験が必要になります。実際の現場では 1 人ですべての工程を担当している場合もありますし、細かく分業されて、例えば【デザイン】のみを担当している場合もあります。自分がどの部分に興味があり担当したいかを、事前に知っておくとよいでしょう。いずれにせよ、デザイン制作の流れを知ることで、他職種の方ともスムーズに連携して作業を進めることができます。

ゲームUIデザイナーの仕事の内容

ここでは、設計、デザイン、実装、テストの仕事について、詳しく解説を行います。これらの仕事内容は多岐に渡りますが、最初からすべてを完璧にこなす必要はありません。分業化も進んでいるため、より狭い範囲を追求する場合もあります。とはいえ、作業担当外の仕事内容であっても、知識だけでも頭の片隅にあれば、他の方とスムーズに連携することができます。1つずつ学んでいきましょう。なお【デザイン】【実装】【テスト】の工程は、プロトタイプ作成とα版、β版作成のそれぞれで行います。

【設計①】仕様書確認

まずは、制作画面の仕様書をじっくりと確認して理解します。不明な点があれば制作前に確認しておくことで、作業をスムーズに進めることができます。UI設計にも関連するため、仕様を決める部分からUIデザイナーが関わることもあります。

【設計②】ワイヤーフレーム

仕様書を元に、ワイヤーフレームを作成していきます。ワイヤーフレームとは、ゲーム画面に配置する要素をかんたんな図形を使って表現する設計図のことを指します。全体の流れを把握するために、FigmaやXDを使って主要画面のワイヤーフレームを作成し、画面遷移で違和感がないかなどを確認します。仕様書作成時に、プランナーがかんたんな図形でワイヤーフレームを制作する場合もあります。

▶ 画面に必要な要素や大枠のレイアウト文字やボタンの大きさなどが確認できればよいので、簡単な図形を使って白黒で作成

カラーの絵素材がすでにある場合は、そのまま使用してもOK。白黒であることが必須事項ではない

【デザイン】UIデザイン（デザインカンプ作成）

UI デザインは、ゲーム開発初期の「ベースデザイン制作」時と、後半の「デザイン量産」時とで作業内容が異なります。まずは、ベースとなるデザインとガイドラインを作成し、主要画面のデザインカンプを作成していきます。デザインカンプとは、画面を構成する UI パーツを具体的にビジュアル化してレイアウトされた完成見本のことです。その後、ベースのデザインとガイドラインをもとに、様々な画面のデザインカンプを作成していくことになります。ベースデザイン制作時とデザイン量産時の作業内容のちがいについて、詳しくは P. 32 を参照してください。

▶ ベースデザインのサンプル例。この色味や形状、フォント情報などを UI ガイドラインとしてまとめ、それに則って他の画面のデザインも作成していく

【実装①】画像書き出し

UI デザインの完成後、パーツごとに画像を書き出していく工程になります。UI パーツは透過画像にしたい場面が多いため、拡張子は .png で書き出すとよいでしょう。

画像の書き出し時は、容量の削減に注意します。Unity※には「9 スライス」という機能があり、小さい画像を引き伸ばすことができます。そのため、ダイアログなど等倍で画像を書き出すと非常に大きくなりやすいものでも、この機能をうまく活用することで容量を削減することができます。

書き出す画像の命名規則は、ルール化しておくことが重要です。例えば「prefix ＋種別＋ 固有名＋ 番号」（例：Common_BTN_Main_010.png）など、名前のルールを決めておくことで、画像の管理が楽になります。命名規則はプロジェクトによって異なるため、他の職種の人とも連携しながらルール決めをしていきましょう。

▶ 透過 PNG 画像「Common_BTN_Main_010.png」として書き出す

ここに入る「B」の文字はシステム側で設定するため、画像として書き出す必要はない

※ Unity：ゲーム開発用のクロスプラットフォームの統合開発環境。

【実装②】演出動画作成

UI デザインが完成し書き出しが終わったら、演出動画の作成を行います。汎用的なボタンアニメーションや画面遷移アニメーション、ゲームクリア時のご褒美演出など、さまざまなものがあります。動画時間が長いものや重要なアニメーションの場合は、After Effects などのアニメーション制作ソフトを使用してサンプル動画を作成します。演出の方向性がすでに定まっている場合は、はじめからゲーム開発プラットフォーム上で（例えば Unity のタイムラインを使用するなど）アニメーションを作成することもあります。

【実装③】Unity／Unreal Engine（UE）組み込み

ゲーム開発に必要な機能が備わっている Unity や Unreal Engine※などを使用して、UI パーツ類を配置し、実装していきます。また、UI アニメーションも作成します。その際、ディレクトリ構造や命名規則などのルールを事前に決めておくことで、スムーズに作業を進めることができます。

※ Unreal Engine（UE）：Epic Games が開発したゲーム開発用の統合開発環境。

【テスト】実機確認

UI を実装したら、スマートフォンで見え方を確認します。この時、レイアウトのズレや視認性など、細かい部分までチェックするようにしましょう。

UIデザインの詳細なフロー

ベースデザイン制作時とデザイン量産時の作業内容の違い

P.30で解説したように、UIデザインは、ゲーム開発初期の「ベースデザイン制作時」と、開発後半の「デザイン量産時」に分けることができます。この2つのもっとも大きな違いは、UIデザインの制作を開始する際に、すでにUIのコンセプトデザインができていて、UIの基本ルールが設定されているかどうかという点です。ベースデザイン制作時はUIのコンセプトデザインと基本ルールを決めることが中心になるのに対し、デザイン量産時はその決められたUIコンセプトデザインと基本ルールを遵守して、様々な画面を作成していくことになります。

1 ベースデザイン制作時

ベースデザイン制作時の作業内容は、以下のようになります。ベースデザイン制作時は、0→1のデザインを作る段階です。まっさらな状態から、UIのコンセプトを決めていく工程になります。ここでしっかりとしたコンセプトを決め、ガイドラインを作成していくことで、ゲーム全体で統一感のあるUIデザインに仕上げることができます。

①イメージボード作成

世界観に合いそうな資料を集めて、イメージボードを作成します。イメージボードは、コンセプト別にカテゴライズして、2～5案程度に絞ります。作成したイメージボードをチームで共有し、方向性を決めていきます。

▶ 幾何学模様や飛行機のモチーフを使用した、フラットでカジュアルな宇宙空間をコンセプトとしたイメージボード例

A モチーフ
B パターン
C カラー
D フォント

②制作画面を決めて仕様書を確認

ベースのデザインを制作する画面を決め、仕様書を確認します。ゲームのコアとなるインゲームを選ぶ場合もあれば、最初に目に入るホーム画面を選ぶこともあります。複数の主要画面を同時に作ることもあります。

③ラフデザイン作成

①のイメージボードを元に、ラフデザインを作成していきます。ラフデザインは、コンセプトに基づいたレイアウトやモチーフがわかる程度まで作成します。この時点で、情報量、視認性、操作感などに問題がないか、スマートフォンの画面で確認します。

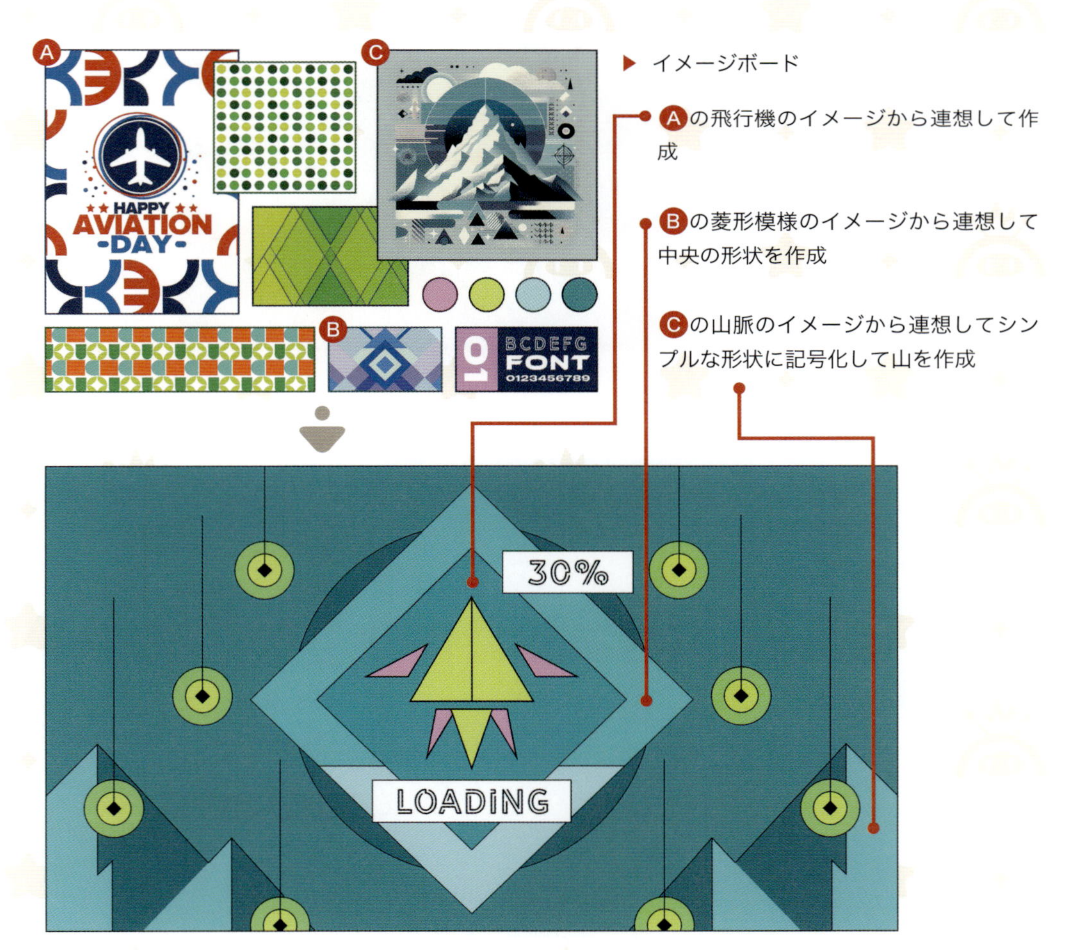

▶ イメージボード

Ⓐの飛行機のイメージから連想して作成

Ⓑの菱形模様のイメージから連想して中央の形状を作成

Ⓒの山脈のイメージから連想してシンプルな形状に記号化して山を作成

▶ ローディング画面のラフデザイン

④本デザイン作成

Photoshopなどのデザインソフトを使用して、仕上げの作業をしていきます。フォントやカラーなどを決めて、細かなUI装飾などを作り上げていく工程になります。

▶ ラフデザイン

▶ ローディング画面の本デザイン

⑤UIガイドライン作成

UIのベースデザインが決まった後、ボタンやテキストなどのルールをまとめたUIガイドラインを作成します。複数の画面を作りながら、徐々にガイドラインを埋めていく場合もあります。

なお、スケジュール感や予算などにより、すべてのプロジェクトで上記のフローを辿るわけではありません。複数のコンセプトを元にたくさんの案出しを行い、その後に方向性を定めて本デザインへ進むということもあります。

2 デザイン量産時

デザイン量産時の作業内容は、以下のようになります。デザイン量産時は、1 → 100 のデザインを作る段階になります。コンセプトを把握した上で、UI ガイドラインに則り、さまざまな画面をデザインしていきます。

①仕様書・ワイヤーフレーム確認

制作する画面の仕様書とワイヤーフレームを確認します。制作する画面の前後の遷移を確認しながら、流れをつかんでおくことが重要です。

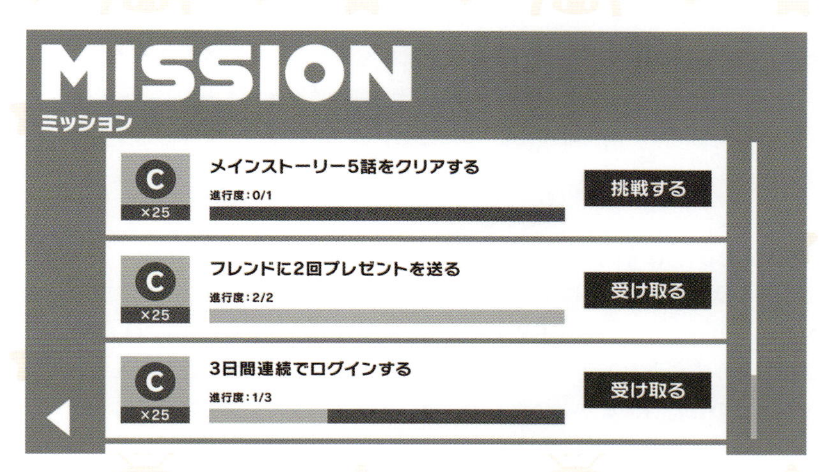

▶ ミッション画面のワイヤーフレーム

②本デザイン作成

UI ガイドラインに基づき、画面のデザインを作成していきます。量産時は、デザインの方向性がほぼ決まった状態でブレないことを前提に、ラフを作らず本デザインから作り始めることも多いです。ただし、ビジュアルで魅力的に見せたいなど、重要な画面ではラフデザインも制作した方が安心といえます。

▶ ミッション画面の本デザイン

ゲーム UI デザイナーに期待される役割

ゲーム UI デザイナーは、ユーザーがストレスなくゲームを操作し、楽しめるような UI を設計・デザインすることが重要です。ゲーム制作全体の中で、ゲーム UI デザイナーに期待される役割には以下のようなものがあります。

ユーザビリティを重視した、使いやすくわかりやすい UI を設計する

ゲームを遊ぶ上で必要な情報をわかりやすく伝えるために、情報を取捨選択してグループ分けし、理解しやすいレイアウトに落とし込みます。また、それらの情報を無理なく読める文字サイズや色に設定します。ユーザーが次に何をしたらよいか迷わないように、操作を誘導するアニメーションやボタン配置などの設計も大切です。例えば、「バトルに挑戦」ボタンにボタンを指し示す矢印アニメーションをつけたり、ボタンそのものを発光させたりして、自然に誘導するようにします。

ゲームの方向性やコンセプトに沿ったデザインを作成する

ユーザーがゲームの世界観に没入できるように、UI の色味やモチーフなどを合わせて、統一します。例えば、重厚なファンタジーの世界観でゴールドや黒といった高貴な雰囲気を作り出しているにもかかわらず、画面遷移したら赤や黄など明るい色が多く使われていたとしたら、違和感を感じるはずです。ツギハギだらけの見た目にならないように、統一されたデザインにしていくことが大切です。

操作感や演出などのさわり心地も考慮した UI を提案する

UI デザインは静止画として作成しますが、操作時の動きを想像しておくことも重要です。例えば、ボタンを押した後にボタンが縮んだり発光したりすることで、ユーザーはボタンをきちんと押せていることを認識できます。またキャラクターを育成する過程では、レベルゲージをアニメーションさせたり、レベルアップ演出を豪華にしたりすることで、ユーザーに達成感を味わってもらうことができます。

開発チームの意見やフィードバックを確認し、UI の改善点を提案する

デザイナーだけでなく、他の職種の方の意見やフィードバックは非常に重要です。さまざまな視点からの意見をもらうことで、新しい発見やよりよい UI の改善点が見つかることもあります。他の人からの意見を積極的に取り入れて試してみるという工程は、大変ではあるものの、ゲームの体験を向上させていくための重要なプロセスになります。

CHAPTER

2

ゲーム UI における Photoshop の基本を知ろう

Photoshopの基本 1

ゲームUIにおける Photoshopの役割

UIデザインを行うためのツール

この章では、UI デザインを行うためのツールとして、Photoshop の基本的な使い方を学習していきます。UI デザインを行うためのツールには他にもいくつかの選択肢がありますが、筆者は Photoshop で制作することをオススメします。ボタンなどの UI パーツの制作では、単純な矩形に色を乗せるだけでなく、装飾をつけたり、立体的でリッチな表現をしたり、光沢を持たせたりなど、ひと手間加えたデザインにすることが多く、そのために Photoshop のレイヤースタイルの機能が非常に役に立つからです。その他、画像を加工するための強力な機能が備わっていることもあり、現状では Photoshop で作成するのがよいでしょう。

なお Photoshop 以外のツールとして、ワイヤーフレームの制作に Figma を活用する場合もあります。Figma はオンラインで同時に編集できる機能を備えており、非常に便利です。設計図としてのワイヤーフレームの段階では細かい装飾などを作成する必要がないため、Figma を活用しても問題ないでしょう。

Photoshopとは？

Photoshop は、Adobe 社が開発した画像編集・処理ソフトウェアです。写真の補正やデザイン作成、イラストレーションの制作など、幅広い用途に使用されています。高度な画像編集機能と柔軟な作業環境が特徴で、クリエイティブな作業をするためのツールとして、初心者からプロフェッショナルまで幅広いユーザーに愛用されています。

Adobe Fontsとは？

Photoshop のプランに加入すると、さまざまな特典があります。無料でクラウドストレージが与えられ、ユーザーが作成したアセット（画像、色、文字スタイル、ブラシなど）を保存、管理、共有できる Creative Cloud ライブラリを利用できます。その中でも、「Adobe Fonts」というフォントライブラリサービスが大変便利です。このサービスを利用すると、数千もの高品質なフォントを Photoshop 内で使用することができます。本書で作成するデザインも Adobe Fonts を使用しているため、必要なフォントは Adobe Fonts のサイト（https://fonts.adobe.com/）から事前にダウンロードしておきましょう。このとき、Photoshop のプラン加入時に作成したアカウント情報を使用して、ログインする必要があります。Adobe Fonts にアクセスしたら、「平成角ゴシック Std」「Giulia」「AB J グー」を検索してインストールします。

平成角ゴシック Std

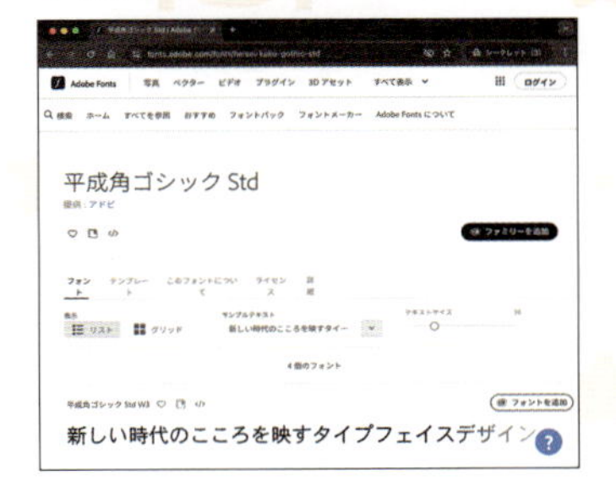

Giulia

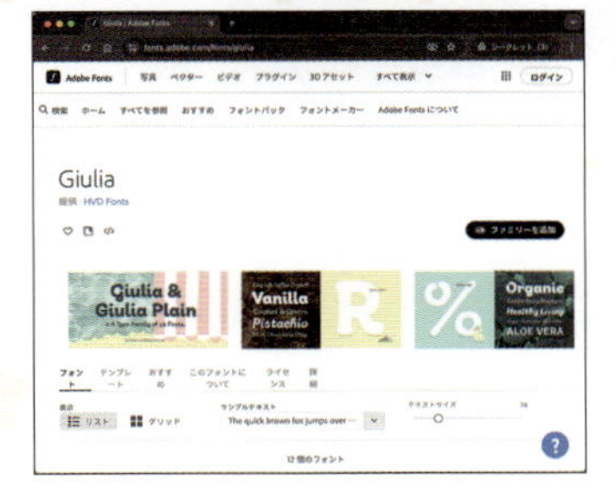

AB J グー

Photoshopの画面構成

画面構成（ワークスペース）

Photoshop 起動後の画面構成（ワークスペース）について確認します。

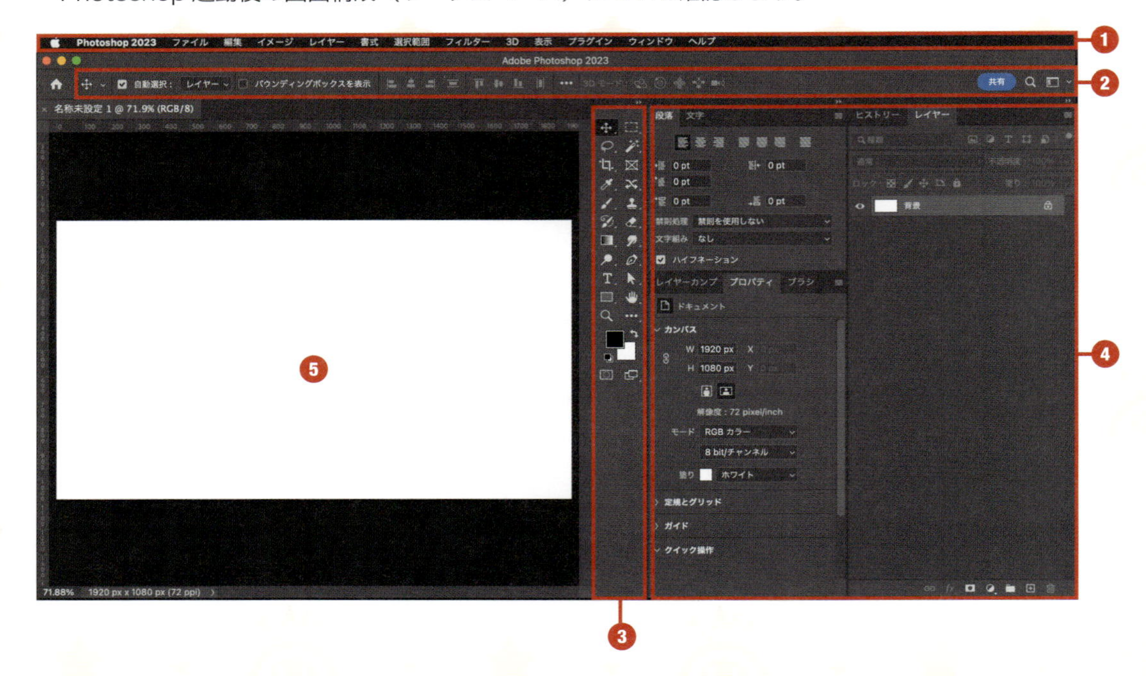

❶ メニューバー

メニューバーには、ファイルの開閉や保存、編集、イメージの調整、フィルター、ウィンドウといった、さまざまな機能が格納されています。

❷ オプションバー

オプションバーでは、ツールパネルで選択したツールの詳細な設定をすることができます。

❸ ツールパネル

ツールパネルには、図形を描いたり、色を塗ったり、テキストを入力したりなど、基本操作を行えるツールが集められています。

❹パネル

パネルは、ツールのオプションや色のパレット、レイヤーなどの情報、文字の設定など、さまざまな設定項目がまとめられたウィンドウです。

❺画像ウィンドウ（カンバス）

画像ウィンドウは、画像や文字を配置するなど、Photoshop で作業するエリアのことです。「カンバス」とも呼ばれます。

ワークスペースの設定

Photoshop のワークスペースは、用途に応じてカスタマイズすることができます。メニューバーから、「ウィンドウ」→「ワークスペース」の順に選択していくと、起動時は「初期設定」にセットされていることがわかります。

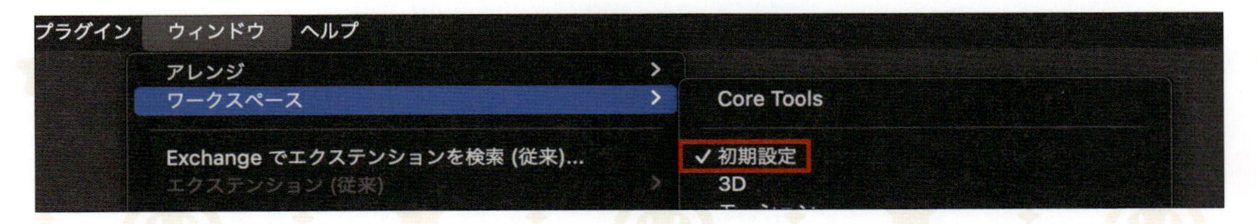

筆者は、右側にツールバーとパネルをすべて移動して、自分専用のワークスペースを作成しています。パネルの移動方法については、P. 53 をご確認ください。

基本的にはこのワークスペースで作業することが多いのですが、場合によってはツールバーを2列表示にしたり、プロパティパネルとレイヤーパネルを入れ替えたりするなど、自分が使いやすいようにカスタマイズして使用しています。

このように、ツールパネルやパネルの位置などを自分が使いやすいようにカスタマイズし、「新規ワークスペース」をクリックしてワークスペース名をつけて保存すると、自分専用のワークスペースをいつでも呼び出せるようになります。

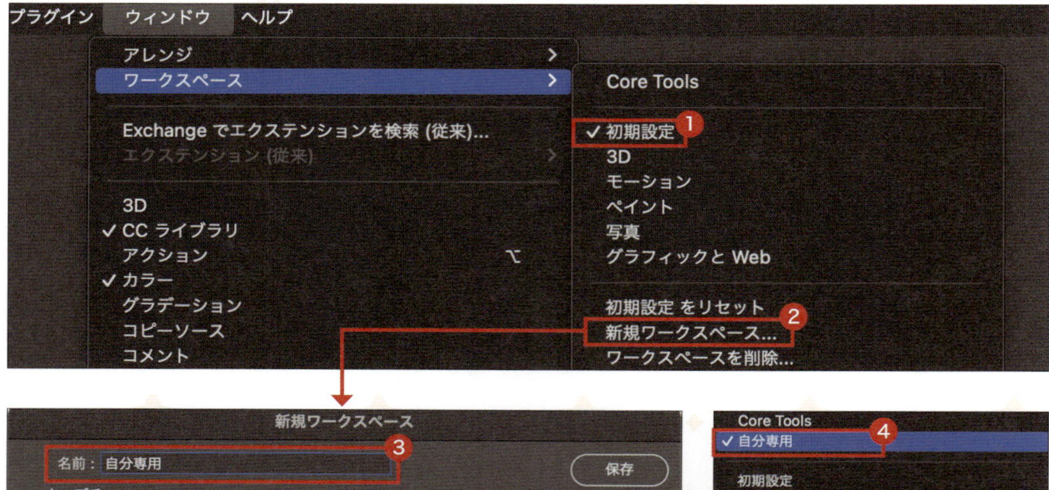

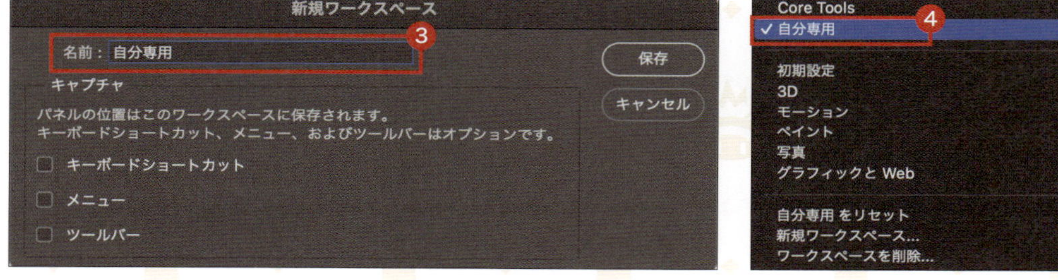

起動時は❶の「初期設定」になっている。自分好みに画面をカスタマイズしたら「新規ワークスペース」をクリックして❷、ワークスペース名を入力した後に保存すると❸、いつでも呼び出せるようになる❹。

その他の設定

筆者が便利だと感じている、その他の設定についてご紹介します。

1 レイヤーパネルメニューをクリックし❶、「パネルオプション」を選択します❷。

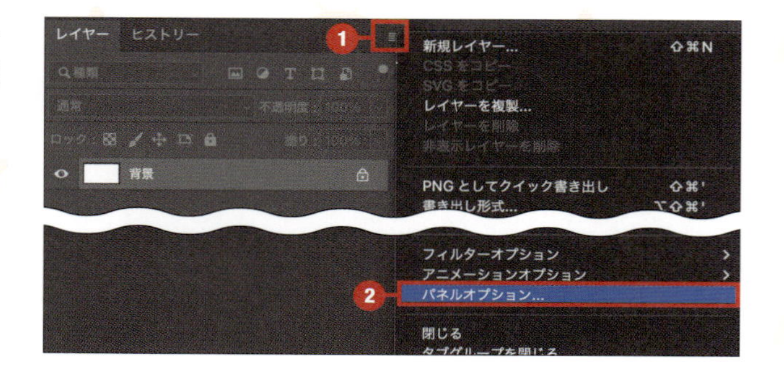

2 「レイヤー範囲のみを表示」をクリックし❶、さらに『コピーしたレイヤーとグループに「コピー」を追加』のチェックをOFFにします❷。

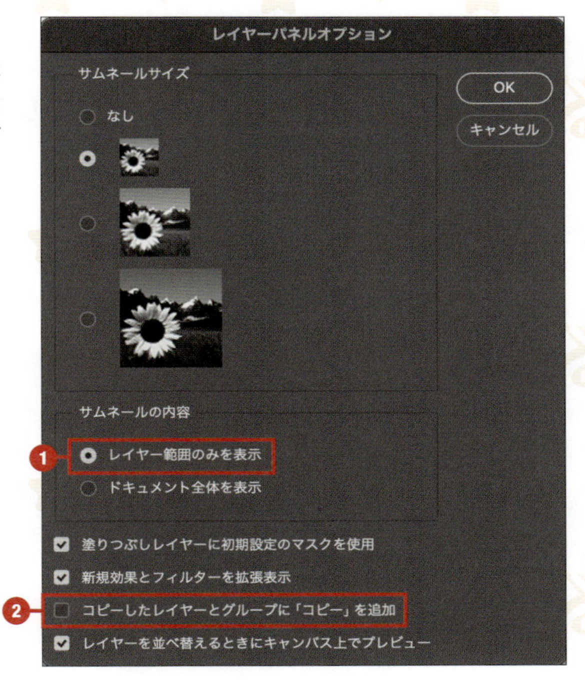

❶の設定を行うと、レイヤーのオブジェクトが含まれるエリアを切り取ったサムネールを表示することができます。

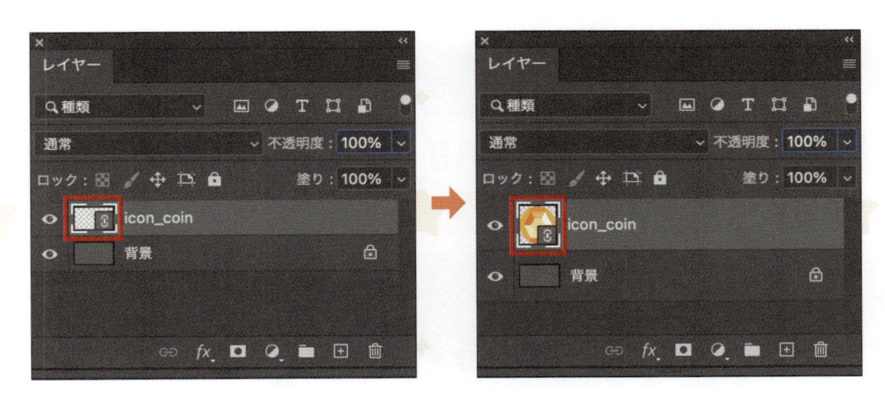

❷の設定を行うと、レイヤーを複製したときに、複製前のレイヤー名の後に「のコピー」が追加されなくなります。

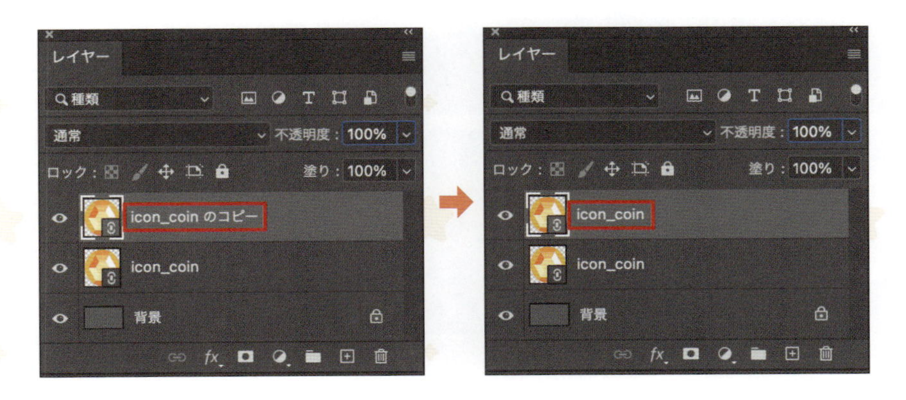

要素間の余白を測る方法と余白の値を指定して並べる方法

①要素間の余白を測る方法

Photoshop で要素間の余白を測りたいときは、要素を選択し、Ctrl ／ Command キーを押した状態で、余白を調べたい場所にマウスオーバーします。すると、余白の数値が表示されます。

レイヤースタイルで外側に境界線をつけると上記の方法ではうまく測れないため、その場合は、別の方法で測ります。長方形選択ツールをクリックし❶、余白部分をドラッグして選択したら❷、メニューバーから､「ウィンドウ」→「情報」の順にクリックします❸。開いた情報パネルを見ると、選択したエリアの横幅（W）と高さ（H）が表示されているため、ここで余白の値を確認することができます❹。

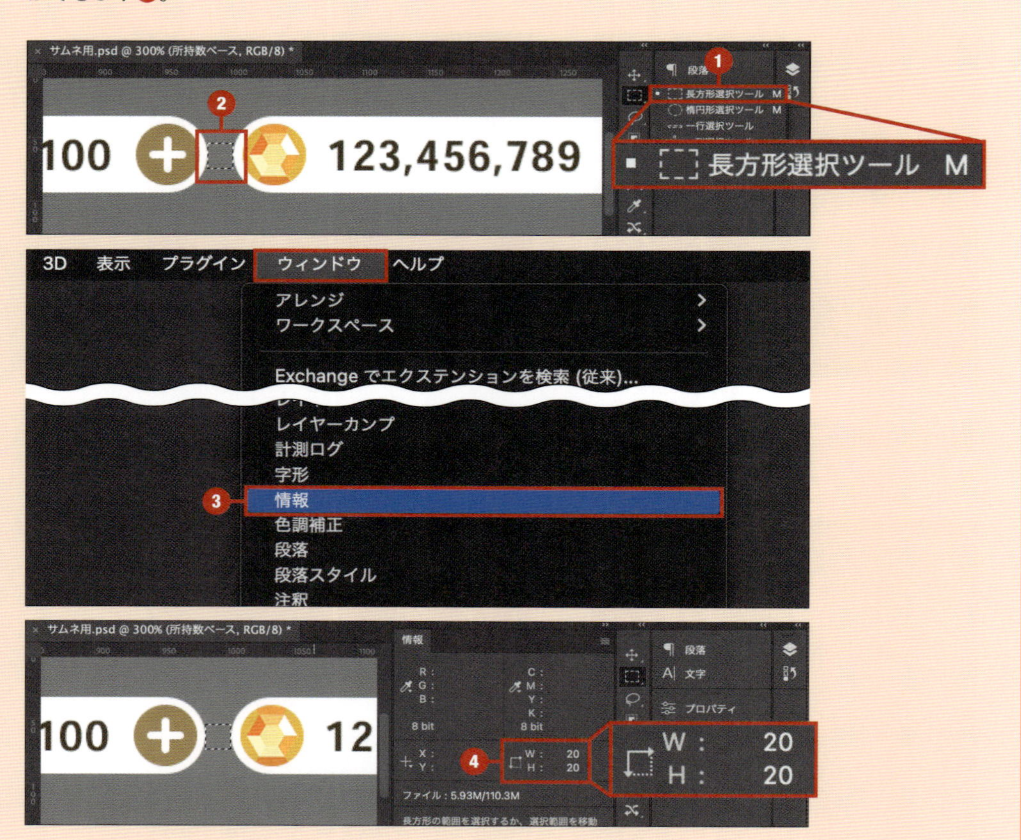

②要素間の余白の値を指定して並べる方法

余白の数値が決まっていて、同じ要素を均等に並べたいなら、プロパティパネルから数値を指定して計算させることができます。ここでは、丸型シェイプ（横幅：140px、高さ：140px、X座標：0px、Y座標：0px）を余白10pxをあけた状態で横に並べてみます。まずは、丸型シェイプを Ctrl ／ Command ＋ J キーで複製し❶、プロパティパネルのX座標に既存の数値の後ろに「+150」と入力します❷。これは、複製後の丸型シェイプのX座標を150pxに設定するための計算式になります。150pxという値は、丸型シェイプの横幅140px❸に余白10pxを足した結果です。このように数式を入れて、余白10pxをあけた状態で丸型シェイプを2つ並べることができました❹。なお、ペンツールで引いた線については、プロパティパネルに座標が表示されないため、一度スマートオブジェクトに変換した後に試してください。

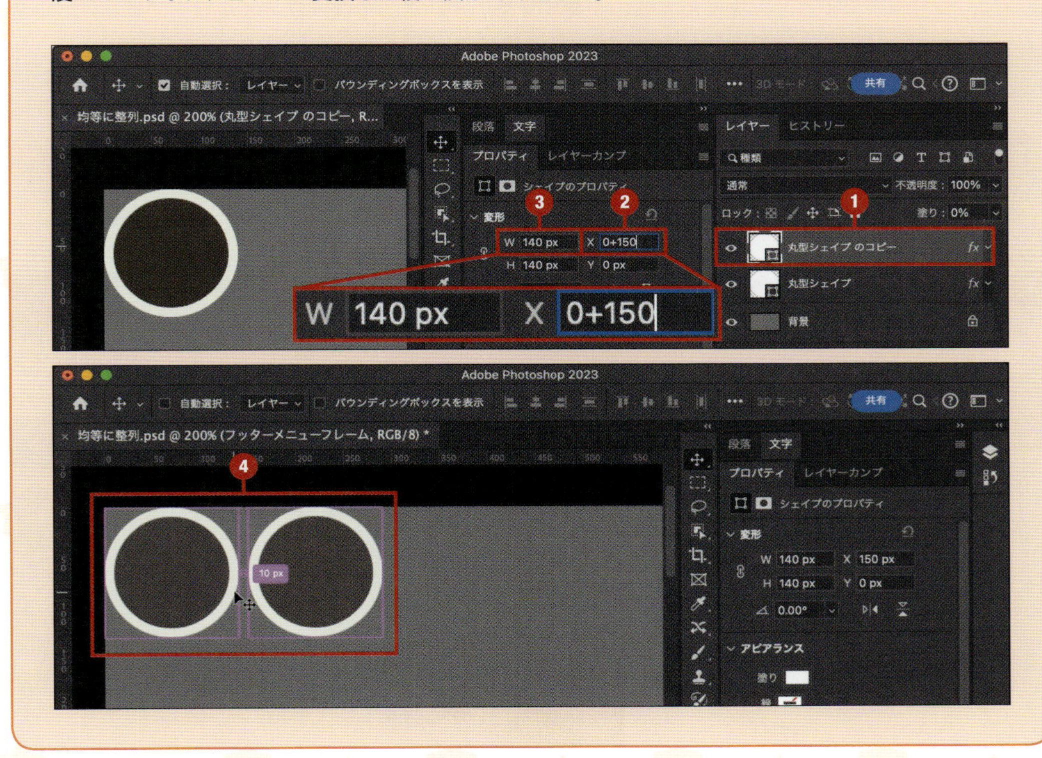

Photoshopの基本 3

ファイルと画像の操作

ファイルの基本操作

Photoshop でゲーム UI をデザインするために必要な基本操作を覚えましょう。使用頻度が高い操作は、ショートカットキーを使用するのがおすすめです。ここでは、ファイル操作の基本について解説します。

1 ファイルの新規作成

新しいファイル（ドキュメント）を作成します。サイズや解像度、カラーモードを設定します。

1 「ファイル」→「新規」の順にクリックし、新規ドキュメントウィンドウを開きます。

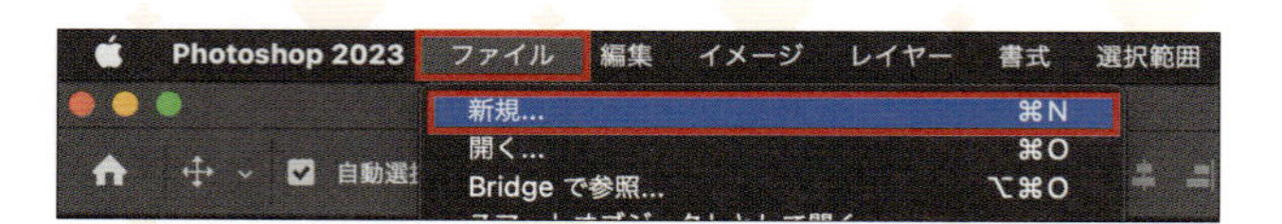

2 下記の設定を行い❶、「作成」をクリックします❷。

ドキュメント名：任意のファイル名を設定
幅：1920 ピクセル
高さ：1080 ピクセル
解像度：72
アートボード：チェック OFF
カラーモード：RGB カラー 8bit
カンバスカラー：#ffffff
カラープロファイル：sRGB IEC61966-2.1
ピクセル縦横比：正方形ピクセル

3 新規ファイルが作成できました。

ショートカットキー

新規：Ctrl ／ Command + N

2 ファイルの保存

作成したファイルを保存します。ファイル名と保存先を指定します。

1 「ファイル」→「別名で保存」の順にクリックします。

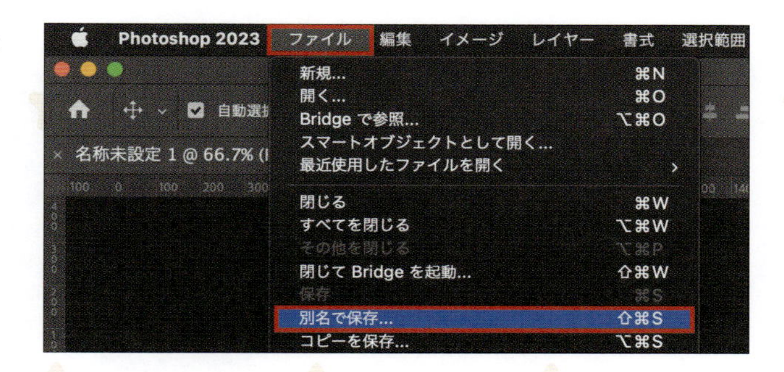

2 「ファイル名」に任意の名前を設定して❶、「保存」をクリックします❷。保存先は、自分のパソコンの任意の場所を指定してください。これで、ファイルを保存できました。

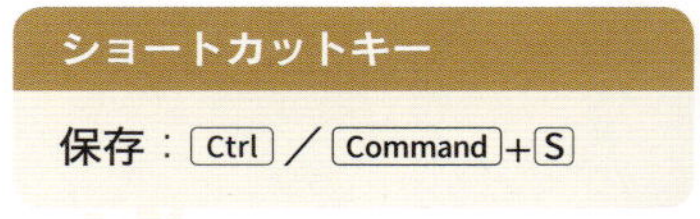
ショートカットキー

保存：Ctrl／Command＋S

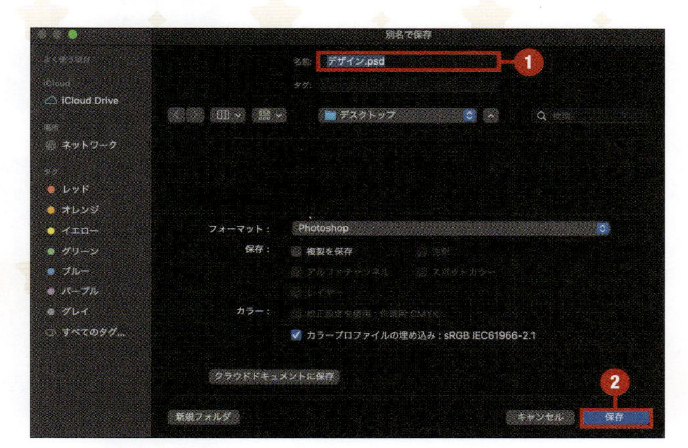

3 ファイルを開く

保存したファイルを開きます。保存先とファイル名を指定します。

1 「ファイル」→「開く」の順にクリックします。

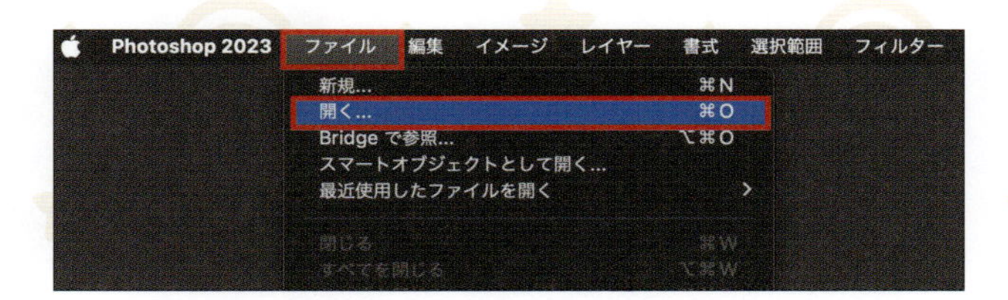

2 任意の保存先とファイルを選択し❶、「開く」をクリックすると❷、ファイルを開くことができます。

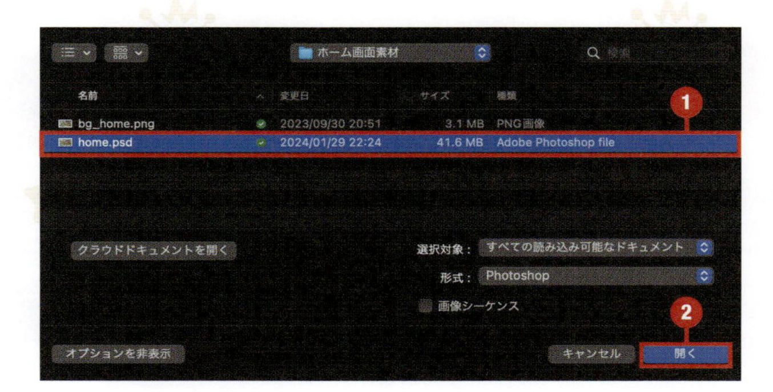

4 画像の埋め込み配置

ドキュメントに、画像を埋め込んで配置します。「埋め込みを配置」を行うと、画像が Photoshop のドキュメントに埋め込まれる形で保存されます。

1 「ファイル」→「埋め込みを配置」の順にクリックします。

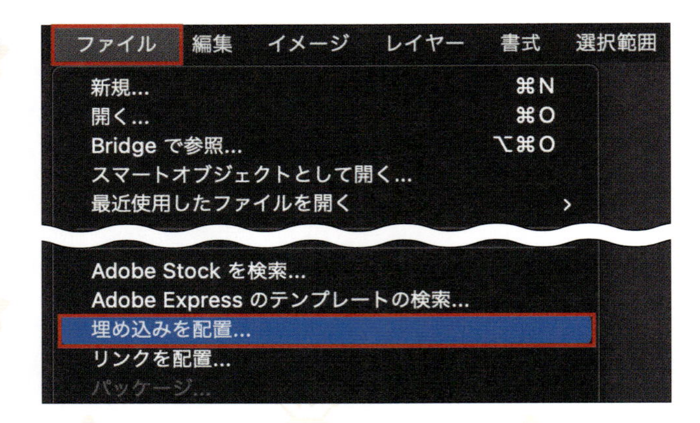

2 配置したい画像を選択して❶、「配置」をクリックします❷。

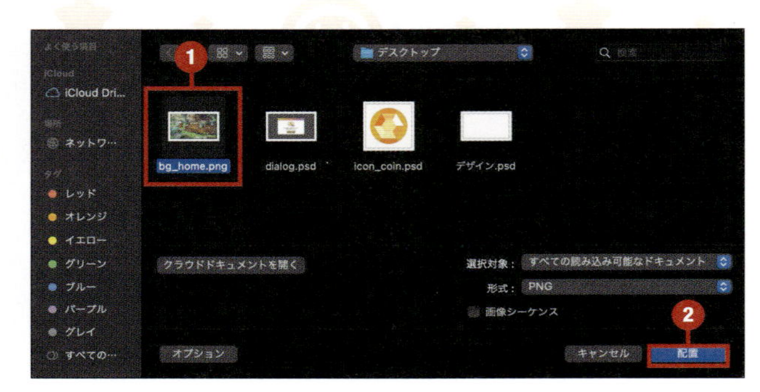

3 Enter キーを押すと、配置が確定します。

その他の方法

配置したい画像のアイコンを選択してカンバス内にドラッグ＆ドロップすると、同じように画像を配置することができます。

5 画像のリンク配置

ドキュメントに、画像をリンクとして配置します。Photoshop のドキュメントから、画像ファイルを参照する状態で保存されます。画像ファイルを更新すると、Photoshop 内の画像も自動的に更新されます。

1 「ファイル」→「リンクを配置」の順にクリックします。

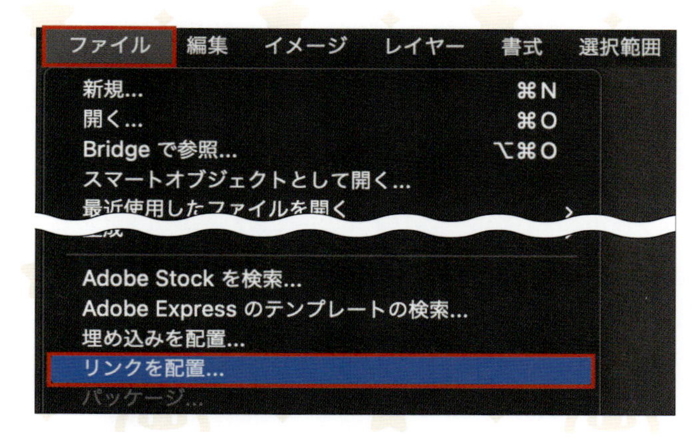

2 配置したい画像を選択して❶、「配置」をクリックします❷。

3 Enter キーを押すと、配置が確定します。

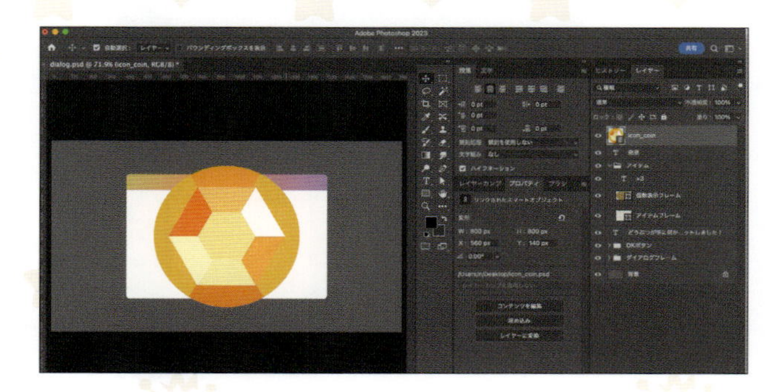

リンク配置の活用

埋め込み配置の方法で画像を配置すると、ドキュメントのファイルサイズが大きくなります。状況に応じて、画像のリンク配置を活用していきましょう。

ツールパネル

ツールパネル

Photoshop のツールパネルの中で、ゲーム UI をデザインする上で使用頻度が高いツールについて、用途別にご紹介します。

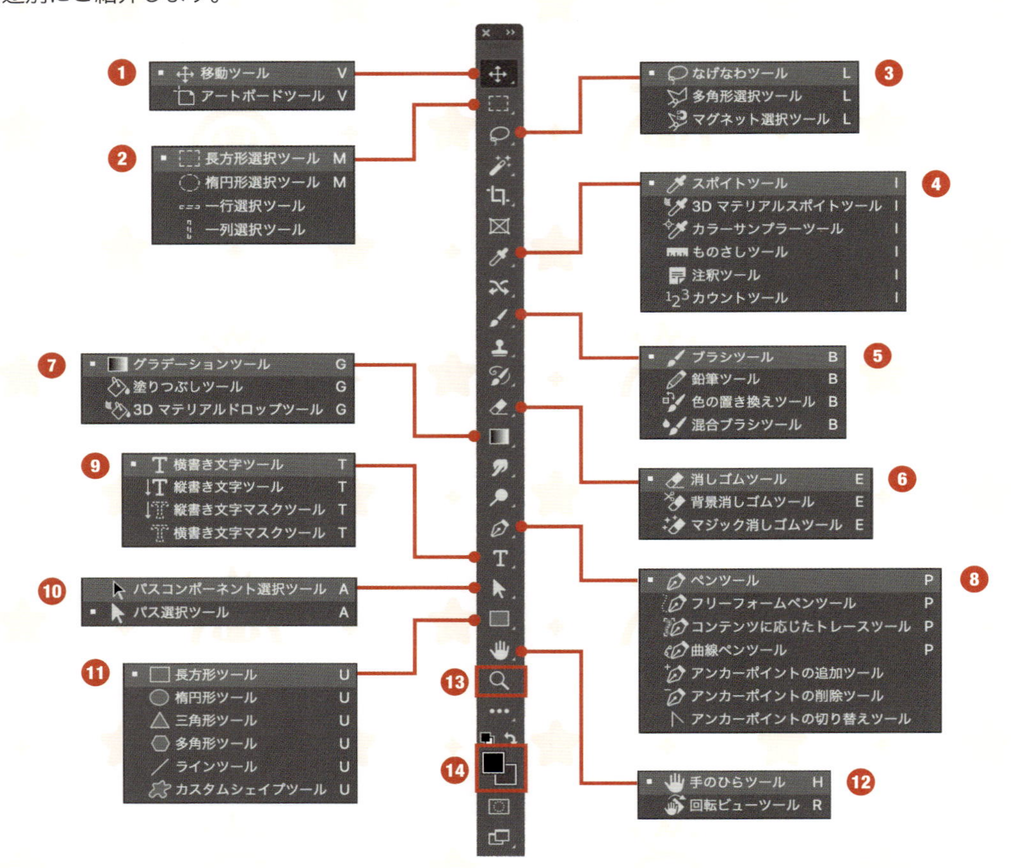

用途①レイアウトを組む

四角や丸などのかんたんな図形を使用し、大枠のレイアウトを作るためのツールです。

❶移動ツール

⓫長方形ツール／楕円形ツール

用途②テキストを入力する

見出しや説明文など、必要な情報をテキストで入力するためのツールです。

❾横書き文字ツール／縦書き文字ツール

用途③パーツを作る

ボタンなど必要なパーツの形状を作り、色や装飾を追加するためのツールです。

❷長方形選択ツール／楕円形選択ツール
❸なげなわツール／多角形選択ツール
❹スポイトツール
❺ブラシツール／鉛筆ツール
❻消しゴムツール
❼グラデーションツール／塗りつぶしツール
❽ペンツール
❿パスコンポーネント選択ツール／パス選択ツール
⓬手のひらツール
⓭ズームツール
⓮描画色／背景色

カラー設定

ツールパネルの下部には、カラーの設定を行う以下の機能が用意されています。

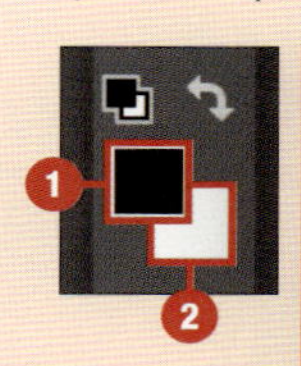

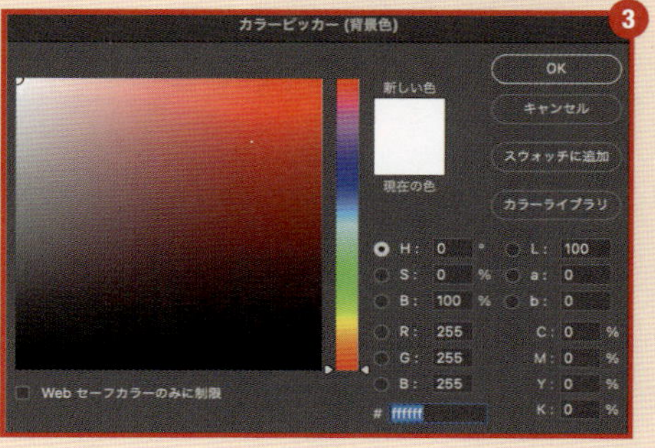

・D キーを押すと、描画色❶を黒色に、背景色❷を白色にリセットできます
・X キーを押すと、描画色❶と背景色❷を入れ替えできます
・描画色❶をクリックして、カラーピッカー❸を開くと、描画色を変更できます
・背景色❷をクリックして、カラーピッカー❸を開くと、背景色を変更できます

パネルの操作

パネルの基本操作

Photoshop のパネルは、画像を効率的に編集するために、用途別に機能がまとめられたウィンドウです。パネルは、自分が使いやすいように表示内容を切り替えたり、配置を移動したりできます。

1 パネルの表示

表示されていないパネルは、以下の方法で表示することができます。

1 「ウィンドウ」メニューを開くと、表示可能なパネル一覧を確認できます。

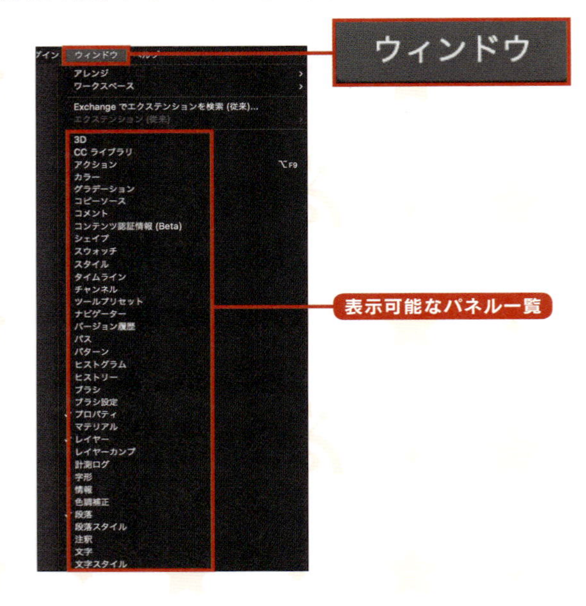

2 パネル一覧から「文字」をクリックすると❶、文字パネルが表示されます❷。

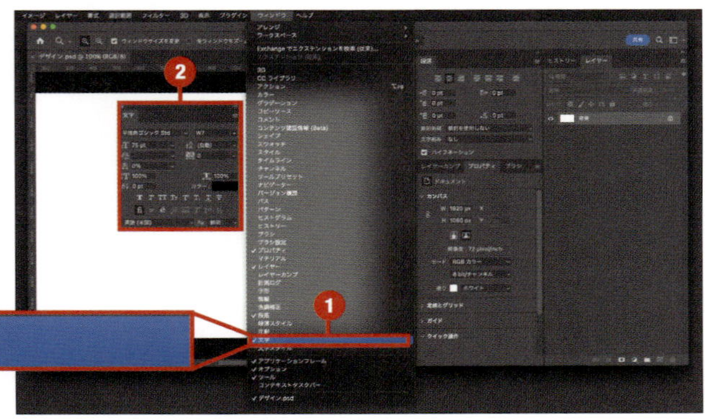

2 パネルの切り替え

必要なパネルを選択したり、最小化／最大化を行うことで、限られた作業スペース内で必要なツールへアクセスできます。

1 切り替えたいパネルのタブ（ここでは「段落」）をクリックすると、パネルが切り替わります。

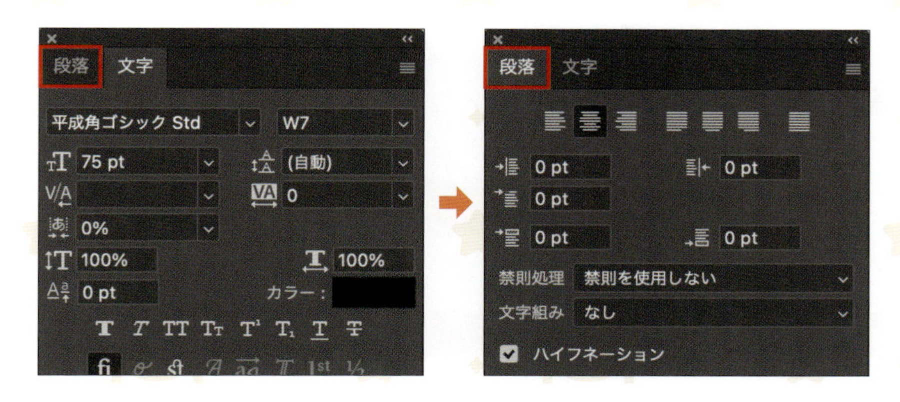

2 パネルのタブ（ここでは「文字」）をダブルクリックするたびに、パネルの最小化・最大化が切り替わります。

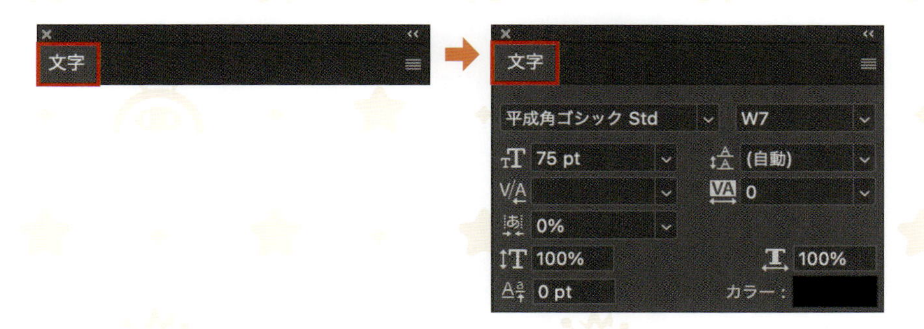

3 パネルの移動

作業効率を高めるために、パネルを自由に配置することができます。

1 移動したいパネルのタブを、パネルグループの外へドラッグします。

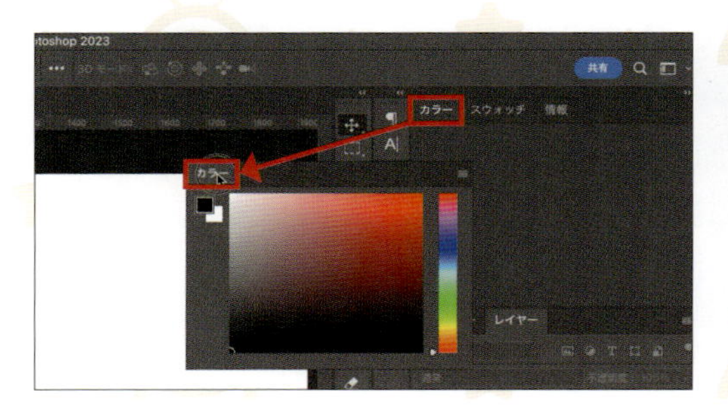

2 パネルをグループ外へ移動できました。

Photoshopの基本 6

画面の操作

画面の基本操作

デザイン制作時に、画面の拡大や縮小、移動などの操作は頻繁に行います。ショートカットキーを活用して効率的に作業ができるように、画面の操作方法を確認しましょう。

1 画面の拡大／縮小

画像の特定の部分を大きく表示したり、全体を小さく表示したりします。細部の編集や全体の構成を確認する場合に利用します。

1 ズームツールをクリックします。

2 カンバスをクリックすると拡大し、Alt キーを押しながらクリックすると、縮小できます。

ショートカットキー

拡大：Ctrl／Command＋Space＋拡大したい部分を起点に外側へドラッグ
縮小：Ctrl／Command＋Space＋拡大したい部分を起点に内側へドラッグ
100%で表示：Ctrl／Command＋1
表示サイズに合わせて全体表示：Ctrl／Command＋0

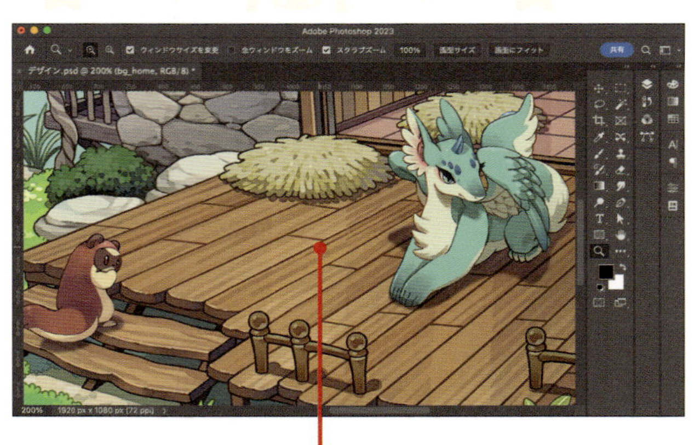

カンバスをクリックすると画面が拡大される

2 画面の移動

デザインの見える範囲を変えて確認や微調整をしたいときなどに、カンバスの表示位置を移動して作業しやすくすることができます。

1 手のひらツールをクリックします。

2 カンバス上で動かしたい方向へドラッグすると、表示位置を移動できます。

ショートカットキー

移動：space＋移動したい方向へドラッグ

3 ガイドの作成

ガイドは、デザイン時に画像や要素を正確に配置するための目安として使用される線です。

1 メニューバー（P.40）から、「表示」→「ガイド」→「新規ガイドレイアウトを作成」の順にクリックします。上左下右のマージンの数値を入力し❶、「OK」をクリックします❷。

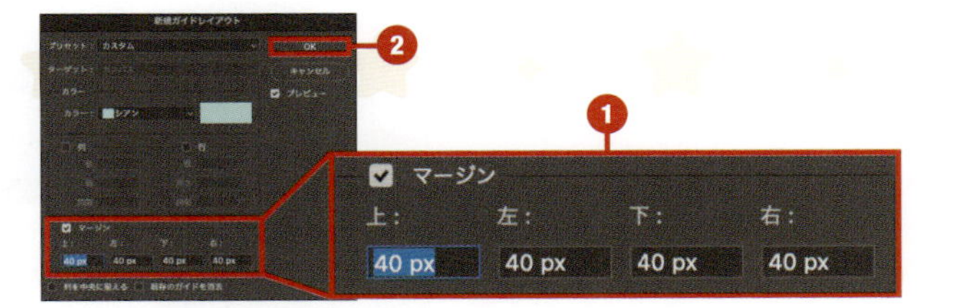

2 設定したマージンが反映されたガイドが表示されました。

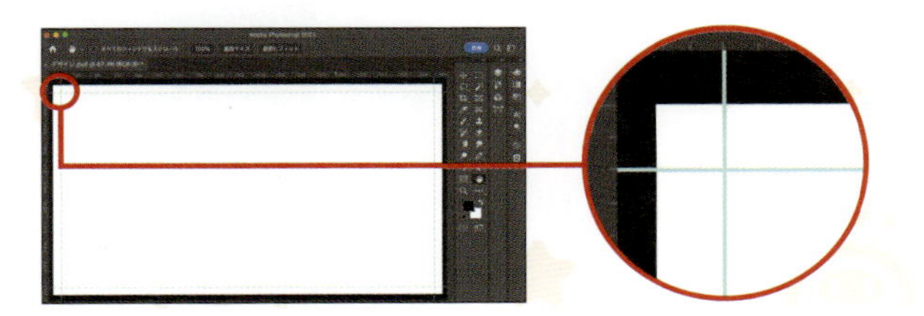

レイヤーの操作

レイヤーの基本操作

レイヤーとは、画像を構成する1枚1枚の透明なフィルムのようなものです。それぞれに画像やテキストなどのオブジェクトを配置し重ね合わせることで、1枚の画像を完成させることができます。

1 新規レイヤー作成／コピー／削除

UIデザインでは、各パーツごとにレイヤーを分けてデータを作成します。それにより、データ管理を効率よく行うことができます。複製が必要な場合はコピーし、不要になった場合は削除します。

1 レイヤーパネル下にあるプラスアイコンをクリックすると❶、新規レイヤーが作成できます❷。

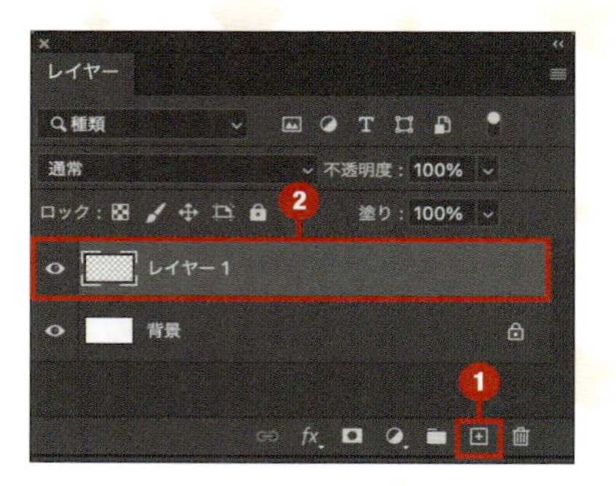

2 レイヤーをコピーするには、レイヤーを右クリックし、「レイヤーを複製」をクリックします。

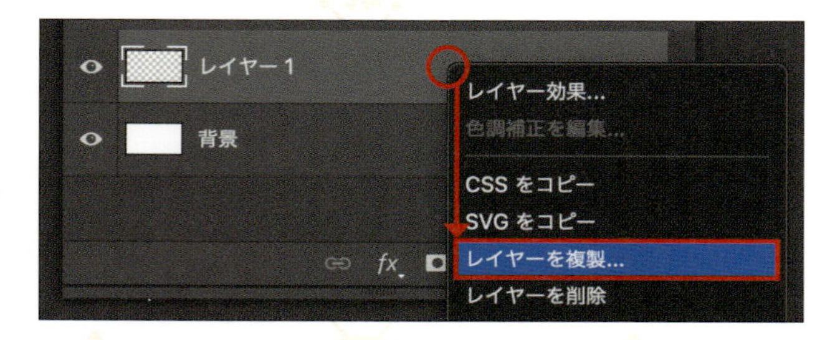

3 レイヤーの名称を設定し❶、「OK」をクリックします❷。

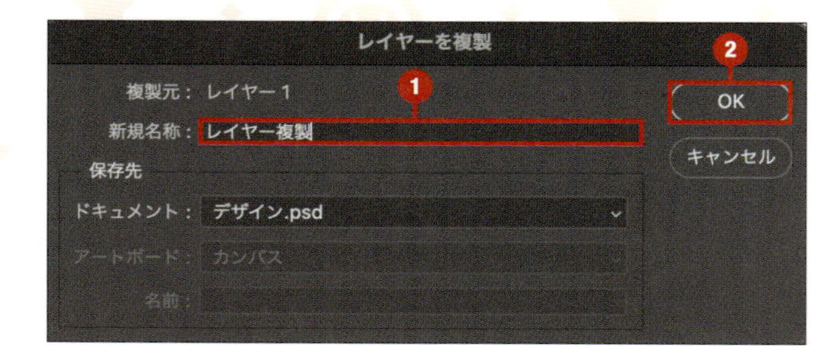

4 レイヤーがコピーできました。

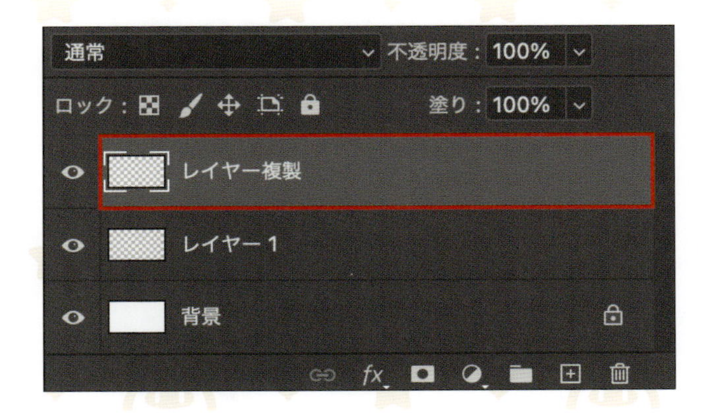

5 レイヤーを削除するには、レイヤーを右クリックし、「レイヤーを削除」をクリックします。

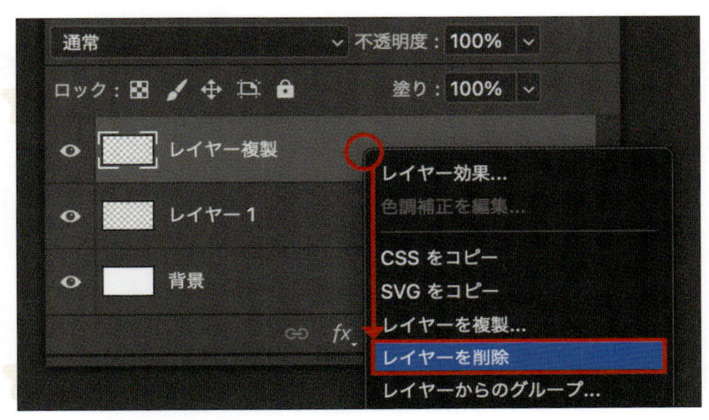

6 レイヤーが削除できました。

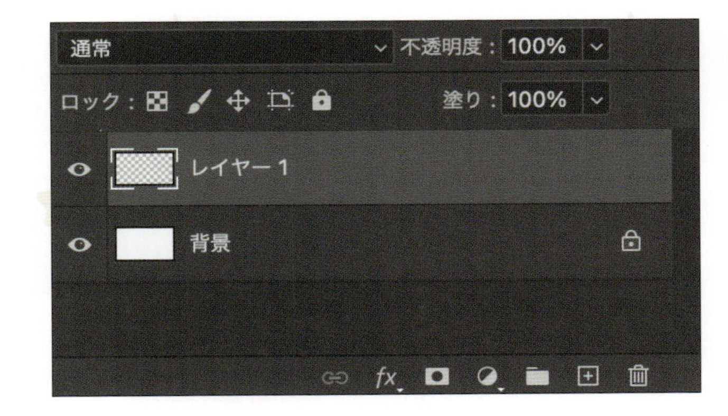

ショートカットキーからレイヤーを操作する方法

ショートカットキーを駆使して、すばやくレイヤーを操作できるようにします。

- 新規レイヤーの作成：Ctrl ／ Command + Shift + Alt + N
- レイヤーのコピー：レイヤーを選択した状態で Ctrl ／ Command + J
- レイヤーの削除：レイヤーを選択した状態で Delete

2 レイヤー表示／非表示／ロック

必要に応じてレイヤーの表示／非表示を切り替えて作業します。間違ってレイヤーを編集しないように、ロックして変更できないようにすることもできます。

1 レイヤーパネルの目のアイコンをクリックすると❶、レイヤーが非表示になります❷。

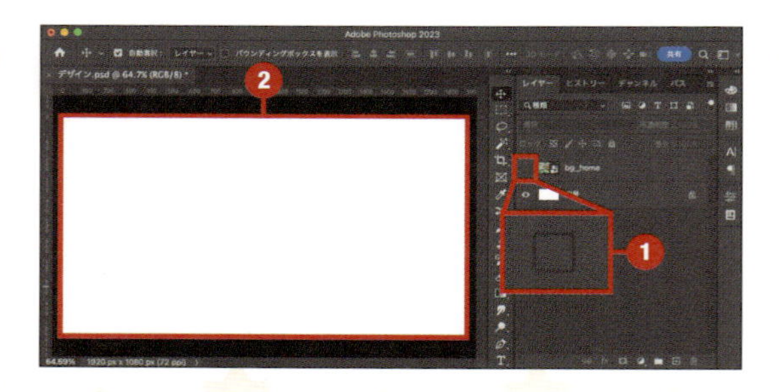

2 もう一度目のアイコンをクリックすると❶、レイヤーが表示されます❷。

3 レイヤーを選択し❶、鍵アイコンをクリックすると❷、レイヤーがロックされて変更できない状態になります。

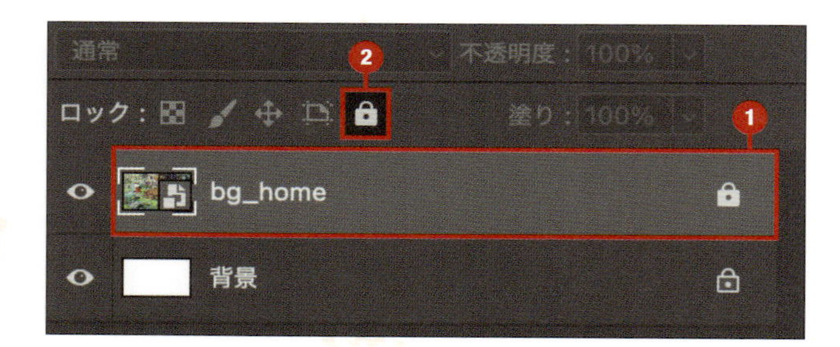

3 レイヤーの移動

レイヤーを移動するには、移動したい場所へレイヤーをドラッグします。

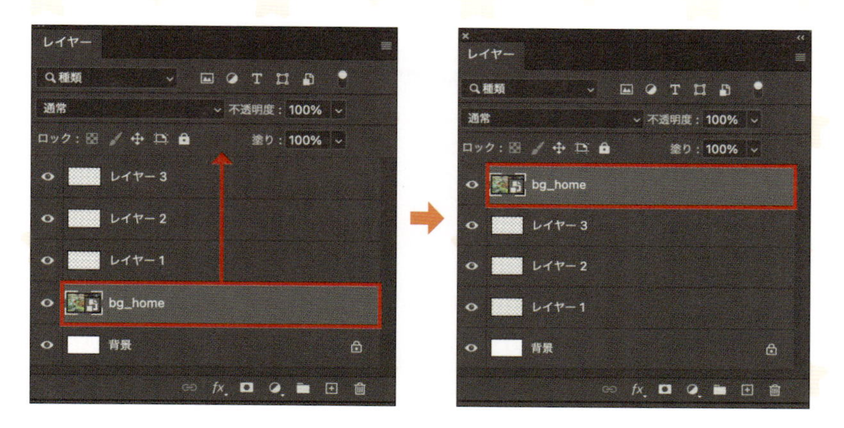

4 レイヤー名の変更

レイヤー名を変更するには、レイヤー名をダブルクリックして入力し、Enter キーを押して確定します。

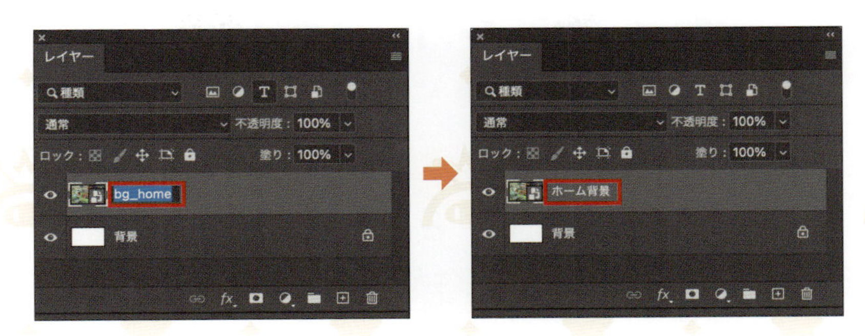

5 レイヤーのグループ化

複数のレイヤーを１つのグループにまとめて、管理しやすくすることができます。

1 まとめたいレイヤーを、Shift キーを押しながらクリックしてすべて選択します❶。その上で右クリックし、「レイヤーからのグループ」をクリックします❷。

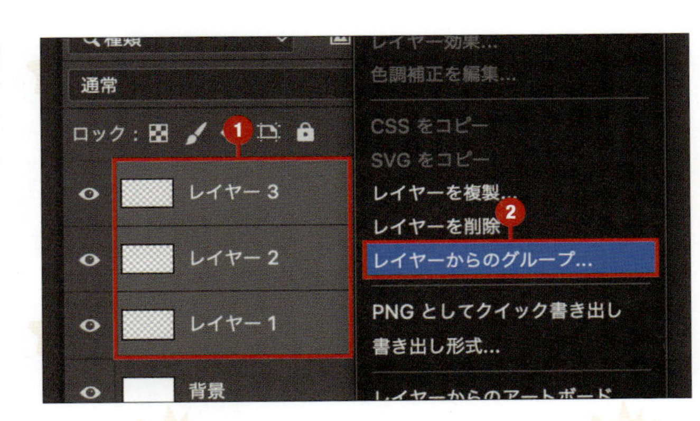

2 任意の名前を設定し❶、「OK」をクリックします❷。

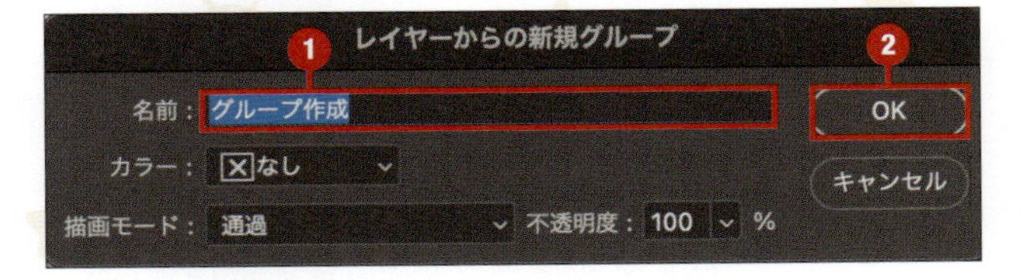

3 複数のレイヤーを、１つのグループにまとめることができました。

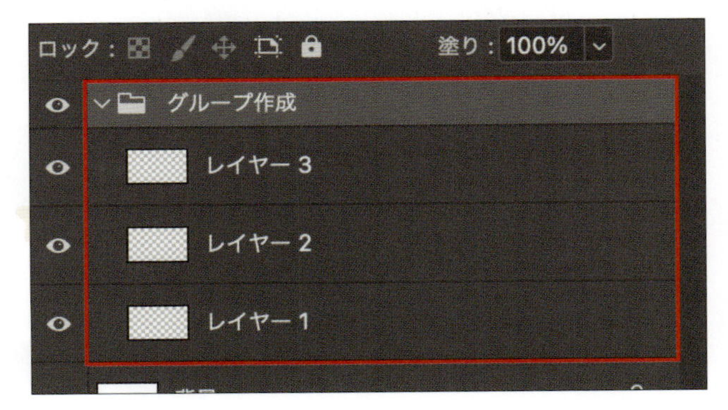

Photoshopの基本 8

オブジェクトの操作

オブジェクトの基本操作

オブジェクトの操作とは、特定の要素（オブジェクト）の選択や移動、回転や変形、整列などを行うことを指します。これらの操作で、画像を自由に編集・加工することができます。

1 オブジェクトの選択／移動

カンバス上にあるオブジェクトを選択し、移動させることができます。

1 移動ツールをクリックします。

2 オプションバーで「自動選択」にチェックを入れると、カンバス上にあるオブジェクトをクリックして選択できるようになります。

3 オブジェクトを選択した状態で移動したい方向へドラッグすると、移動できます。

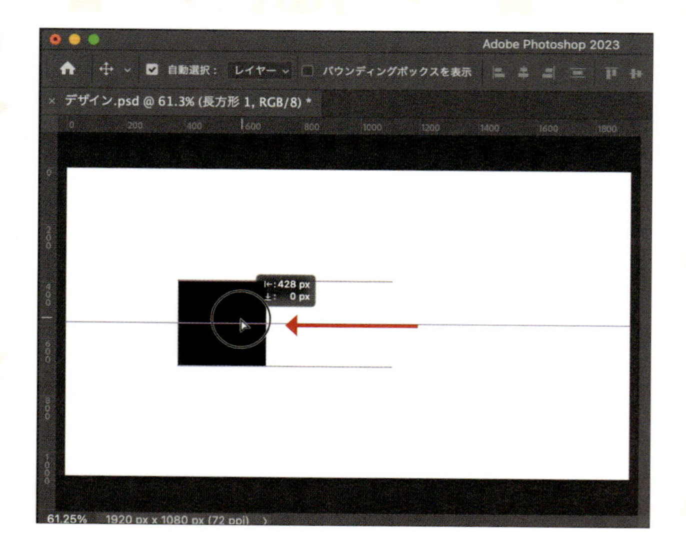

2 オブジェクトの回転／変形

カンバス上にあるオブジェクトを選択し、回転させたり変形させたりすることができます。

1 移動ツールをクリックします。

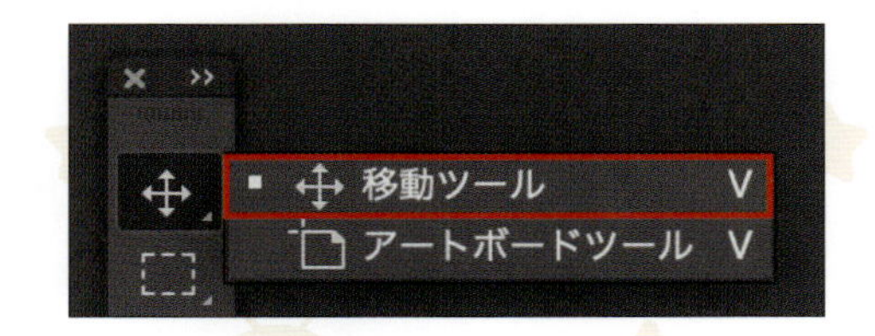

2 オプションバーで「バウンディングボックスを表示」にチェックを入れると❶、オブジェクトの周囲に枠（バウンディングボックス）が表示されます❷。

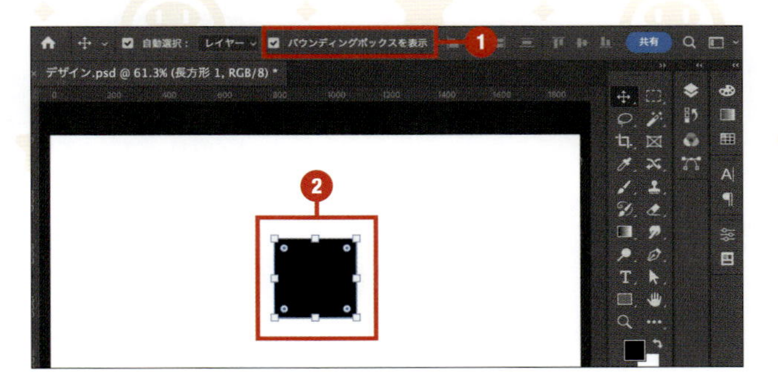

3 バウンディングボックスのコーナーにマウスポインターを合わせ、回転させたい方向へドラッグします。Enter キーで確定します。

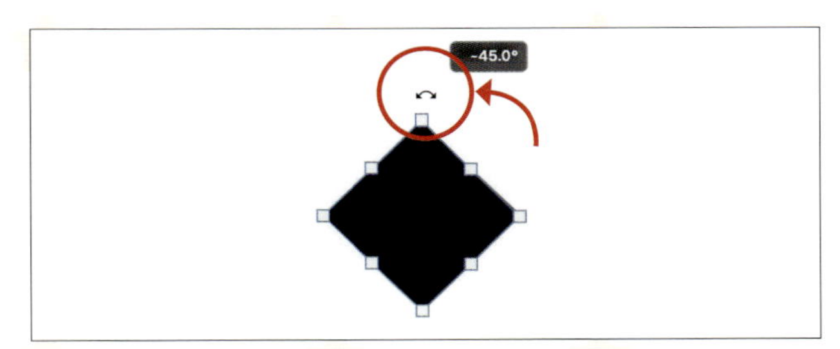

4 変形させたい部分にマウスポインターを合わせ、外側または内側にドラッグすると❶、オブジェクトを変形することができます❷。

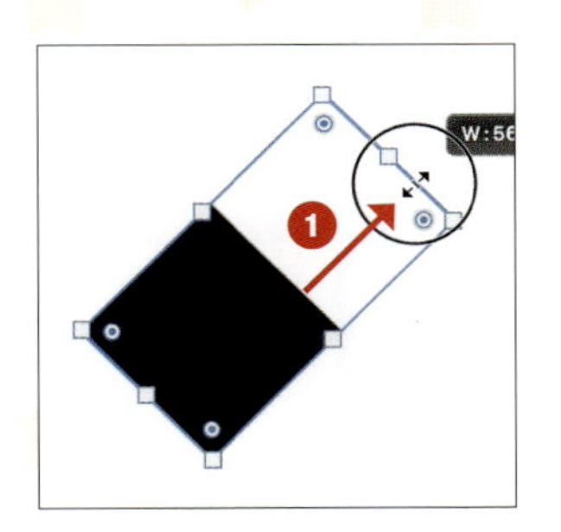

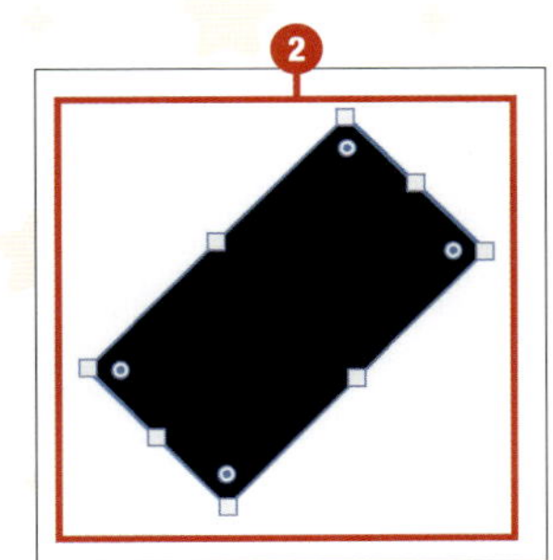

バウンディングボックスの一時表示

オプションバーで「バウンディングボックスを表示」にチェックを入れていない状態で回転／変形させたい場合は、Ctrl ／ Command + T キーを押すことで、バウンディングボックスを一時的に表示させることができます。

3 オブジェクトの整列

複数のオブジェクトを、特定の規則に従って配置し直すことができます。レイヤー間で均等に整列させることで、デザイン作業を効率化できます。

1 移動ツールをクリックします。

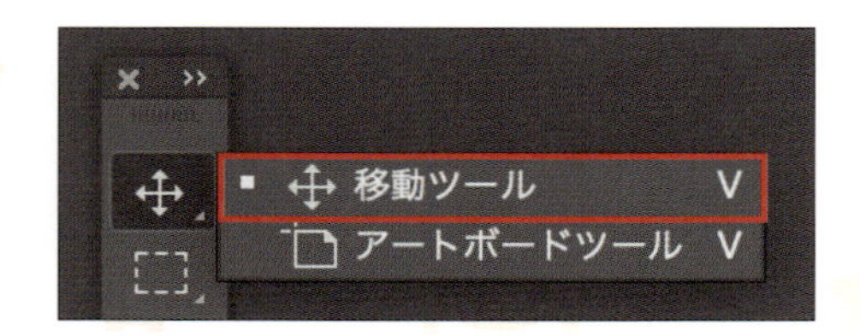

2 Shift キーを押しながら、すべてのシェイプレイヤーをクリックして選択します❶。オプションバーの「水平方向中央揃え」をクリックします❷。

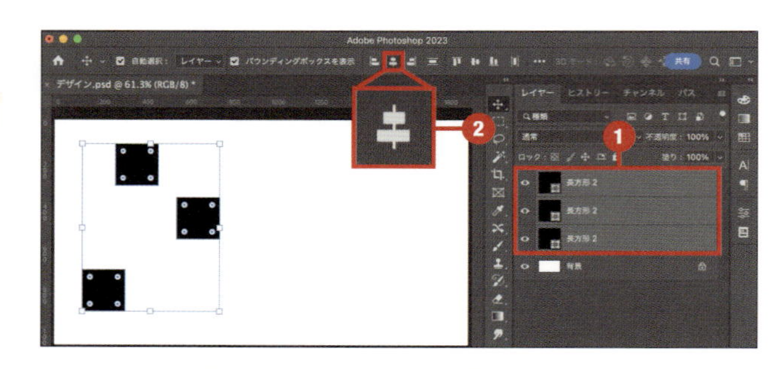

3 シェイプレイヤーを、縦に整列することができました。これは、選択中のオブジェクトの範囲内での整列になります。

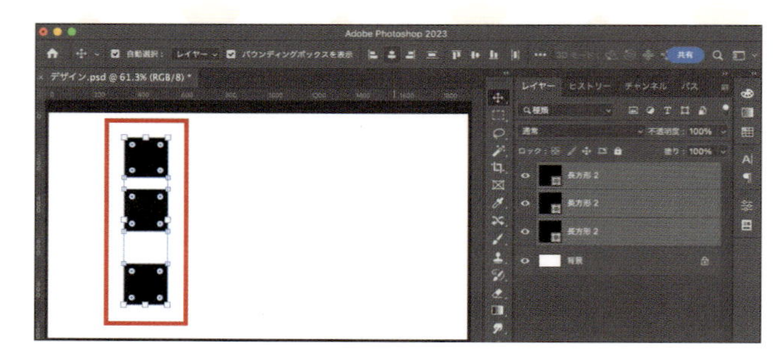

4 次に Ctrl ／ Command キーを押しながら、背景レイヤーもあわせて選択します❶。同じくオプションバーの「水平方向中央揃え」をクリックします❷。

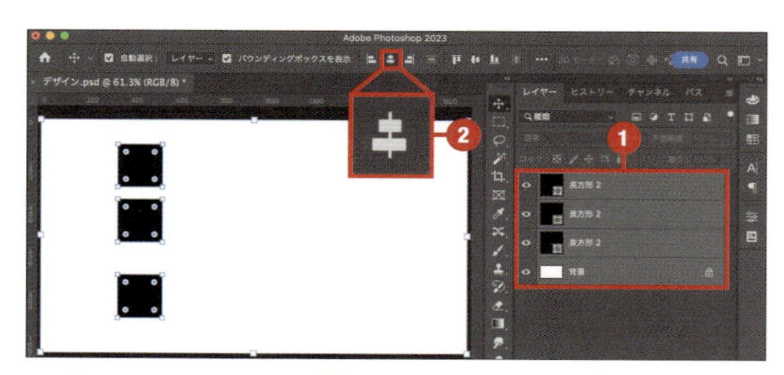

5 今度は、カンバスを基準としてオブジェクトを整列することができました。

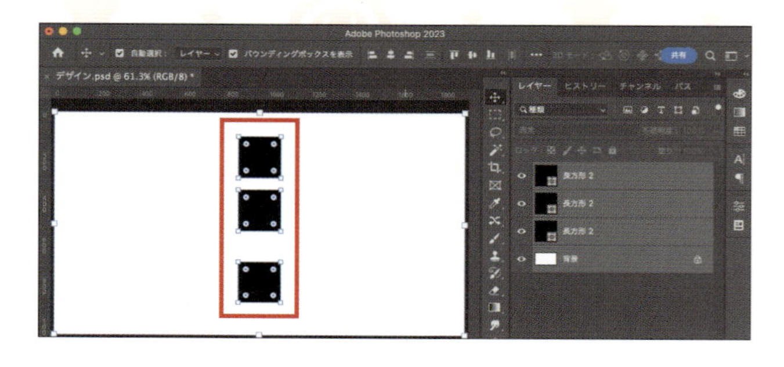

Photoshopの基本 9

マスクの操作

マスクの基本操作

マスクは、レイヤーの一部を隠すために使用される機能です。これにより、画像の一部だけを表示することが可能になります。マスクは、不要な部分を削除するのではなく、一時的に隠すだけなので、後から編集や調整を行うことができます。

1 クリッピングマスク

クリッピングマスクは、特定のレイヤー（マスク）の形をもとに他のレイヤーを切り抜くことができるマスク機能です。

1 長方形ツールをクリックして❶、カンバス上にマスクとなるシェイプを描きます❷。

2 マスクをかけたい画像の下に、❶で作成したマスクとなるシェイプレイヤーを移動します❶。Alt キーを押しながら、レイヤーパネルの画像とシェイプの中間あたりにマウスポインタを合わせます。下矢印が表示されるので、クリックします❷。

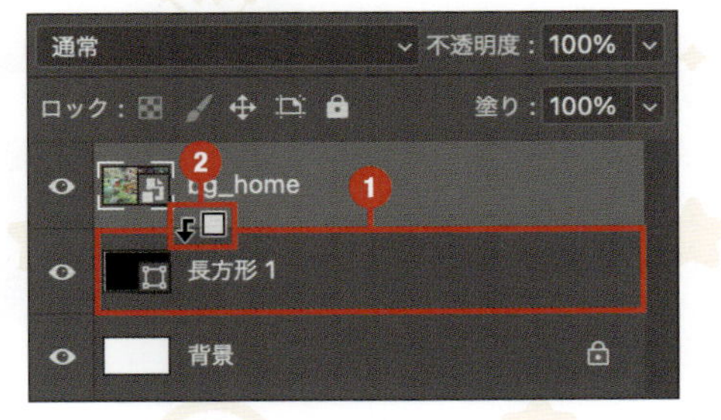

3 レイヤーパネル上では、マスクのシェイプに対して画像から下矢印のアイコンが追加されます❶。カンバス上では、シェイプの形状に画像が切り抜かれました❷。

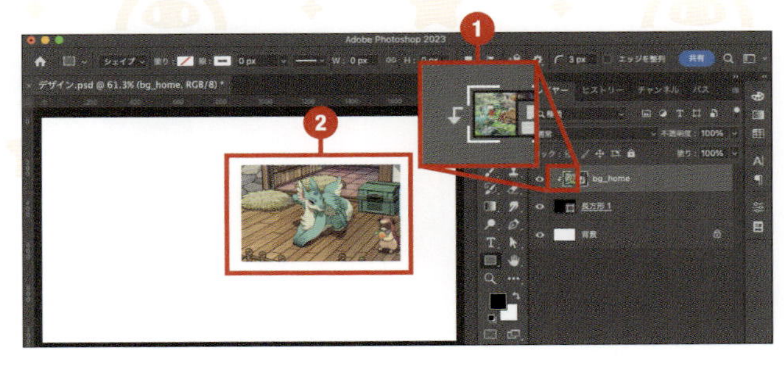

2 レイヤーマスク

レイヤーマスクは、選択範囲から作成される、ビットマップ画像のマスク機能です。マスクの白のエリアは完全に表示され、黒のエリアは完全に隠されます。グレーのエリアは、濃淡に応じて部分的に隠されます。

1 長方形選択ツールをクリックして❶、カンバス上でドラッグします❷。選択範囲が作成されます。

2 マスクをかけたい画像を選択します❶。レイヤーパネル下の、マスクアイコンをクリックします❷。

3 レイヤーパネル上では、マスクされた画像に対してレイヤーマスクサムネール（マスク範囲の情報）が追加されます❶。カンバス上では、選択範囲の形状に画像が切り抜かれました❷。

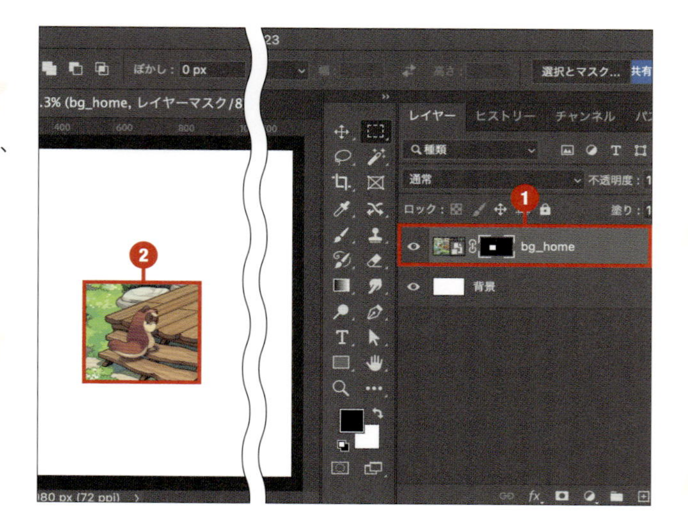

3 ベクトルマスク

ベクトルマスクは、パスで作成した形状の範囲から作成される、ベクトル画像のマスク機能です。レイヤーマスクと違い、濃淡を考慮した表示はできません。

1 ペンツールをクリックして❶、オプションバーで「パス」をクリックします❷。

2 カンバス上でマスクとして切り抜きたい範囲をクリック、またはドラッグしながらつないでいき、選択範囲を作成します。

3 マスクをかけたい画像を選択します❶。Ctrl／Command キーを押しながら、レイヤーパネル下のマスクアイコンをクリックします❷。

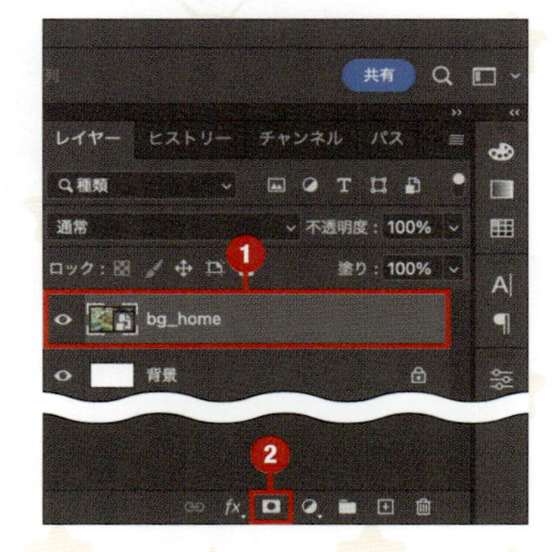

4 レイヤーパネル上では、マスクされた画像に対してベクトルマスクサムネール（マスク範囲の情報）が追加されます❶。カンバス上では、パスの選択範囲の形状に画像が切り抜かれました❷。

CHAPTER 2 ゲームUIにおけるPhotoshopの基本を知ろう

UIデザインの必須機能 1

文字パネル

文字パネルとは

ここからは、UI デザインを行う上で必須となる Photoshop の重要な機能について解説していきます。最初に紹介する文字パネルでは、文字のサイズや行間、文字色の変更など、さまざまな書式設定を行うことができます。ここでは、デザイン時に使用頻度が高い 10 項目についてご紹介します。文字パネルが表示されていない場合は、P.52 の方法で表示することができます。

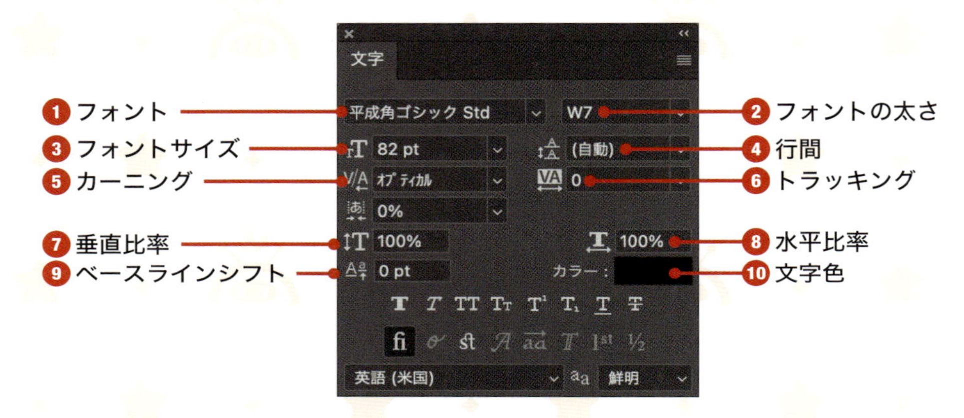

1 フォント

フォントの種類を変更できます。1 つのテキスト内に複数のフォントを使用することも可能です。

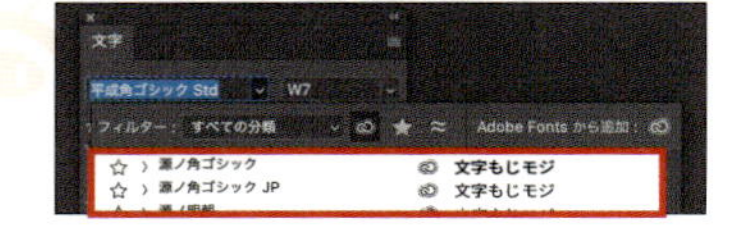

2 フォントの太さ

フォントの太さを変更できます。フォントによっては斜体が用意されていたり、太さのバリエーションも異なります。画面の「平成角ゴシック Std」は、W3、W5、W7、W9 と数多くの太さが用意されています。

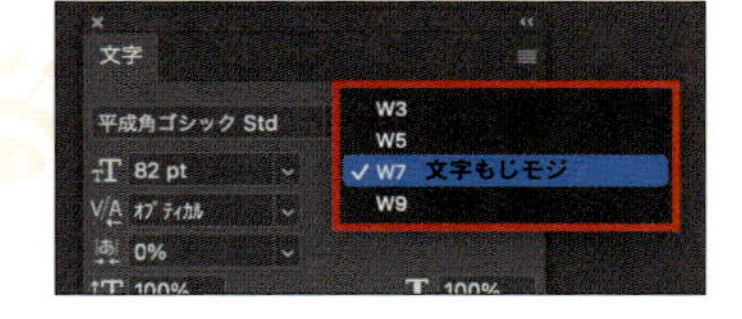

3 フォントサイズ

フォントのサイズを変更できます。プルダウンメニューから文字サイズを選んだり、数値を直接入力したりすることができます。

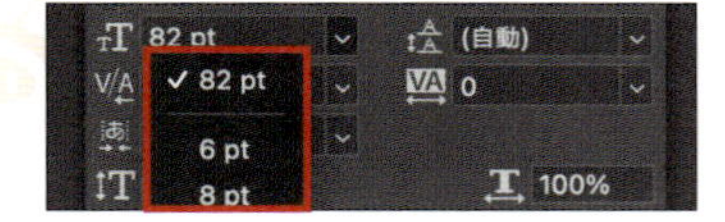

❹行間

文字を改行したときの、上下の行の間隔（行間）を変更できます。

文字の行間を
行間
変更できます

❺カーニング

文字と文字の間隔（文字間）を変更できます。

❻トラッキング

１文字単位ではなく、文章全体の文字間をまとめて変更できます。

❼垂直比率　❽水平比率

文字の垂直比率と水平比率を変更できます。通常は比率100%を使用しますが、用途に応じて広げたり狭めたりして調整します。

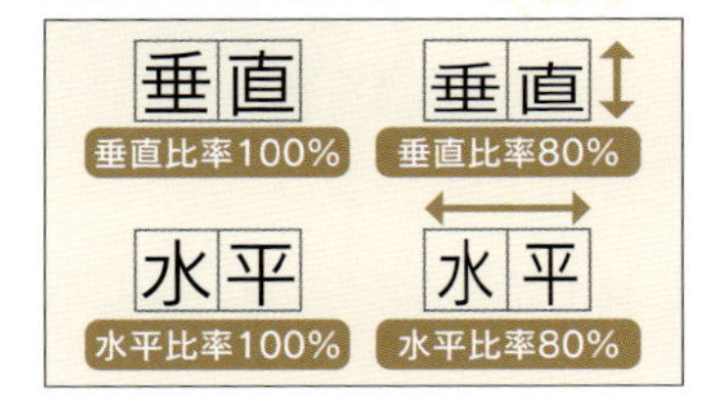

❾ベースラインシフト

文字の基準位置（ベースラインシフト）を変更できます。数値を変更することで、右記の赤ラインを基準に、文字を上下に移動できます。

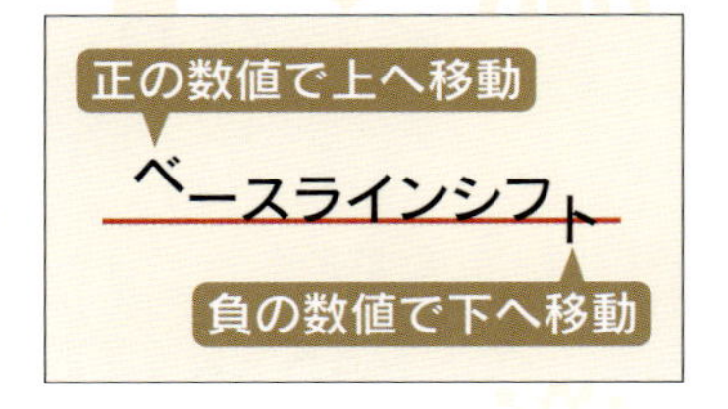

❿文字色

文字の色を変更できます。１つのテキスト内で、複数の色を使用することもできます。

文字色

レイヤースタイル

レイヤースタイルとは

レイヤースタイルは、特定のレイヤーに対して、ドロップシャドウ、グラデーション、テクスチャなどの効果を適用できる機能です。さまざまなスタイルが用意され、詳細な設定を行うことで、オリジナルのデータを破壊することなく（非破壊編集）、効果を追加できます。

レイヤースタイルの例①

レイヤースタイルの例②

レイヤースタイルは、以下の方法で設定することができます。

1 レイヤースタイルを適用したいレイヤーの、レイヤー名の右側付近をダブルクリックします。

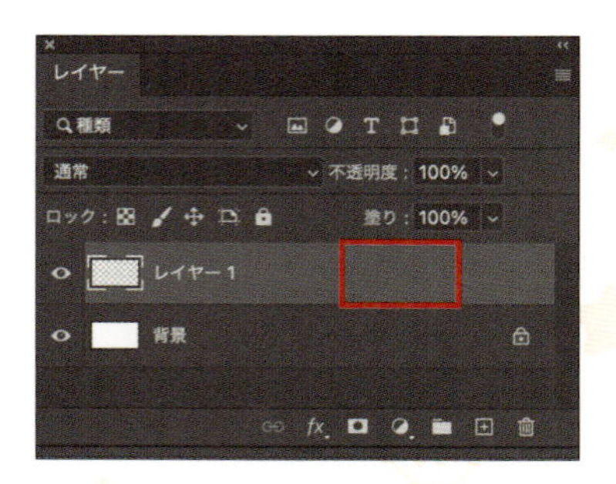

2 レイヤースタイルウィンドウが表示されます。ここで、さまざまな効果を設定することができます。スタイルがすべて表示されていないときは、fxのサブメニュー❶から「初期設定のリストに戻す」を選択します❷。

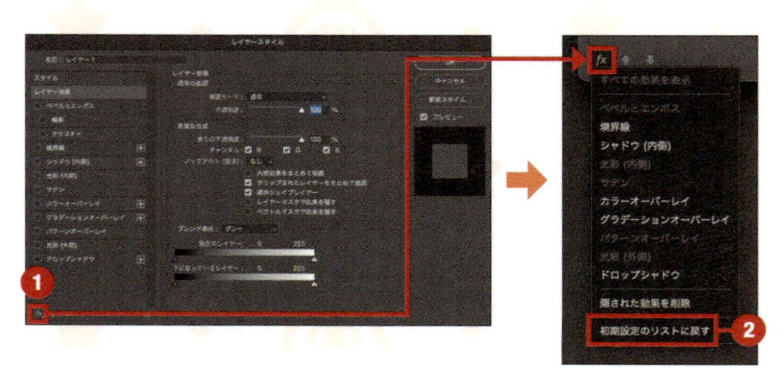

グラデーションオーバーレイを設定する

ここでは「A」の文字に対して、レイヤースタイルを使用して装飾を追加することにします。ここで使用するレイヤースタイルは、グラデーションオーバーレイとドロップシャドウの2つになります。

▶ フォントは、Adobe Fontsからダウンロードできる「Futura PT」の「Bold」を使用。フォントサイズは、200ptに設定。

1 レイヤースタイルウィンドウで、[グラデーションオーバーレイ]を選択して❶、設定項目をすべて設定します❷。

描画モード：通常
不透明度：100%
逆方向：：チェックOFF
スタイル：線形
角度：90°

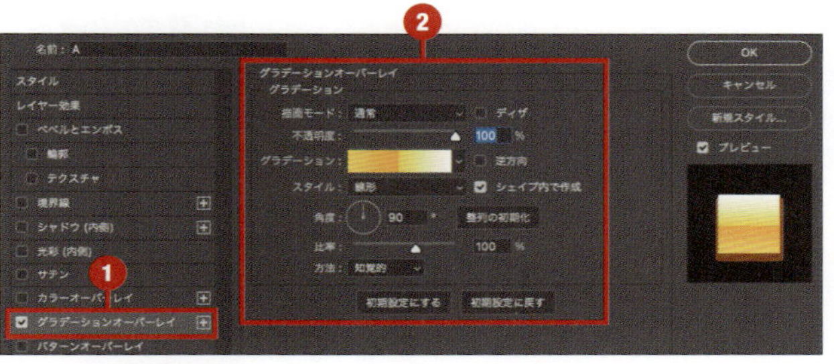

2 グラデーション部分をクリックします。

3 グラデーションエディターでカラー分岐点をダブルクリックし❶、カラーピッカーを開きます。カラーフィールドで色を選択するか❷、直接カラーコード（#f5db49）を入力します❸。

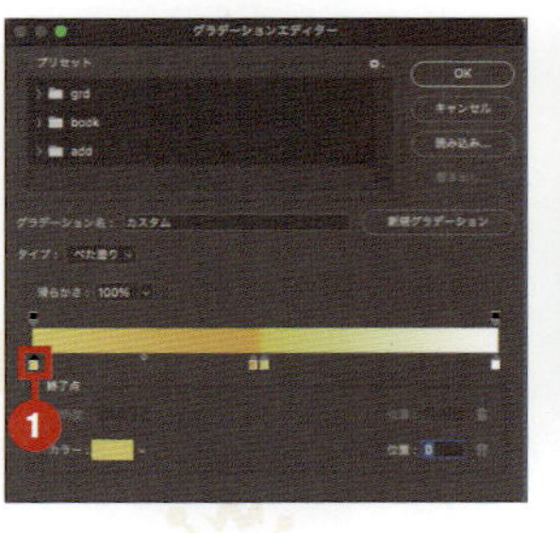

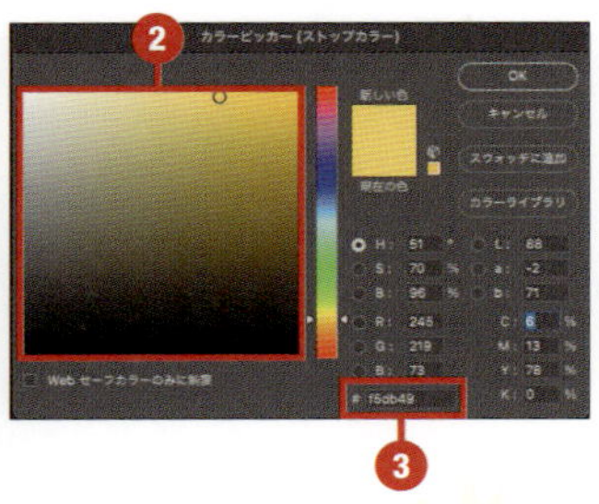

4 グラデーションエディターで、カラー分岐点を追加したい場所をクリックします❶。カラー分岐点を移動したい場合は、分岐点をクリックして、位置に48と入力します❷。追加した分岐点を選択した状態でドラッグして左右に移動することも可能です。

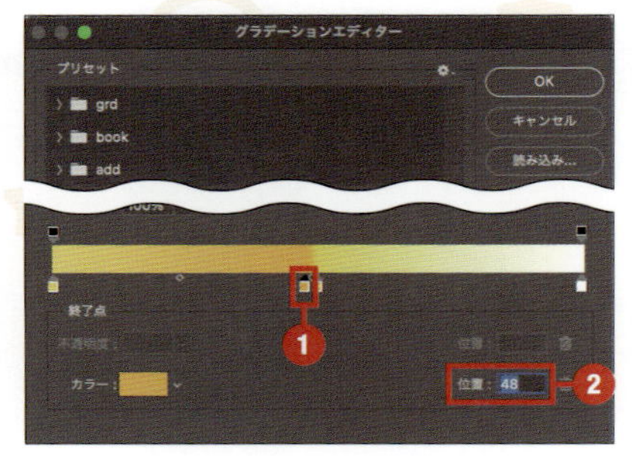

CHAPTER 2 ゲームUIにおけるPhotoshopの基本を知ろう

5 3のときと同様に、追加したカラー分岐点をダブルクリックしてカラーピッカーを開き、カラーコード（#f0b02a）を入力したら1、「OK」をクリックして確定します2。

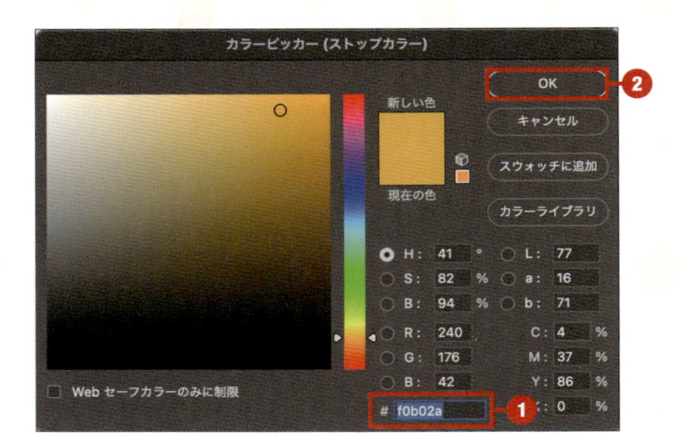

6 同様に不透明度の分岐点もグラデーションエディター上でクリックして追加することができます。今回は、最初から用意されている不透明度の分岐点をクリックし1、不透明度が100%2、位置が03になっていることを確認します。

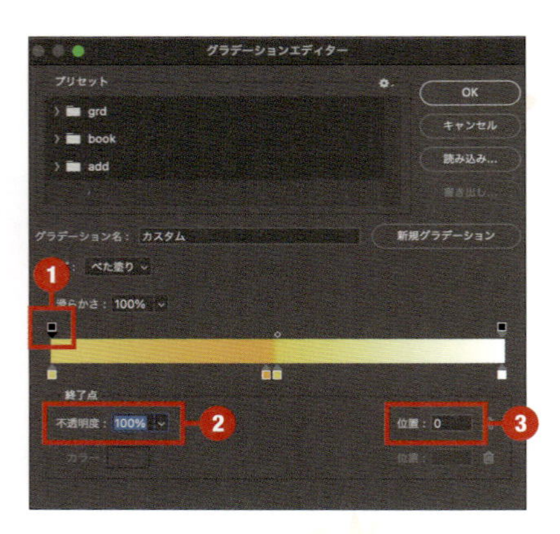

7 同様の操作で、残りのカラー分岐点と不透明度の分岐点を下記のように設定します。

カラー分岐点1
カラー：#f1dc36
位置：50

カラー分岐点2
カラー：#ffffff
位置：100

不透明度の分岐点3
不透明度：100%
位置：100

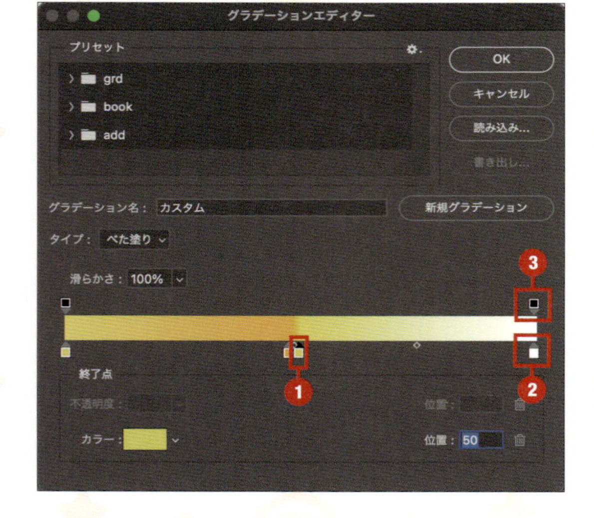

8 文字にグラデーションが追加されました。

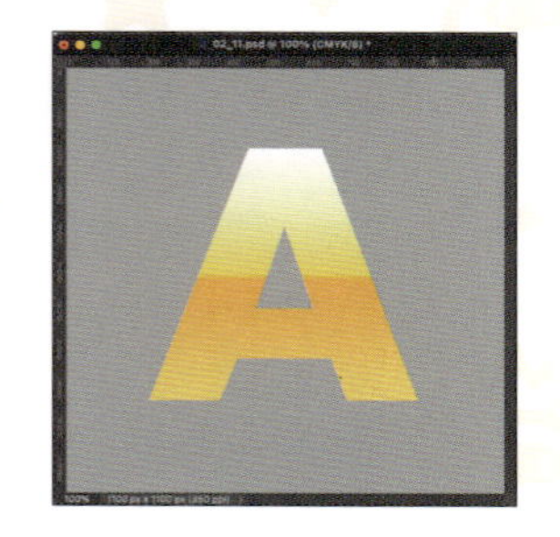

ドロップシャドウを設定する

続いてドロップシャドウを使用して、文字のアウトラインを追加します。

1 レイヤースタイルウィンドウで[ドロップシャドウ]を選択して❶、設定項目をすべて設定します❷。

描画モード：通常
不透明度：100%
角度：90°
包括光源を使用：チェックON
距離：28px
スプレッド：100%
サイズ：58px

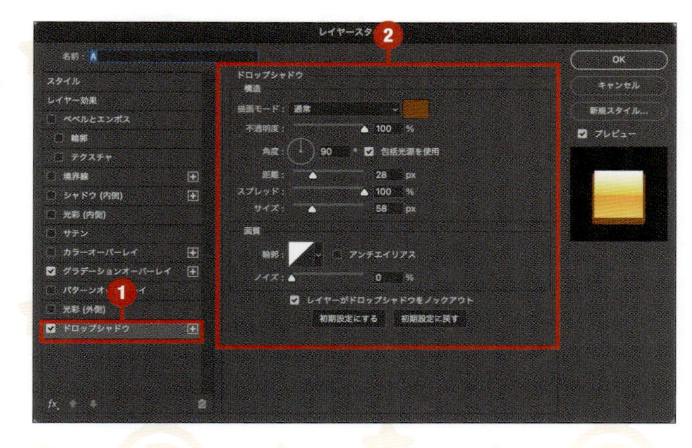

2 カラー部分をクリックします。

描画モード：通常

3 カラーフィールドで色を選択するか❶、直接カラーコード(#985624)を入力します❷。

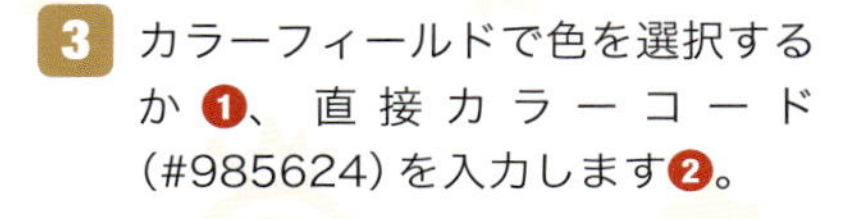

4 文字にドロップシャドウが追加されました。

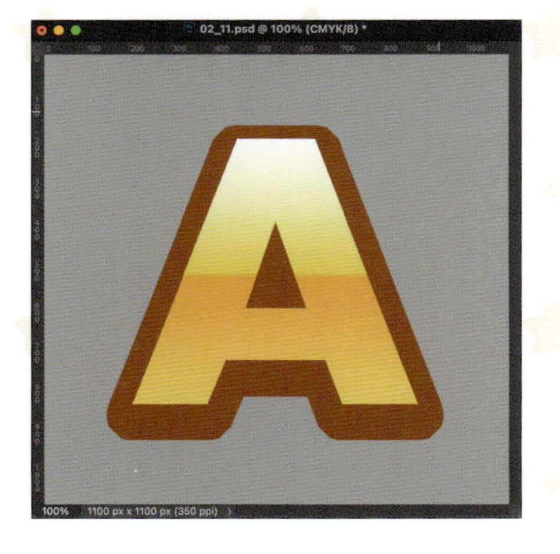

UIデザインの必須機能 ③

描画モード

描画モードとは

描画モードは、下層レイヤーと色を合成するための機能です。下のレイヤーを基本色、上のレイヤーを合成色、基本色と合成色が重なった部分を結果色と呼びます。描画モードを活用することで、さまざまな効果を適用し、クオリティをアップすることができます。

描画モードの例①

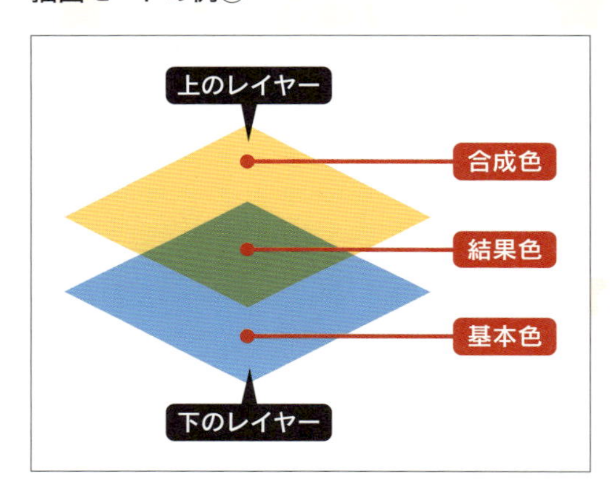

描画モードの例②

描画モードは、描画モードを設定したいレイヤーを選択し、レイヤーパネルにある描画モードのドロップダウンメニューから目的の描画モードをクリックして適用できます。

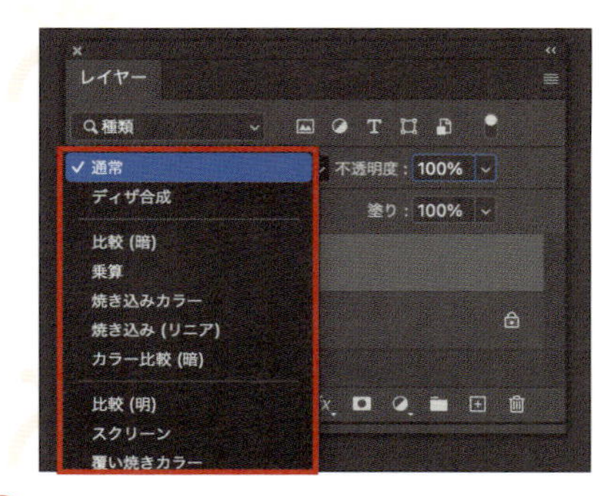

他にも、レイヤースタイルウィンドウの左側のメニューから任意のレイヤー効果を選択し❶、右側の詳細設定ができるエリアで描画モードを変更することもできます❷。

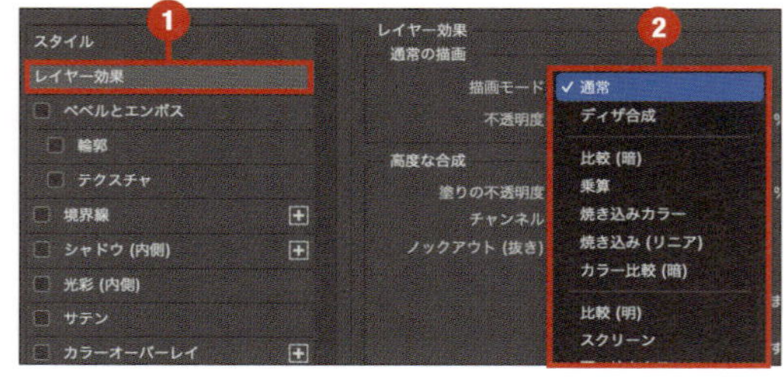

描画モードの種類

描画モードは、以下の 6 種類の効果に分かれています。下記の❶〜❻については、次ページから詳しく説明します。

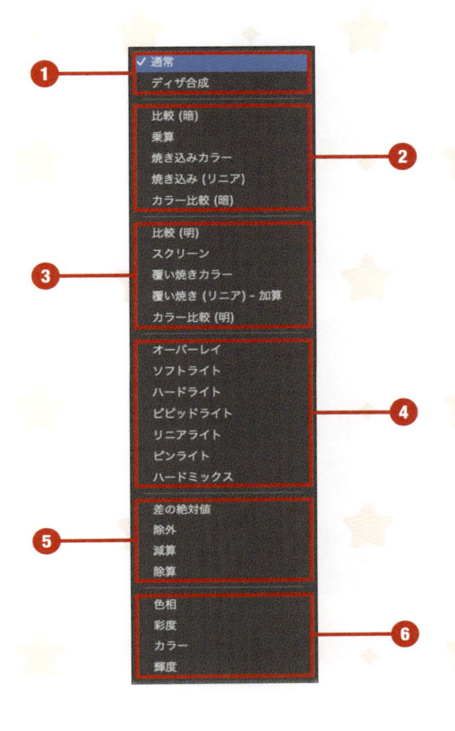

❶ 通常効果

「通常」は初期設定で、「ディザ合成」は不透明度に応じてノイズが加わります。

❷ 暗くする効果

色を合成して暗くします。

❸ 明るくする効果

色を合成して明るくします。

❹ コントラストを上げる効果

コントラストを上げ、明暗をはっきりさせます。

❺ 比較した差で合成する効果

上下のレイヤーを比較して、反転したような結果になります。

❻ HSL 値による効果

色相（Hue）、彩度（Saturation）、輝度（Lightness）を使用して合成します。

①ノイズを与える効果【ディザ合成】

描画モードを「ディザ合成」に設定すると、合成色の不透明度に応じて、ノイズ効果を与えることができます。用途としては、イラストなどにノイズを追加し質感をつけたいときなどに使用できます。

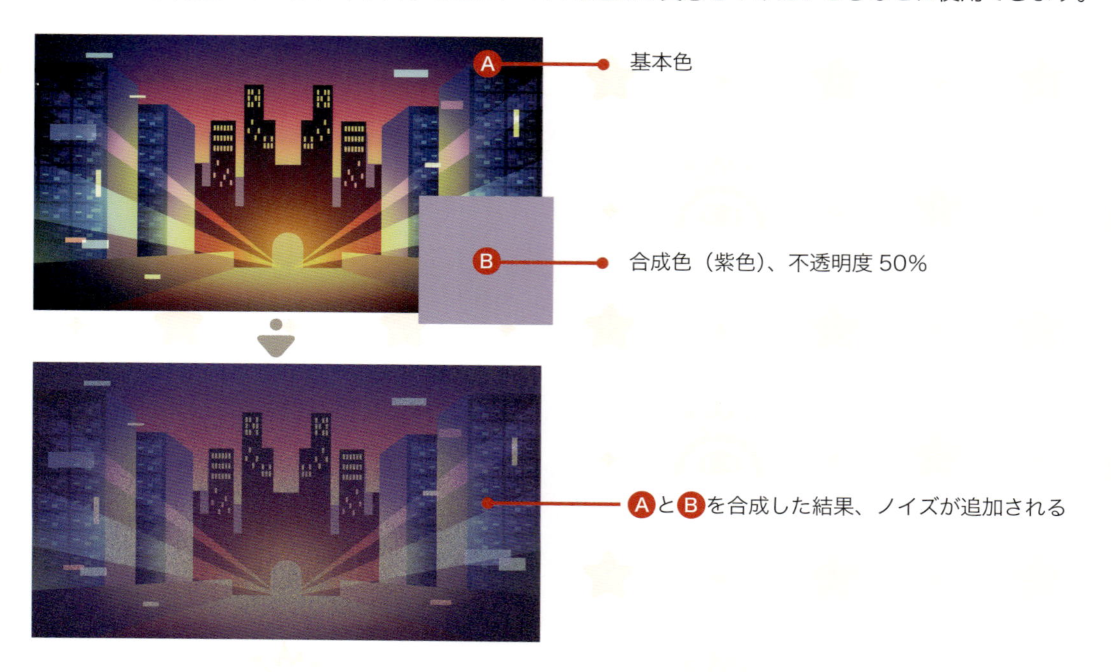

②暗くする効果【乗算】

描画モードを「乗算」に設定すると、基本色と合成色をかけあわせて、結果色は暗い色になります。用途としては、イラストやアイコンパーツに対して濃い影色をつけたいときなどに使用できます。

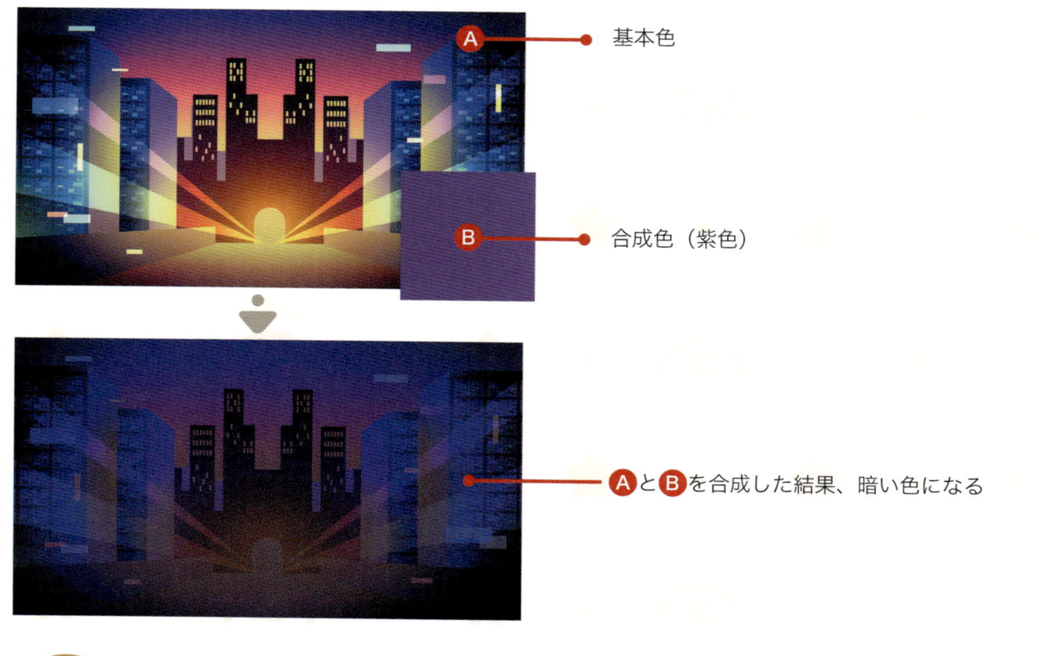

③明るくする効果【 覆い焼き（リニア）- 加算】

描画モードを「覆い焼き（リニア）- 加算」に設定すると、基本色を明るくして、合成色を反映します。用途としては、イラストやアイコンパーツに対して光をあてたいときなどに使用できます。

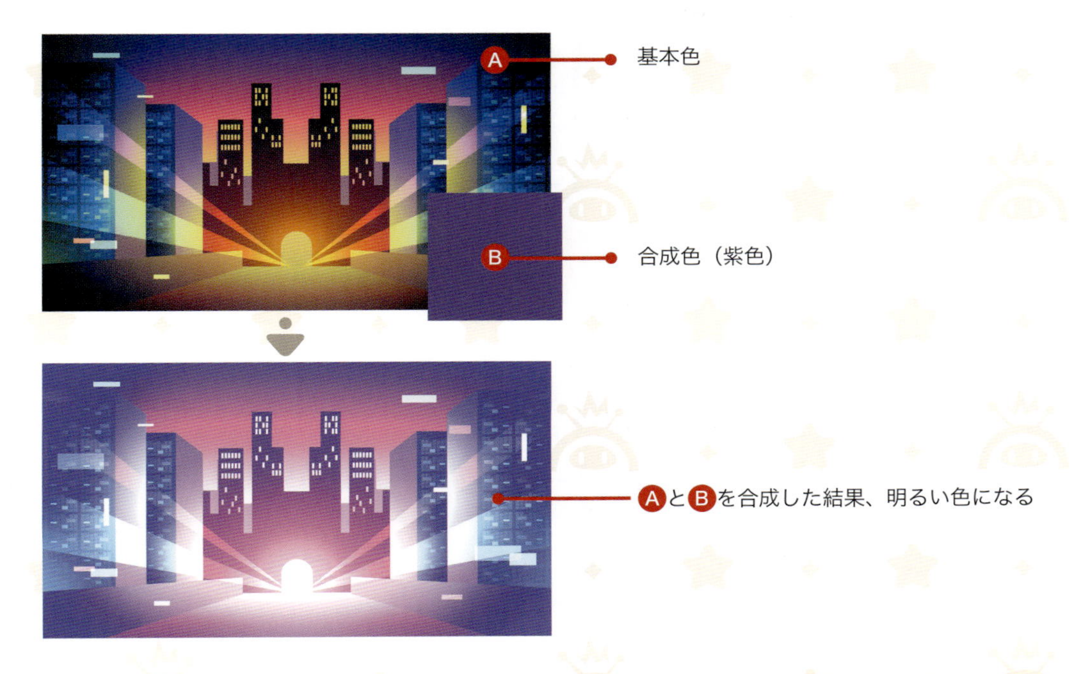

④コントラストを上げる効果【オーバーレイ】

描画モードを「オーバーレイ」に設定すると、基本色は合成色と混合されて、明暗がより強調されます。用途としては、イラストやアイコンパーツに対して強く明暗をつけたいときなどに使用できます。

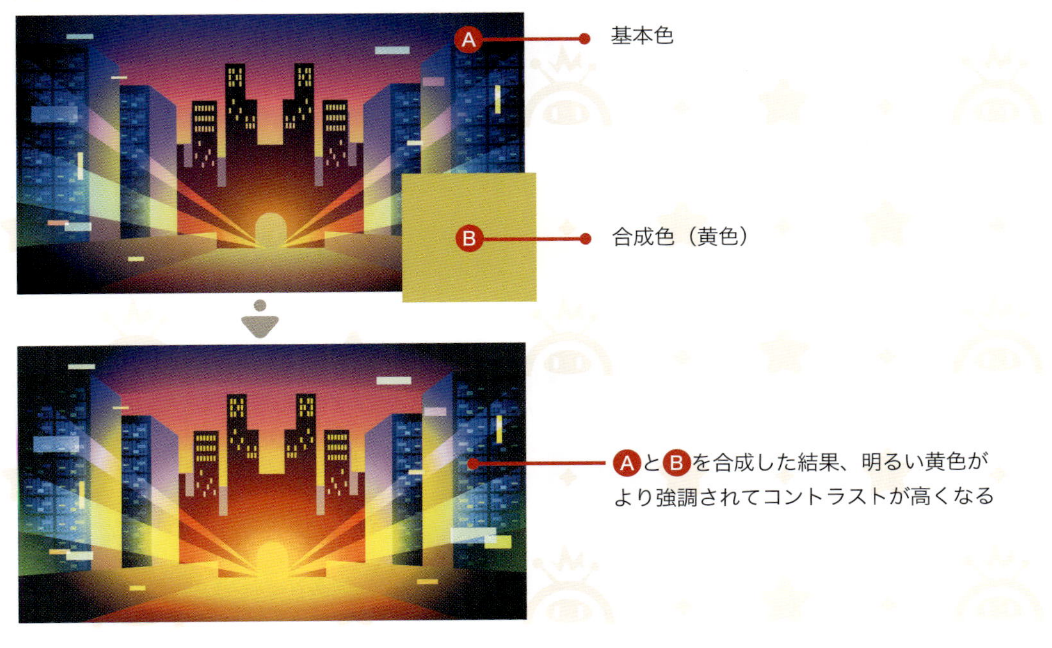

⑤色の差に応じて明暗が反転したような効果【差の絶対値】

描画モードを「差の絶対値」に設定すると、基本色と合成色の差を計算して、明暗が反転したような効果になります。使い所が難しいため、使用頻度は低いです。

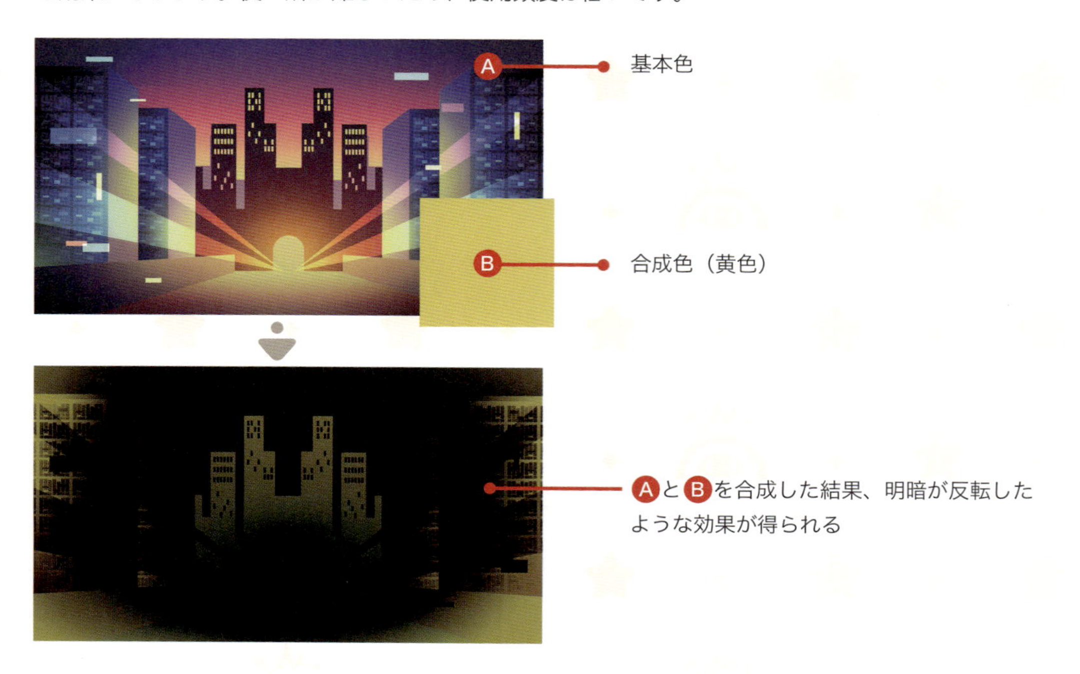

⑥特定のカラーを反映する効果【カラー】

描画モードを「カラー」に設定すると、基本色の輝度と合成色の色相・彩度を参照して、合成色のカラーが反映されます。用途としては、全体のカラーを指定色に変更したい時などに使用できます。

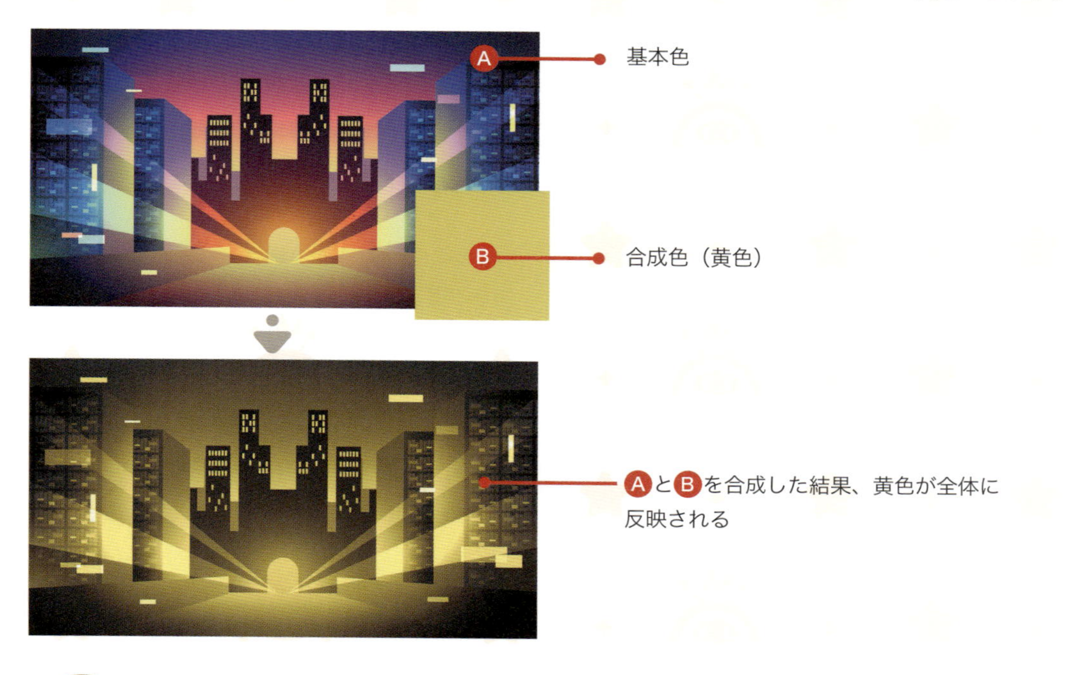

UIデザインの必須機能 4

スマートオブジェクト

スマートオブジェクトとは

スマートオブジェクトは、元データの情報を保持したまま、劣化させることなく編集できる機能です。スマートオブジェクトに変換しておくことで、画像を拡大縮小したりフィルター効果を適用したりしても、画質が劣化することがありません。またオブジェクトを再利用する場合にスマートオブジェクト化してコピーすると、オリジナルに加えた変更が、コピー先にも自動で反映されます。様々な画面で再利用されるアイコン素材は、大きめのサイズで作成してスマートオブジェクト化しておくことで、画面のレイアウトに応じて縮小・拡大しても画質が劣化することなく使用できるため、大変便利です。

一方、スマートオブジェクトにはファイルの容量が肥大化しやすいというデメリットがあります。場合によっては、途中でスマートオブジェクトを解除することもあります。

ファイル容量が肥大化

PSD

大量のスマート
オブジェクトを含む

PSD

容量
肥大化

スマートオブジェクトに変換する

レイヤースタイルを使って作成した「A」の文字（P.69）を、スマートオブジェクトに変換してみましょう。

1 スマートオブジェクトに変換したいレイヤー上で右クリックして、「スマートオブジェクトに変換」を選択します。

2 スマートオブジェクトに変換すると、書類風のアイコンが表示されます。

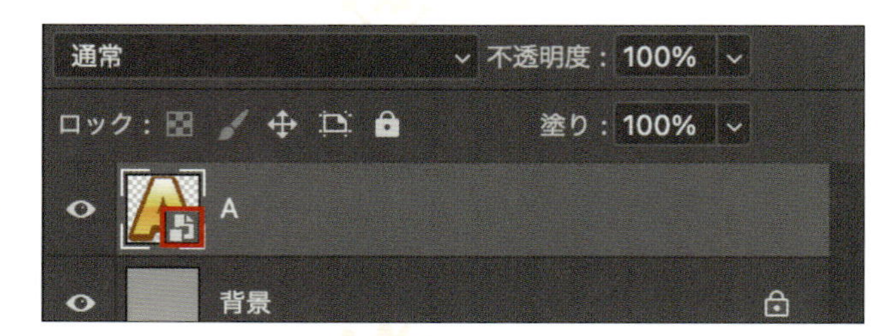

スマートオブジェクトを解除する

スマートオブジェクトを解除して、通常のレイヤーに戻すことができます。

1 スマートオブジェクトを解除したいレイヤーの上で右クリックして、「レイヤーに変換」を選択します。

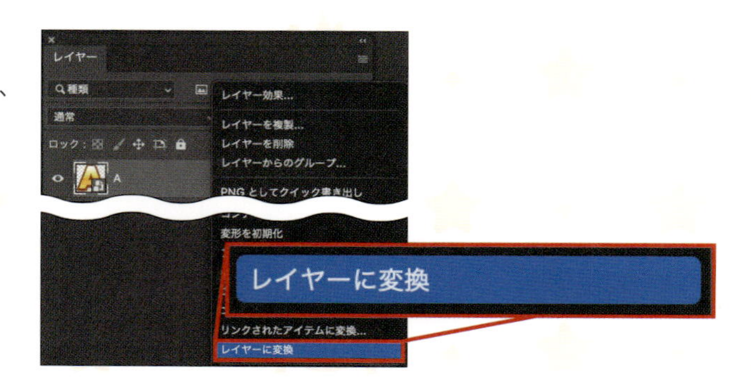

2 スマートオブジェクトを解除すると、元のテキストレイヤーに戻ります。

CHAPTER

3

ダイアログのUIデザインを作ろう

ダイアログのデザイン 1

ダイアログのデザイン 情報を整理する

ゲームの企画を確認しよう

この章では、「コイン獲得ダイアログ」の UI デザインを制作します。事前準備として、ゲームの企画内容を確認しておきましょう。ゲームの企画書は、ゲームを開発する前にゲームのコンセプト、ストーリー、キャラクター設定、ゲームシステム、ターゲット層などの要素を考え、まとめたものになります。今回は、下記のような、短時間でプレイできるカジュアルゲームを想定しています。

ゲームの企画

・ゲームジャンル

育成 × パズルゲーム

・ターゲット（年齢、性別、好みなど）

年齢：20 〜 30 代
性別：女性
性質：カジュアルゲームが好き

・コンセプト（世界観、ストーリー、キャラクター設定）

自然豊かで温かみのあるファンタジーの世界でどうぶつを育成することで、癒やしの時間を提供する

・ゲームシステム

パズルゲームでコインや食材などの資材を取得し、それを使用してどうぶつを育てる
特別なアイテムや食材は、課金して取得する

ダイアログの仕様を確認しよう

ゲームの企画内容を理解できたら、次はダイアログの仕様書を確認します。仕様書は、ゲーム開発に必要な情報をまとめた資料で、企画書に基づいて作成されます。ゲームの概要やシステム、操作方法、ステージ構成、キャラクター詳細などの内容が記載されています。仕様書を確認することで、必要な機能情報や目的などを整理し、どのようにデザインしていくかを考えていきます。今回デザインする「コイン獲得ダイアログ」は、下記のような仕様になります。

ダイアログの仕様

・機能

コイン獲得ダイアログ

・目的

獲得したコインの情報と個数を表示して、報酬への喜びを感じてもらう

・方式

ダイアログ

・要望

獲得した報酬がすぐにわかるよう、テキストだけでなくアイテム画像も表示したい
報酬への喜びを感じてもらえるようなデザインまたは演出を入れたい

・画面構成

カテゴリ	要素	種類	表示優先度	桁数文字数	説明
ダイアログ機能	タイトル	テキスト	5	16	ダイアログの見出しテキスト
	OK	ボタン	4	-	確認してダイアログを閉じるためのボタン
報酬情報	アイテム画像	画像	1	-	報酬となるアイテム画像
	アイテム説明	テキスト	3	50	報酬となるアイテムの説明
	獲得アイテム数	数値	2	3	報酬となるアイテムの獲得数

ダイアログ作成の基本を知る

ダイアログの構成要素

ここでは、ダイアログの作成を始める前に知っておきたい、基本的な知識を解説します。ダイアログとは、ユーザーにメッセージや選択肢を表示するためのポップアップウィンドウのことです。画面を遷移させずにユーザーに情報を表示できるため、イベント開催のお知らせや報酬獲得の表示など、さまざまな場面で使用されます。ダイアログは、大きくヘッダーエリア、コンテンツエリア、フッターエリアの３つの要素によって構成されます。それぞれのエリアでは、下記のような情報を表示します。

❶ ヘッダーエリア

ダイアログ内の情報を要約した見出しテキスト

ダイアログを閉じるためのボタン

❷ コンテンツエリア

伝えたい情報であるテキストや画像などを含むメインコンテンツ

❸ フッターエリア

メインコンテンツを確認した上での選択肢ボタン

ダイアログのバリエーション

ダイアログは大きく分けて、❶情報表示のみ、❷確定操作を要求、❸選択操作を要求の３パターンが存在します。❶は、ユーザーが何かを判断して選択することはありません。情報を確認したあと「閉じる」ボタンを押して終了します。❷は、ユーザーが内容を確認して了承したことを示すために、「閉じる」ではなく「OK」ボタンを押させる方式です。❸は、内容を確認した上で「はい」か「いいえ」をユーザーに判断させて確定する方式です。判断した上で確定させる場合、ショップで商品を購入する場合など取り消し不可能な操作については、注意喚起のためにボタンを赤にして目立たせるなどの工夫が必要です。

ダイアログのルール

このようにダイアログにはさまざまな種類がありますが、大切なのは、事前にダイアログのルールを決めておくということです。ゲーム内で使用されるダイアログのルールを統一しておくことで、ユーザーが迷うことなく操作できるようにします。

例えば『「閉じる」ボタンは必ず右上に表示する』というルールにすることで、シンプルなルールになるため、ユーザー側は操作に迷うことがなくなり遊びやすくなります。また、ユーザーの誤タップによって意図しない購入や削除をしてしまうといった状況を防ぐために、『重要なボタンはあえて左下に配置する』というルールにする場合もあるかと思います。

その他、次のようなルールが考えられます。

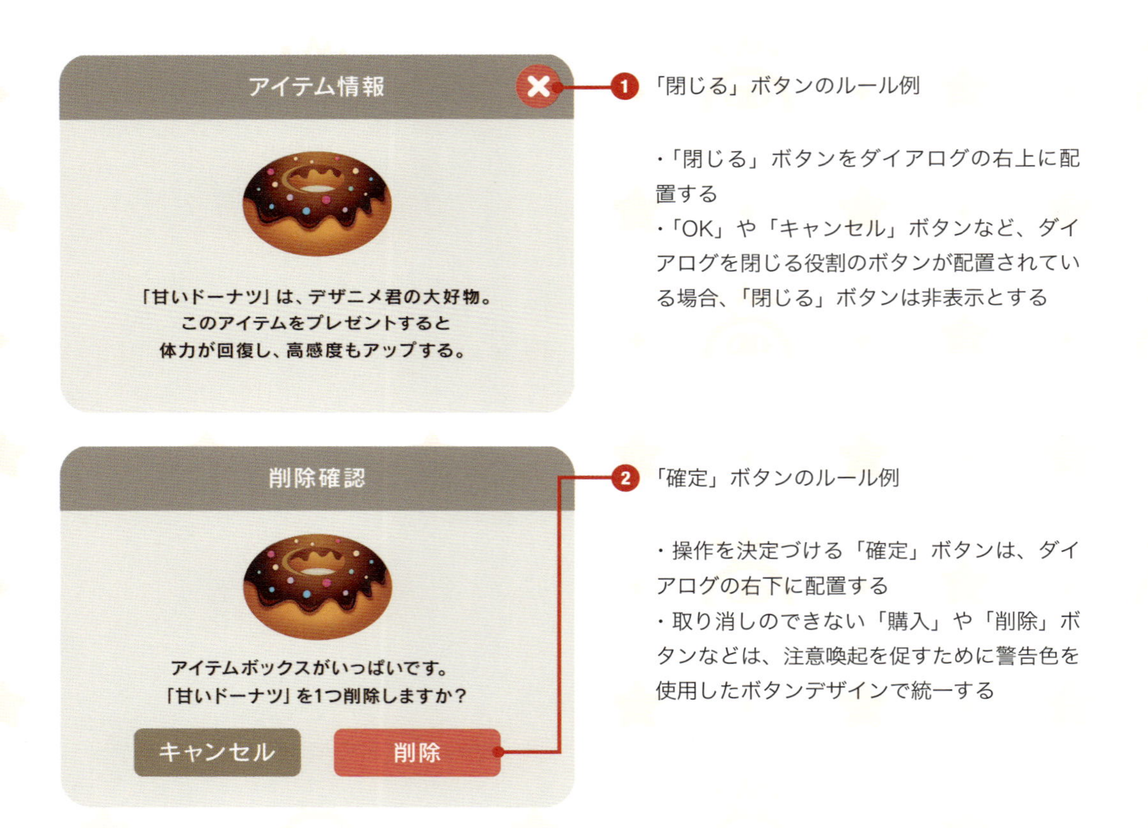

それぞれのメリットとデメリットを把握した上で、最終的なルールを決定することをオススメします。ダイアログのルールには必ずしも正解があるわけではないため、それぞれのプロジェクトにとって適切な形に決めていくことが大切です。

ダイアログのサイズ展開

ダイアログは、情報量に応じて使い分けられるように、S、M、L など複数のサイズを用意しておくようにします。場合によっては SS や LL、特殊サイズなどを用意することもありますが、数が多くなると管理が大変になるため、3～4種のサイズで統一するのがオススメです。

●ダイアログサイズ S

かんたんな情報の確認やメンテナンス中の表示など、表示する情報が少ない場合に使用します。

●ダイアログサイズ M

アイテム画像や説明文に加えて選択肢があるなど、ダイアログサイズ S では収まりきらない場合に使用します。

●ダイアログサイズ L

ゲーム内のお知らせやプレゼントボックスなど、情報量が多い場合に使用します。

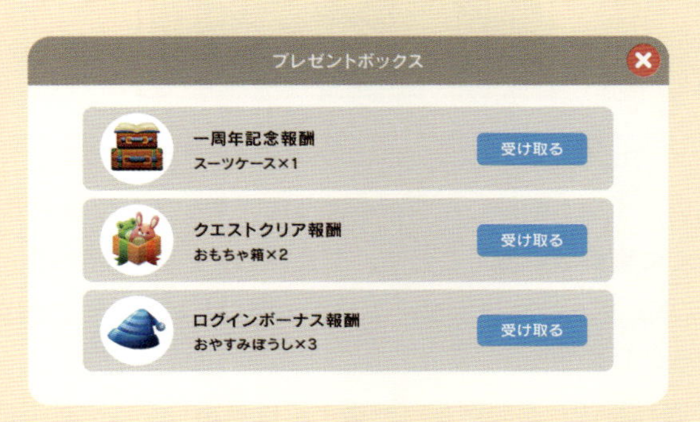

ダイアログのデザイン 3

ワイヤーフレームとデザインカンプ

ワイヤーフレーム

ここまでで、ダイアログの仕様と基本的な考え方について学びました。これらの情報を元に、ワイヤーフレームとデザインカンプを作る際のポイントについて確認していきます。

ワイヤーフレームとは、ゲーム画面に配置するボタンや各種情報をかんたんな図形を使って表現した、設計図のことです。ここでは細かいデザインは行わず、要件にあった情報が揃っているか、各種要素の位置や大きさに問題はないか、操作しやすいか、視認性はどうかなど、基本的な部分を確認するのが目的です。今回は、企画書や仕様書で確認してきた内容を踏まえて、以下のようなポイントにもとづいてワイヤーフレームを作成しました。

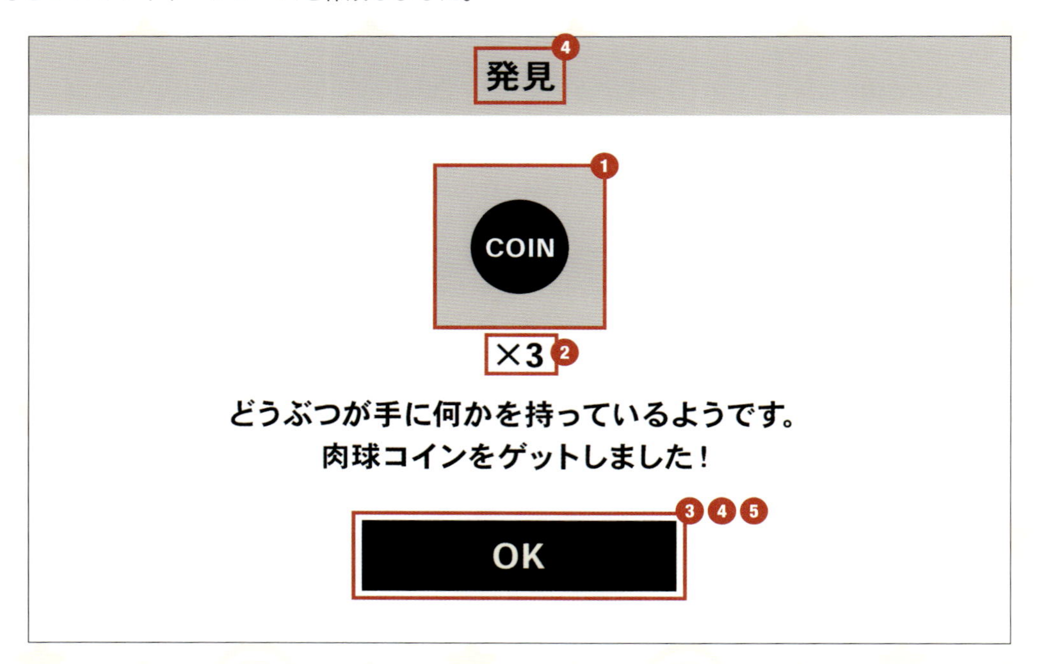

❶ 表示優先順位が高いアイテム画像に目が行くように、サイズと位置を調整しました。

❷ アイテム画像の近くに獲得数を置くことで、関連性の強い要素をグループ化しました。

❸ 確認操作を促す「OK」ボタンをフッターエリアに置いたので、似た機能を持つ「閉じる」ボタンは表示しないようにしました。

❹ 上から下へ視線が流れることを想定し、一番上には見出しを、一番下にはユーザーが操作できるボタンを配置しました。

❺ 操作しやすいように、ボタンは画面中央より下に配置しました。

デザインカンプ

ワイヤーフレームによってダイアログ内の要素や位置、パーツの大きさが確定したら、次に、ゲームの企画やコンセプト、ターゲットを考えながら、デザインカンプを考えていきます。ここでは以下のポイントに配慮し、次のようなデザインカンプを作成しました。

❶ ターゲットが20～30代女性ということで、華やかな印象を与えられそうな紫から黄色にかけてのグラデーションを選定しました。

❷ 上記を基準にし、ベースカラー：白色、メインカラー：紫色～オレンジ色、キーカラー：黄色に設定しました。

❸ メインカラーが華やかな色なので、逆にボタンは色味を少し抑えつつ、オシャレ感も出したいと思い、ゴールドを選択しました。

❹ 基本は、男女ともに嫌われないシンプルなフラット系デザインを目指していますが、アクセントとしてアイコン系は色味を増やし、形状を複雑にすることで豪華に見えるように調整しています。

❺ フォントは「平成角ゴシック Std」を選択しました。読みやすく、太さも豊富に揃っていて使い勝手がよいためです。ポップな印象にしたいので、明朝体ではなくゴシック体を選んでいます。

❻ 女性向けのカジュアルゲームなので、全体的に固くならず柔らかさを出すため、フレームやボタンの形状は角丸を使用しています。

ここまでで、ワイヤーフレームとデザインカンプのポイントについて学びました。次ページから、Photoshopを使って実際にダイアログを作成していきます。

ダイアログフレームを作る

ダイアログフレーム作成

散歩中のどうぶつがコインを発見したとき、どうぶつの頭上にフキダシが表示されます。このフキダシを選択したときに表示されるダイアログを作成します。「コインを獲得した」ことをユーザーにわかりやすく伝えるために必要な要素を作成していきましょう。まずは、ダイアログ用の新規ドキュメントを作成します。

1 「ファイル」→「新規」の順にクリックし、新規ドキュメントウィンドウを開きます。

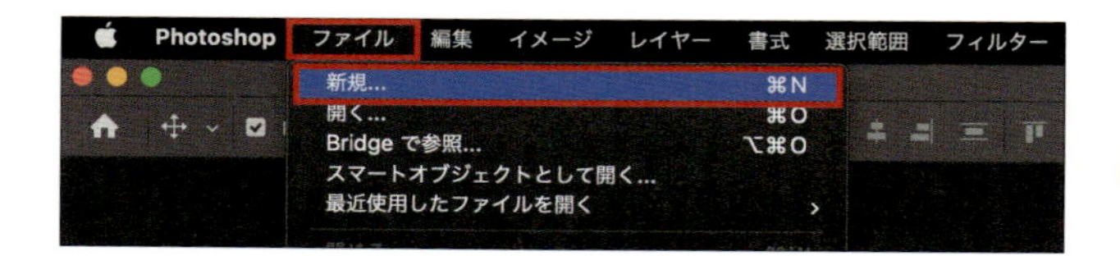

2 下記の設定を行い❶、「作成」をクリックします❷。

ドキュメント名：dialog
幅：1920ピクセル
高さ：1080ピクセル
解像度：72
アートボード：チェックOFF
カラーモード：RGBカラー 8bit
カンバスカラー：#666666
カラープロファイル：
sRGB IEC61966-2.1
ピクセル縦横比：正方形ピクセル

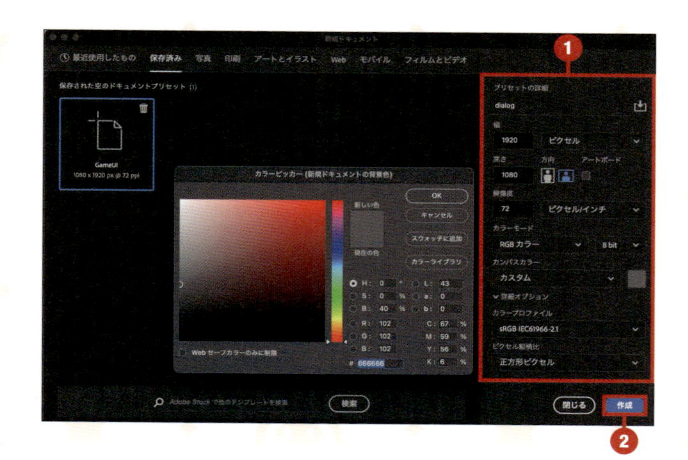

ベースフレームを作成

新規ドキュメントを作成できたら、ダイアログの骨格とも言える基本のベースフレームを作成していきます。

1 長方形ツールをクリックし❶、オプションバーで「線なし」の状態にします❷。
表示されていないサブツールは、❸を「長押し」または「右クリック」することで表示できます。サブツールが表示されない場合は、❹を「長押し」または「右クリック」してサブツールを表示して、その中から使用したいツールを選択してください。

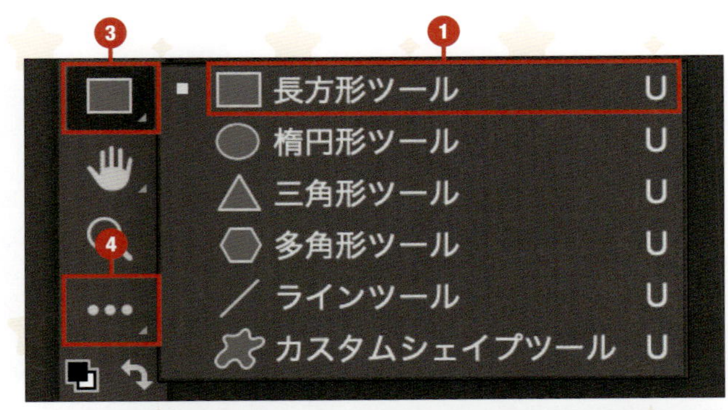

2 カンバス上をクリックし❶、[幅：1100px] [高さ：704px] [半径：20px] に設定します❷。これで、ベースフレームができます。

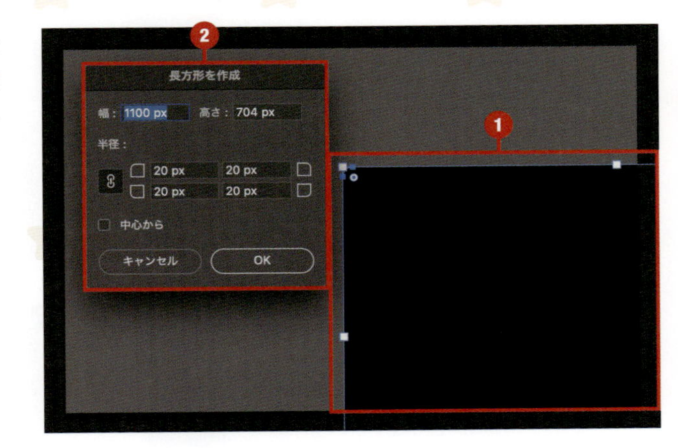

3 レイヤーパネルで、Shift キーを押しながら「長方形 1」レイヤー❶と「背景」レイヤー❷をクリックし、2つのレイヤーを選択します。

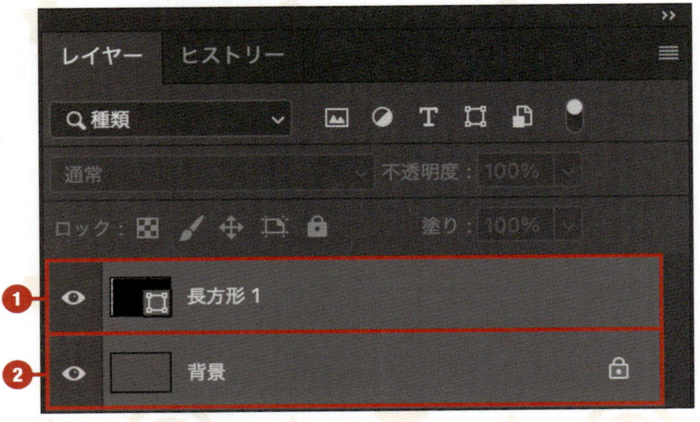

4 移動ツールをクリックし❶、オプションバーで[水平方向中央揃え]と[垂直方向中央揃え]をクリックします❷。すると、シェイプが中央へ移動します。

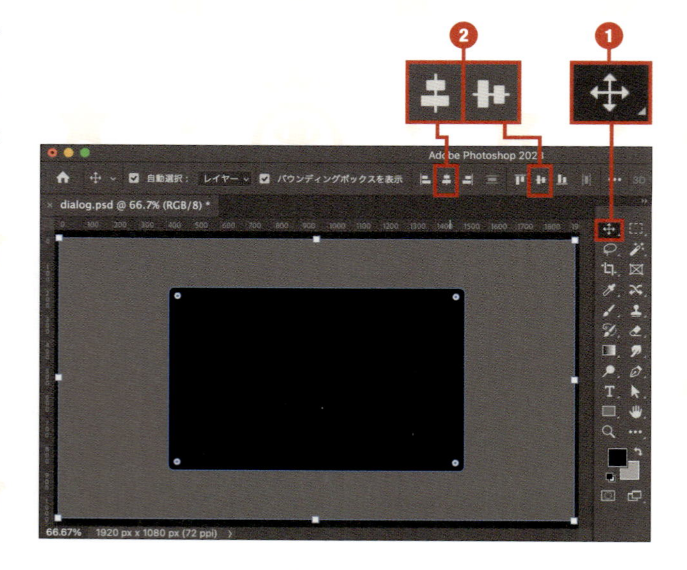

5 「長方形1」レイヤーのレイヤースタイルを開き(P.68)、[カラーオーバーレイ]❶で[#ffffff(白)]❷に設定します。これで、シェイプの色が変更されます。

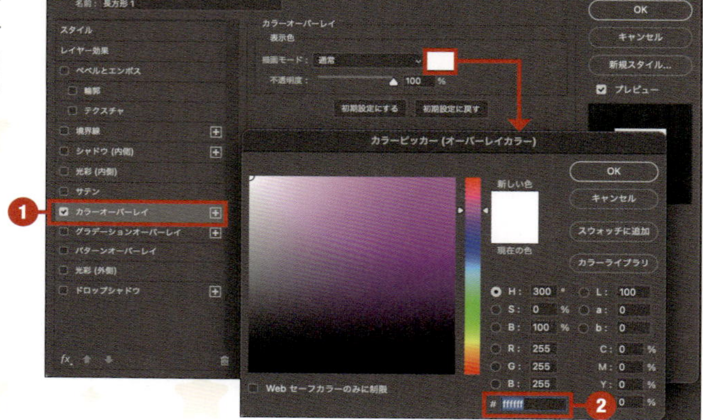

6 「長方形1」のレイヤー名をダブルクリックし、「ベースフレーム」と入力します。Enter キーを押して確定します。

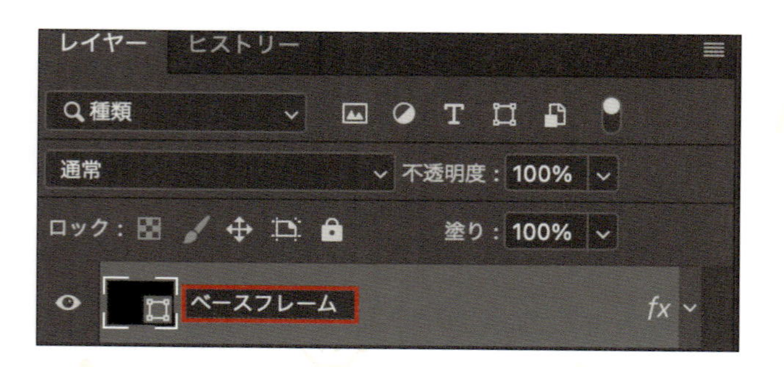

7 ベースフレームが完成しました。

タイトルフレームを作成

ダイアログの内容を端的に示すために、タイトルを表示するエリアであるタイトルフレームを作成します。

1 作成したベースフレームのレイヤー上で右クリックし、「レイヤーを複製」をクリックします。

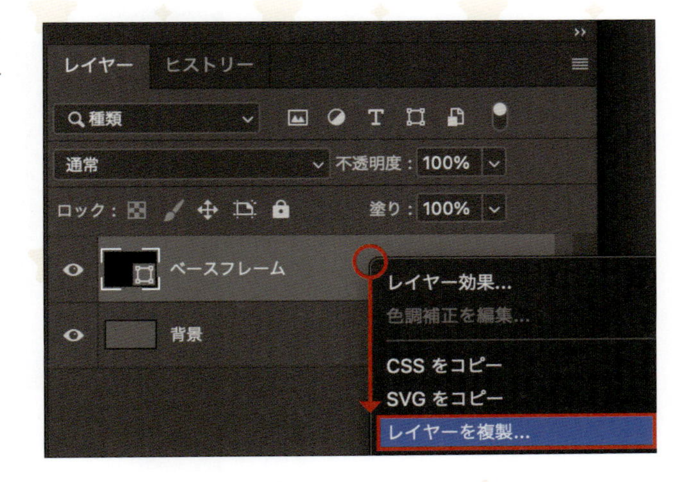

2 「タイトルフレーム」と入力し❶、「OK」をクリックします❷。

3 「タイトルフレーム」レイヤーのレイヤースタイルを開き（P.68）、[カラーオーバーレイ]のチェックを外します❶。[グラデーションオーバーレイ]をクリックします❷。

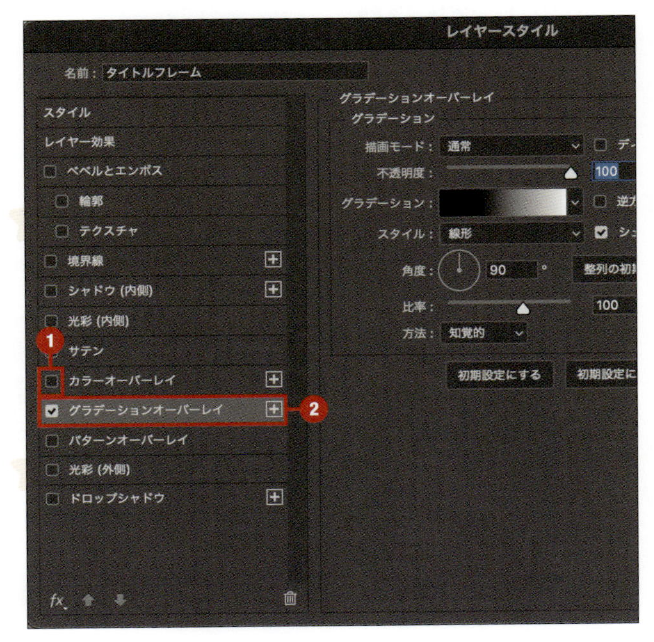

4 [グラデーションオーバーレイ]で下記のように設定し(P.69) ❶、[OK」をクリックします❷。

カラー分岐点A
カラー：#dfbf6b
位置：0

カラー分岐点B
カラー：#e58c6b
位置：50

カラー分岐点C
カラー：#b683c0
位置：100

スタイル：線形
角度：0

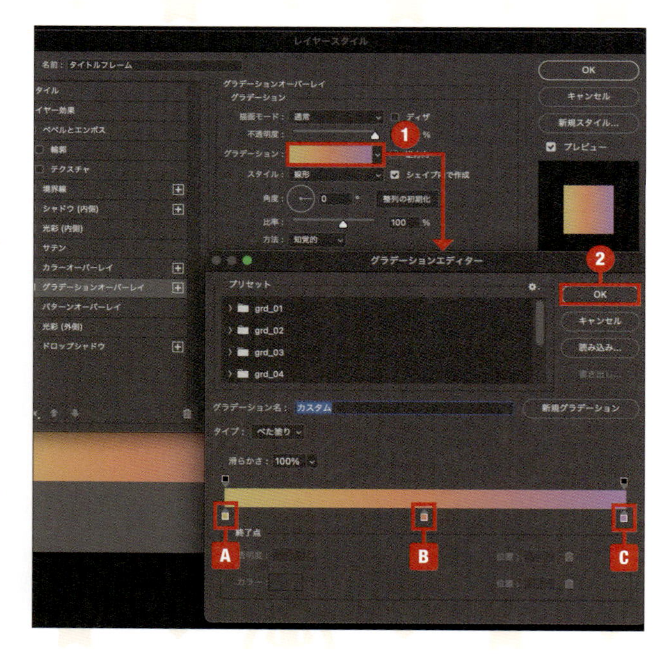

5 「タイトルフレーム」レイヤーを選択した状態で長方形ツールをクリックし❶、オプションバーで[H：92px]に設定し❷、Enter キーを押して確定します。

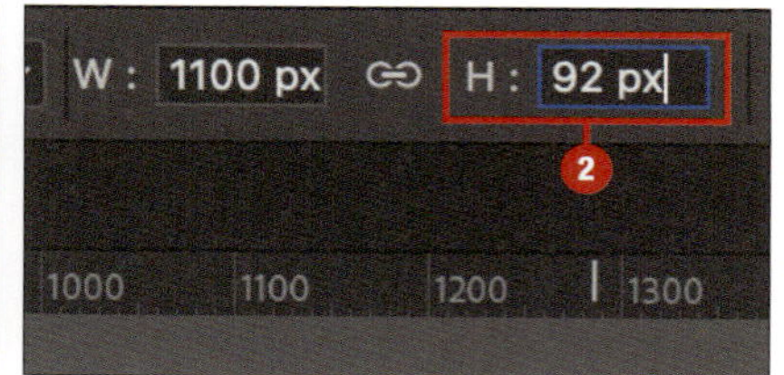

6 プロパティパネルを開き(P.52)、鎖マークをクリックして解除します❶。左下と右下の角丸の数値を[0px]に変更します❷。

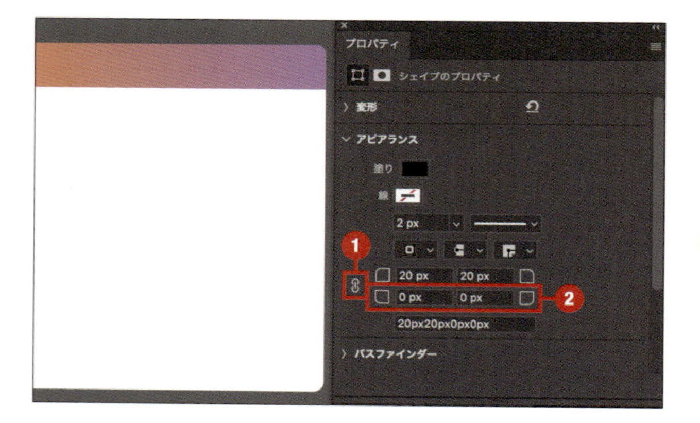

7 タイトルフレームが完成しました。

タイトルテキストを作成

タイトルフレーム内に表示する、タイトルのテキストを作成していきます。

1 移動ツールをクリックし❶、カンバス外をクリックして❷、レイヤーが何も選択されていない状態にします。

2 横書き文字ツールをクリックし❶、描画色をクリックし、[カラーコード：#ffffff] に設定し❷、「OK」をクリックします❸。

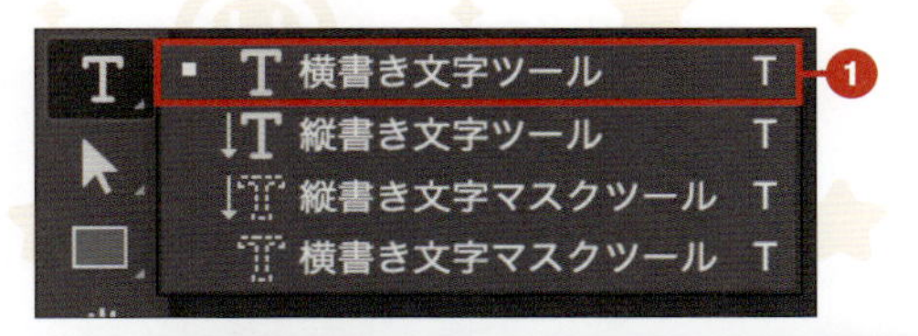

3 カンバス上のタイトルフレームの中央辺りをクリックして「発見」と入力し、Ctrl／Command＋Enter キーを押して確定します。

CHAPTER 3 ダイアログのUIデザインを作ろう

4 プロパティパネルで、下記のようにテキストの設定を行います。

・文字
フォント：平成角ゴシック Std
フォントスタイル：W7
フォントサイズ：40pt
カーニング：0
トラッキング：50

・段落
中央揃え

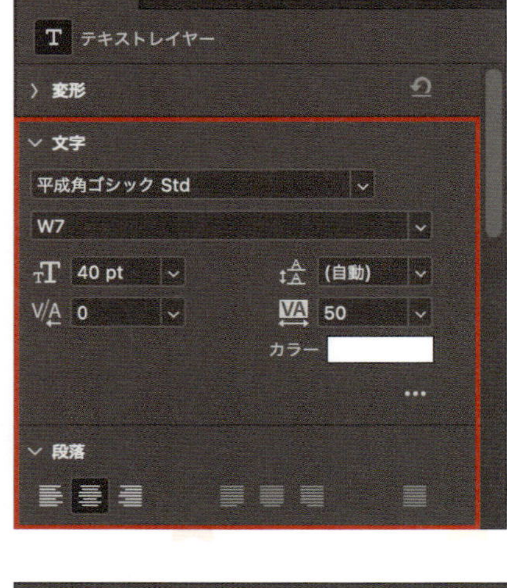

5 レイヤーパネルを開き、Shift キーを押しながら「発見」レイヤーと「タイトルフレーム」レイヤーをクリックし、2つのレイヤーを選択します。

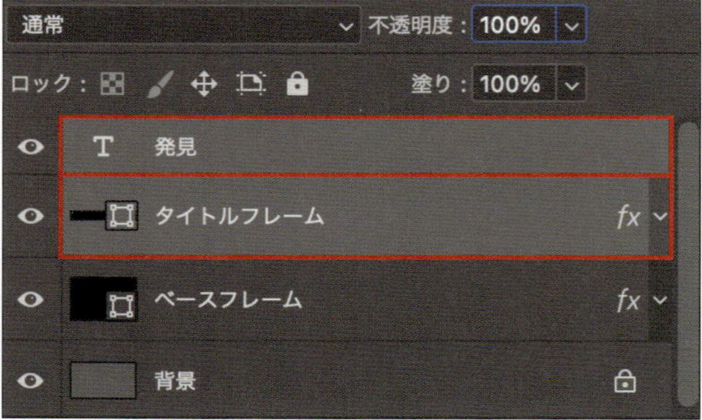

6 移動ツールをクリックし❶、オプションバーで［水平方向中央揃え］と［垂直方向中央揃え］をクリックします❷。テキストが中央に移動します。

7 タイトルテキストが完成しました。

ダイアログのデザイン 5

アイテムフレームを作る

アイテムフレームを作成

コインアイコンを配置するためのアイテムフレームを作成していきます。獲得したコインアイコンと、その個数を表示します。

1 レイヤーが何も選択されていない状態で描画色をクリックし❶、[カラーコード：#e5e1d7]に設定します❷。「OK」をクリックします❸。

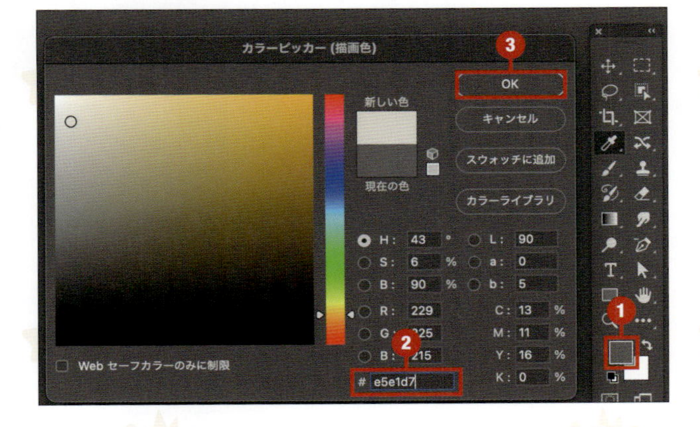

2 長方形ツールをクリックし❶、カンバスの中央あたりをクリックします❷。

3 下記のように設定し❶、「OK」をクリックします❷。

幅：280px
高さ：192px
角丸：96px

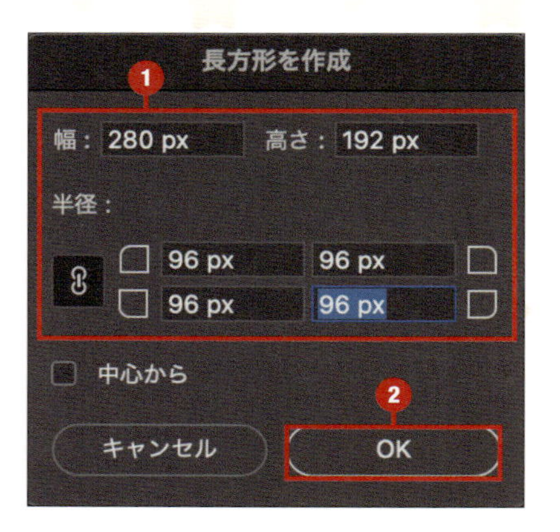

4 プロパティパネルで下記のように設定し、シェイプの位置を移動します。移動ツールをクリックし、シェイプをドラッグして移動してもOKです。

・変形
X：820px
Y：343px

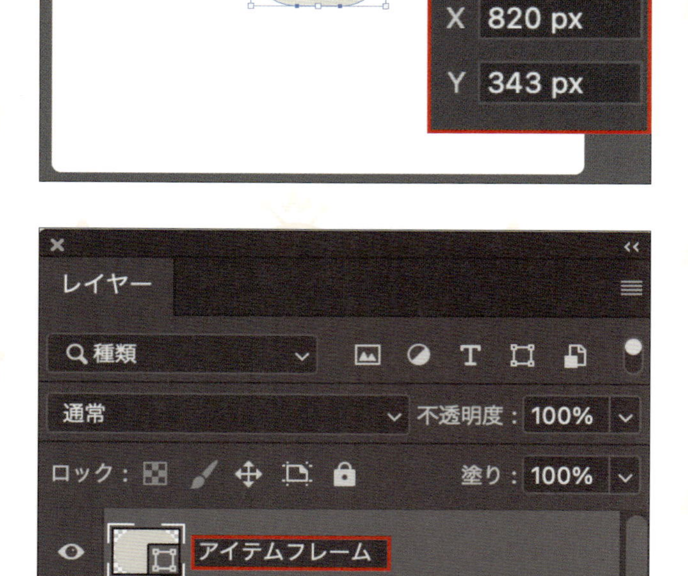

5 「長方形1」のレイヤー名をダブルクリックし、「アイテムフレーム」と入力します。Enter キーを押して確定します。

6 アイテムフレームが完成しました。

アイテム個数表示エリアを作成

獲得したコインの個数を表示するためのエリアを作成していきます。

1 移動ツールをクリックし、カンバス外をクリックして❶、レイヤーが何も選択されていない状態にします。Dキーを押して、描画色と背景色をリセットします❷。

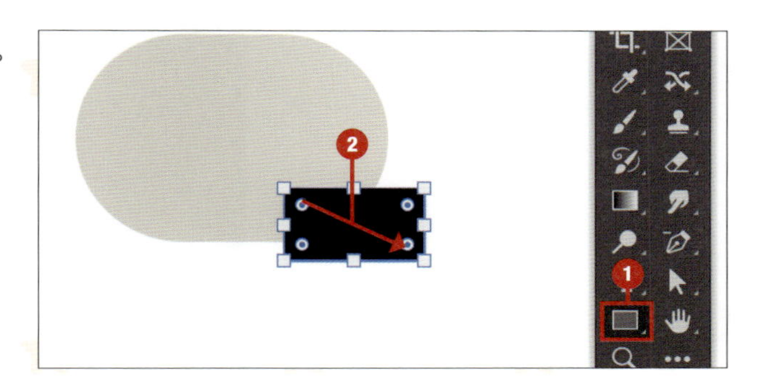

2 長方形ツールをクリックします❶。アイテムフレームの右下付近で左上から右下へドラッグし❷、長方形のシェイプを作成します。

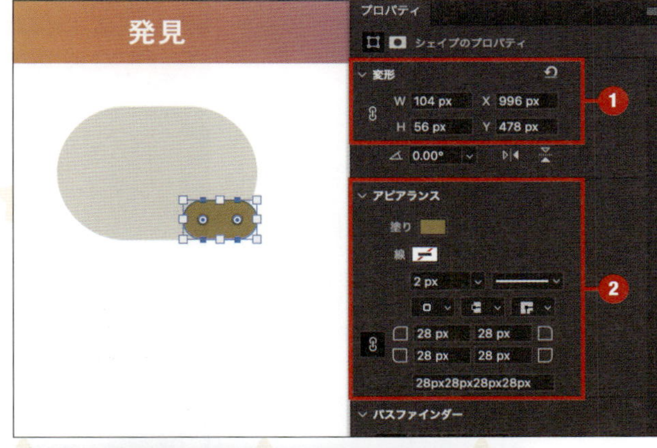

3 プロパティパネルで下記のように設定し、シェイプのサイズや形状、色、位置を調整します❶❷。位置については、移動ツールをクリックしてシェイプをドラッグして移動してもOKです。

・変形
W：104px
H：56px
X：996px
Y：478px

・アピアランス
塗り：#b29054❸
角丸：28px

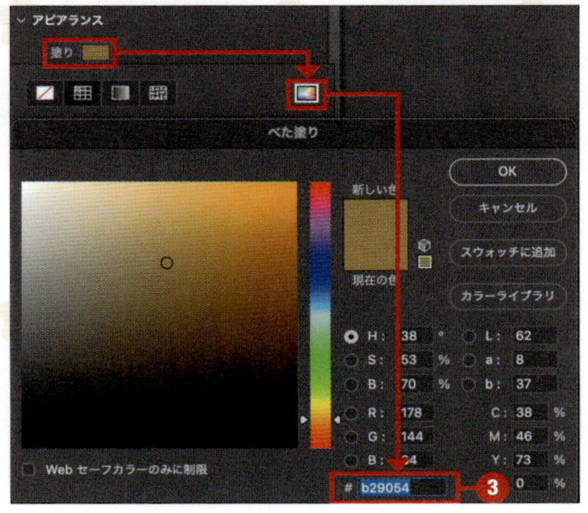

CHAPTER 3 ダイアログのUIデザインを作ろう

4 「長方形1」のレイヤー名をダブルクリックし❶、「個数表示フレーム」と入力してレイヤー名を変更し❷、Enter キーを押して確定します。

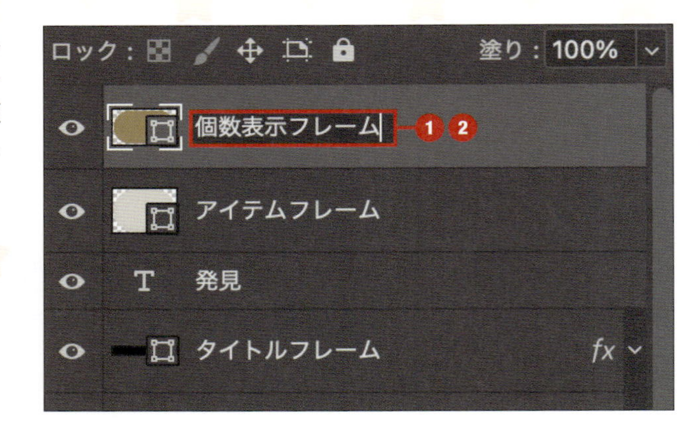

5 移動ツールをクリックし❶、カンバス外をクリックして❷、レイヤーが何も選択されていない状態にします。

6 横書き文字ツールをクリックし❶、描画色をクリックします❷。[カラーコード：#ffffff]に設定し❸、「OK」をクリックします❹。

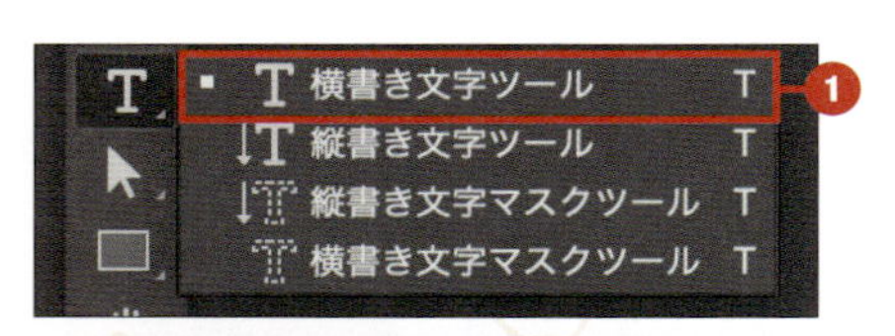

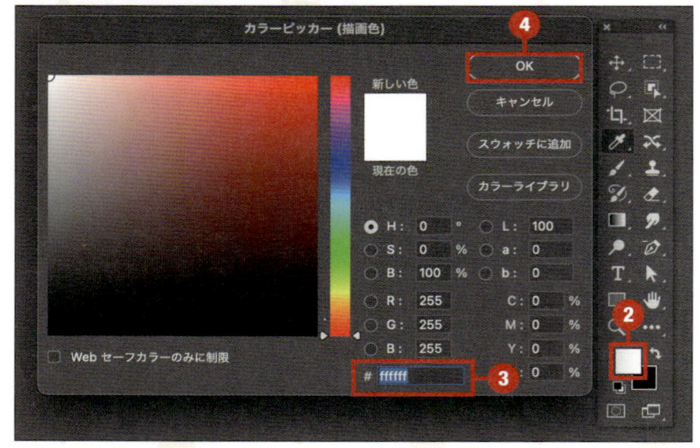

7 カンバス上の個数表示フレームの中央辺りをクリックして、「X3」と入力します。Ctrl／Command＋Enter キーを押して、確定します。

8 プロパティパネルで、下記のように設定します。

・文字
フォント：平成角ゴシック Std
フォントスタイル：W7
フォントサイズ：40pt
カーニング：0
トラッキング：0

・段落
中央揃え

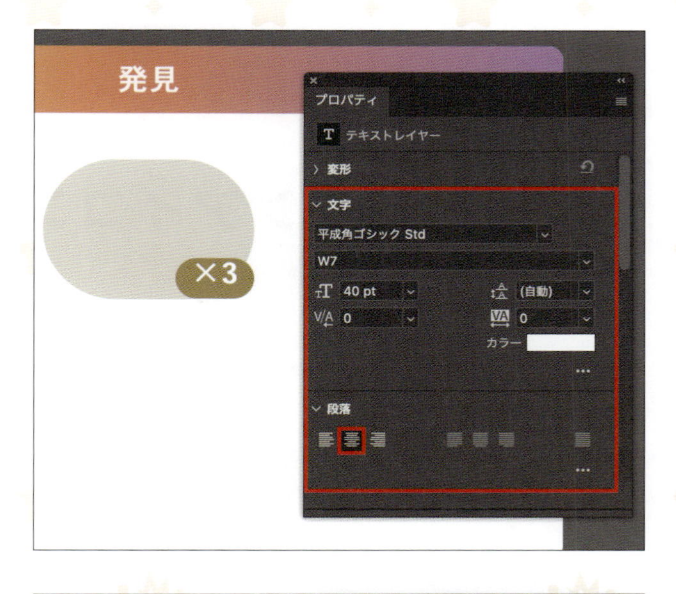

9 レイヤーパネルを開き、Shift キーを押しながら「×3」レイヤーと「個数表示フレーム」レイヤーをクリックし、2つのレイヤーを選択します。

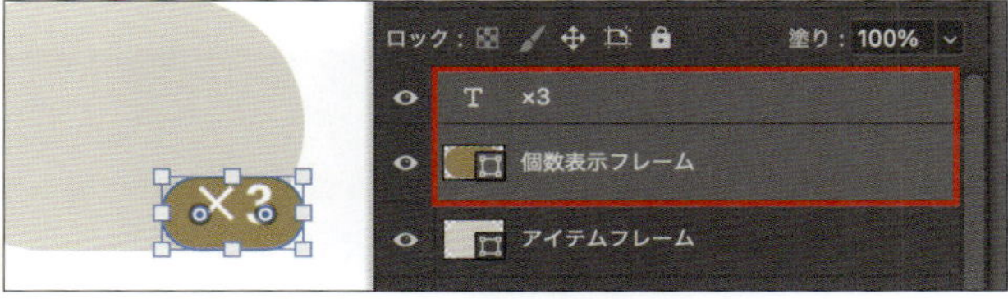

10 移動ツールをクリックし❶、オプションバーで[水平方向中央揃え]と[垂直方向中央揃え]をクリックすると❷、テキストが「個数表示フレーム」の中央に移動します。

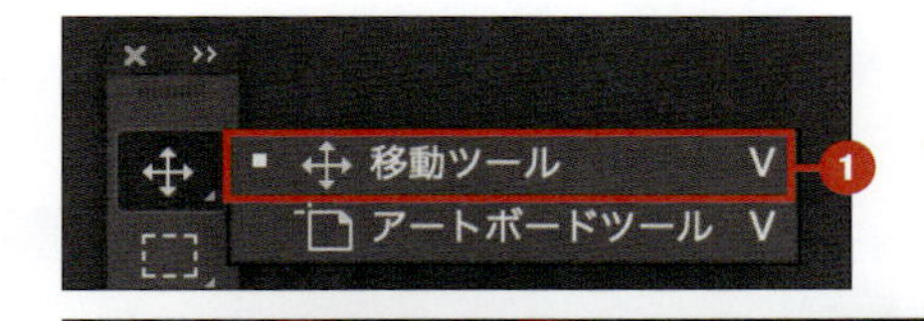

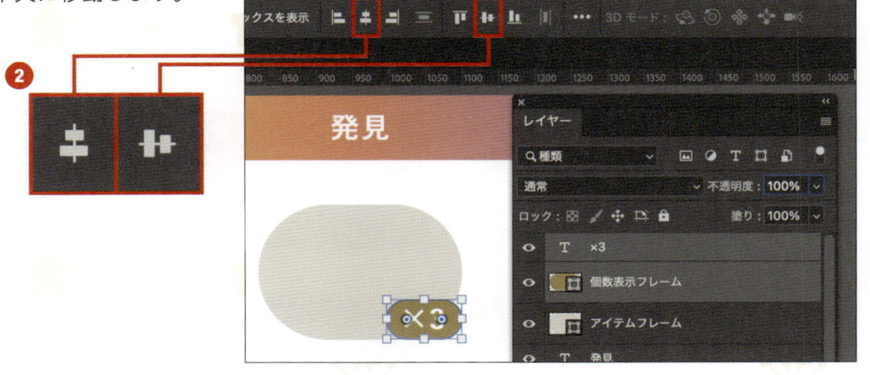

11 アイテム個数表示エリアが完成しました。

CHAPTER 3 ダイアログのUIデザインを作ろう

ダイアログのデザイン 6

コインアイコンを作る

新規ドキュメント作成

ダイアログのアイテムフレーム内に表示するコインアイコンを作成していきます。サイズや解像度、カラーモードを設定し、コインアイコン用の新規ドキュメントを作成します。

アイコンは、さまざまな場面で多様なサイズで使用される可能性があります。そのため、例えば1000px×1000pxといった大きめのサイズで作成するようにします。

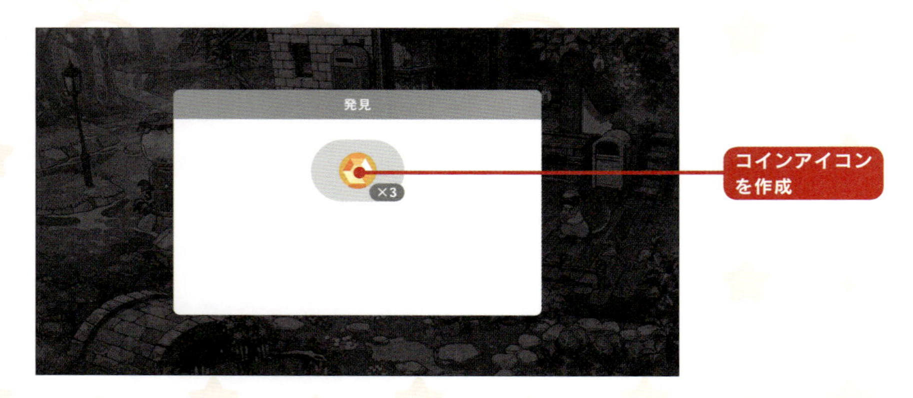

1 「ファイル」→「新規」の順にクリックし、新規ドキュメントウィンドウを開きます。

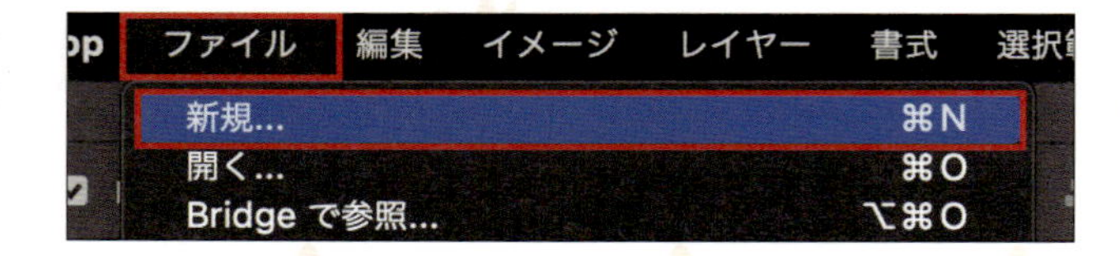

2 下記のように設定し❶、「作成」をクリックします❷。

ドキュメント名：icon_coin
幅：1000ピクセル
高さ：1000ピクセル
アートボード：チェックOFF
カラーモード：RGBカラー 8bit
カンバスカラー：#ffffff
カラープロファイル：
sRGB IEC61966-2.1
ピクセル縦横比：正方形ピクセル

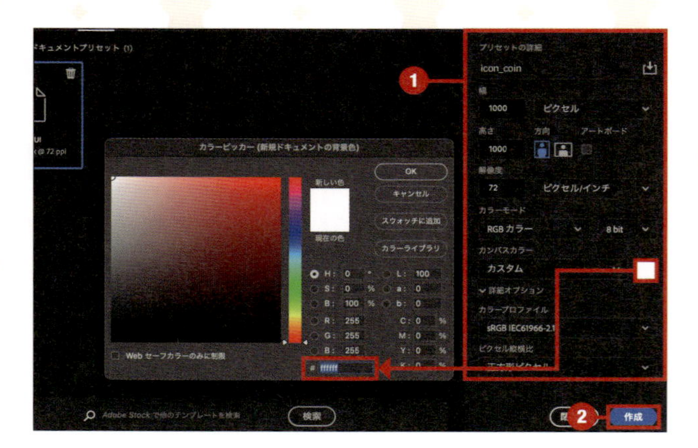

コインアイコンを作成①

コインアイコンのベースとなる、外側の円形部分を作成していきます。

1 楕円形ツールをクリックし❶、オプションバーで［塗り：#000000］（黒）、線なしの状態になっていることを確認します❷。カンバス中央をクリックします❸。下記のように設定し❹、「OK」をクリックします❺。

幅：800px
高さ：800px

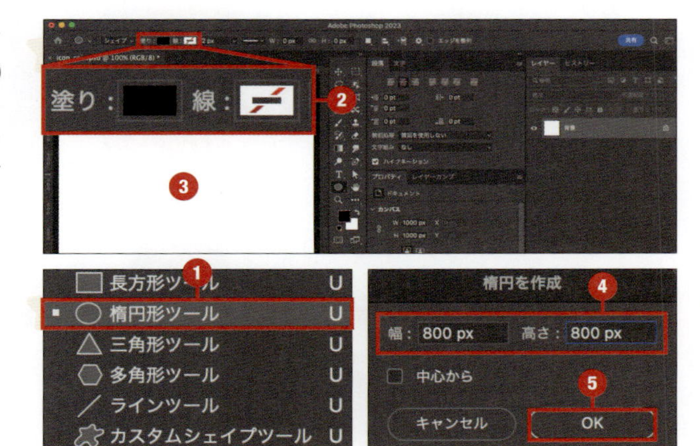

2 移動ツールをクリックし❶、オプションバーの「…」をクリックします❷。［整列：カンバス］に設定します❸。

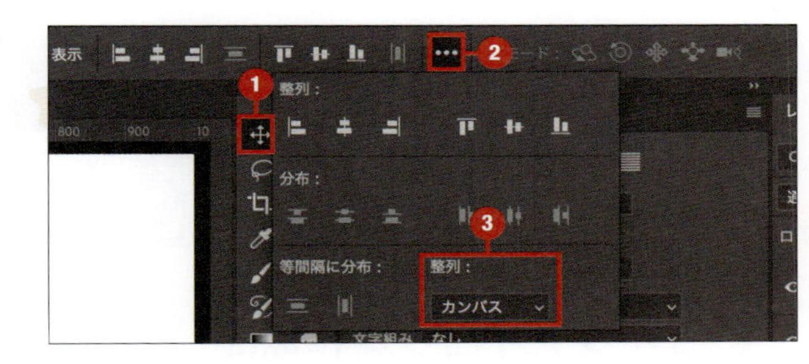

3 オプションバーで、［水平方向中央揃え］と［垂直方向中央揃え］をクリックします。楕円形がカンバスの中央に移動します。

4 「楕円形 1」レイヤーのレイヤー名の右側付近をダブルクリックし、レイヤースタイルを開きます（P.68）。

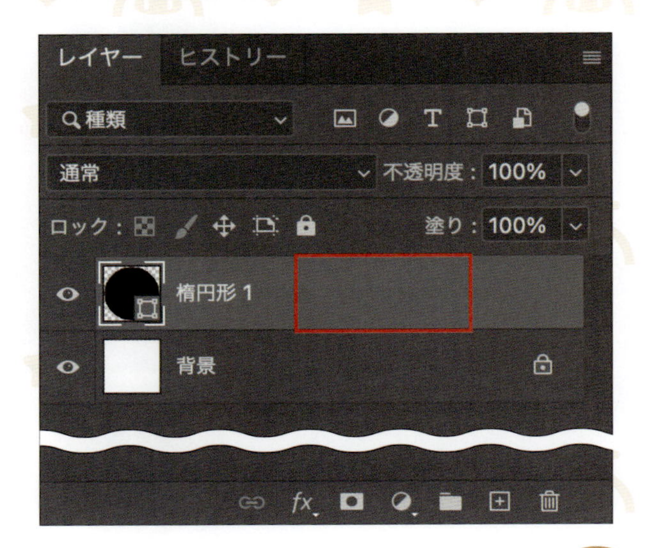

CHAPTER 3 ダイアログのUIデザインを作ろう

5 [グラデーションオーバーレイ]で下記のように設定し(P.69) ❶、「OK」をクリックします❷。

スタイル：角度　**角度**：120°
カラー分岐点A
カラー：#f59d02　**位置**：0
カラー分岐点B
カラー：#f59d02　**位置**：16
カラー分岐点C
カラー：#ebbe1a　**位置**：16
カラー分岐点D
カラー：#ebbe1a　**位置**：50
カラー分岐点E
カラー：#e6880e　**位置**：50
カラー分岐点F
カラー：#e6880e　**位置**：67
カラー分岐点G
カラー：#ebbe1a　**位置**：67

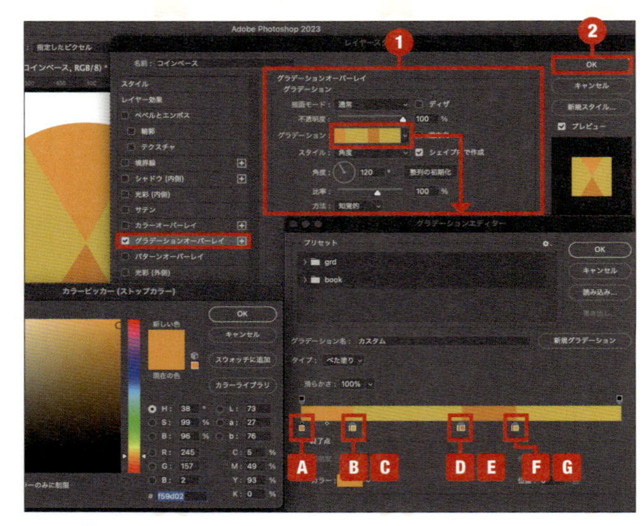

※同じ位置にカラー分岐点が複数ある場合、分岐点を左右にドラッグしてグラデーションがきれいに分割して見えるように微調整してください。

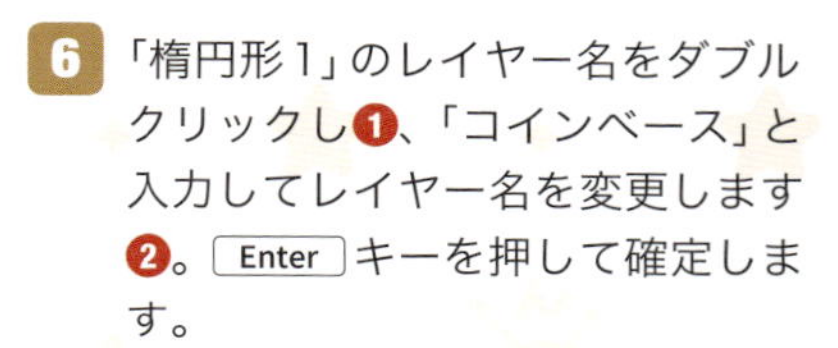

6 「楕円形1」のレイヤー名をダブルクリックし❶、「コインベース」と入力してレイヤー名を変更します❷。 Enter キーを押して確定します。

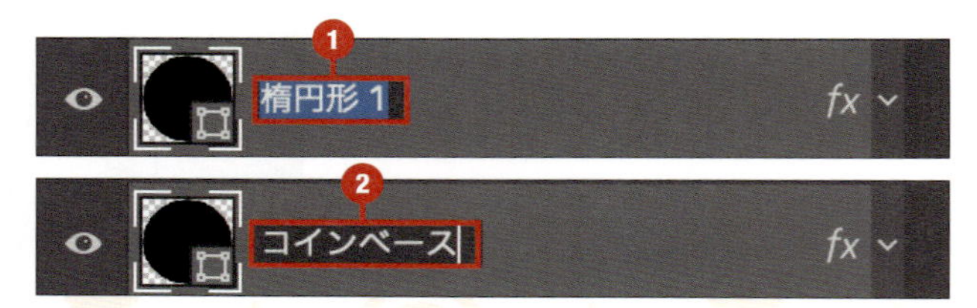

コインアイコンを作成②

コインアイコン内側の、六角形の部分を作成していきます。

1 多角形ツールをクリックし❶、カンバス上をクリックし下記のように設定して❷、六角形を作成します❸。

幅：640px
高さ：740px
対象：チェックON
角数：6
角丸の半径：0px
星の比率：100%
中心から：チェックON

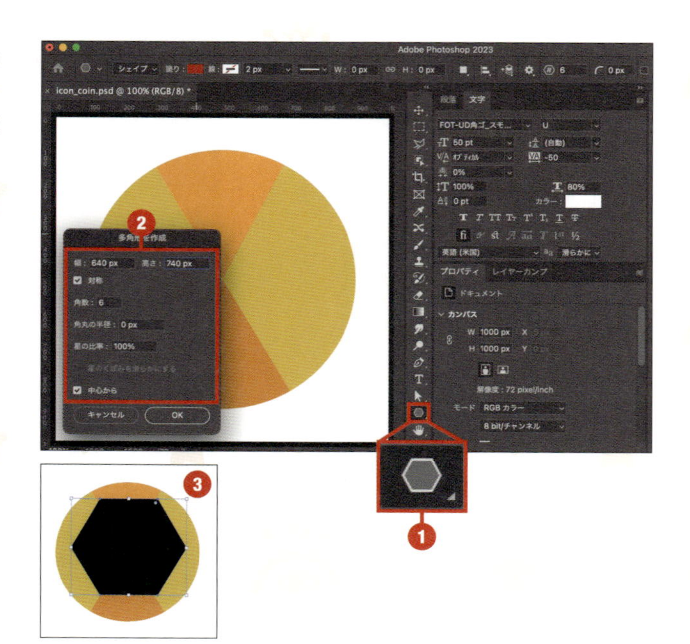

2 移動ツールをクリックし❶、オプションバーで[水平方向中央揃え]と[垂直方向中央揃え]をクリックすると❷、シェイプが中央へ移動します❸。うまく移動しない場合は、Ctrl／Command キーを押しながら、多角形1と背景レイヤーを選択した状態で同じように試してください。

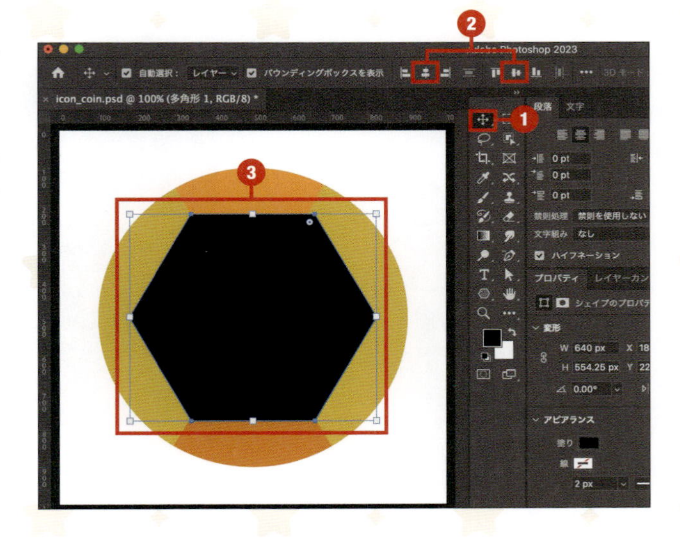

3 「多角形1」レイヤーのレイヤースタイルを開き❶、[カラーオーバーレイ]で下記のように設定します❷。

描画モード：通常
カラー：#fffeb3
不透明度：100

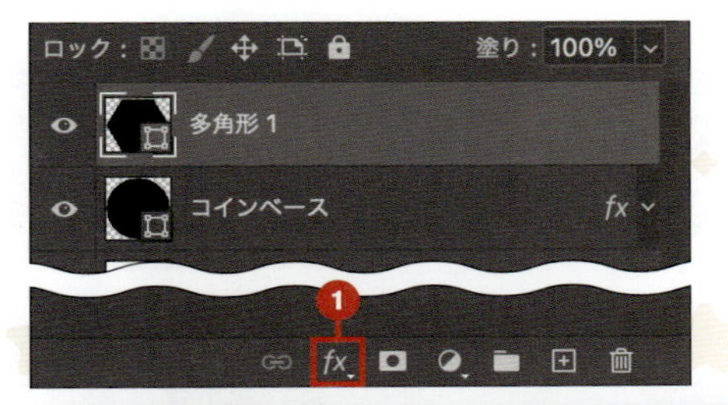

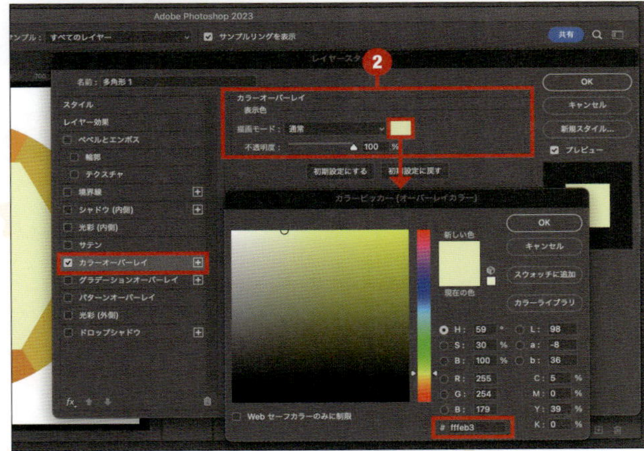

4 [ベベルとエンボス]で、下記のように設定します。

・**構造**
スタイル：ベベル（内側）
テクニック：ジゼルハード
深さ：200
方向：上へ
サイズ：140
ソフト：0

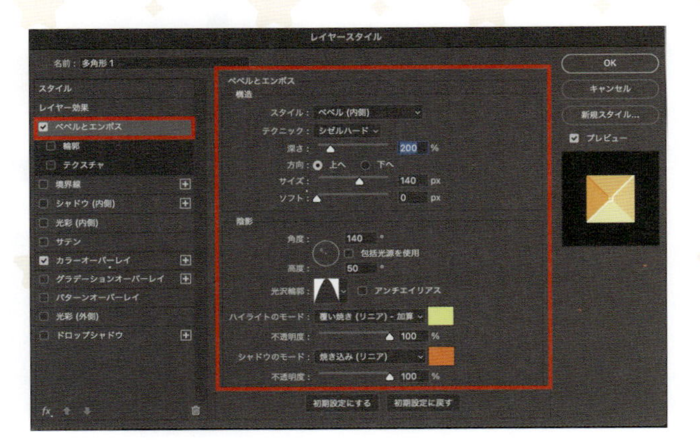

・陰影
包括光源を使用：チェック OFF
角度：140
高度：50
光沢輪郭：円錐❷
ハイライトのモード：覆い焼き（リニア）- 加算
ハイライトカラー：#fff779❸
不透明度：100%
シャドウのモード：焼き込み（リニア）
シャドウカラー：#f3761a❹
不透明度：100%

「OK」をクリックします❺。

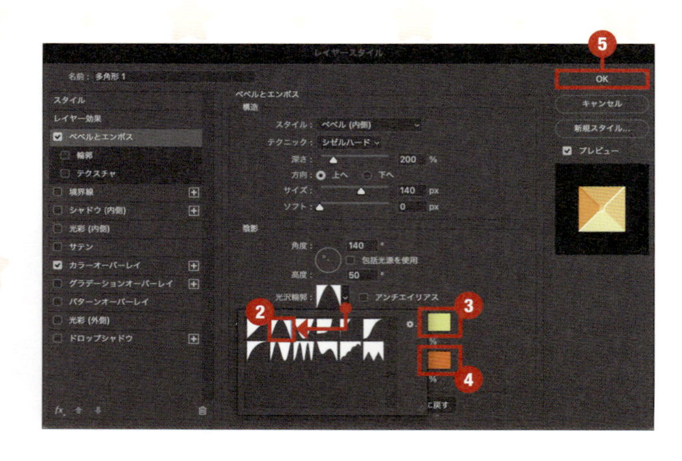

5 「多角形 1」のレイヤー名をダブルクリックし❶、「六角形コイン」と入力してレイヤー名を変更します❷。Enter キーを押して確定します。

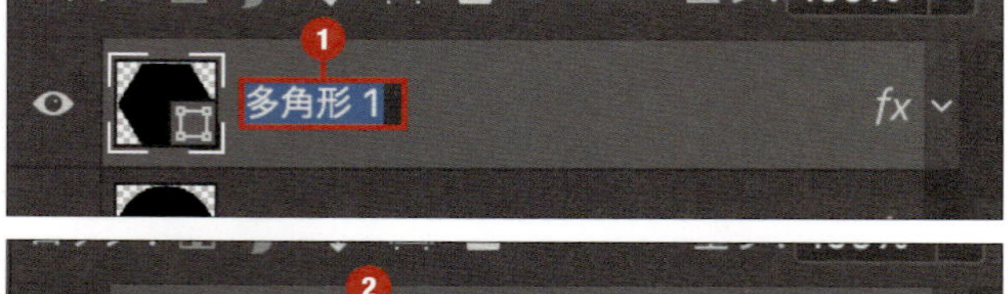

6 コインアイコンが完成しました。

7 レイヤーパネルで「背景」レイヤーの目のマークをクリックし、非表示にします。Ctrl／Command+S キーで、ファイルを保存します。

アイテムフレームにコインアイコンを配置

作成したコインアイコンを、アイテムフレームに配置します。

1 ダイアログを作成したファイル[dialog.psd]を開きます。

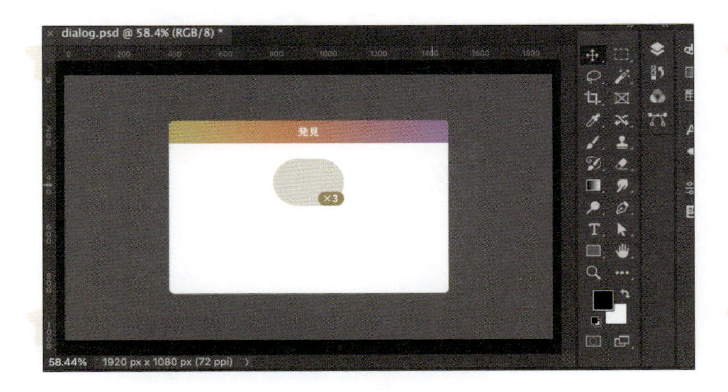

2 「ファイル」→「リンクを配置」の順にクリックし❶、コインアイコンを選択して配置します❷。

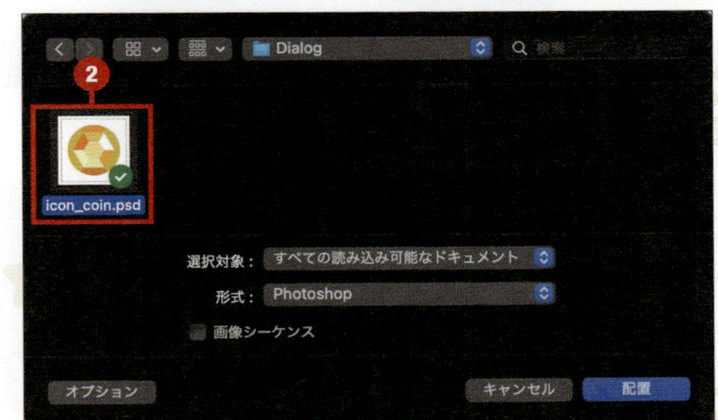

3 オプションバーで鎖マークをクリックし❶、[W:14%]と入力します❷。Ctrl／Command+Enterキーを押して確定します。

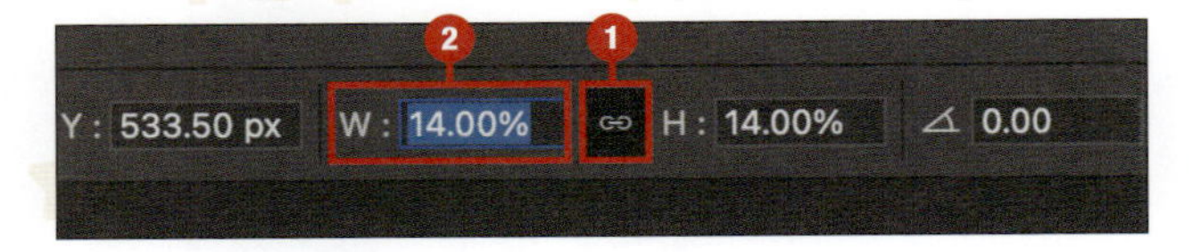

4 移動ツールをクリックし❶、コインアイコンをアイテムフレームの中に収まるようにドラッグして移動します❷。

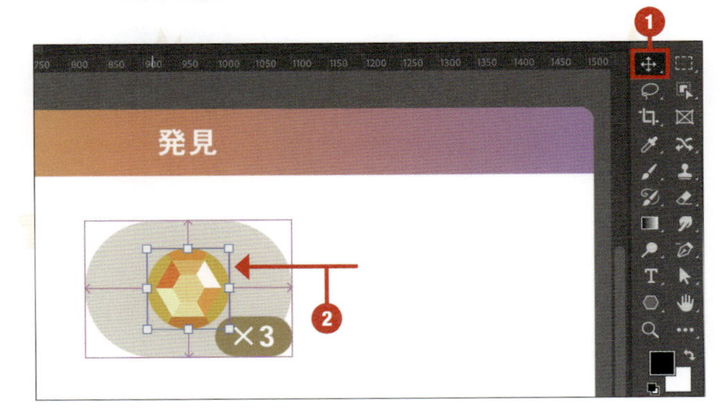

テキストを作る

テキストを作成

コインアイコンを獲得したことを伝えるためのテキストを作成していきます。

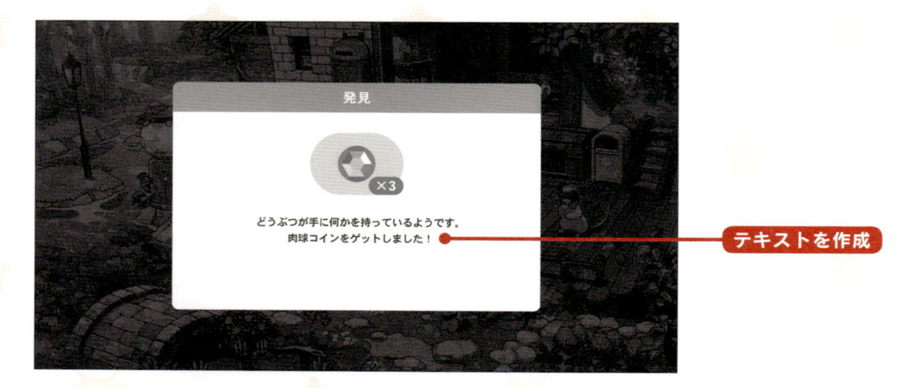

1 Ⓥキーで移動ツールを選択した状態でカンバス外をクリックし❶、レイヤーが何も選択されていない状態にします。Ⓓキーを押して、描画色と背景色をリセットします❷。

2 横書き文字ツールをクリックし❶、カンバスの中央辺りでクリックします❷。

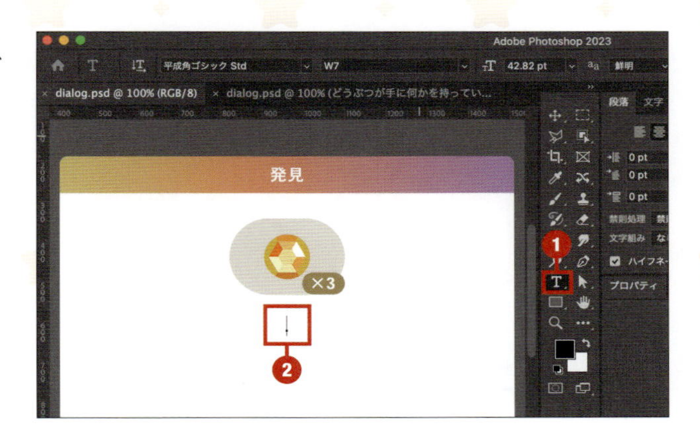

3 「どうぶつが手に何かを持っているようです。」と入力します❶。Enter キーを押して改行し、続けて「肉球コインをゲットしました！」と入力します❷。Ctrl／Command＋Enter キーを押して確定します。

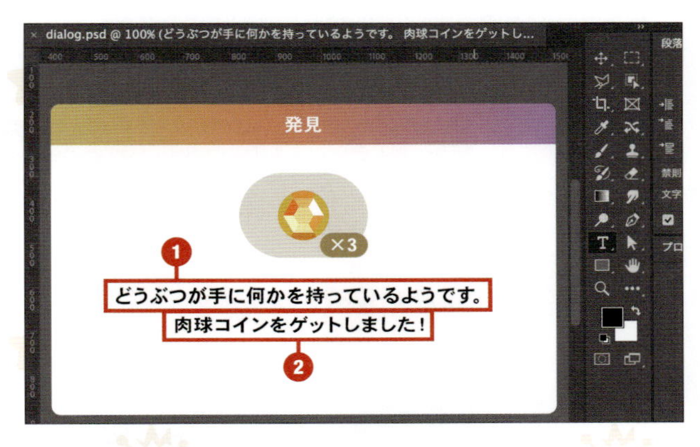

4 プロパティパネルで下記のように設定し、文字のサイズや位置を調整します。文字の位置は、移動ツールでドラッグして調整してもOKです。なお、「変形」は最後に設定するようにしてください。

・**文字**
フォント：平成角ゴシック Std
フォントスタイル：W7
フォントサイズ：32pt
行送り：50pt
カーニング：0
トラッキング：-25
カラー：#4f4624

・**段落**
中央揃え

・**変形**
X：660px
Y：602px

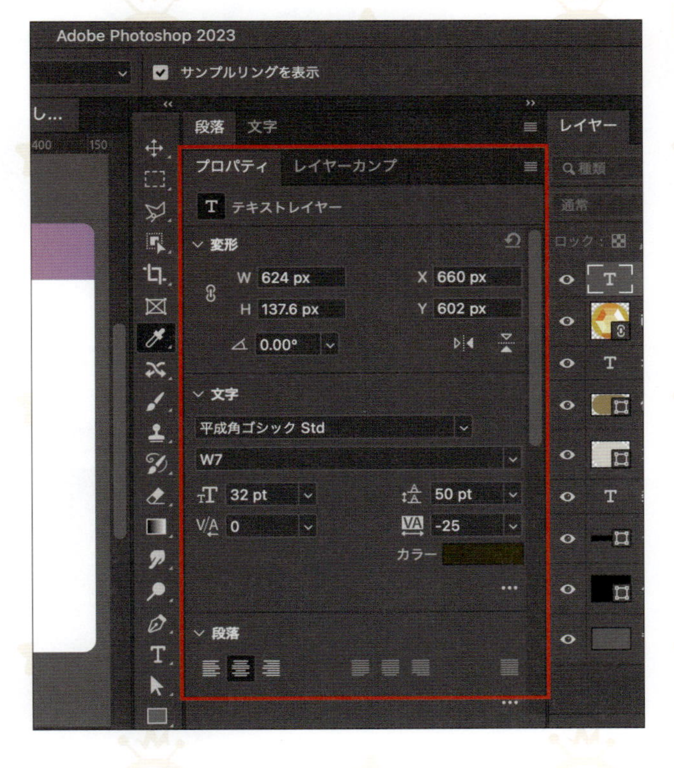

ダイアログのデザイン 8

ボタンを作る

ボタンベースを作成

ダイアログの本文確認後に押される「OK」ボタンを作成します。最初に、ボタンの骨格となる基本のベースフレームを作成していきます。

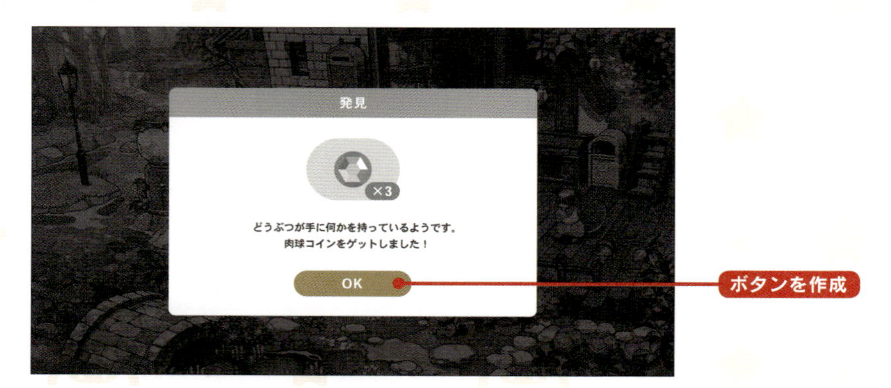

1 長方形ツールをクリックし❶、先ほど作成したテキスト下部付近でクリックします❷。「長方形を作成」ウィンドウで下記のように設定し❸、「OK」をクリックします❹。

幅：352px
高さ：80px
角丸：40px

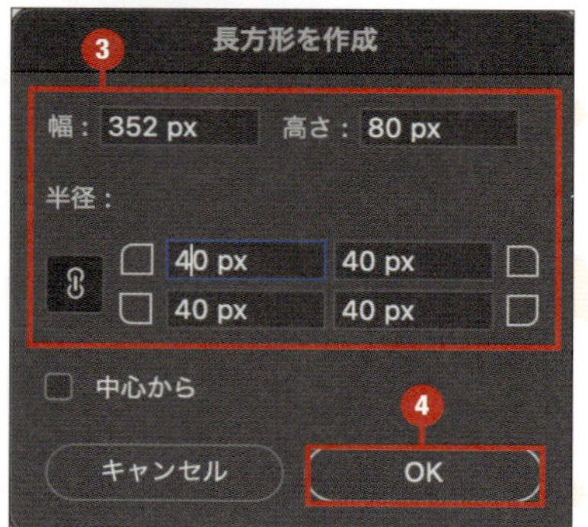

2 プロパティパネルで下記のように設定し、文字の位置や色を調整します。文字の位置については、移動ツールでドラッグして調整してもOKです。

・**変形**
X：784px
Y：752px

・**アピアランス**
塗り：#b29054

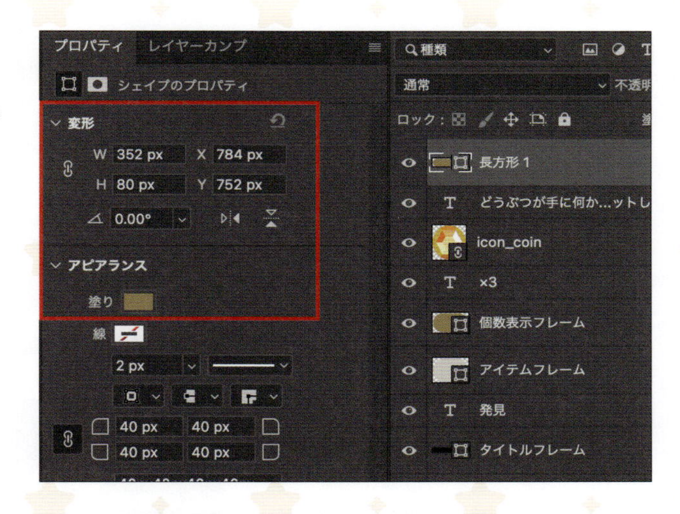

3 「長方形1」のレイヤー名をダブルクリックし、「メインボタン」と入力してレイヤー名を変更します。Enter キーを押して確定します。

ボタン内テキストを作成

ボタン内に表示する、「OK」のテキストを作成していきます。

1 Vキーで移動ツールを選択した状態でカンバス外をクリックし❶、レイヤーが何も選択されていない状態にします。Dキーを押して、描画色と背景色をリセットします❷。

2 横書き文字ツールをクリックし❶、メインボタンの中央辺りでクリックします❷。

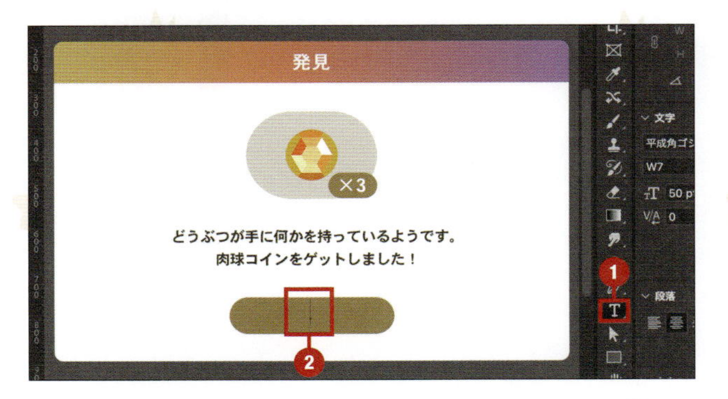

3 「OK」と入力し、Ctrl／Command＋Enterキーを押して確定します。

4 プロパティパネルで下記のように設定し、文字のサイズや位置を調整します。文字の位置については、移動ツールでドラッグして調整してもOKです。なお、「変形」は最後に設定するようにしてください。

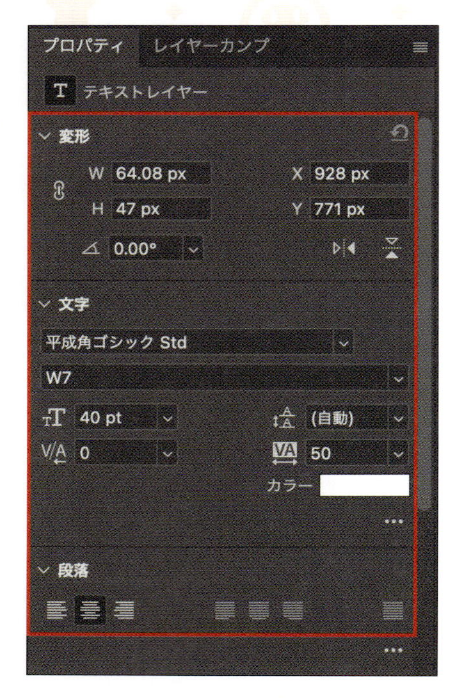

・文字
フォント：平成角ゴシック Std
フォントスタイル：W7
フォントサイズ：40pt
カーニング：0
トラッキング：50
カラー：#ffffff

・段落
中央揃え

・変形
X：928px
Y：771px

5 これで、ダイアログのデザインが完成しました。

4

ホーム画面の UI デザインを作ろう

ホーム画面の基本 1

ホーム画面のデザイン情報を整理する

ホーム画面の仕様を確認しよう

この章では、ホーム画面のUIデザインを制作します。事前準備として、仕様書を見て画面に必要な機能情報や目的などを確認し、どのようにデザインしていくかを考えます。ダイアログのデザイン制作と同様、企画書にあるゲームのジャンルやコンセプト、ターゲットを頭に入れた上で（P.80）、さらに細かい仕様部分を確認していきましょう。今回デザインするホーム画面については、下記のような仕様としました。

ホーム画面の仕様

・機能

ホーム画面

・目的

ゲームのメインゲートになるため、各種画面へ迷うことなく遷移できるようにし、ユーザーに対して必要な情報や訴求をできるような構成にする

・方式

全画面表示

・要望

どうぶつを眺めて癒される画面にしたい
どうぶつをタップしてお世話をできるようにしたい
どうぶつを育てるために必要な資材を入手できるクエストへの入り口は目立たせたい

・画面構成

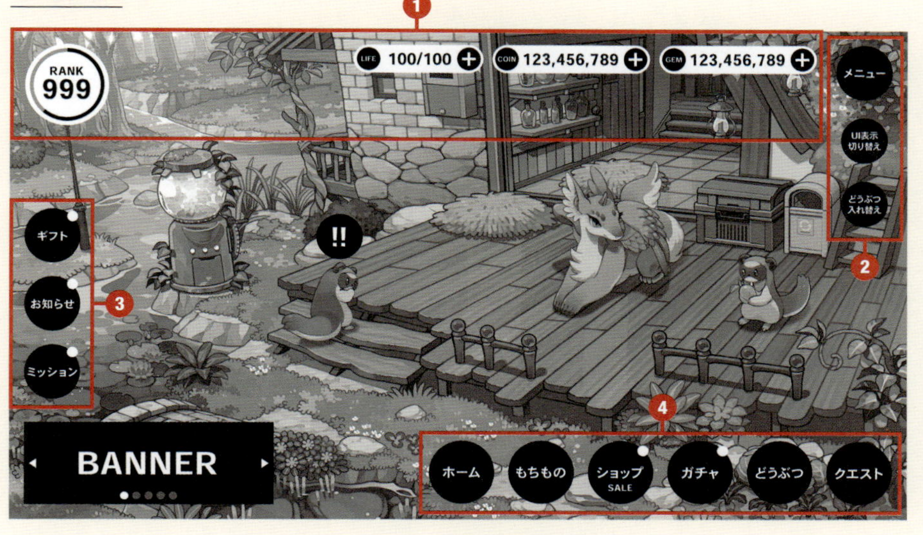

カテゴリ	要素	種類	表示 優先度	桁数 文字数	説明
❶ユーザー情報	ランク	数値	5	3	ゲーム達成度に応じて上昇し、ランクUPに応じて報酬あり
	ランク進捗ゲージ	ゲージ	5	-	次のランクUPまでの進捗を示す
	ライフ	数値	5	3	パズルをプレイするために所持しているスタミナ
	ライフ購入	ボタン	6	-	ライフ購入ショップへ遷移するボタン
	所持コイン	数値	6	9	ゲーム内のアイテムを購入できる無料コイン
	所持コイン購入	ボタン	6	-	コイン購入ショップへ遷移するボタン
	所持ジェム	数値	6	9	課金により入手できるゲーム内通貨
	ジェム購入	ボタン	6	-	ジェム購入ショップへ遷移するボタン
❷システムメニュー	メニュー	ボタン	7	-	ゲーム内の主要メニューが集まった画面へ遷移するボタン
	UI表示切り替え	ボタン	7	-	ホーム画面UIの表示/非表示を切り替えるボタン
	どうぶつ入れ替え	ボタン	7	-	ホームに配置するどうぶつ入れ替え画面へ遷移するためのボタン

❸サイドメニュー	ギフト	ボタン	4	-	報酬などのギフト受取画面へ遷移するボタン
	お知らせ	ボタン	4	-	お知らせ画面へ遷移するボタン
	ミッション	ボタン	4	-	決められたミッション表示画面へ遷移するボタン
❹フッターメニュー	クエスト	ボタン	1	-	パズルゲーム画面へ遷移するボタン
	どうぶつ	ボタン	2	-	どうぶつ一覧画面へ遷移するボタン
	ガチャ	ボタン	2	-	アイテムやどうぶつを入手できるガチャ画面へ遷移するボタン
	ショップ	ボタン	2	-	アイテムやコイン、ジェムなどを購入できるショップ画面へ遷移するボタン
	もちもの	ボタン	3	-	所持アイテムを確認できる画面へ遷移するボタン
	ホーム	ボタン	3	-	ホーム画面へ遷移するボタン

❶ ユーザー情報

ユーザー情報は、ユーザーランクやランクアップに必要な経験値のゲージ、所持しているライフやコイン、ジェム（課金石）などの情報を指します。ゲームによっては、ユーザーが設定したキャラアイコンを表示するなど、さまざまなバリエーションが存在します。

❷ システムメニュー

システムメニューは、メインではない補助的な役割を担うメニュー群になります。そのため、ホーム画面上では表示サイズを小さめにすることもあります。メニューボタンの中には、ホーム画面上では表示しきれなかった機能が格納されていることが多いです。

❸ サイドメニュー

フッターメニューからは外れたものの、比較的重要度の高いメニュー群になります。ギフトやお知らせ、ミッションなどがそれに当たりますが、必要になったときのみアクセスして、ギフトを受け取ったり、お知らせを確認したりします。

❹ フッターメニュー

ゲームをプレイする上で、重要度が高く、アクセスする頻度が高いメニュー群になります。そのため、指が届きやすくアクセスしやすい画面下部に配置されることが多いです。ゲームのジャンルによって、どんなフッターメニューボタンをいくつ配置するかは異なります。

SECTION 4-2

ホーム画面の基本 2

ホーム画面作成の基本を知る

ホーム画面作成のポイント

ホーム画面は、スマホゲームを起動したあとに、最初にたどり着く画面になります。この画面を起点として他の画面へ遷移していくため、ゲームのエントランス部分とも言えます。繰り返しゲームをプレイしてもらうためにも、何を、どのように見せるかがとても重要です。そこで、ホーム画面をデザインしていく上でのポイントを事前に知っておくことで、制作をスムーズに進められるようにしましょう。ここでは、以下の６つのポイントに絞ってご紹介します。

①表示優先度に基づいて情報を整理する
②見やすく操作性しやすいデザインを考える
③要素の大きさや色に配慮し視認性を高める
④統一感のあるカラー設計を行う
⑤ゲームの世界観に合わせたデザインにする
⑥運用を想定したレイアウトにする

①表示優先度に基づいて情報を整理する

１つ目のポイントは、「優先順位に基づいて情報を整理する」ことです。ホーム画面の特性上、ユーザーに伝えたい情報が増えすぎて、情報過多になる傾向があります。その結果、ユーザーがどれが重要な情報なのかを判断できず、使いにくい画面になることがあります。そうならないためにも、事前に仕様書を確認し、ホーム画面に表示する情報量について疑問点、改善点の洗い出しと、表示優先度の確認を行っておきます。仕様書に表示優先度やテキスト・数値の最大桁数などが記載されていない場合は、プランナーに確認しておきましょう。

情報の精査が終わったら、次は関連のありそうな要素を近づけて、グループ化していきます。慣れてくると頭の中で自然にできるようになりますが、そうでない場合は、紙に書き出して整理します。

最後に、整理した情報をもとに、ユーザーが重要な情報だと自然と認識できるように、表示優先度や視線誘導を考慮したレイアウトを考えていきます。レイアウトを考える際は、最初から本番用のデザインを作り始めるのではなく、まずは丸や四角といった簡単な図形を使ったラフを作成するところから始めます。これをワイヤーフレームと呼びますが、作り方については、後ほど詳しく解説します。

②見やすく操作性しやすいデザインを考える

２つ目のポイントは、「操作しやすいデザインを考える」ことです。例えば縦持ちのゲームであれば、片手で操作できるように、使用頻度が高いボタンは画面中央より下に配置するようにします。横持ちのゲームであれば、両手で持ってプレイすることを想定して、画面の左右や画面下に使用頻度の高いボタンを配置するようにします。

操作可能なボタンについては、誤タップを防ぐためにタップできるエリアを十分に確保し、周囲のボタンとの間にある程度の余白をとるようにします。また、操作可能なボタンだとユーザーが認識できるように立体感をもたせたり、他の画面で使用するボタンと形状や色を統一したりといった工夫を行います。

その他、ユーザーの操作に対して何の変化もないとユーザーが不安になるため、操作を受け付けたことを知らせるアクションを返すなどして、画面内の要素を変化させます。

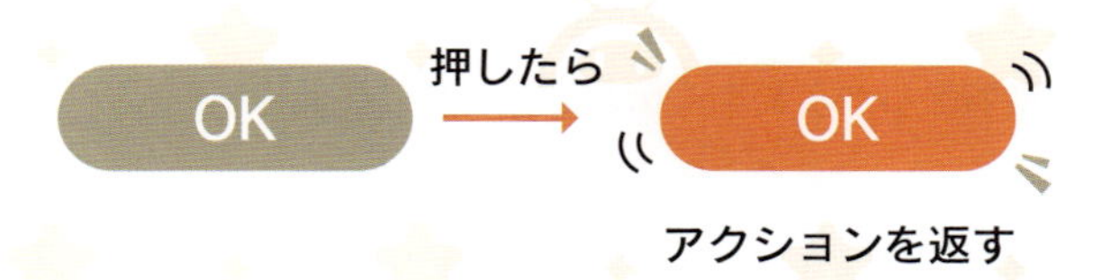

チェックポイント

- ☐ 重要かつ操作頻度が高いボタンは押しやすい位置にあるか
- ☐ タップエリアは十分に確保されているか
- ☐ 操作できるボタンだと伝わるデザインになっているか
- ☐ 操作に対して何らかのアクションを返しているか

③要素の大きさや色に配慮し視認性を高める

3つ目のポイントは、「視認性を高める」ことです。スマホゲームは、限られたスペースで情報を表示するため、フォントや文字サイズ、色を適切に選ぶことで、見やすい画面にすることが大切です。小さすぎる文字や読みづらいフォントは見ている側にストレスを与えるため、避けるようにします。視認性に問題ないかを判断するために、実際に作成したデザインはこまめにスマホで確認しながら作成するようにします。

×：文字が小さく読みづらい　　◎：文字を大きくして視認性 UP

また、文字色と背景色の組み合わせが悪かったり、コントラストが弱すぎたりする場合も視認性が下がるため、気をつけましょう。色や形状、明暗によってコントラストを調整することで、特定の要素に対して視線を集め、情報をわかりやすく伝えることができます。

×：背景と同化して文字が読みづらい　　◎：文字と背景のコントラストを上げて読みやすく

チェックポイント

- □ 視認性がよいフォントや文字サイズを選定しているか
- □ 色を適切に使うことで効果的に情報を見せているか
- □ コントラストは十分に保たれているか

④統一感のあるカラー設計を行う

４つ目のポイントは、「統一感のあるカラー設計を行う」ことです。ゲームの特徴を際立たせたり、世界観を表現するための方法として、カラー設計は重要です。ゲーム内で統一した色のルールを設定し、それに従っておけば問題はないのですが、一般的なお作法に則るのもよい選択と言えます。

例えばキャラクターの体力を意味するHPゲージは、一般的に緑色が使用されていることが多いです。これと同じ色を使用することで、他のゲームですでに学習済みのユーザーは色が表す意味をスムーズに受け入れることができます。ゲームのジャンルやコンセプトによってどの程度の色数を使用するかは異なりますが、基本的な色については初期段階で決めておくようにしましょう。

色の用途例

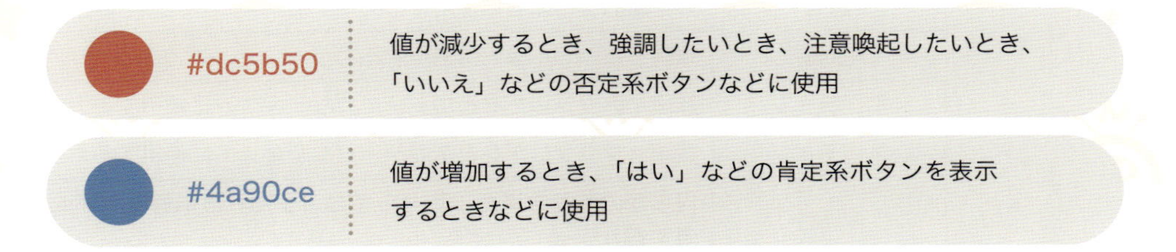

また、視認性を担保するために、背景が暗いときと明るいときで別々のカラーを指定することもあります。

背景色（白／黒）ごとの色指定例

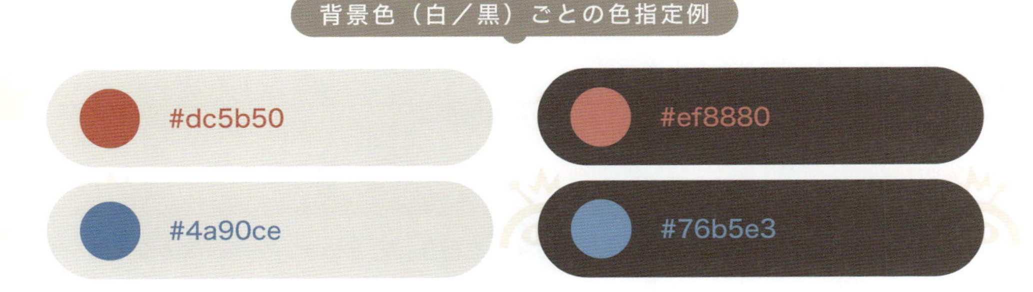

デザイン制作の初期段階では、ベースカラー、メインカラー、サブカラーを設定しておくことが重要です。ゲームの印象を左右する可能性もあるため、しっかりと決めておきましょう。ここで決めたカラーを他の画面でも同じように使用することで、どのようなレイアウトの画面であっても、統一感を維持しやすくなります。

また、ゲーム内で使用頻度が高いボタンやテキストのカラーも決めておきます。これらは、用途に応じて個別のカラーを設定します。例えばボタンであれば、通常時のカラーに加えて、なんらかの条件を満たしていないためにボタンを押せない場合のカラーも考えておく必要があります。ボタンやテキストのカラーについては、用途別のカラーも用意しておきましょう。

⊙ 基本カラー例

種類	用途	補足
ベースカラー	－	大きな画面領域を占める基本カラーで、背景などに使用
メインカラー	－	ゲームの世界観を印象づける UI のメインカラーとして使用
サブカラー	－	必須ではないが、ゲームを特徴づけるためにいくつか補助的なカラーを設定しておくと便利
ボタンカラー	通常	通常時のボタンに使用するカラー
	ポジティブ	購入ボタンなど強調したいボタンに使用するカラー
	ネガティブ	削除、閉じるボタンなどネガティブなボタンに使用するカラー
	非活性	何らかの条件を満たしておらず押せないボタンに使用するカラー
テキストカラー	通常	通常時のテキストに使用するカラー
	強調	強調したいテキストに使用するカラー
	ポジティブ	数値がアップしたなどポジティブなテキストに使用するカラー
	ネガティブ	数値がダウンしたなどネガティブなテキストに使用するカラー
	非活性	何らかの条件を満たしておらずロックされた情報テキストに使用するカラー
ゲージカラー	用途別に設定	ランク、HP、MP などさまざまな用途で使用する各種ゲージカラー

チェックポイント

- ☐ ゲーム内で使用するカラー指定の一覧表を作成したか
- ☐ 背景が暗くても明るくても視認性がよいカラーを選定したか

⑤ゲームの世界観に合わせたデザインにする

５つ目のポイントは、「世界観に合わせたデザインを行う」ことです。ゲームへの没入感をアップさせ、ユーザー体験を向上させるためにも、世界観に合わせた UI デザインを考えることが重要です。このゲームの目的やターゲットを思い出しながら、どのようなテイストのデザインにするかを決定します。今回のゲームは、カジュアルゲームが好きな若い女性を対象としています。加えて、自然豊かで温かみのあるファンタジーの世界でかわいいどうぶつを育成することで、癒やしの時間を提供することを目的としています。そのため、奇抜なデザインや色合いはそこまで必要ないように感じます。自然や暖かさを感じさせるモチーフや色味、女性が好きと感じる雰囲気はどういったものかを考えながら、デザインの方向性を考えていきます。

チェックポイント

- □ このゲームの目的に合った世界観を表現できているか
- □ ターゲットに興味を持ってもらえるデザインになっているか

⑥運用を想定したレイアウトにする

6つ目のポイントは、「運用を想定したレイアウトにする」ことです。ゲームのリリース後、ホーム画面に要素が追加されるのはよくあることです。例えばバナーの表示数やイベント情報、気づいてほしい新機能などが増えるに伴い、UIアニメーションが追加されるなど、情報過多になりやすい傾向にあります。それを見越して、初期段階で要素や色を盛りすぎないように配慮したり、バナー数が増えても問題のない表示方式にしたりするなど、対策しておくことが重要です。

ただし、事前の準備にも限界があります。新機能の追加によってホーム画面に要素を増やす場合は、本当にホーム画面に配置する必要があるのか、常に表示しておく必要はあるのか、他のメニューと交換できないのかなど、多角的に検討していきましょう。

▶ リリース時

▶ 運用1年後

着せ替えとランキングの新機能が追加された

チェックポイント

- □ 初期段階で、画面を埋め尽くすほどのUI要素を配置しすぎていないか
- □ リリース後に、追加になりそうな項目を事前に予想し、リストアップしたか

ホーム画面の基本 3

ワイヤーフレームとデザインカンプのポイント

ワイヤーフレームのポイント

前節では、ホーム画面を作成する上での基本知識や情報整理の方法についてお伝えしました。ここからは、これらの知識を元に作成したワイヤーフレームとデザインカンプを確認していきます。企画書や仕様書で確認してきた内容を踏まえて、ワイヤーフレームを作成します。ワイヤーフレームでは、要件にあった情報が揃っているか、各要素の位置や大きさに問題はないか、操作はしやすいか、視認性はどうかなど、基本的な部分の確認を行います。

ワイヤーフレームを作成するためのツールは、Figma や Adobe XD がオススメですが、Photoshop やその他のツールでも問題ありません。

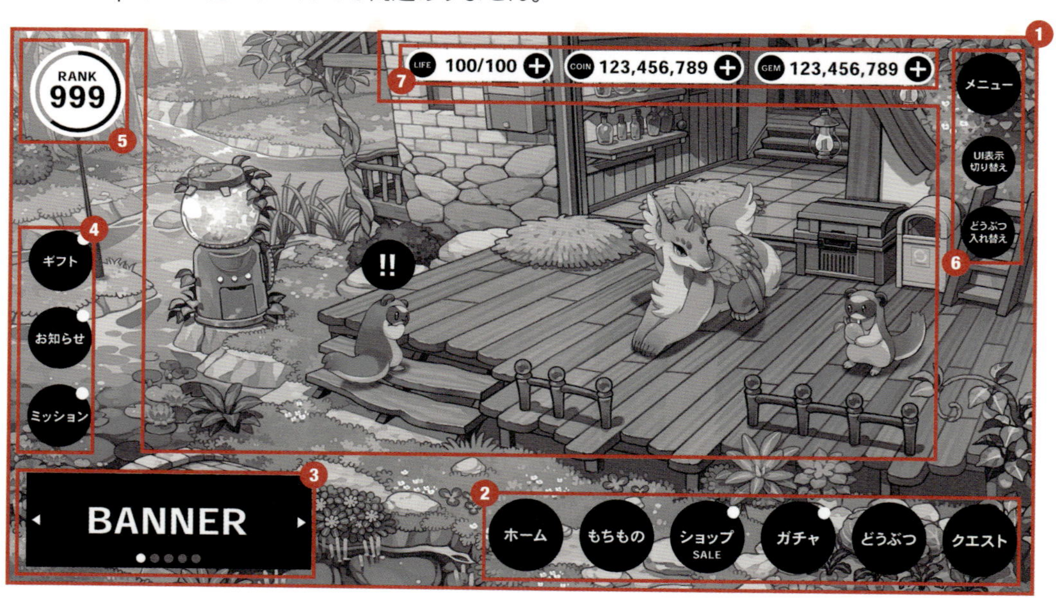

❶キャラクターを阻害しないように、UI は外側に寄せています。

❷操作頻度が高いフッターメニュー（ホーム、もちもの、ショップ、ガチャ、どうぶつ、クエスト）については、右手で操作しやすい右下エリアに配置し、優先度が高いものから順に右から左に向かうようにしています。

❸ユーザーに新しい情報を提供するため、バナーエリアは少し大きめに確保しました。

❹ギフト、お知らせ、ミッションのサイドメニューは、フッターメニューより優先度が低いため、左エリアに寄せています。不便を感じないように、左の親指が届く範囲に配置しています。

❺ランク情報は操作する必要がないため、比較的触りづらい左上に配置しました。

❻システムメニューボタンは、どの画面でも表示するため、メインコンテンツの邪魔にならず、比較的操作しやすい右上に配置しています。

❼この画面内では優先度は低いですが、操作する可能性があるシステム系ボタンやライフ・コイン・ジェムについては、ボタンサイズを小さくした上で、右手で操作できるように画面右上にまとめています。

デザインカンプのポイント

ワイヤーフレームでホーム画面の要素や位置など大枠のレイアウトが確定したら、それを元にデザインカンプを作成します。大枠のデザインの方向性は、ダイアログを作成した際に決めたものを踏襲し（P.87）、必要なデザイン要素を追加していきます。

デザインカンプは、ゲームの場合Photoshopで作成することが多いです。細かいパーツ類は、Illustratorで作成することもあります。

①ベースとなるルール

ダイアログデザイン時に決めた下記のルールをベースとして、ホーム画面を作成しています。

- **ベースカラー**：白色、**メインカラー**：紫色、オレンジ色、黄色
- **汎用ボタン**：ゴールドボタンの上に白文字
- **メインフォント**：平成角ゴシック Std
- **フレームやボタンの形状**：角丸

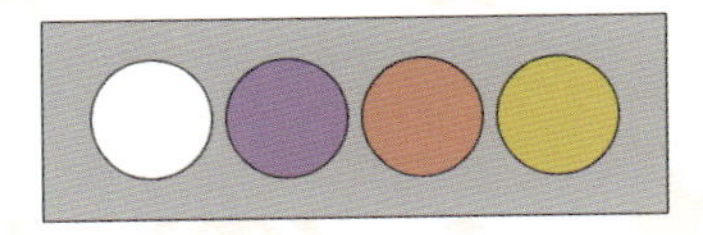
▶ ベース／メインカラー

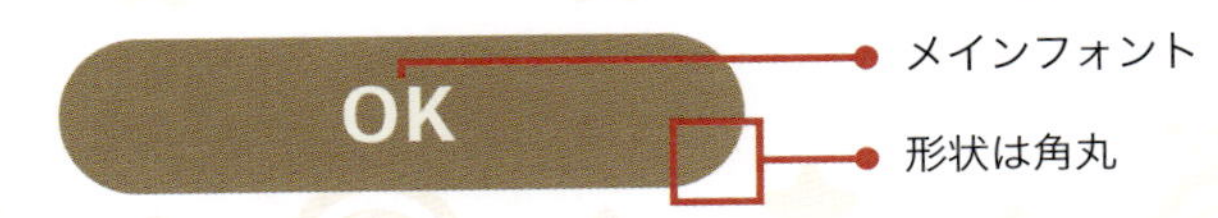

▶ 汎用ボタン

②メインボタン

メインボタンについては、基本的にゴールドボタンの上に白文字表記に統一しています。しかしアイコンと文字がセットになったボタンについては、用途や全体のバランスに応じて変化させています。例えば右上のシステムボタンは、ボタンのベース部分をそのままゴールド系にすると背景に溶け込み視認性が悪くなるため、白ボタンの上にゴールドアイコンにしています。右下のフッターメニューも同様の理由で、アイコンを囲む丸いフレームの色をゴールドではなく白にしています。

③アクセントカラー

アクセントカラーは赤色とし、特に目を引きたい下記の項目に使用しています。

- ショップボタンについているバッジアイコン
- ショップアイコンの SALE タグ
- クエストボタンの上の COOKING リボン

④ホームボタン

ホームボタンは、現在選択中であることを伝えるために色を変えています。

⑤ランク

左上のランクについて、ワイヤーフレーム時は丸形で作成していましたが、可愛らしさをプラスしたかったため、リボンの帯が下がっている形に変更しました。それに伴い、経験値ゲージの形状を横長の長方形に変更しています。

⑥バナー

左下のバナーには、メインフォントとは異なる「AB-j_gu」というフォントを使用しています。バナーについては、ゲームの世界観から大きく離れない点に注意しつつ、イベントの内容や伝えたい情報によっては別のフォントを検討しても問題ないと思います。ゲームを長く運用していくことを考えると、同じフォントでロゴのバリエーションを出し続けるのが困難になるため、世界観に合いそうなフォントをいくつかピックアップしておくとよいでしょう。

⑦メニューアイコン

フッターメニューやサイドメニューのアイコンは、女性向けゲームということもあり、華やかさも取り入れるため単色でなく３色程度使用するようにしました。フッターメニューやサイドメニューのアイコンはこのゲームの世界観に合った独自の形状にしています。そのため、アイコンだけでは機能を想像できない可能性も考慮して、補足のテキストをつけています。

⑧システムメニューボタン

右上のシステムメニューボタン（メニュー、UI表示切り替え、どうぶつ入れ替え）については、アイコンのみ表示しています。これらの形状は他のゲームなどでも使用されることが多く、ユーザーが学習していることを前提とした上で、補足テキスト無しでこの形状にしています。

ここまでで、ワイヤーフレーム（設計図）とデザインカンプ（完成見本）のポイントを確認できました。次節からは、いよいよ実際にデザインをしていきます。画面に背景やキャラクターを配置するところから始めていきましょう。

背景やキャラクターを配置する

新規ドキュメント作成

ここからは前節で確認したデザインカンプを実際に制作していきますが、その前に画像の配置やガイドの設定などの事前準備を行いましょう。最初に、ホーム画面用の新規ドキュメントを作成します。ドキュメント名は「home」、幅:1920 ピクセル、高さ:1080 ピクセルとします。作成方法は、P.88 をご確認ください。

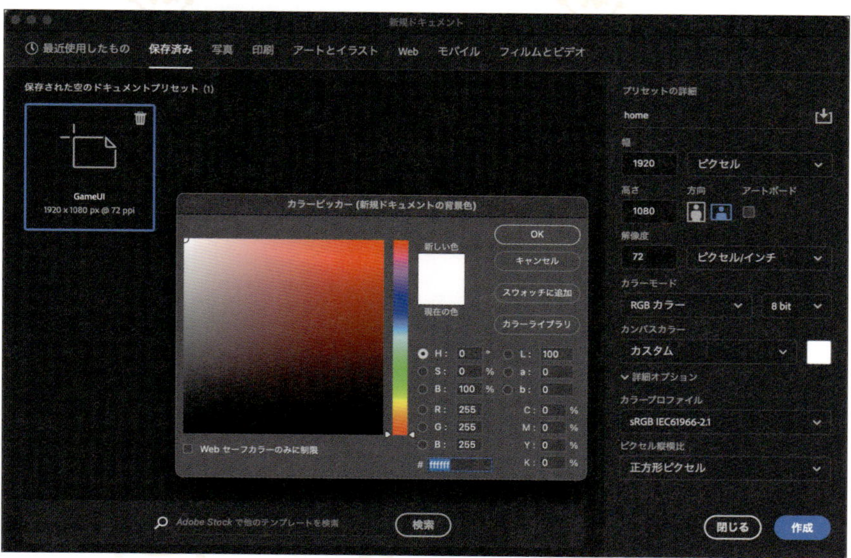

ガイドレイアウト作成

スマートフォンの画面には、コンテンツを安全に表示できるセーフエリアが設けられています。画面端まで要素を配置すると、スマートフォン側の UI と重なったり、要素が見切れたりする可能性があります。そのため、コンテンツを表示するエリアを決めておくことが重要です。そこで、あらかじめレイアウトの範囲を示すためのガイドを作成しておきます。

1 「表示」→「ガイド」→「新規ガイドレイアウトを作成」の順にクリックします。

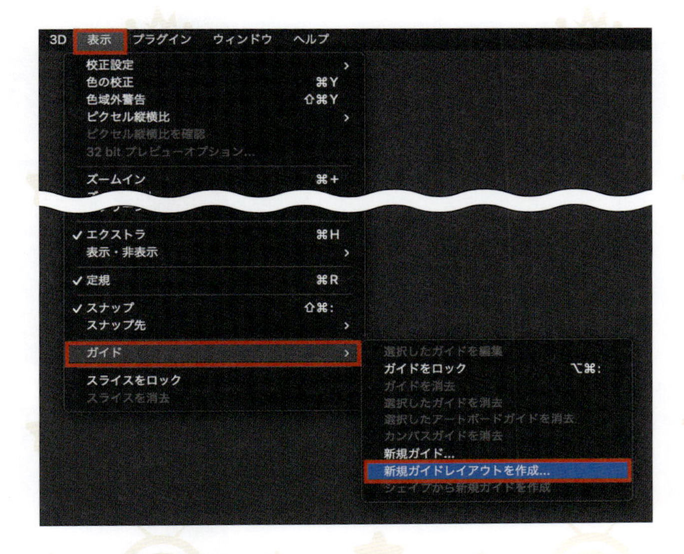

2 新規ガイドレイアウトウィンドウが表示されるので、[マージン]にチェックを入れて❶、上左下右に64pxと入力すると❷、カンバスに水色でガイドが表示されます❸。

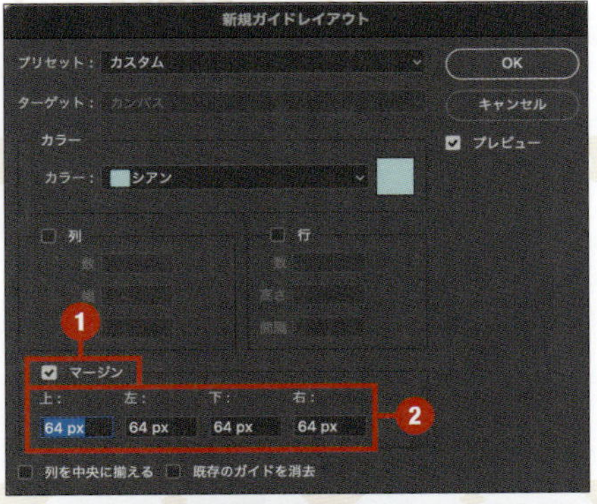

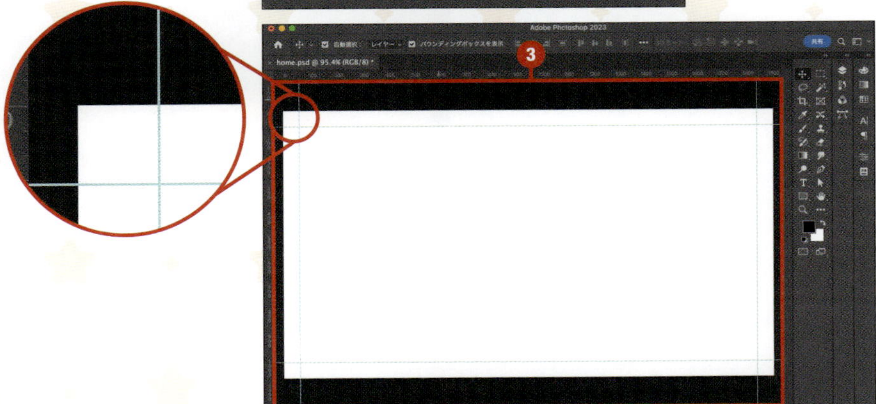

背景・キャラクターを配置

ガイドの設定が完了したら、背景とキャラクターのデータをダウンロードして（P.6）、画面に配置していきます。

1 「ファイル」→「埋め込みを配置」の順にクリックします。

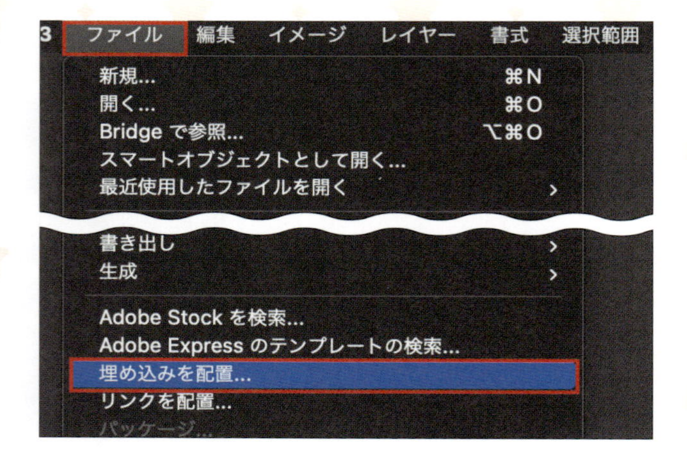

2 ダウンロードした画像（bg_home.png）を選択して❶、「配置」をクリックします❷。

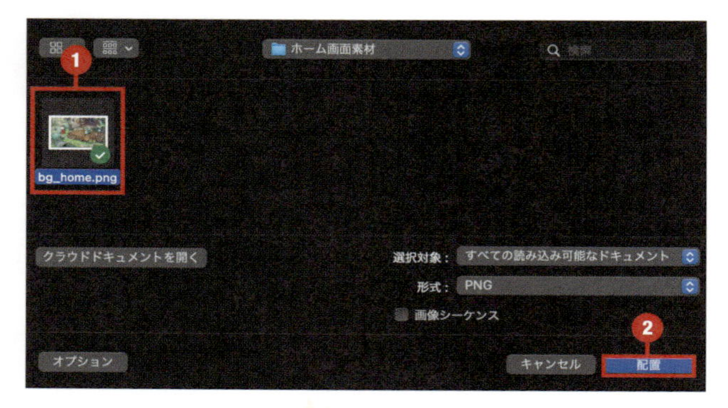

3 Enter キーを押すと、画像の配置が確定します。

これで、事前準備が完了しました。次節からは、実際にUIパーツを作成していきましょう。

ヘッダーの作成 1

ランク表示

リボン型の帯作成

ここからは、ヘッダーに配置する要素を作成していきます。最初に、ランクの表示に関するUIパーツを作成します。画面左上に、ユーザーの現在のランクと次のランクまでの経験値ゲージを作成していきます。ここでは、ランクゲージをゲージベースとゲージバーの2つのレイヤーに分けて作成します。レイヤースタイルを使えば、1つのレイヤーで同じ見た目のものを作成できますが、あえてそうしていないのは、ゲームの状況に応じてゲージバーが変化するためです。ゲージベースはそのまま変化せず、その上に乗っているゲージバーのみ変化するため、素材としては分離させておく必要があります。最初に、ベース部分となるリボン型の帯を作成します。

1 リボン型の帯の形状を作成

リボン型の帯の形状を作成していきます。

1 Vキーで移動ツールを選択した状態で、カンバスの外をクリックします❶。レイヤーが何も選択されていない状態になったら、Dキーを押して描画色と背景色をリセットします❷。

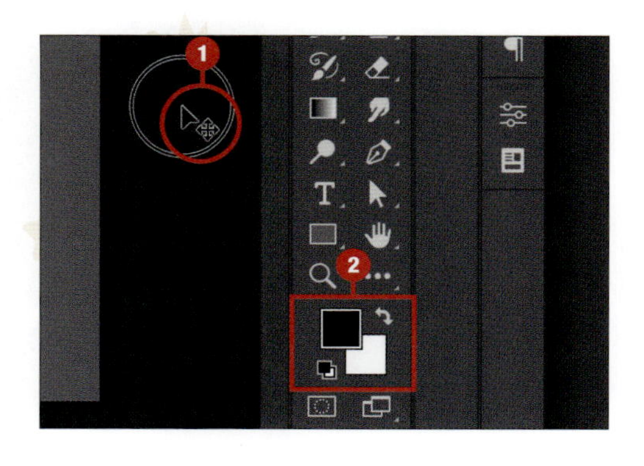

2 長方形ツールをクリックして❶、画面左上でドラッグして長方形を描きます❷。

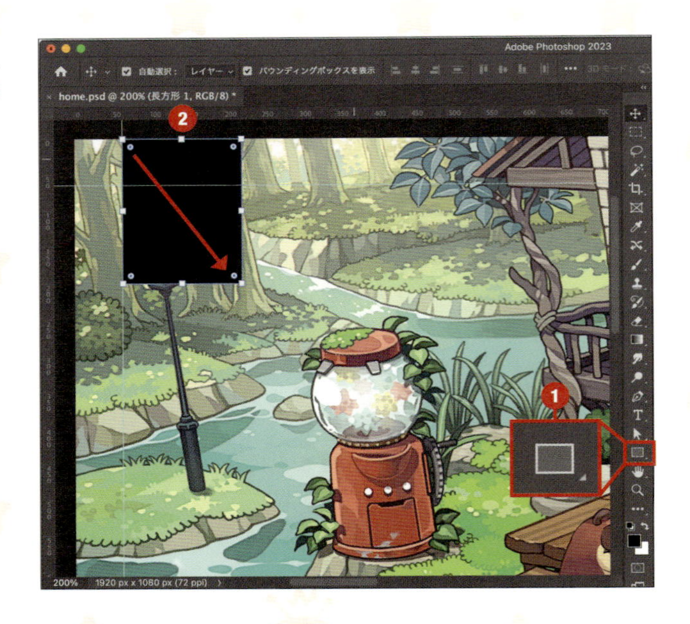

3 プロパティパネルで下記のように設定し、シェイプのサイズと位置を決定します。位置については、移動ツールでドラッグして調整しても問題ありません。

・**変形**
W：160px
H：200px
X：64px
Y：0px

・**アピアランス**
塗り：#000000
角丸：0px0px0px0px

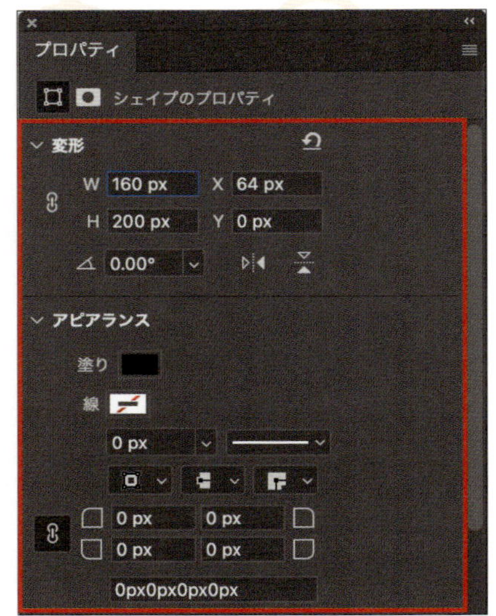

4 ❸で作成したシェイプレイヤーのレイヤースタイルを開き（P.68）❶、グラデーションオーバーレイで以下のように設定し（P.69）❷、「OK」をクリックします❸。

描画モード：通常
不透明度：100%
逆方向：チェックOFF
スタイル：線形
角度：90°

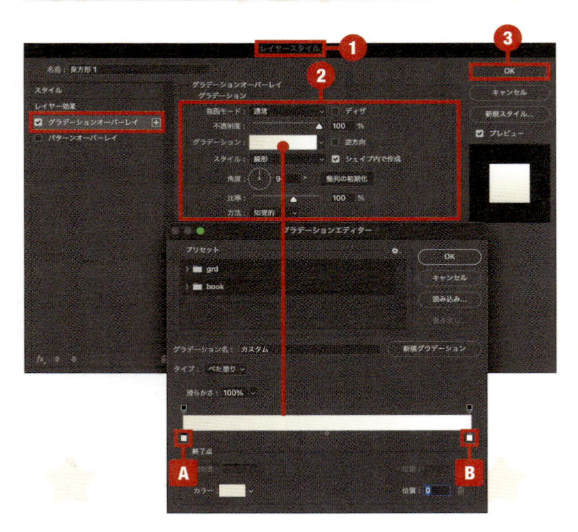

カラー分岐点A
カラー：#f5f0e0❹
位置：0

カラー分岐点B
カラー：#ffffff❺
位置：100

A

B

5 「表示」→「ガイド」→「新規ガイド」の順にクリックします(P.127)。新規ガイドウィンドウで「垂直方向」を選択し❶、位置に144と入力し❷、「OK」をクリックします❸。すると、リボンの縦中央にガイドが引かれます。

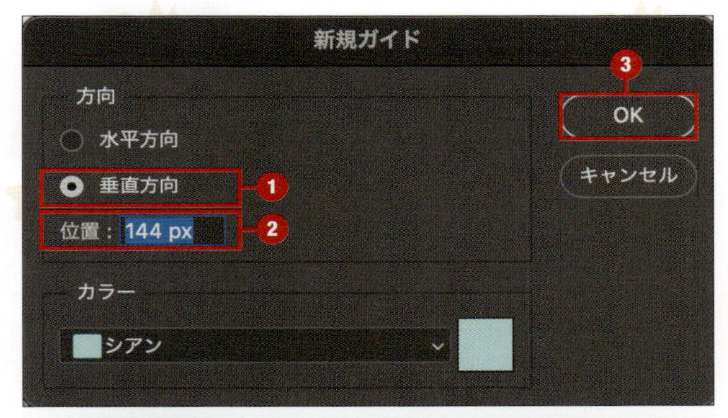

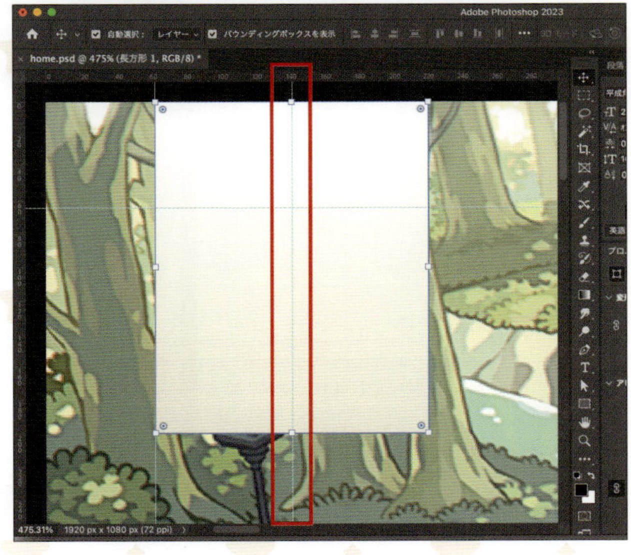

6 アンカーポイントの追加ツールをクリックして❶、先ほど引いたガイドとシェイプ下部の交わっている部分をクリックし❷、アンカーポイントを追加します。

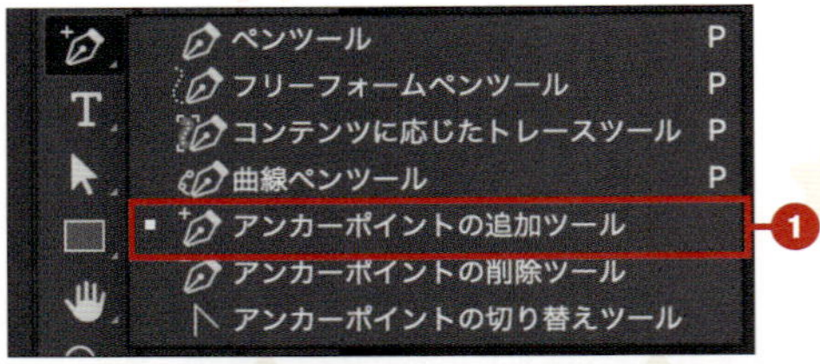

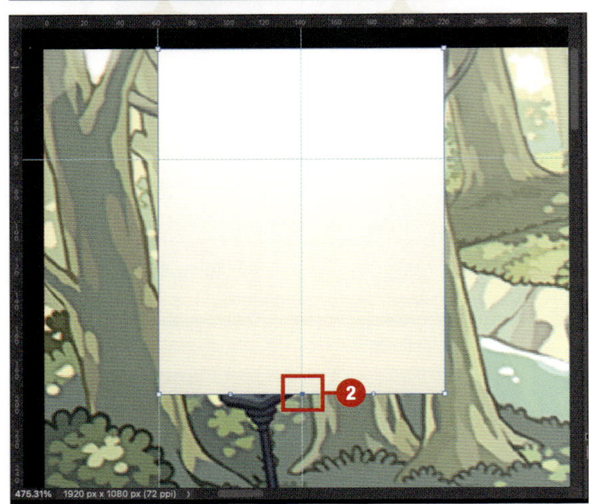

7 アンカーポイントの切り替えツールをクリックして❶、先ほど追加したアンカーポイントと同じ場所をクリックし❷、ハンドルを消します。

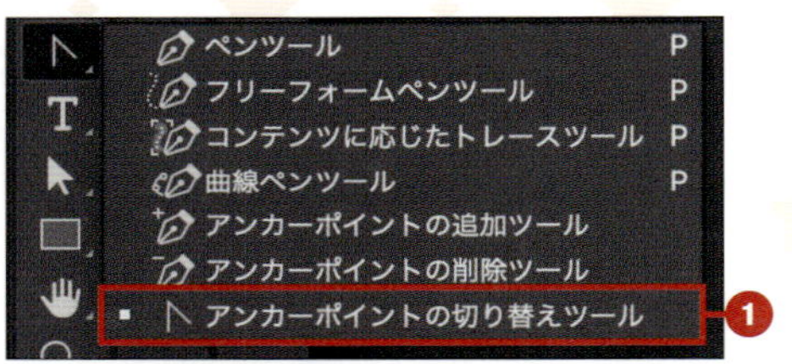

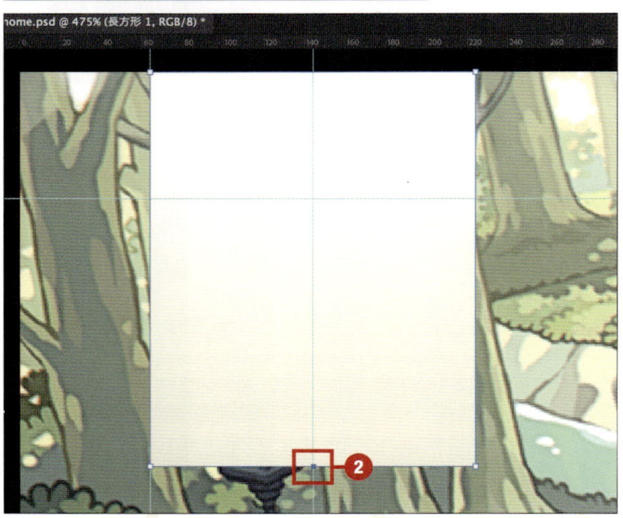

8 Shift キーを押しながら↑キーを数回押して凹ませることで、リボンの形状を作成します。

9 シェイプを選択して、レイヤーパネル上でレイヤー名をダブルクリックします。「リボンベース」と入力してレイヤー名を変更したら、Enter キーを押して確定します。

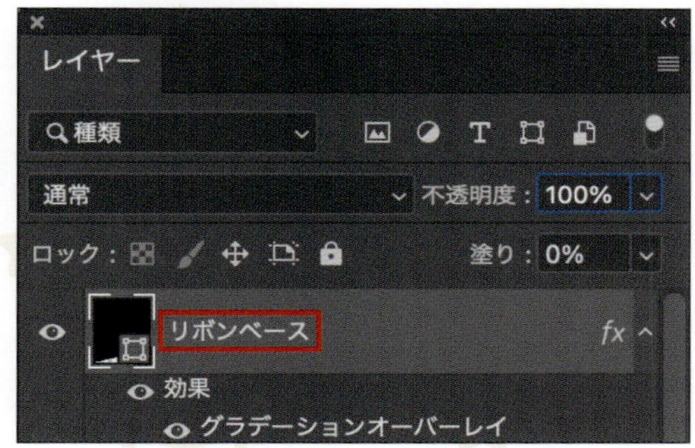

2 リボン型の帯の下にグラデーションを追加

リボン型の帯の下にグラデーションを追加して、アクセントをつけます。

1 Vキーで移動ツールを選択した状態でカンバスの外をクリックし、レイヤーが何も選択されていない状態にします。もう一度「リボンベース」のレイヤーを選択し、Ctrl／Command＋J を押してレイヤーを複製します。

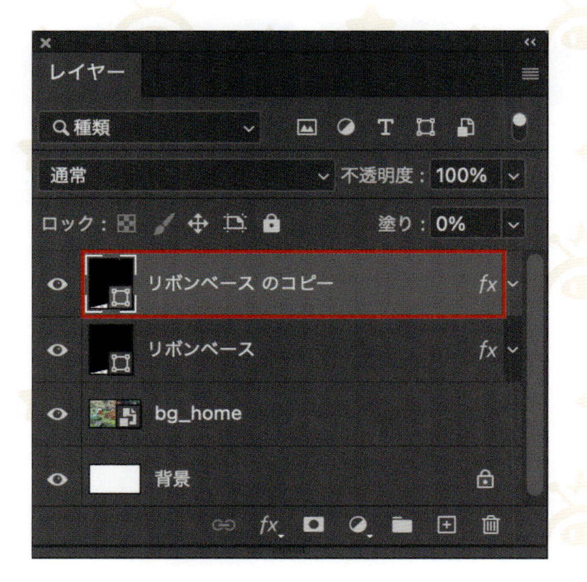

2 コピー前の「リボンベース」レイヤーをダブルクリックしてレイヤースタイルを開き❶、グラデーションオーバーレイで以下のように設定し(P.69)❷、「OK」をクリックします❸。

描画モード：通常
不透明度：100%
逆方向：チェックOFF
スタイル：線形
角度：0°

カラー分岐点A
カラー：#dfbf6b
位置：0

カラー分岐点B
カラー：#e58c6b
位置：50

カラー分岐点C
カラー：#b683c0
位置：100

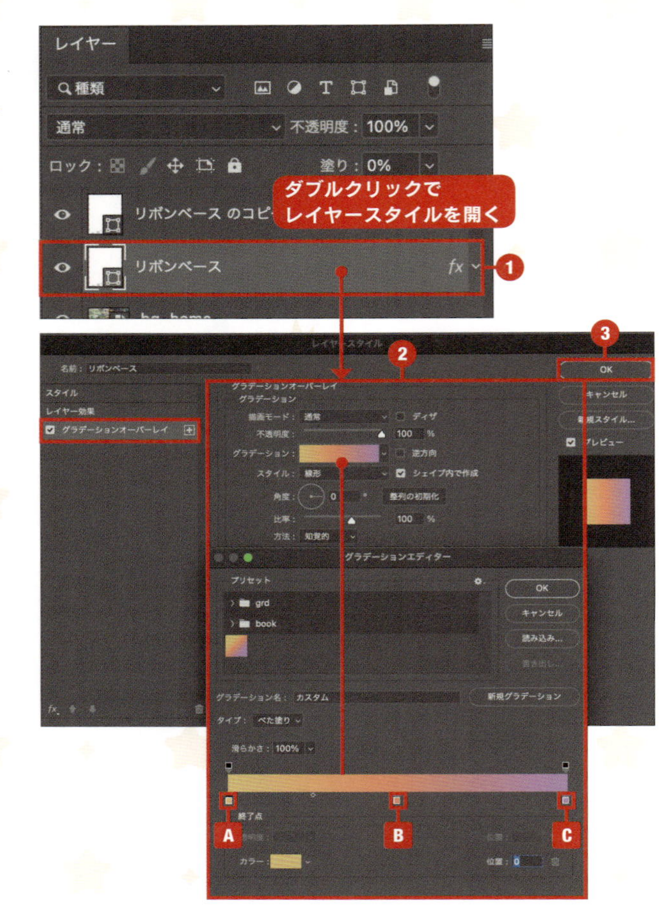

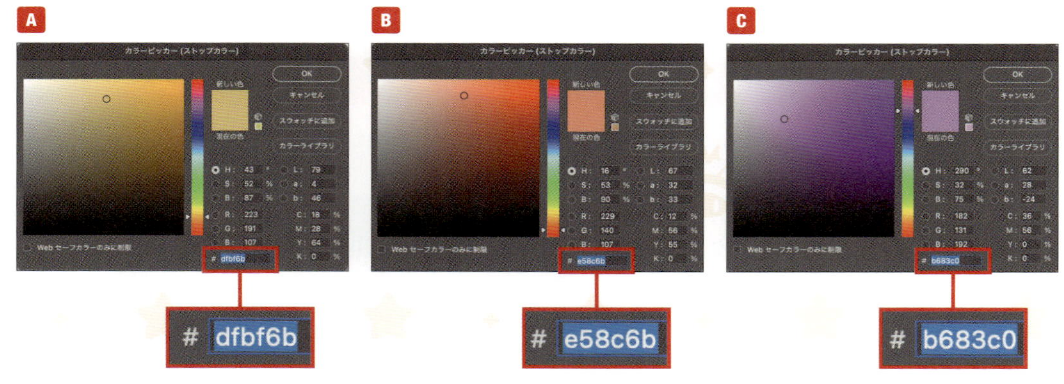

3 移動ツールをクリックします❶。「リボンベースのコピー」レイヤーを選択し、Shift キーを押しながら、↑キーを数回押して上に移動します❷。すると、先ほどグラデーションを設定した「リボンベース」レイヤーが見えるようになります❸。

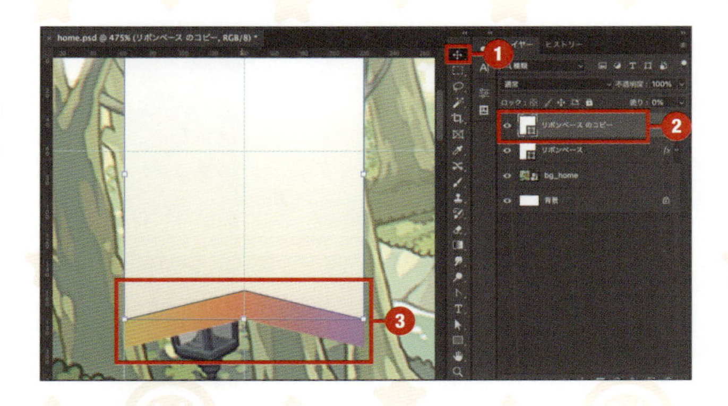

4 Shift キーを押しながら「リボンベース」レイヤーと「リボンベースのコピー」レイヤーをクリックして選択し❶、Ctrl／Command＋G でグループ化します❷。

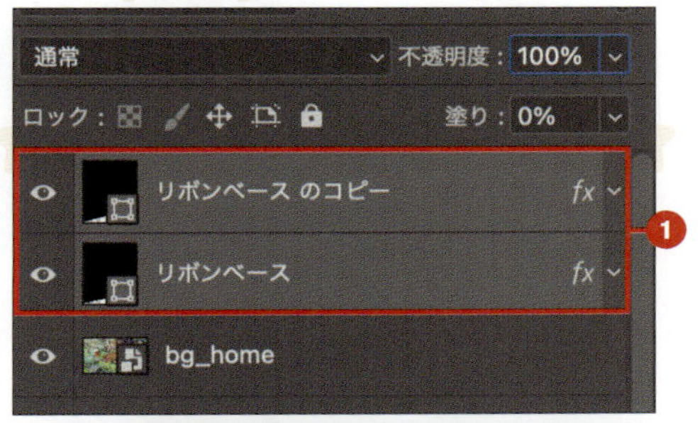

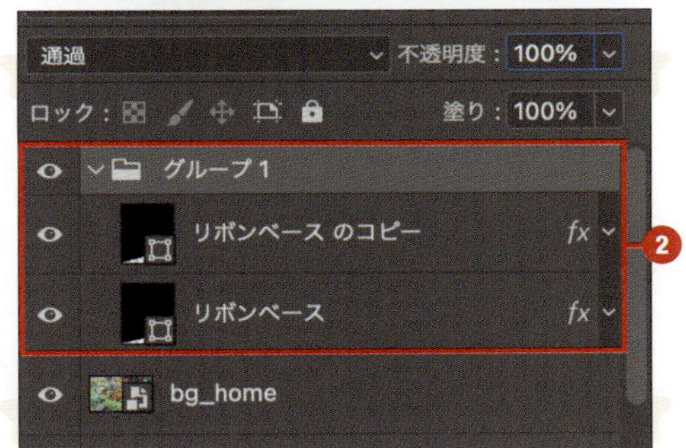

5 作成した「グループ1」のレイヤースタイルを開き（P.68）❶、境界線で以下のように設定し❷、「OK」をクリックします❸。

サイズ：4px
位置：内側
描画モード：通常
不透明度：100%
塗りつぶしタイプ：カラー
カラー：#fefff0

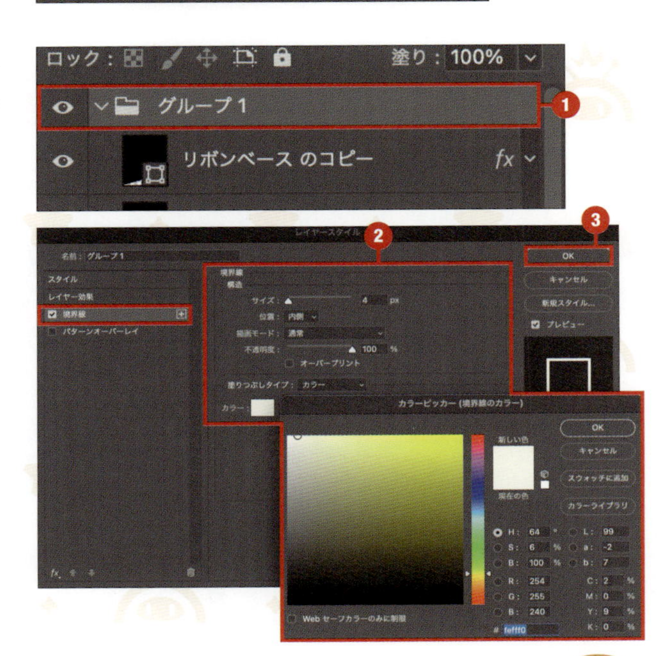

6 リボン型の帯の内側に、白いラインを描くことができました。

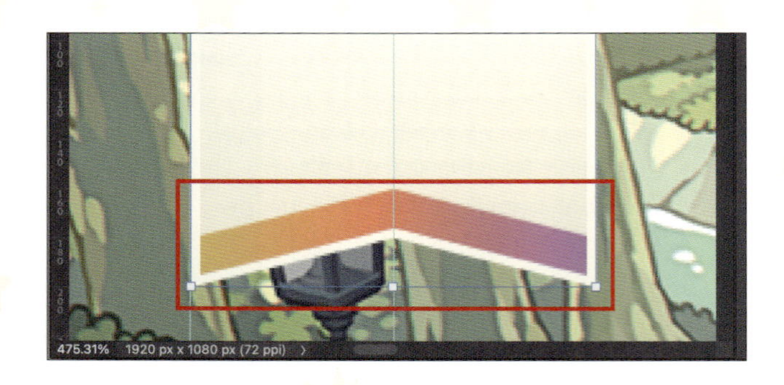

7 作成したグループとレイヤーに、下記の名前をつけます。

- リボン型の帯
- リボンベース_白
- リボンベース_虹色

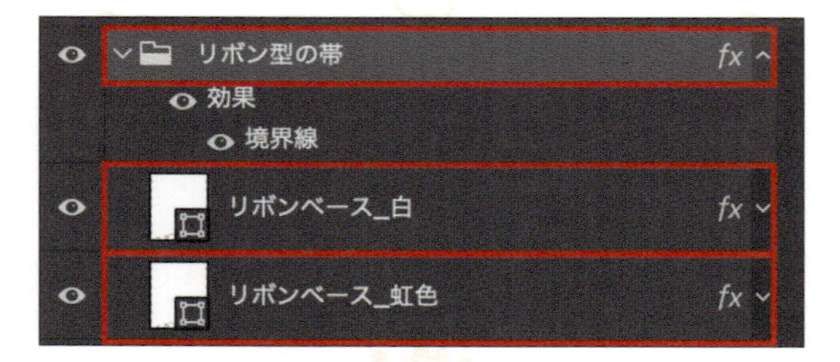

8 リボン型の帯が完成しました。

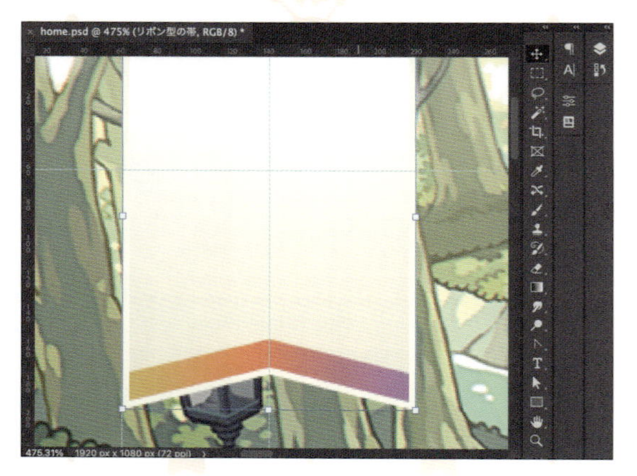

ランクのテキスト作成

次に、ランクのテキストを作成します。

1 Vキーで移動ツールを選択した状態で、カンバスの外をクリックして❶、レイヤーが何も選択されていない状態にします。Dキーを押して、描画色と背景色をリセットします❷。

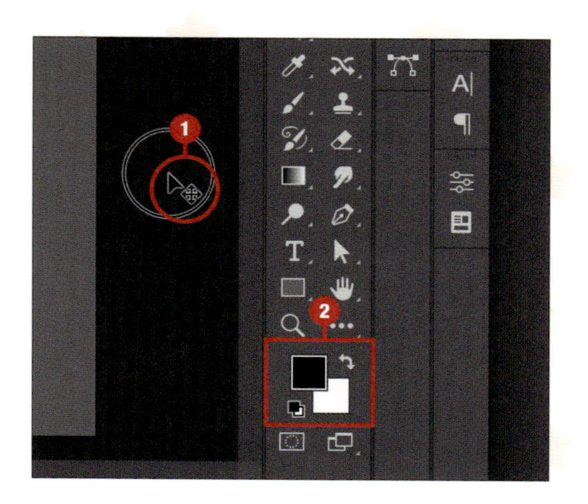

2 横書き文字ツールをクリックし❶、リボン形の帯の中央付近でクリックします❷。「RANK」と入力し❸、Ctrl ／ Command + Enter キーを押して確定します。

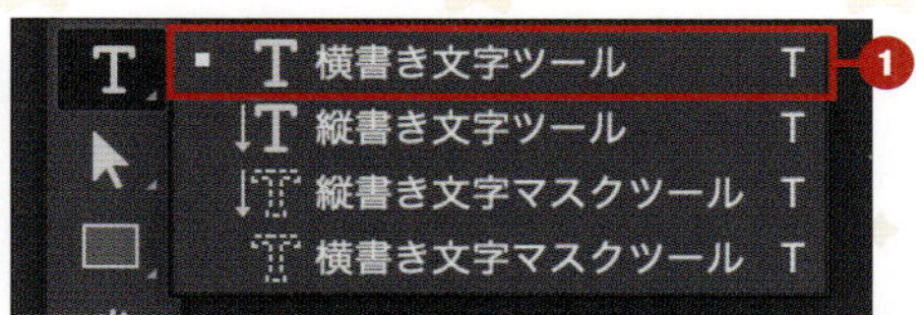

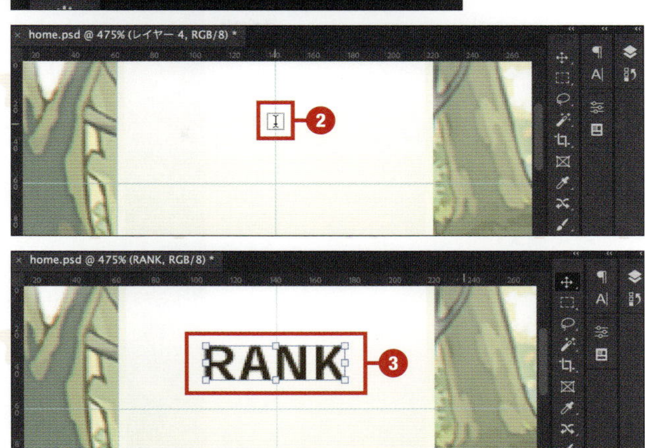

3 同様の方法で、「RANK」の下に「999」のテキストを作成します。

4 プロパティパネルで以下のように設定し、文字のサイズや位置を調整します。文字の位置については、移動ツールでドラッグして調整しても問題ありません。なお、「変形」は最後に設定するようにしてください。

【RANK】

・文字

フォント：平成角ゴシック Std

フォントスタイル：W7

フォントサイズ：24pt

行送り：自動

カーニング：0

トラッキング：50

カラー：#4f4624

・段落

中央揃え

・変形

X：106 px

Y：28 px

【999】
・文字
フォント：平成角ゴシック Std
フォントスタイル：W7
フォントサイズ：56pt
行送り：自動
カーニング：0
トラッキング：50
カラー：#4f4624

・段落
中央揃え

・変形
X：93 px
Y：53 px

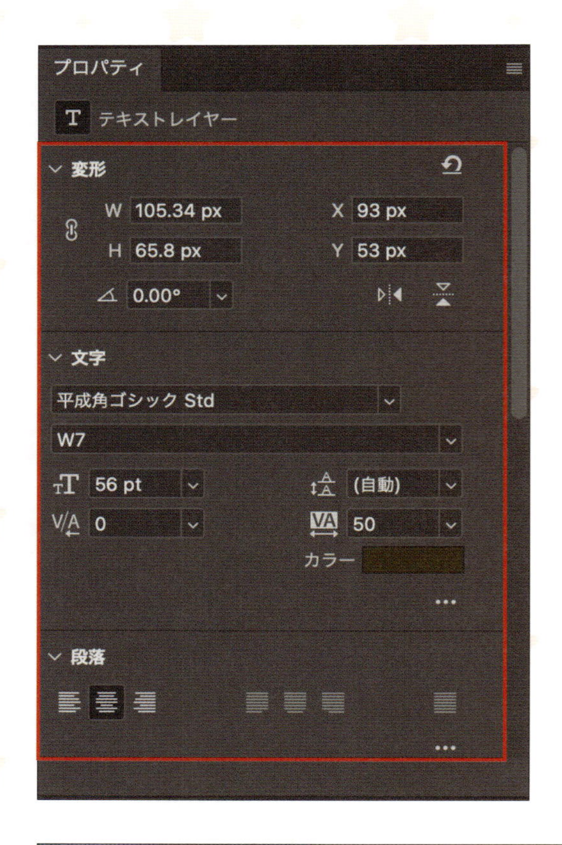

5 ランクのテキストが完成しました。

経験値ゲージ作成

最後に、経験値ゲージを作成します。

1 長方形ツールをクリックし❶、リボン型の帯の中央付近でドラッグして長方形を描きます❷。

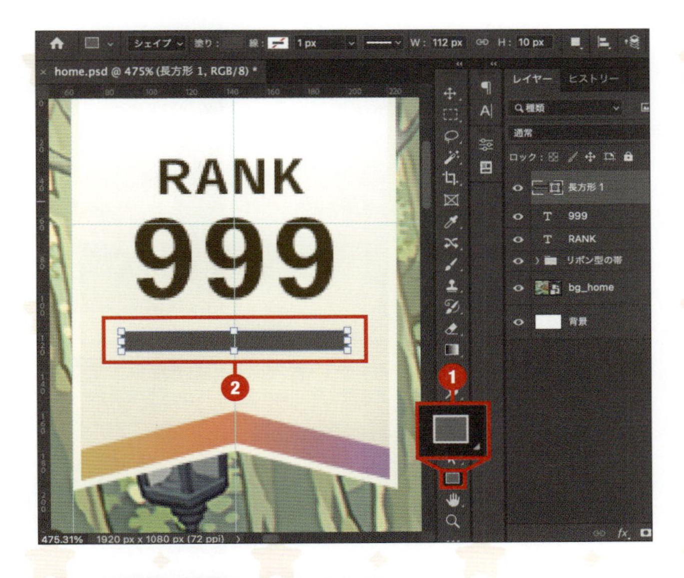

2 プロパティパネルで以下のように設定し、シェイプのサイズと位置を調整します。位置については、移動ツールでドラッグして調整しても問題ありません。

・変形
W：112px
H ：10px
X ：88px
Y ：119px

・アピアランス
塗り：#64625f

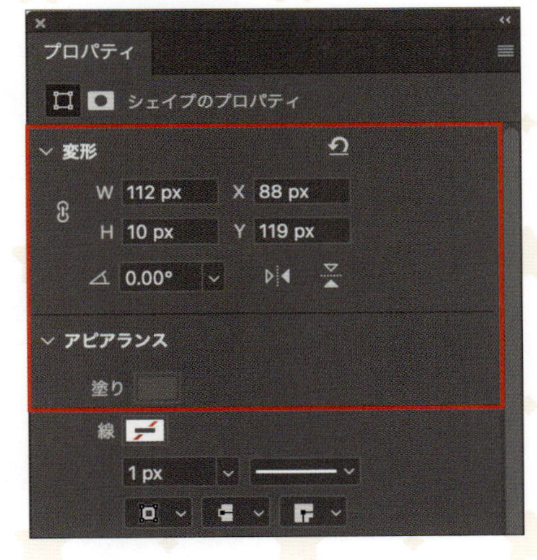

3 作成したシェイプレイヤーを選択した状態で、Ctrl／Command＋J キーを押してレイヤーを複製します。

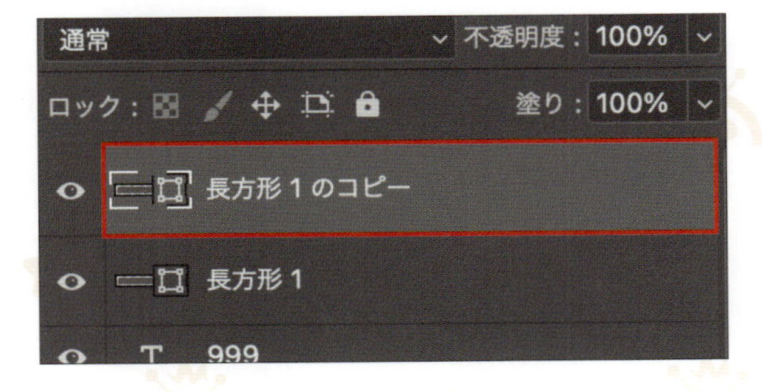

4 複製したレイヤーを選択した状態で、プロパティパネルで以下のように設定します。

・変形
W：108px
H ：6px
X ：90px
Y ：121px

・アピアランス
塗り：#e99763

5 **4**で作成したゲージが左から右へ向かって増えていくことがわかるように、マスクをかけて半分くらいまでゲージが到達しているようにしておきます。ツールパネルの長方形選択ツールをクリックして❶、ドラッグしてゲージの左半分が選択状態になるようにします❷。

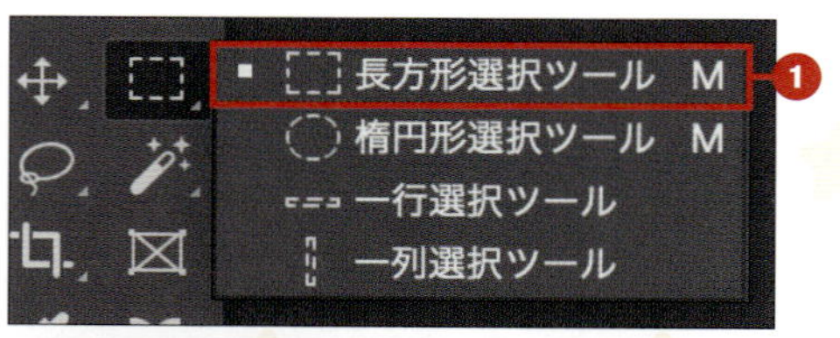

6 レイヤーパネル下のマスクアイコンをクリックします❶。するとマスクがかかり、ゲージの左半分のみが表示された状態になります❷。

7 最後に、作成したレイヤーに下記の名前をつけて❶、グループ化しておきます❷。

- ランクゲージ
- ランクゲージバー
- ランクゲージベース

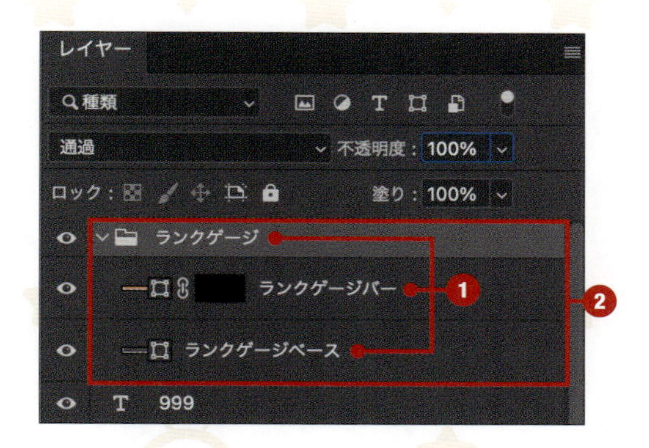

8 また、今回作成したすべてのレイヤーを選択してグループ化し、「ランク表示」という名前をつけた上で、その中のレイヤー順序なども含めて整理しておきましょう。

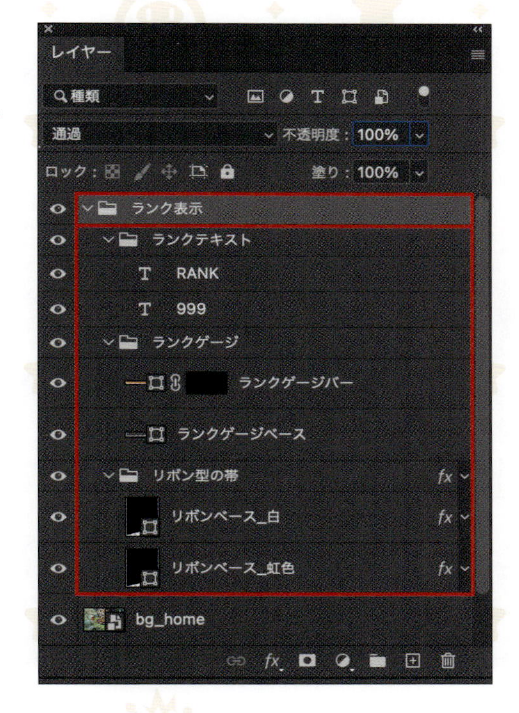

9 これで、ランクの表示UIが完成しました。

ここまでで、ランクの表示に関するUIパーツ制作が完了しました。次節からは、ライフ、所持コイン、所持ジェムを作成していきましょう。

ヘッダーの作成 2

ライフ／コイン／ジェム

所持数フレームとプラスボタンを作成

画面右上に、ライフ、コイン、ジェムを作成していきます。最初に、ライフのベース部分となるフレームとプラスボタンを作成します。このプラスボタンは、ライフ購入画面へ遷移するためのボタンになります。

1 所持数フレームとプラスボタンの形状を作成

所持数フレームとプラスボタンのベース部分の形状を作成していきます。

1 Vキーを押して移動ツールに切り替え、カンバス外をクリックします❶。レイヤーが何も選択されていない状態にしたら、Dキーを押して描画色と背景色をリセットします❷。

2 長方形ツールをクリックし❶、カンバス上でドラッグして長方形を描きます❷。長方形シェイプの色が黒にならなかった場合は、X キーを押して描画色と背景色を入れ替えた後に、もう一度、1つ前の手順1を実行してください。

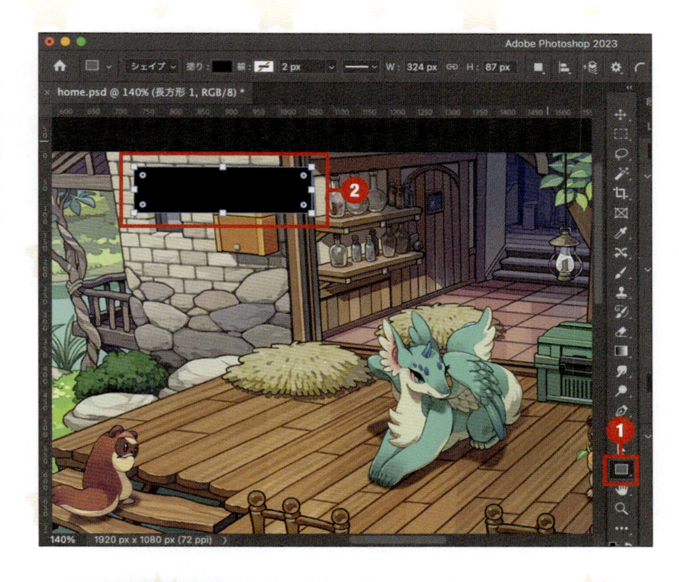

3 プロパティパネルで、以下のように設定します。位置については、移動ツールでドラッグして手動で調整しても問題ありません。

・変形
W：278px
H：60px
X：706px
Y：33px

・アピアランス
塗り：#ffffff
角丸：30px30px30px30px

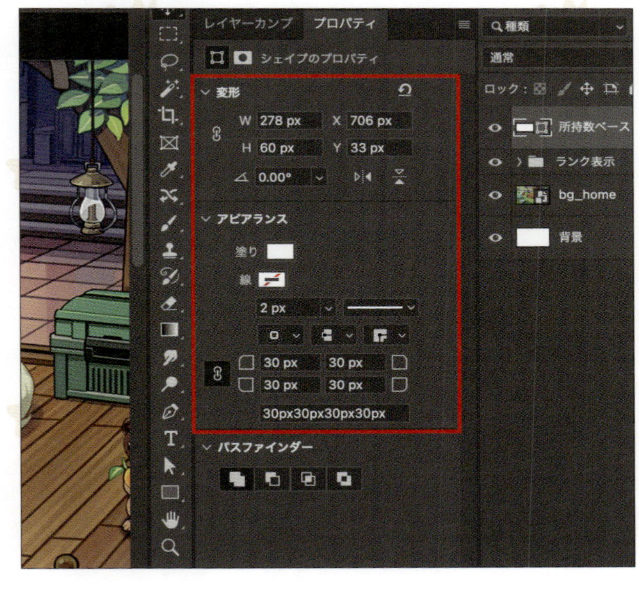

4 レイヤーパネル上で長方形シェイプのレイヤー名をダブルクリックし、「所持数ベース」と入力して Enter キーを押して確定します。

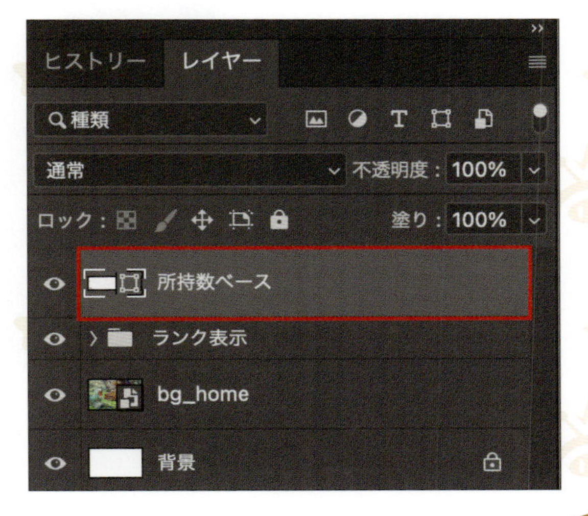

5 楕円形ツールをクリックして❶、カンバス上でShiftキーを押しながらドラッグして正円を描きます❷。

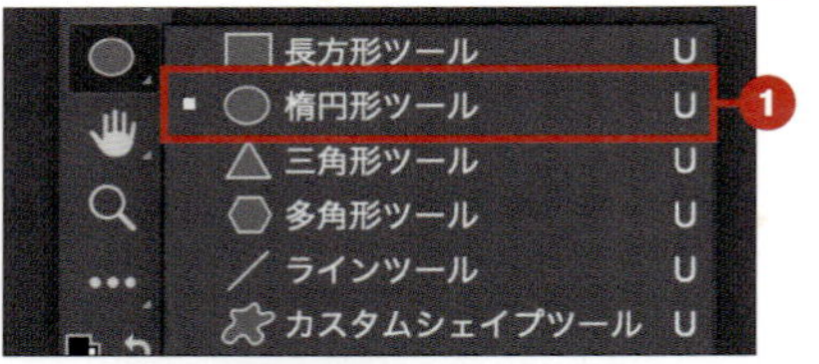

6 プロパティパネルで、以下のように設定します。位置については、移動ツールでドラッグして調整しても問題ありません。

・変形
W：48px
H：48px
X：930px
Y：39px

・アピアランス
塗り：#b29054

7 レイヤーパネル上で正円のレイヤー名をダブルクリックし、「プラスボタンベース」と入力してEnterキーを押して確定します。

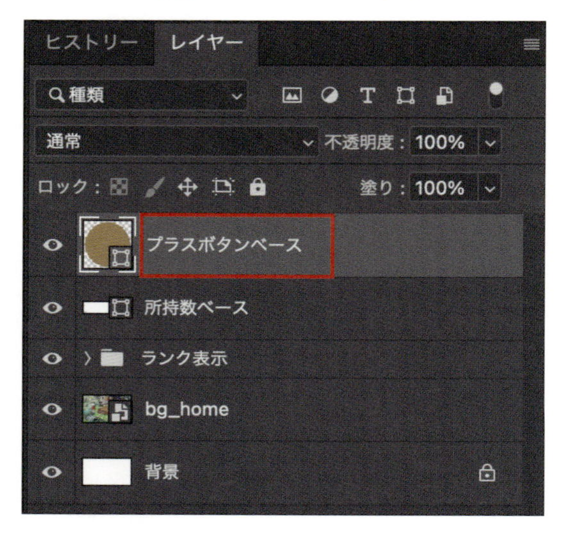

2 プラスアイコンと所持数テキストを作成

プラスボタン上に配置するプラスアイコンと、所持数フレーム上に配置する所持数テキストを作成していきます。

1 長方形ツールをクリックして❶、カンバス上をクリックします❷。ウィンドウが開くので以下のように設定し❸、縦長の棒を作成します❹。

幅：6px
高さ：28px
半径：3px

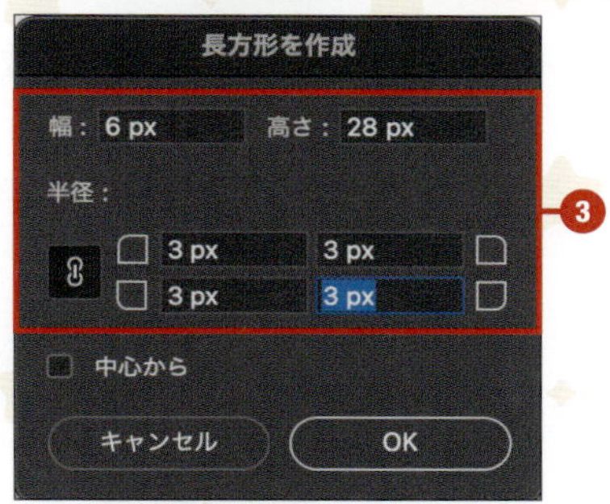

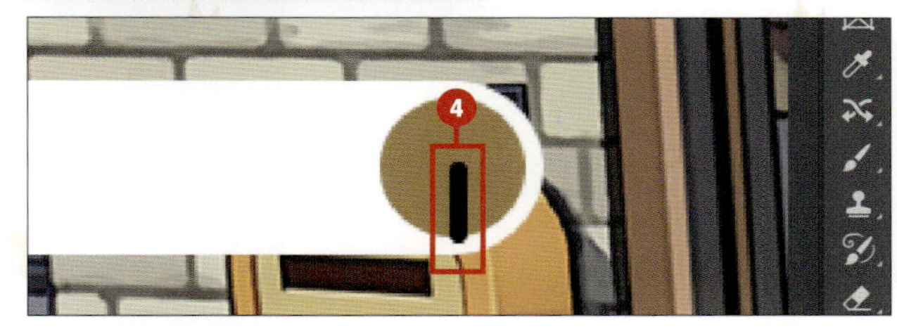

2 同様の方法で以下のように設定し❶、横長の棒を作成します❷。

幅：28px
高さ：6px
半径：3px

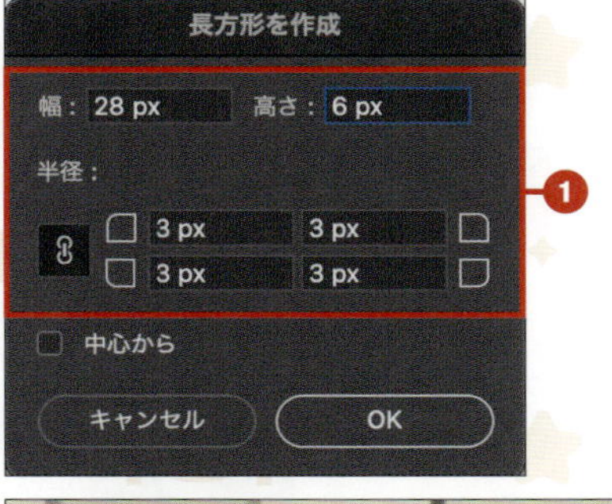

3 作成した２つの棒を[Shift]キーを押しながらクリックし、選択します。[V]キーを押して移動ツールに切り替え、オプションバーで［水平方向中央揃え］と［垂直方向中央揃え］をクリックすると❶、２つの棒が交差します❷。

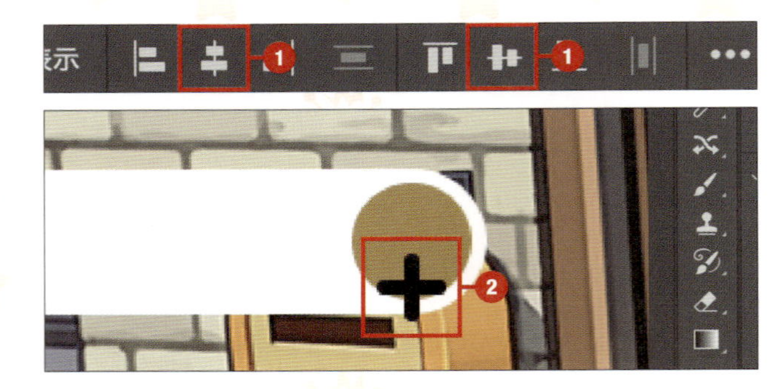

4 [Ctrl]／[Command]+[E]キーを押して、２つのレイヤーを結合します。

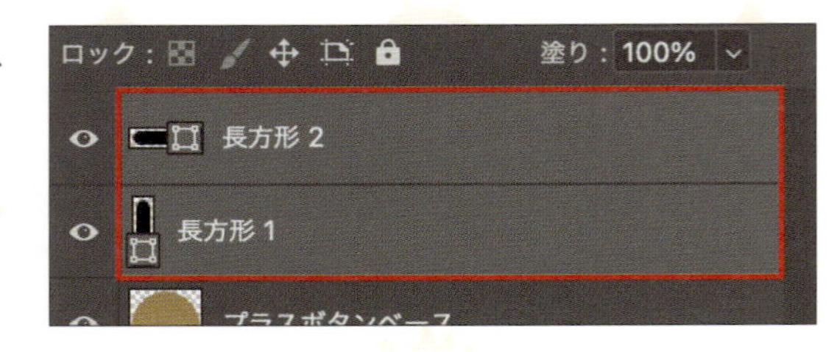

5 レイヤーパネル上でレイヤー名をダブルクリックし、「プラスアイコン」と入力して[Enter]キーを押して確定します。

6 [V]キーを押して移動ツールに切り替え❶、プラスアイコンをプラスボタンベースの中央へ移動します❷。

7 プロパティパネルで、塗りの色を白［#ffffff］に設定します。

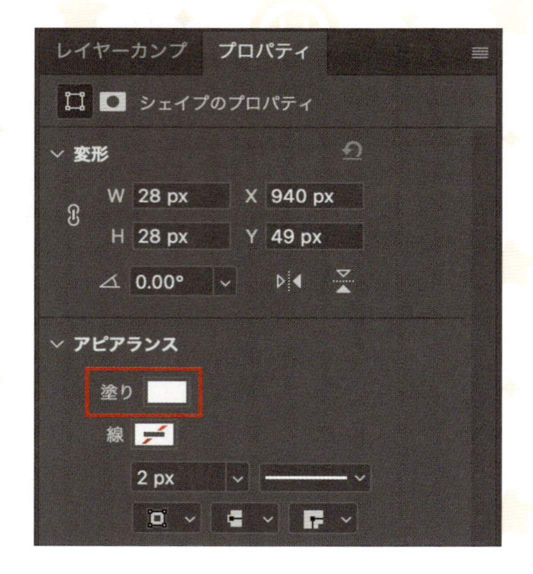

8 次に、フレーム内に表示する所持数テキストを作成します。横書き文字ツールをクリックして❶、カンバス上で「100/100」と入力します❷。

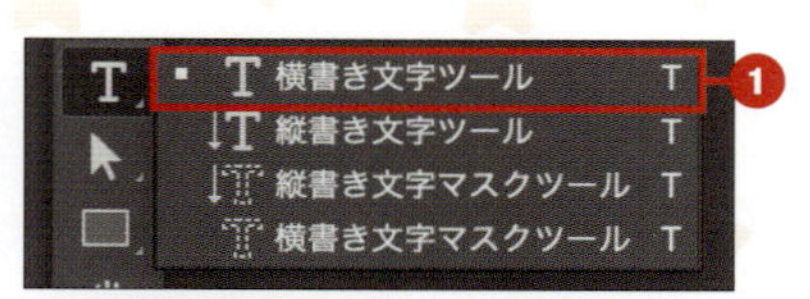

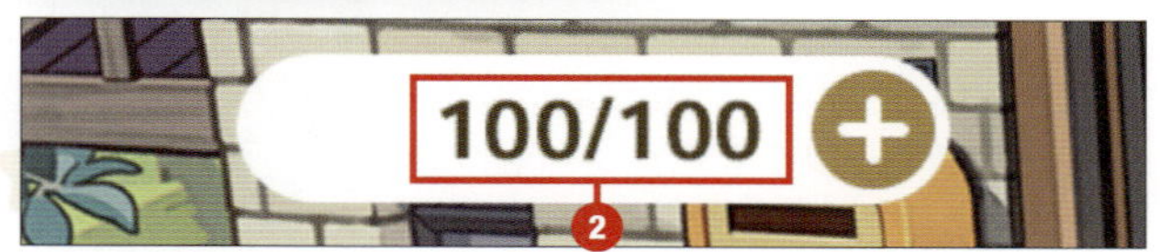

9 プロパティパネルで、以下のように設定します。なお、「変形」は最後に設定するようにしてください。

・文字
フォントスタイル：W7
フォント：平成角ゴシック Std
フォントサイズ：32pt
カーニング：0
トラッキング：25
カラー：#4f4624

・段落
右揃え

・変形
X：783px
Y：47px

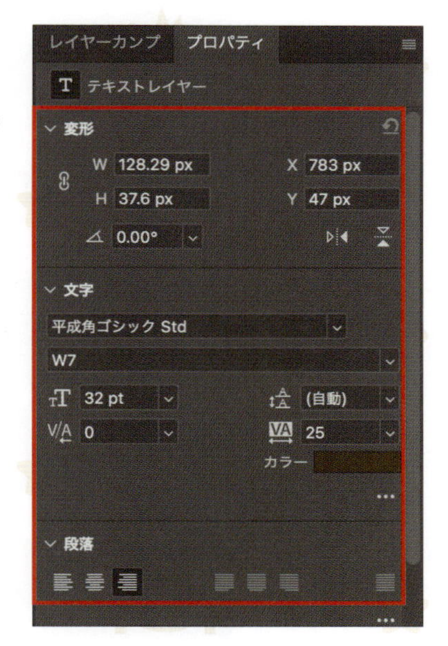

10 Shift キーを押しながら、所持数ベース、プラスボタンベース、プラスアイコン、テキストをすべて選択し❶、Ctrl／Command＋G キーを押してグループ化します。グループ名は「所持数表示フレーム」とします❷。

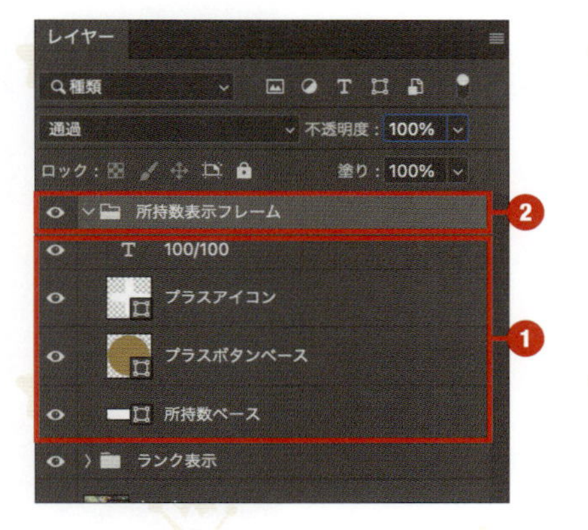

11 次にこれらをコピーして、コイン用のフレームを作成します。Ctrl／Command＋J キーを押してコピーし❶、V キーを押して移動ツールに切り替えます。Shift キーを押しながら右矢印キーを複数回押して、右に移動させます❷。フレーム間の余白は、20px確保します（P.44）。

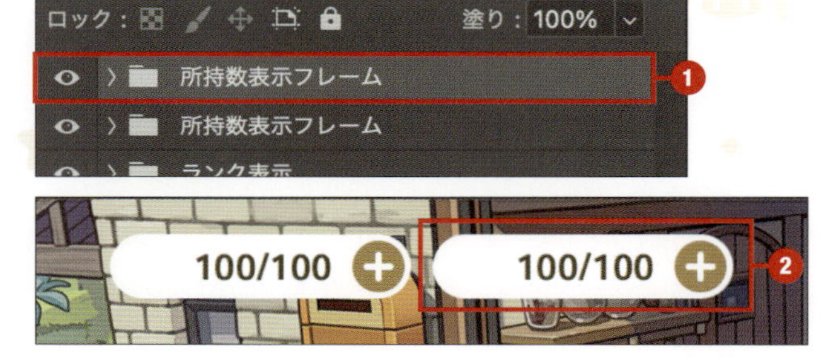

12 コピー先のテキストを「123,456,789」に変更します❶。文字数に合わせて所持数ベースの横幅を336pxに設定し❷、少し横に伸ばします。所持数ベースは右側に伸びるため、その上に配置されている数字とプラスボタン（購入ボタン）は、Vキーで移動ツールを選択した状態でそれぞれの位置を微調整してください。

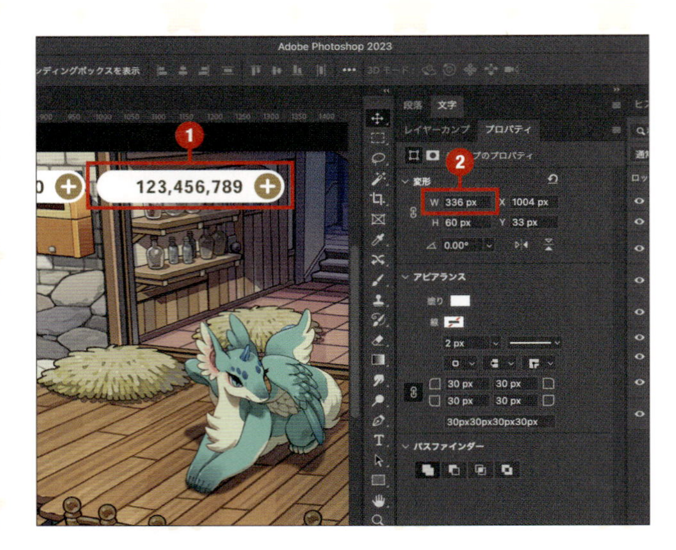

13 同様の方法で、ジェム用のフレームも作成しておきましょう。

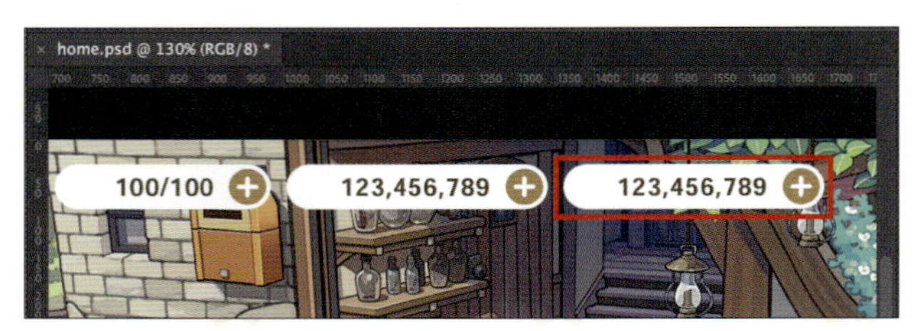

14 最後に、作成した3つのフレームをそれぞれグループ化して、名前を「ライフ」「コイン」「ジェム」とします。これで完成です。

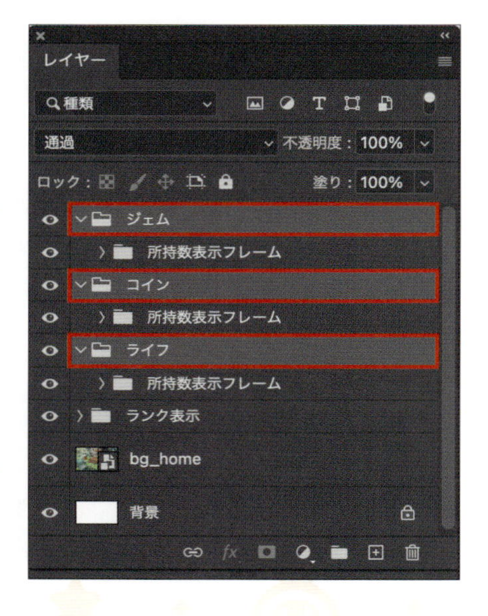

ライフ・コイン・ジェムアイコンを配置

前回のダイアログ作成時に解説したコインアイコンの作り方を参考に、ライフアイコンとジェムアイコンも作成してみてください（P.100）。作成済みのサンプルデータも配布していますので、P.6の方法で入手してください。作成が完了したら、ライフ・コイン・ジェムアイコンを、それぞれ所持数フレームの上に配置していきます。配置方法については、P.105を確認してください。

ライフアイコン

ライフは、パズルをプレイするために必要なスタミナ値を示している。ハート型が採用されることが多い

ジェムアイコン

ジェムは、課金により入手できるゲーム内通貨。特別感のある宝石型が採用されることが多い

ここまでで、ヘッダーのライフ、コイン、ジェムの表示に関するUIパーツ制作が完了しました。次節からは、フッターメニューを作成していきましょう。

フッターの作成 1

フッターメニューのフレーム

フッターメニューのフレームを作成

ここからは、フッターメニューを作成していきましょう。画面右下に、フッターメニュー（ホーム、もちもの、ショップ、ガチャ、どうぶつ、クエスト）を作成していきます。最初に、フッターメニューの各ボタンのフレームを作成します。

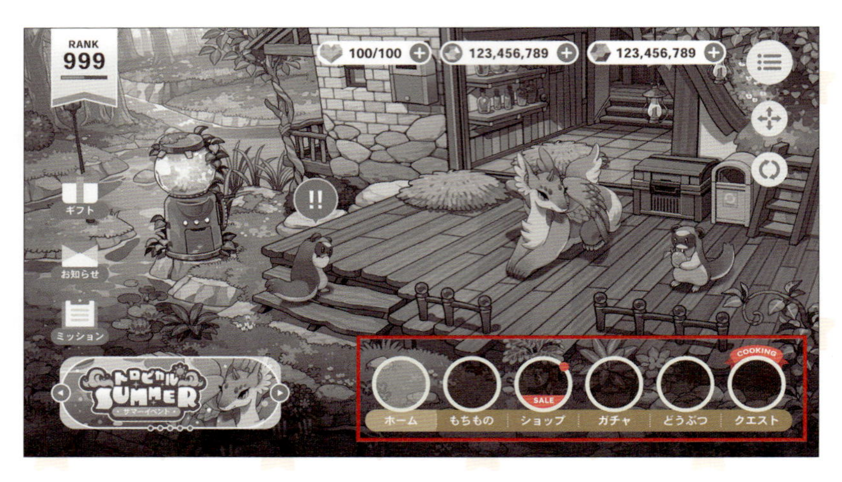

1 フッターメニューの名称表示フレームを作成

フッターメニューで、各メニューの名称を表示するフレームを作成していきます。

1 Vキーを押して移動ツールに切り替え、カンバス外をクリックします❶。レイヤーが何も選択されていない状態にしたら、Dキーを押して描画色と背景色をリセットします❷。

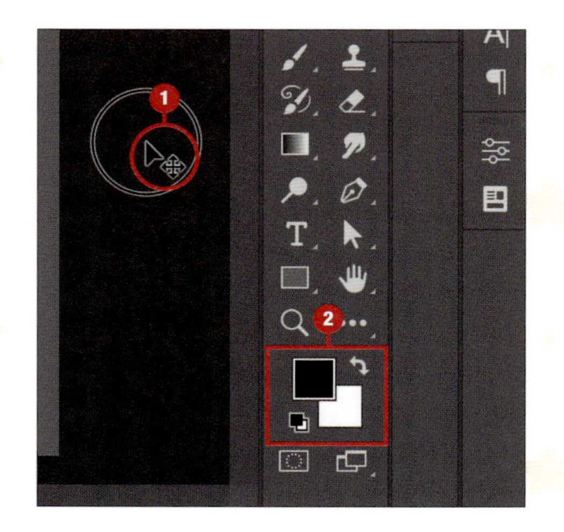

2 長方形ツールをクリックして❶、カンバス右下でドラッグして長方形を描きます❷。

3 プロパティパネルで、以下のように設定します。位置については、移動ツールでドラッグして調整しても問題ありません。

・変形
W：1032px
H：56px
X：824px
Y：960px

・アピアランス
塗り：#b29054
角丸：27px27px27px27px

4 ペンツールをクリックして❶、カンバス上の2点をクリックして縦線を引きます❷。線は、オプションバーで以下のように設定します❸。

塗り：なし
線カラー：#ffffff
線の太さ：3px

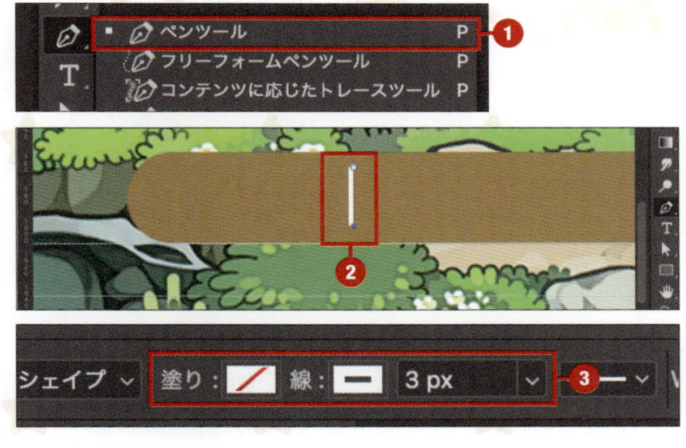

5 線のオプションは、ドットラインを選択しておきます。

CHAPTER 4
ホーム画面のUIデザインを作ろう

6 作成したレイヤーに、それぞれ「フッターメニューラベル」「区切り点線」と名前をつけます。

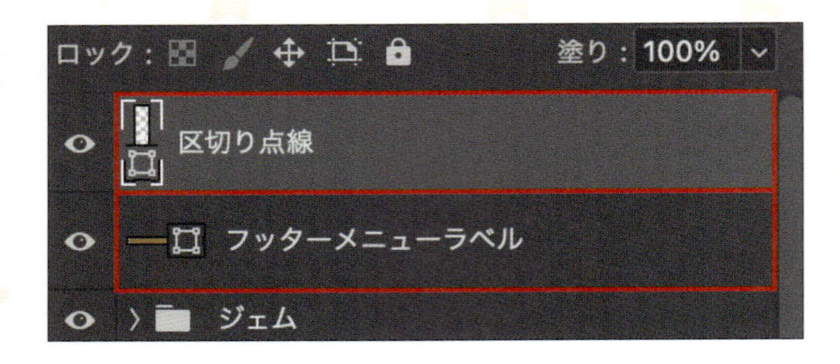

7 区切り点線を選択し、Ctrl／Command+Jキーを押してコピーします 。Vキーを押して移動ツールに切り替えます。

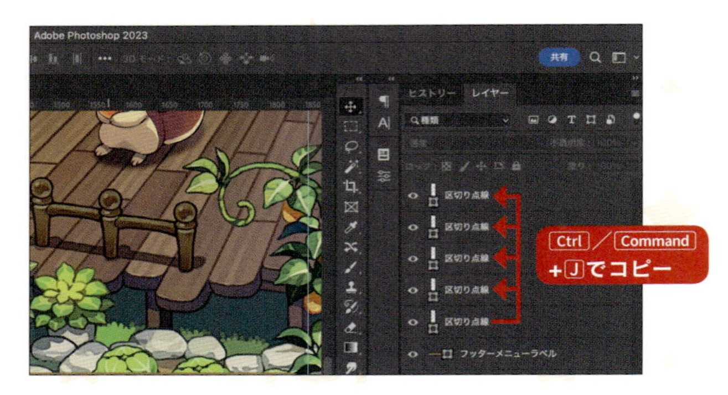

8 Shiftキーを押しながら右矢印キーを複数回押して、区切り点線を右に移動させます。これを4回繰り返し、同じ間隔（172px）になるように並べます（P.44）。

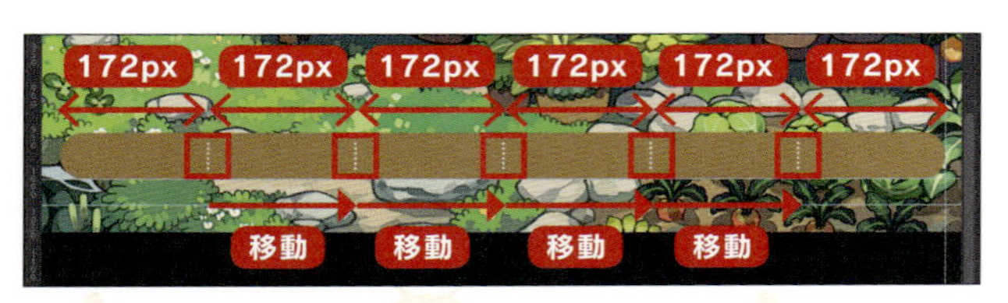

9 次に、このフレームの中に表示するメニューテキストを作成します。横書き文字ツールをクリックして❶、カンバス上で「ホーム」と入力します❷。

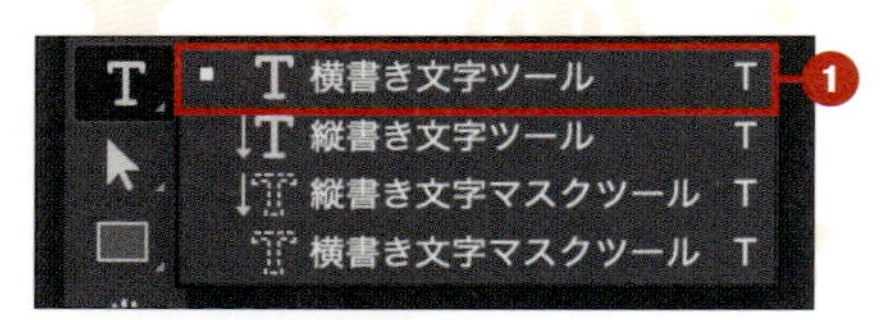

10 プロパティパネルで、以下のように設定します。

・**文字**
フォント：平成角ゴシック Std
フォントスタイル：W7
フォントサイズ：28pt
カーニング：0
トラッキング：-25
カラー：#ffffff

・**段落**
中央揃え

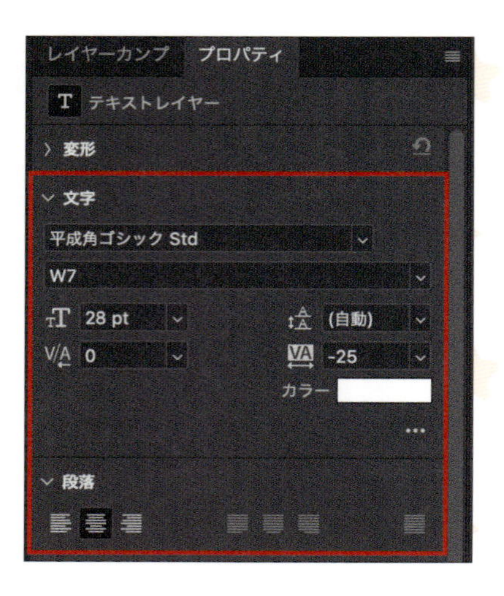

11 Vキーを押して移動ツールに切り替え、テキストの位置を調整します。A1とA2、B1とB2の余白がそれぞれ均等になるように移動します(P.44)。

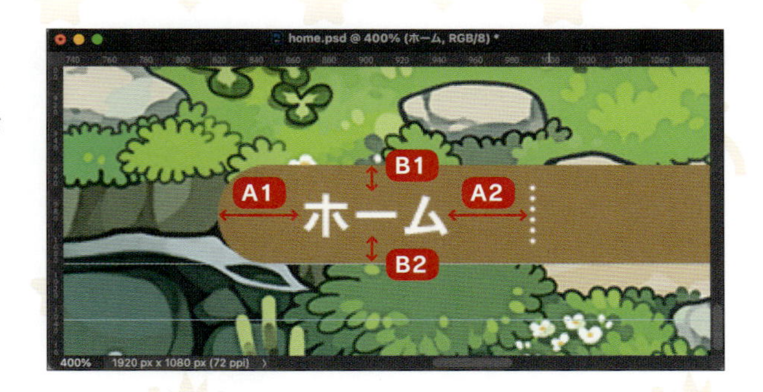

12 同様の方法で、他メニューのテキスト（もちもの、ショップ、ガチャ、どうぶつ、クエスト）も作成します。

2 フッターメニューのアイコン表示フレームを作成

フッターメニューで、各メニューのアイコンを表示するフレームを作成していきます。

1 メニューアイコンを乗せるための円形フレームを作成します。楕円形ツールをクリックして❶、「ホーム」テキストの上部付近に円形シェイプを描きます❷。

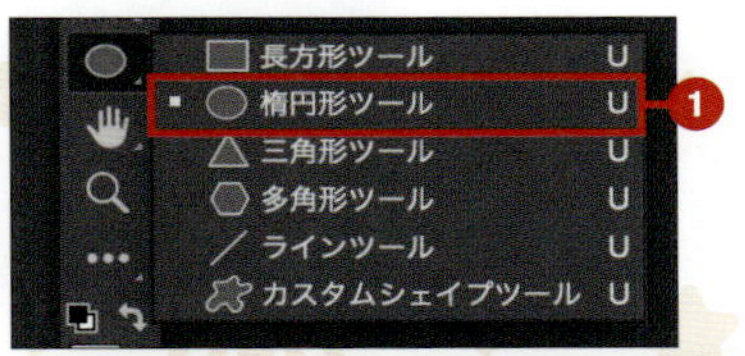

2 プロパティパネルで、以下のように設定します。

・**変形**
W：140px
H：140px
X：840px
Y：827px

・**アピアランス**
塗り：#ffffff
線：なし

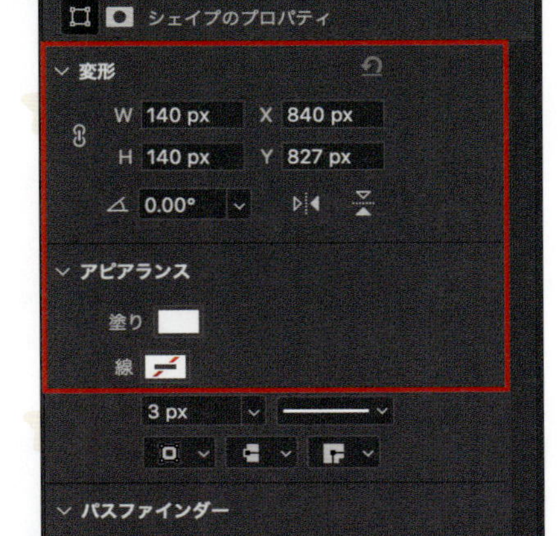

3 円形フレームのレイヤースタイルを開き（P.68）、[境界線]で以下のように設定します。

サイズ：10px
位置：内側
描画モード：通常
不透明度：100%
塗りつぶしタイプ：カラー
カラー：#f3f4e9

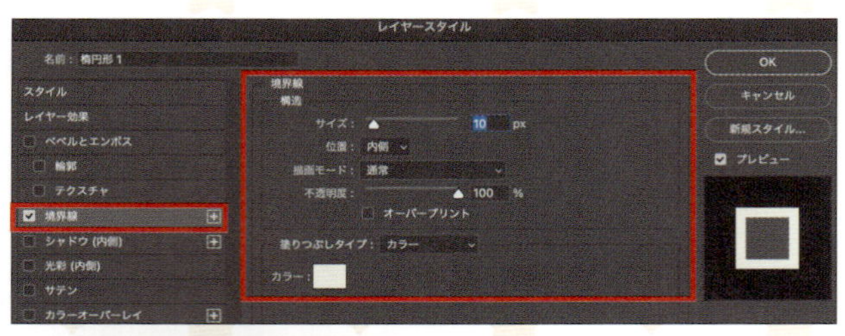

4 さらに[カラーオーバーレイ]で以下のように設定し❶、「OK」をクリックして確定します❷。

描画モード：通常
カラー：#352917
不透明度：40%

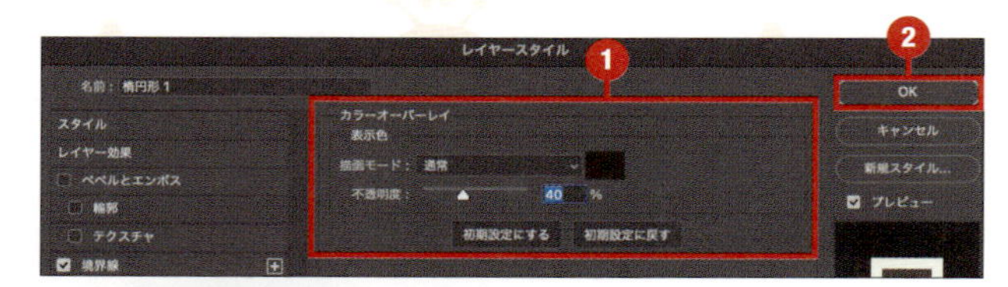

5 レイヤースタイルでカラーの設定をしたので、シェイプ自体に設定していた塗りの不透明度を[0%]に変更して見えないようにしておきます。

6 レイヤーパネル上でレイヤー名をダブルクリックし、「フッターメニューフレーム」と変更し、Enter キーを押して確定します。

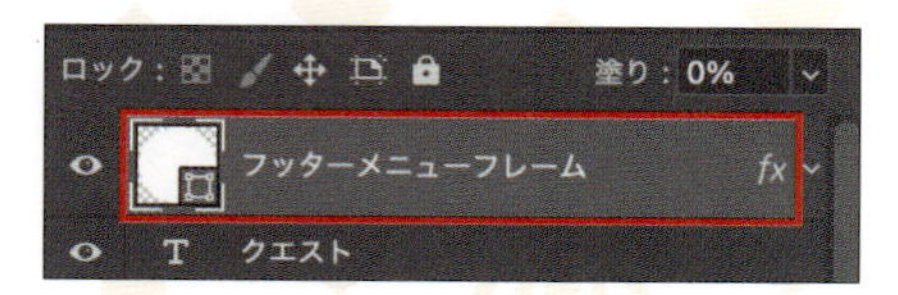

7 「フッターメニューフレーム」を選択し、Ctrl／Command+Jキーを押してコピーします❶。Vキーを押して移動ツールに切り替え、Shiftキーを押しながら右矢印キーを複数回押して、右に移動させます❷。

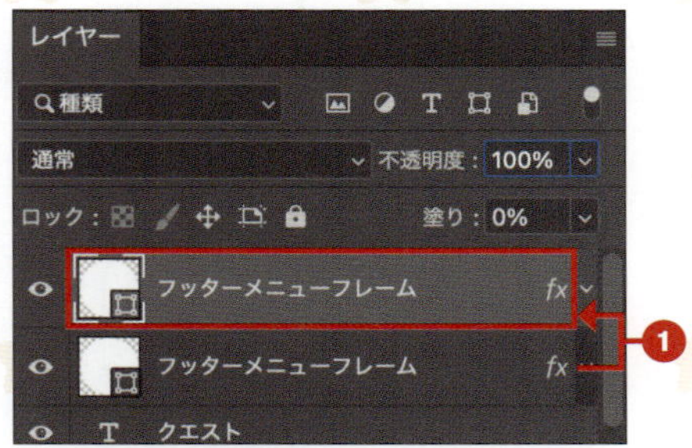

8 この作業を繰り返し、「フッターメニューフレーム」を全部で6つ横並びにし、同じ間隔になるように並べていきます。ここでは、32pxの間隔にしています（P.45）。

9 メニューの中にあるホームボタンについて、現在選択中であることを示すために、少し明るく発光させて他との違いがわかるようにします。レイヤーパネル上で「フッターメニューラベル」を選択し、Ctrl／Command+Jキーを押してコピーします。

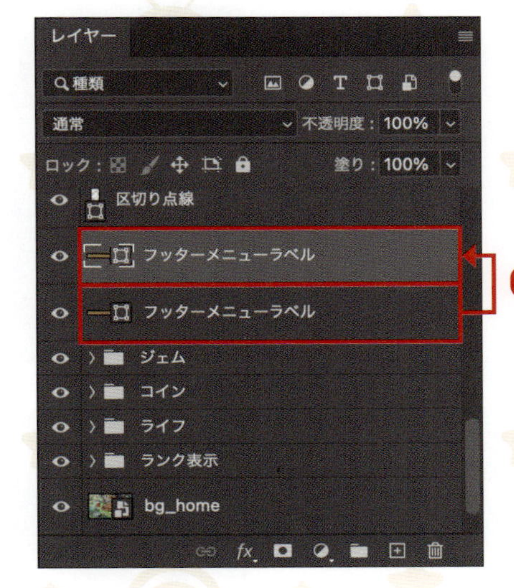

10 プロパティパネルで、以下のように設定します。位置については、移動ツールでドラッグして調整しても問題ありません。

・変形
W：172px
H：56px
X：824px
Y：960px

・アピアランス
塗り：#d0b68a
角丸：27px0px0px27px

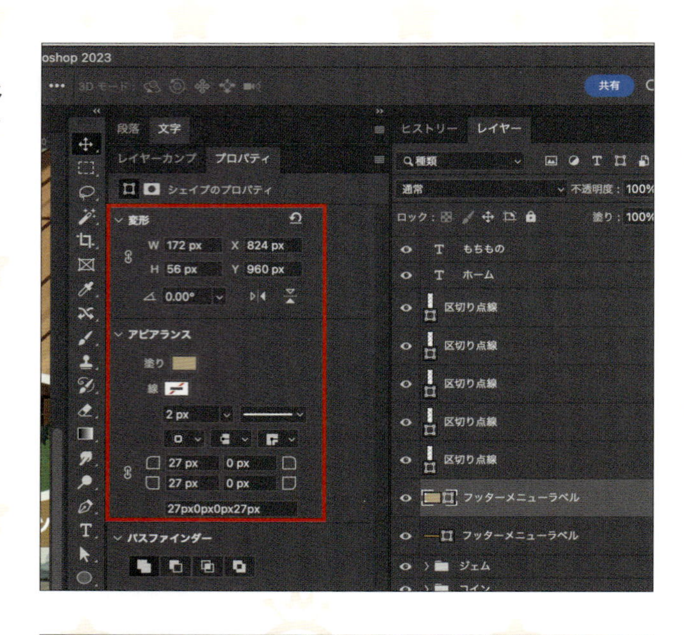

11 レイヤーパネルから、ホームの「フッターメニューフレーム」のレイヤースタイルを開き（P.68）、[カラーオーバーレイ]で[カラー：#f3f4e9]に設定します。

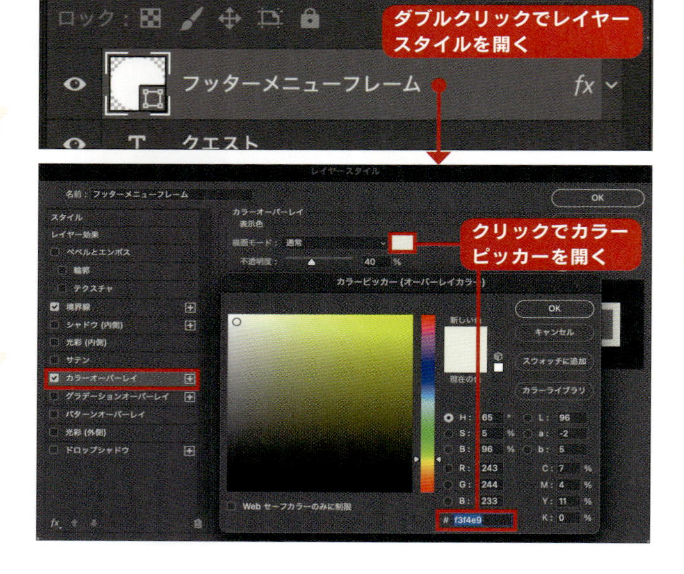

12 ホームボタンが少し明るくなりました。これで、フッターメニューのフレームが完成しました。

リボンラベルを作成

次に、クエストボタンの上部にある「COOKING」と書かれたリボンのラベルを作成します。

1 リボンラベルの形状を作成

最初に、「COOKING」のテキストを表示するエリアのリボンラベルの形状から作成していきます。

1 長方形ツールをクリックして❶、カンバス上でドラッグして長方形シェイプを描き❷、プロパティパネルで以下のように設定します❸。

・**変形**
W：90px
H：32px
X：1724px
Y：807px

・**アピアランス**
塗り：#f86060
線：なし
角丸：12px12px4px4px

2 続いて、先ほど作成した長方形シェイプレイヤーの下に、リボンのたれの部分を作成していきます。同じく長方形ツールで❶、**1**で作成したシェイプの右下に重ねるようにして長方形シェイプを描き❷、プロパティパネルで以下のように設定します❸。

・**変形**
W：28px
H：28px
X：1801px
Y：821px

・**アピアランス**
塗り：#ce4040
線：なし
角丸：0px0px0px0px

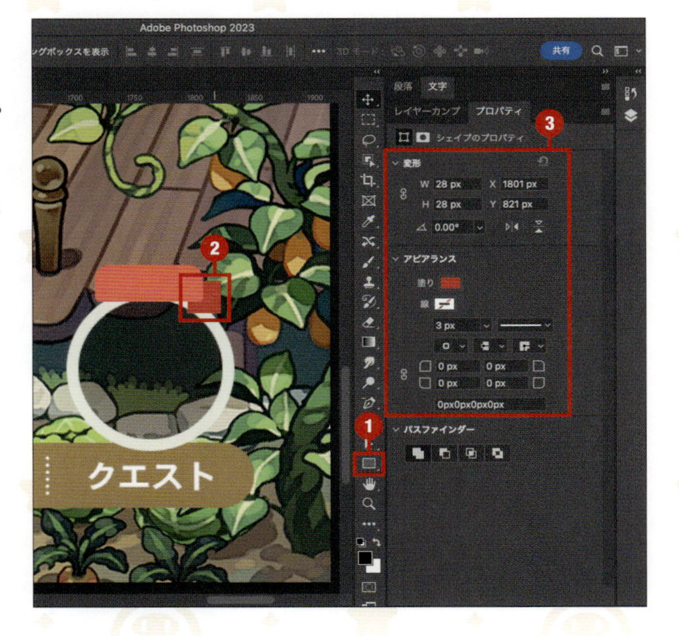

3 リボンのたれの先を凹ませるために、アンカーポイントを1つ追加します。アンカーポイントの追加ツールをクリックし❶、カンバス上でりぼんのたれの凹ませたい部分にマウスを移動させると、ペンにプラスアイコンがついたマークが表示されるので、そこでクリックします❷。

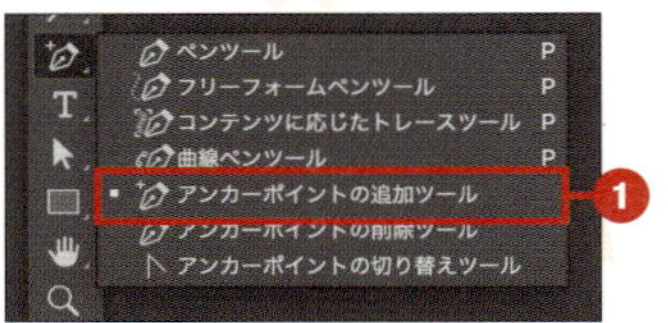

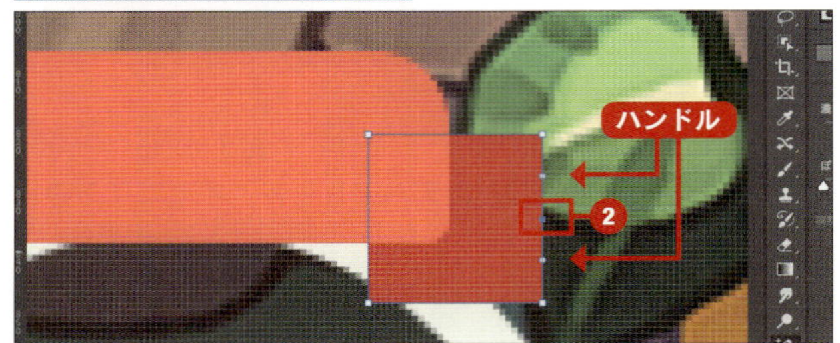

4 追加されたアンカーポイントの上下にハンドルが出ています。今回はカーブさせることはせず、鋭角で凹ませたいため、ハンドルは消します。アンカーポイントの切り替えツールをクリックして❶、追加したアンカーポイントの上でクリックします❷。

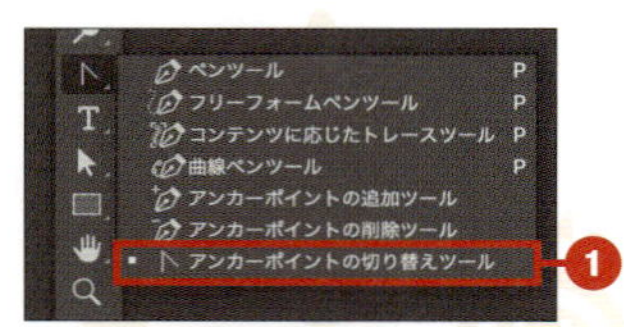

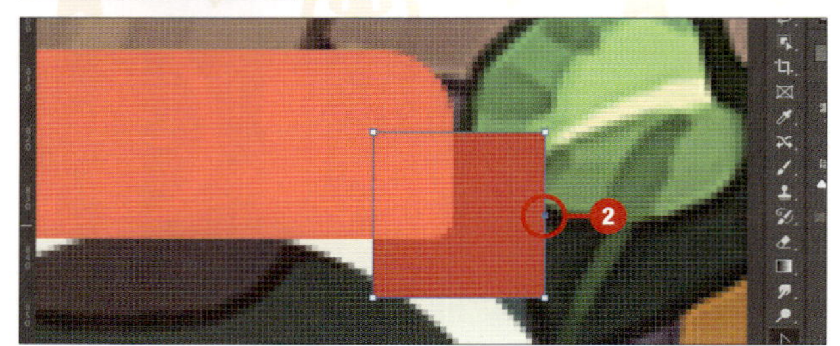

5 その状態で左矢印キーを複数回押して、凹ませていきます。

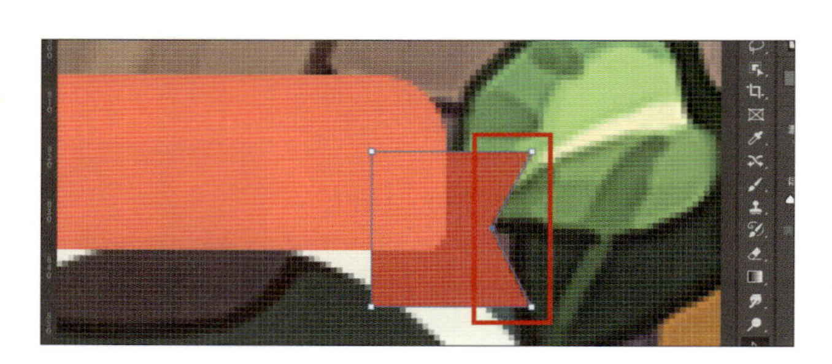

6 次に、先ほど作成したリボンのたれレイヤーの上に、リボンが折れ曲がっている部分を作成します。ペンツールをクリックして❶、カンバス上で三角形を描くイメージでクリックしていきシェイプを作成します❷。

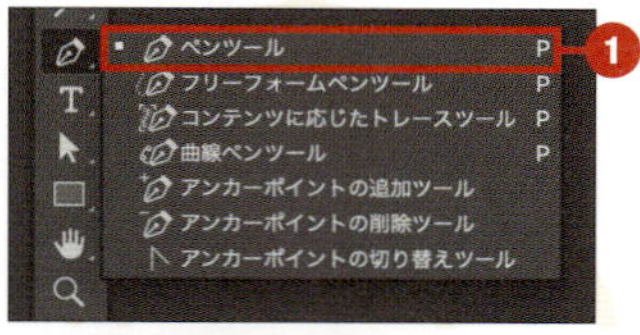

7 色は、#901b1bに設定します。

8 ここで作成したシェイプに、下記のように名前をつけます。

- リボンメイン
- リボン影
- リボンたれ

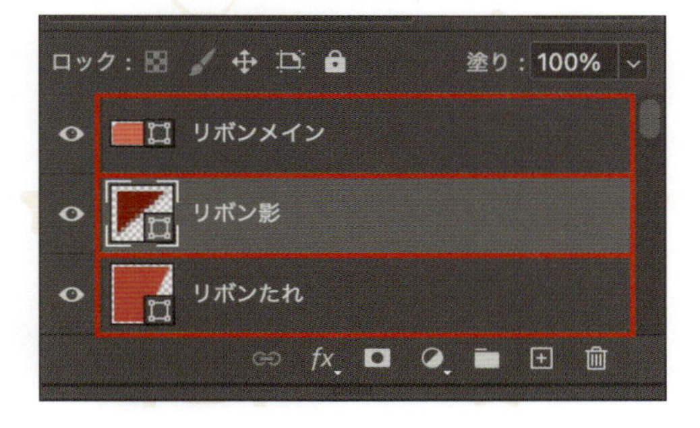

2 リボンのたれ部分の形状を作成

リボンのたれ部分の形状を作成します。

1 リボン左側のたれは、作成した「リボン影」と「リボンたれ」をコピーして流用します。レイヤーパネル上で Shift キーを押しながら「リボン影」と「リボンたれ」をクリックして選択し、Ctrl ／ Command ＋J キーでコピーします。

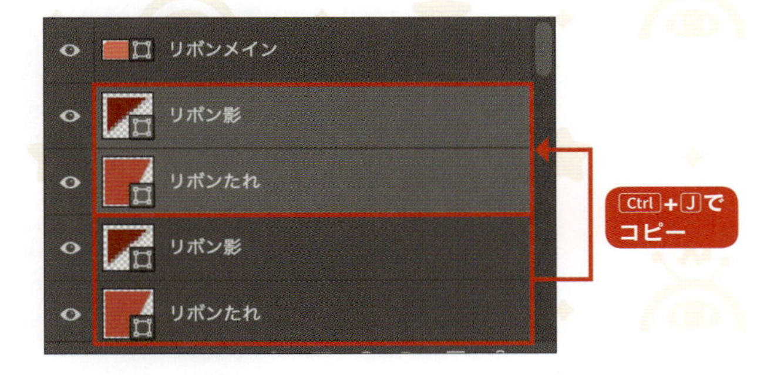

2 コピーした「リボン影」と「リボンたれ」を選択した状態で、「編集」→「パスを変形」→「水平方向に反転」の順にクリックします。

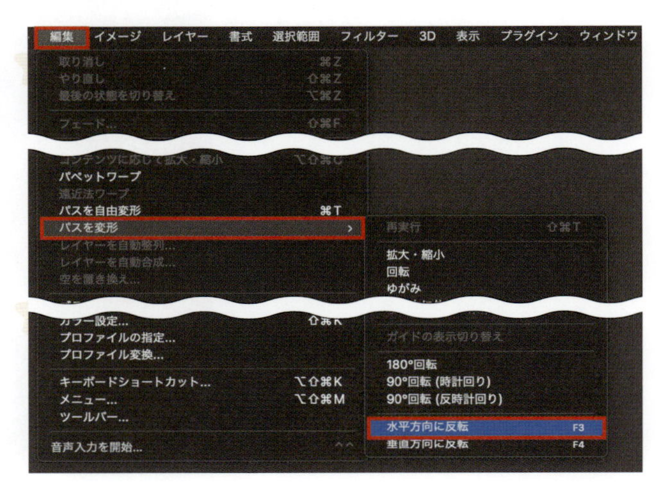

3 Vキーを押して移動ツールに切り替え、Shiftキーを押しながら左矢印キーを複数回押して、コピーした「リボン影」と「リボンたれ」を左へ移動し、位置を調整します。

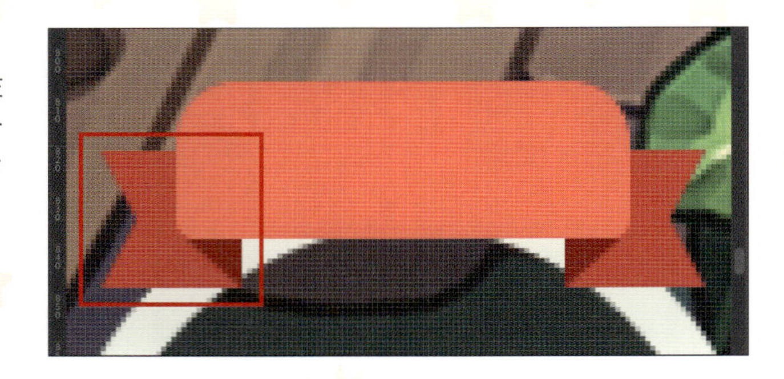

4 ここまで作成してきたリボンのシェイプをShiftキーを押しながらクリックし、すべて選択します❶。Ctrl／Command+Gキーを押してグループ化して、名前を「リボンラベル」に設定します❷。

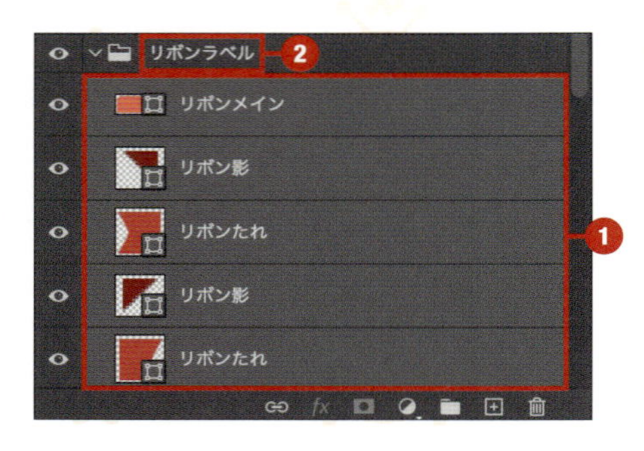

5 「リボンラベル」のグループを選択した状態で右クリックし、[スマートオブジェクトに変換]を選択します❶。スマートオブジェクトに変換すると、ドキュメントアイコンのようなマークが追加されます❷。

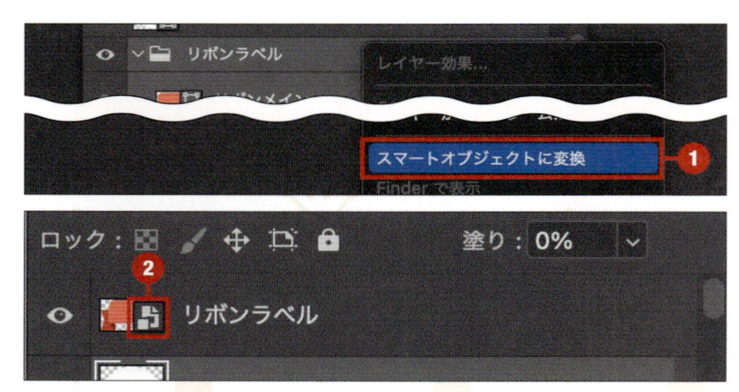

6 クエストボタンの円形フレームに沿う形で、リボンにカーブをつけていきます。「リボンラベル」を選択した状態で、「編集」→「変形」→「ワープ」の順にクリックします。

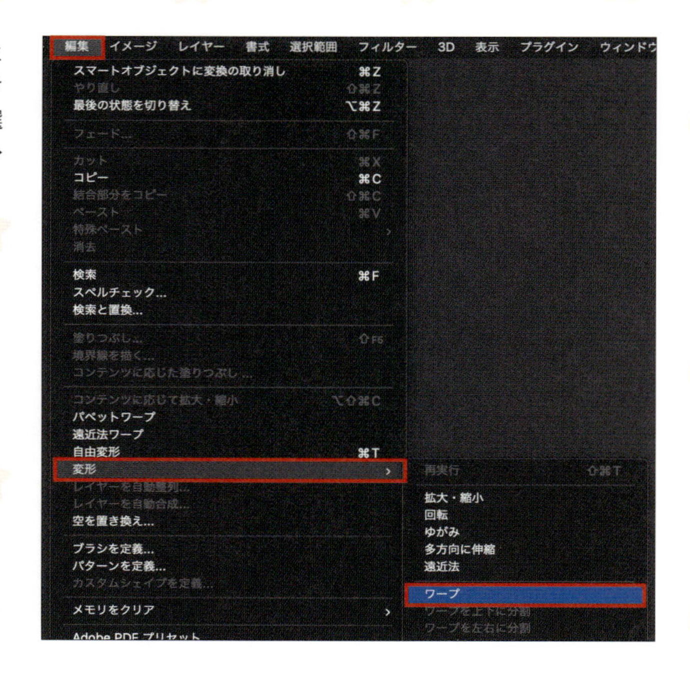

7 オプションバーで［ワープ：円弧］［カーブ：50%］に設定し、Ctrl／Command＋Enterキーを押して確定します。

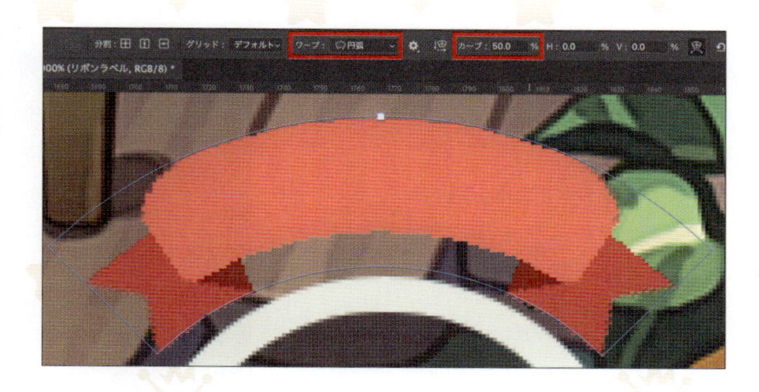

8 Vキーを押して移動ツールに切り替え、クエストボタンのフレームの上に重なるようにドラッグします❶。このとき、フレームよりもリボンが後ろに来るようにしたいので、レイヤーパネル上でドラッグして、フレームよりも「リボンラベル」のレイヤーが下になるように移動します❷。

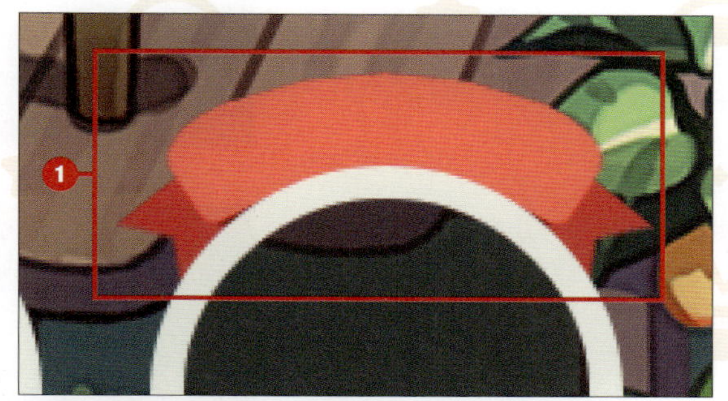

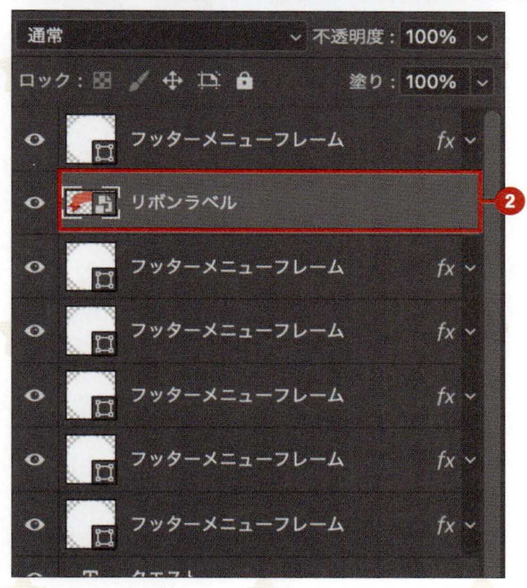

9 次に、リボンラベルの上に「COOKING」の文字を作成していきます。横書き文字ツールをクリックして❶、カンバス上で「COOKING」と入力します❷。

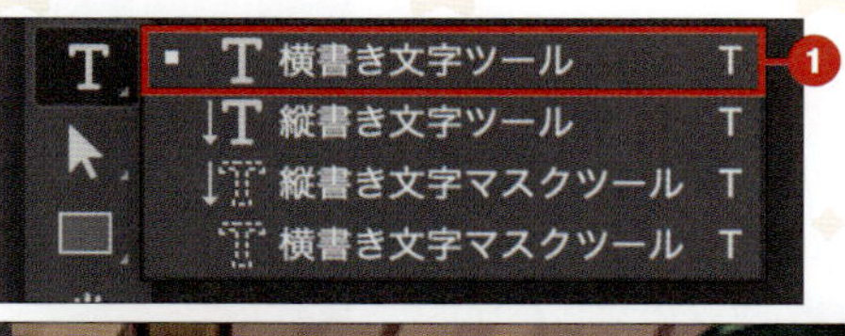

10 プロパティパネルで、以下のように設定します。

・文字
フォントサイズ：Giulia Plain
フォントスタイル：Bold
フォントサイズ：18pt
カーニング：0
トラッキング：50
カラー：#ffffff

・段落
中央揃え

11 横書き文字ツールをクリックし❶、ドラッグしながらCOOKINGの文字をすべて選択します❷。オプションバーで、[ワープテキスト]のアイコンをクリックします❸。ウィンドウが開くので、下記のように設定したら❹、OKボタンを押します。Ctrl／Command＋Enterキーを押して文字を確定します。

スタイル：円弧
水平方向
カーブ：+30
水平方向のゆがみ：0
垂直方向のゆがみ：0

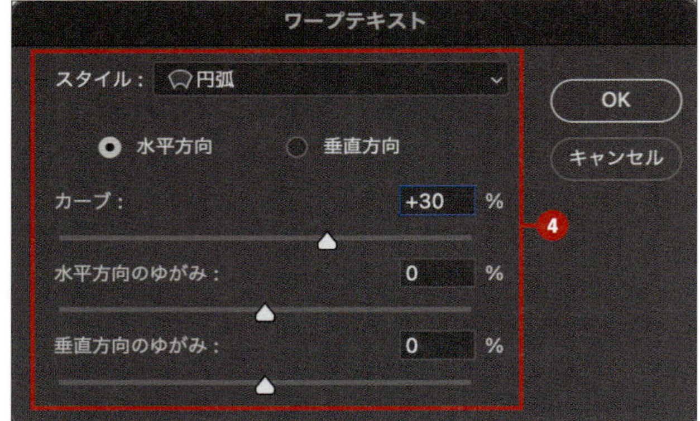

12 Vキーを押して移動ツールに切り替え、「COOKING」の文字をリボンの中央に移動したら完成です。

シショップのセールラベルとバッジを作成

ショップボタンのフレーム内にあるセール（SALE）ラベルと、通知があることを示す赤いバッジアイコンを作成します。

1 長方形ツールをクリックして❶、カンバス上でドラッグして長方形シェイプを描き❷、プロパティパネルで以下のように設定します❸。

・変形
W：140px
H：44px
X：1184px
Y：923px

・アピアランス
塗り：#f86060
線：なし
角丸：0px0px0px0px

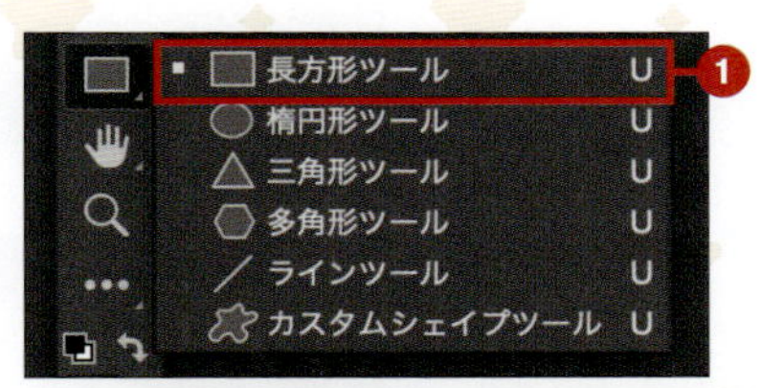

2 この赤いラベルが円形のフレーム内におさまるように、マスクをかけていきます。マスク機能を使うことで、元の画像を変形することなく、余分なエリアを隠すことができます。今回は、ショップボタンの円形フレームの形状でそのままマスクをかけたいのですが、外側の白い境界線より内側の半透明になっている部分を使用したいので、まずはマスク元になる画像を作成していきます。

3 ショップボタンのフレーム（「フッターメニューフレーム」）を選択し、Ctrl ／ Command ＋ J キーを押して、レイヤーをコピーします。レイヤー名は「セールラベルマスク」とします❶。「セールラベルマスク」の下にある「フッターメニューフレーム」は、目のマークをクリックして非表示にしておきます❷。

4 このときレイヤーパネル上で、最初に作成した赤いラベルがセールラベルマスクの上にあることを確認してください。赤いラベルは、名前を「セールラベル」に変更します。

5 「セールラベルマスク」のレイヤースタイルを開き（P.68）、［カラーオーバーレイ］で［不透明度：100%］に設定します。マスクする上で半透明にしたくないため、ここで不透明度を100%に設定しておきます。

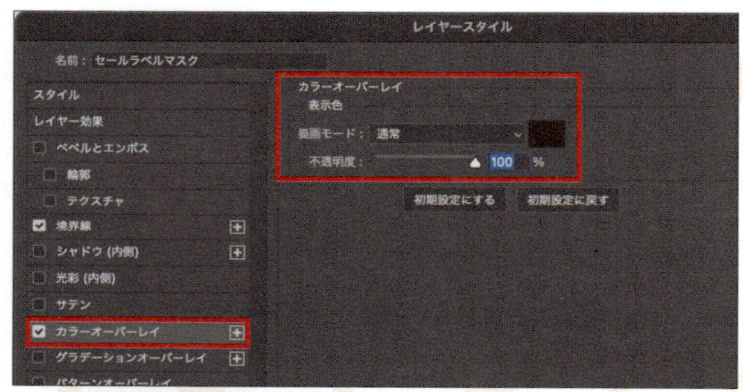

6 続いて、［境界線］で［不透明度：0%］に設定します。白い境界線部分はマスクに含めたくないため、不透明度0%に設定して見えない状態にしておきます。

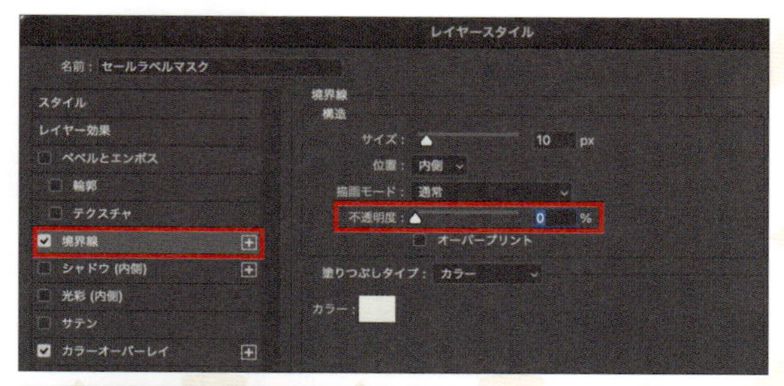

7 これでレイヤースタイルの設定は完了です。レイヤーパネル上で「セールラベルマスク」を右クリックし、「スマートオブジェクトに変換」をクリックします。

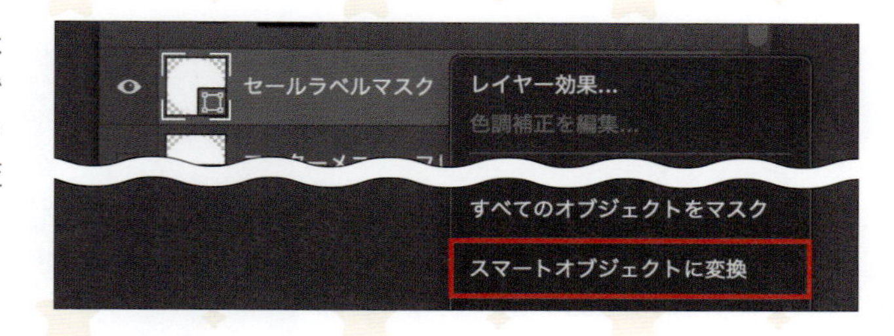

8 レイヤーパネル上で Ctrl ／ Command キーを押しながら「セールラベルマスク」のサムネイルをクリックすると❶、カンバス上で選択された状態になります❷。

9 この状態で「セールラベル」を選択し❶、レイヤーマスクアイコンをクリックしてマスクを追加します❷。これで、半円の状態で「セールラベル」にマスクをかけることができました❸。

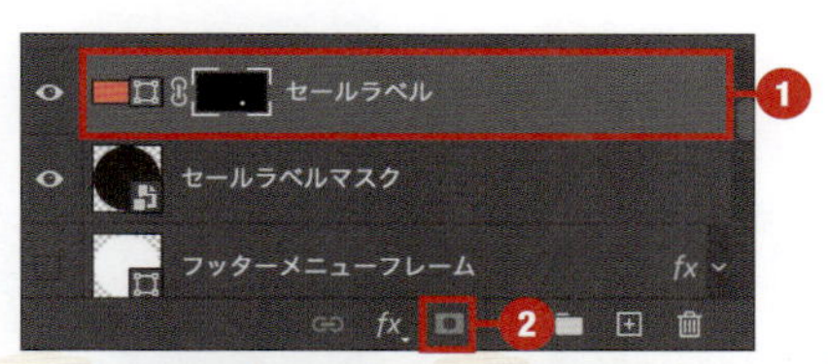

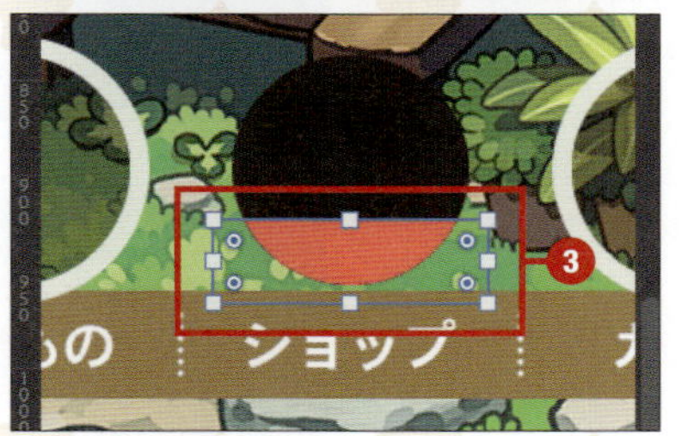

10 この上に「SALE」という文字を追加していきます。横書き文字ツールをクリックして❶、カンバス上で「SALE」と入力します❷。

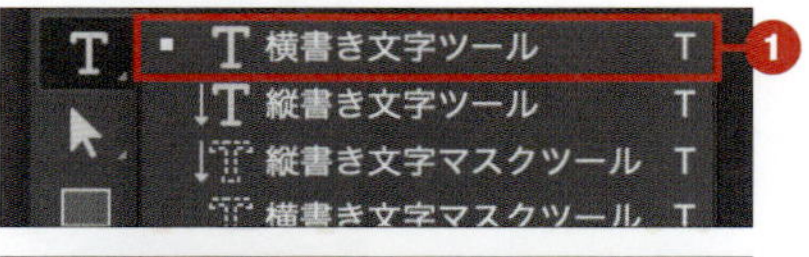

11 文字については、プロパティパネルで以下のように設定します。なお、「変形」は最後に設定するようにしてください。

・文字
フォント：Giulia Plain
フォントスタイル：Bold
フォントサイズ：20pt
カーニング：0
トラッキング：50
カラー：#ffffff

・段落
中央揃え

・変形
X：1230px
Y：927px

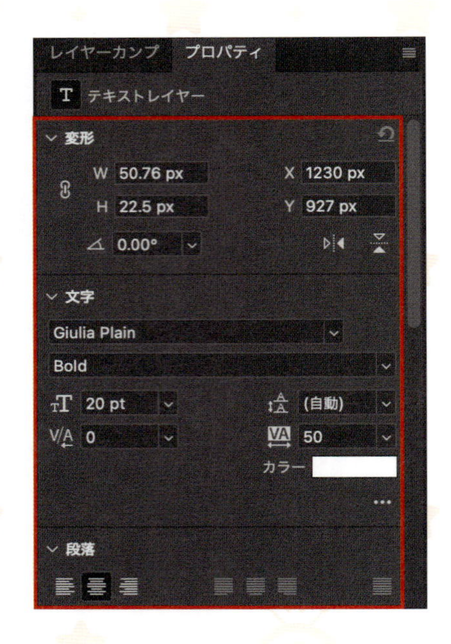

12 レイヤーパネル上で不要になった「セールラベルマスク」を非表示にし❶、「フッターメニューフレーム」は表示に切り替えます❷。それぞれの目のアイコンをクリックすると、表示・非表示を切り替えられます。カンバス上では、ショップボタンのフレームの中に赤いセールラベルがきれいに収まった状態になります❸。

13 フレームの右上に、通知があることを示す赤いバッジアイコンを作成していきます。楕円形ツールをクリックし❶、フレームの右上あたりでドラッグして楕円形シェイプを描きます❷。

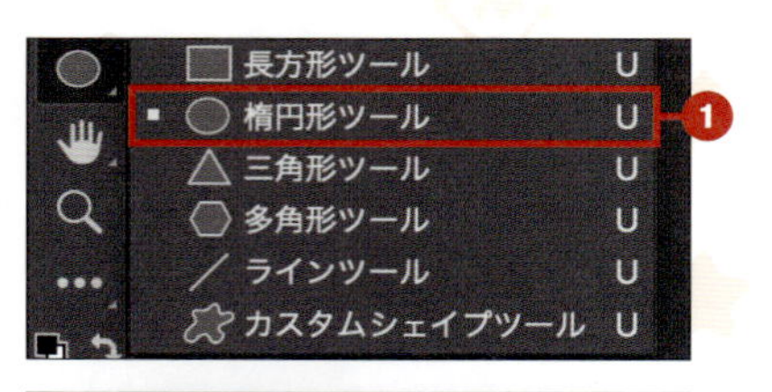

14 プロパティパネルで、以下のように設定します。

・変形
W：24px
H：24px
X：1292px
Y：841px

・アピアランス
塗り：#f86060
線：なし

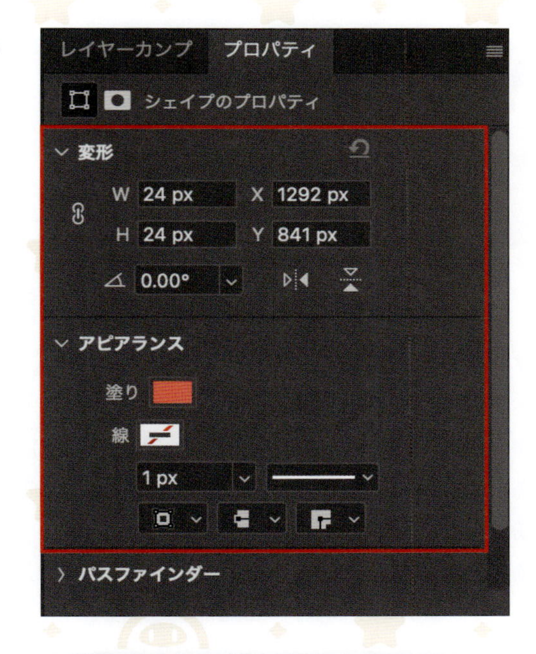

15 作成した赤いバッジアイコンのレイヤー名は「通知バッジ」と変更しておきましょう。これで、ショップボタンのSALEラベルと通知バッジアイコンが完成です。

ここまでで、フッターメニューのボタンフレームが完成しました。

フッターの作成 2

フッターメニューアイコン

フッターメニューアイコンを作成

コインアイコン（P.100）や COOKING リボン（P.157）など、シェイプを組み合わせたアイコンの作り方を参考に、フッターメニューのボタンフレーム内に配置する 6 種のアイコンを作成しましょう。作成済みのサンプルデータも配布していますので、P.6 の方法で入手してください。アイコンの配置方法については、「3-6 アイテムフレームにコインアイコンを配置」（P.105）を確認し、すでに作成したフッターメニューフレームの中に配置しましょう。

ホームアイコン

もちものアイコン

ショップアイコン

ガチャアイコン

どうぶつアイコン

クエストアイコン

ここまでで、フッターメニューに関する UI パーツ制作は完了です。次節では、その他の機能に関する UI パーツを作成しましょう。

その他機能の作成

サイドメニューとサブ機能

サイドメニューとシステムメニューを作成

その他の機能に関するUIパーツを作成します。画面左側に、サイドメニュー（ミッション、お知らせ、ギフト）を作成してください。これらは、フレームとテキスト、アイコンのセットで構成されています。作り方は「3-6 コインアイコンを作成する」（P.100）と「4-7 フッターメニューのフレーム」（P.150）の事例を参考にしてください。作成済みのサンプルデータを入手する方法は、P.6を参照してください。また、画面右上にメニューボタン、UI表示切り替えボタン、どうぶつ入れ替えボタンが必要になります。こちらも合わせて作成してみましょう。

どうぶつのフキダシを作成

どうぶつが生活する中で、何か特別なものを見つけた時に表示されるフキダシを作成しましょう。今まで使用してきた楕円形ツールや三角形ツール、テキストの組み合わせで作成できるので、挑戦してみてください。作成済みのサンプルデータを入手する方法は、P.6を参照してください。

ここまでで、その他の機能に関するUIパーツ制作が完了しました。次節からは、バナーを作成していきましょう。

バナーの作成 1

バナーフレーム

バナーフレームを作成

前節までで、その他機能（サイドメニュー、システムメニュー、フキダシ）の作成が完了しました。ここからは、バナーフレームを作成していきます。ホーム画面の左下に、イベントやガチャ追加などが発生した場合にバナーを表示するためのエリアが設けられています。今回は、そのバナー専用のフレームを作成していきます。

1 バナー表示エリアのベースフレームを作成

バナー表示エリアのベースフレームを作成していきます。

1 Vキーを押して移動ツールに切り替え、カンバス外をクリックします❶。レイヤーが何も選択されていない状態にしたら、Dキーを押して描画色と背景色をリセットします❷。

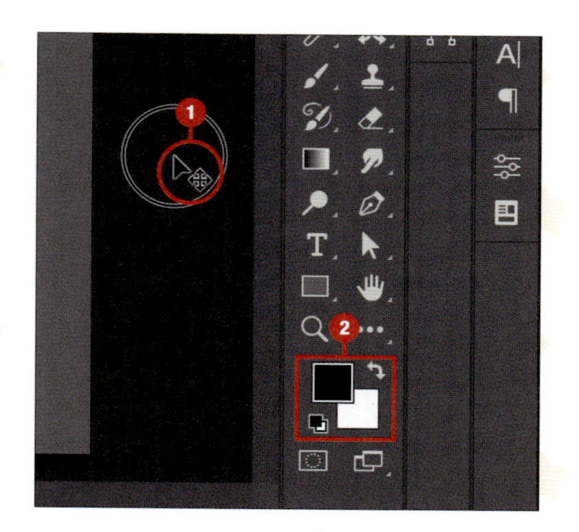

2 長方形ツールをクリックして❶、「ミッション」の下付近に長方形を描きます❷。

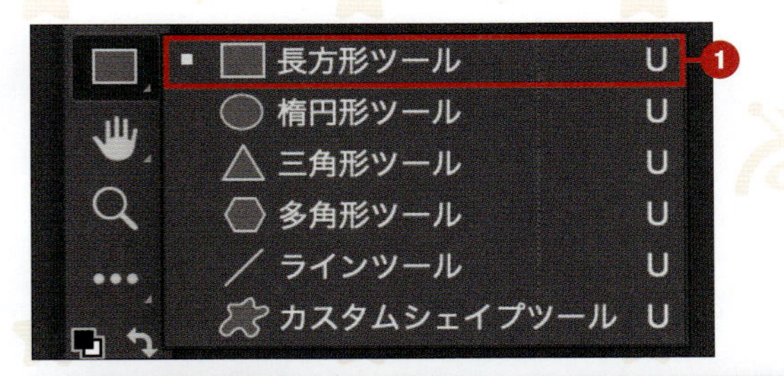

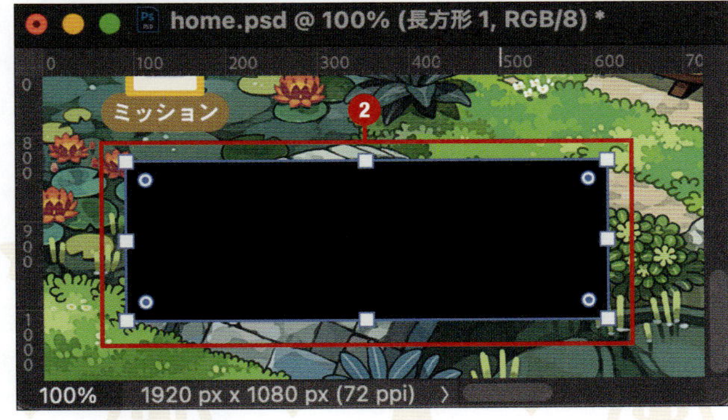

3 プロパティパネルで、以下のように設定します。位置については、移動ツールでドラッグして調整しても問題ありません。

・変形
W：534px
H ：182px
X ：86px
Y ：828px

・アピアランス
塗り：#ffffff
角丸：40px40px40px40px

4 レイヤー名を「バナーベース」に変更します。

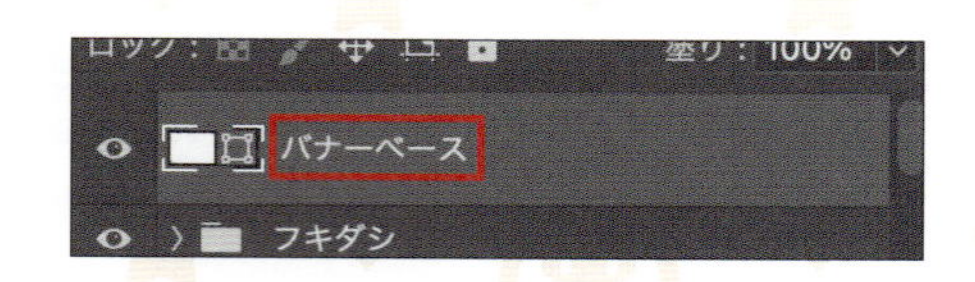

5 「バナーベース」レイヤーを選択した状態で、レイヤーパネルの[不透明度]を40%に変更して半透明にします。4キーを押すと、不透明度を40%に設定することができます。便利なショートカットキーなので覚えておきましょう。

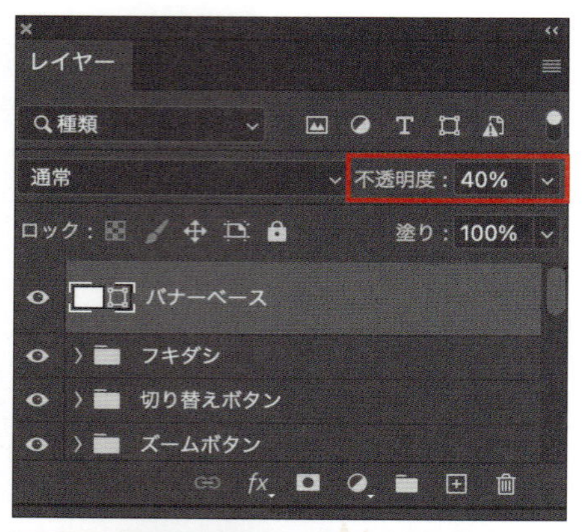

6 「バナーベース」レイヤーを選択した状態でCtrl／Command+Jキー押してコピーして、レイヤー名を「バナーフレーム_1」に変更します❶。プロパティパネルで[角丸]を91pxに設定します❷。

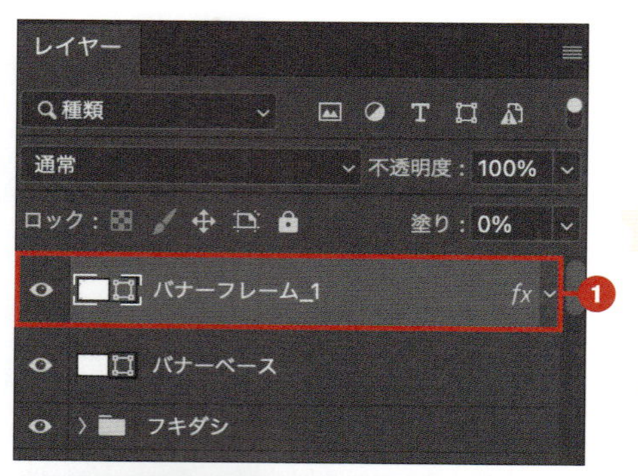

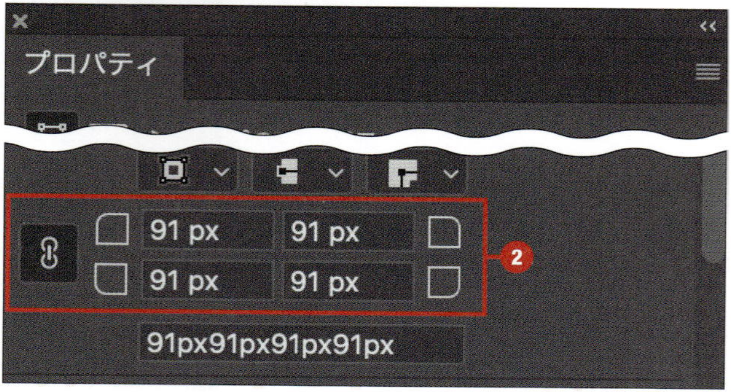

7 「バナーフレーム_1」のレイヤースタイルを開き(P.68)、「レイヤー効果」で[不透明度：100%]❶、[塗りの不透明度：0%]❷にそれぞれ設定します。このレイヤーは塗りなしで境界線のみ表示させるようにしたいので、このような設定にしておきます。

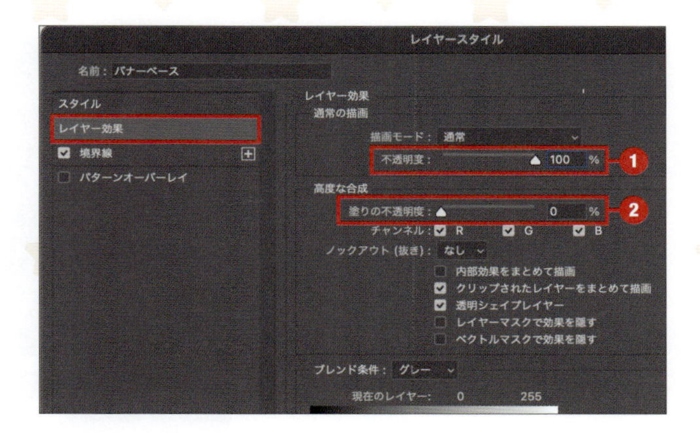

8 「境界線」で以下のように設定し、白色の境界線のみの状態になるようにします。

サイズ：5px
位置：内側
描画モード：通常
不透明度：100%
塗りつぶしタイプ：カラー
カラー：#f3f4e9

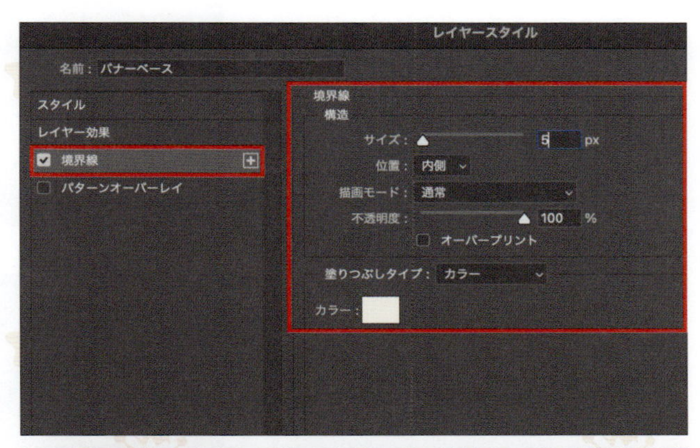

9 最初に作成した「バナーベース」レイヤーを Ctrl ／ Command ＋ J キーを押してコピーして、[不透明度]を70%に変更し❶、レイヤー名を「バナーフレーム_2」に変更します❷。

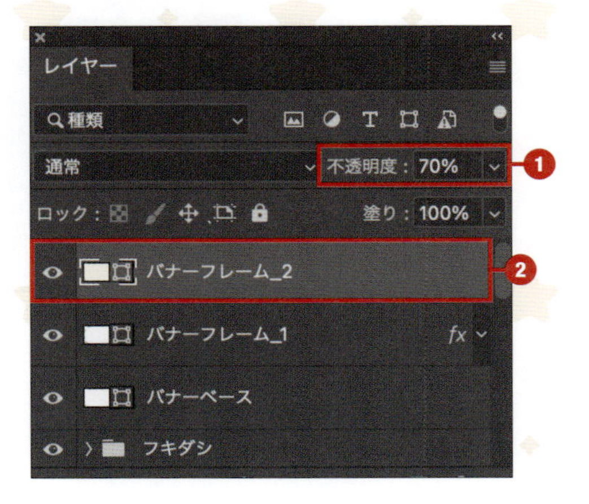

10 「バナーフレーム_2」レイヤーにマスクをかけて、四隅のみを白い枠として表示させます。レイヤーパネルで「バナーフレーム_1」のサムネイル部分をCtrl／Commandキーを押しながらクリックし、選択状態にします❶。その後、Ctrl／Command+Shift+Iキーを押して選択範囲を反転します❷。

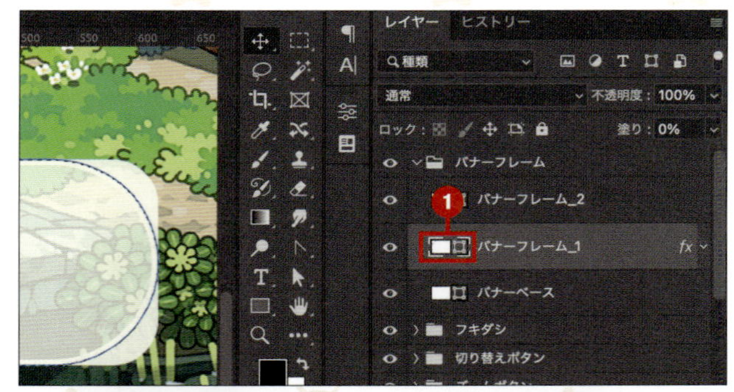

11 レイヤーパネルで「バナーフレーム_2」を選択し❶、パネル下のマスクアイコンをクリックしてマスクをかけます❷。

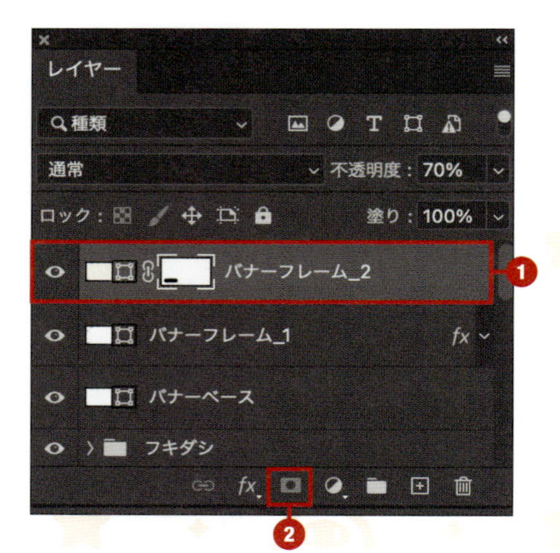

12 これで、四隅部分のみが表示されるようにマスクをかけることができました。

2 表示切替矢印ボタンとページャーを作成①

バナーを次へ送るための左右の矢印ボタンと、現在何枚目のバナーを表示しているかを示すためのページャーを作成していきます。

1 楕円形ツールをクリックして❶、カンバス上でドラッグして楕円形を描きます❷。

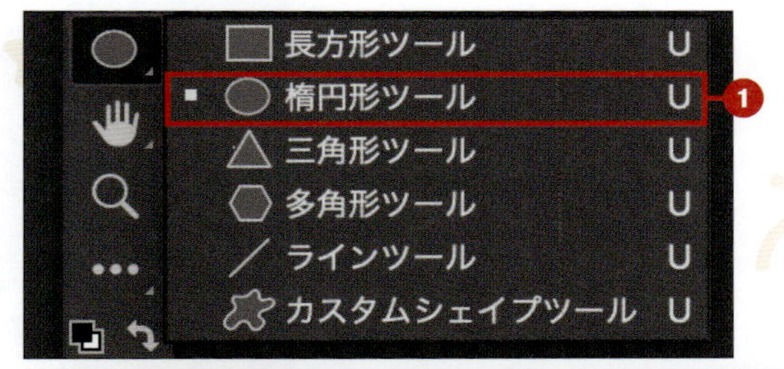

2 プロパティパネルで、以下のように設定します。

・変形
W：48px
H：48px
X：593px
Y：895px

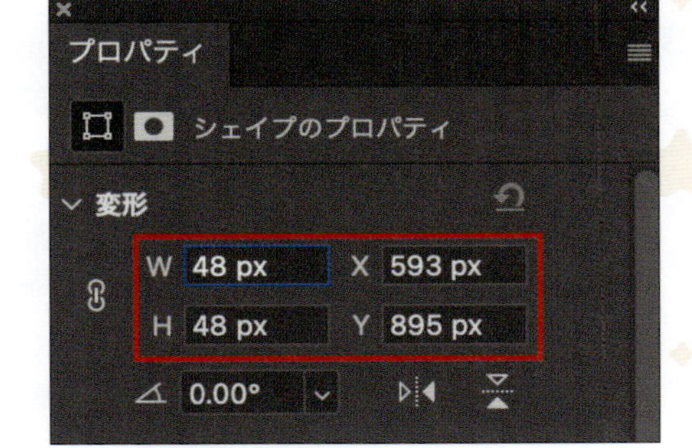

3 レイヤースタイルを開き（P.68）、「境界線」で以下のように設定します。

サイズ：4px
位置：内側
描画モード：通常
不透明度：100%
塗りつぶしタイプ：カラー
カラー：#fefff0

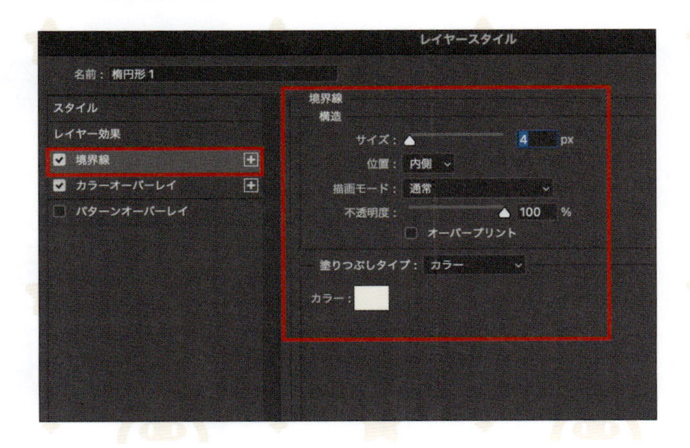

4 「カラーオーバーレイ」で、以下のように設定します。

描画モード：通常
カラー：#b29054
不透明度：100%

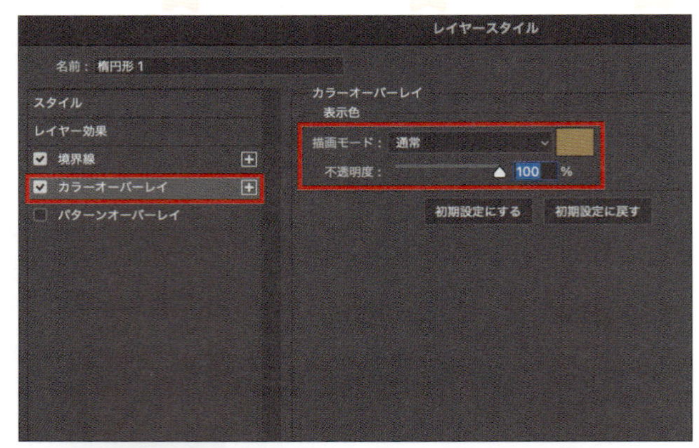

5 これでボタンベースができたので、レイヤー名を「表示切替ボタンベース」に変更します。

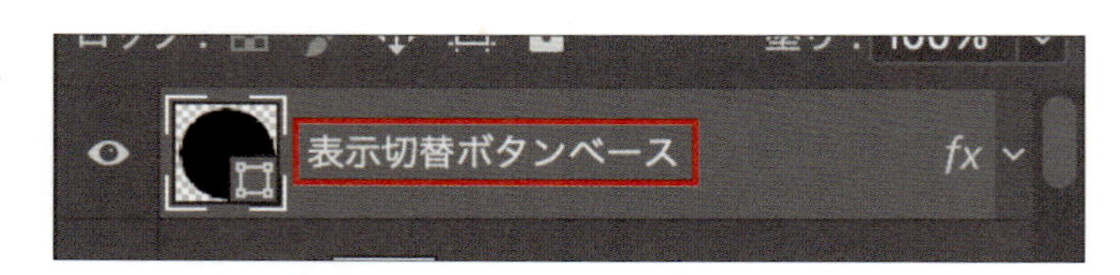

6 次に、このボタンの上に配置する右向きの三角形を作成します。三角形ツールをクリックして❶、カンバス上でドラッグして三角形を描きます❷。

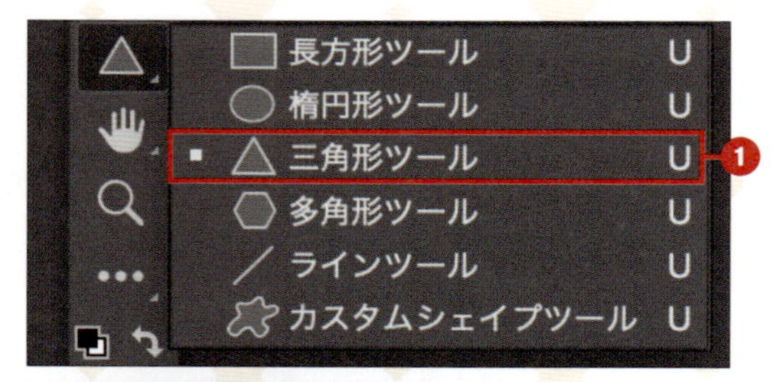

7 プロパティパネルで以下のように設定し、右に90°傾けた、白い三角形にします。なお、「変形」のX、Yについては最後に設定するようにしてください。

・アピアランス
塗り：#ffffff

・変形
W：16px
H：14px
角度：90.00°
X：612px
Y：911px

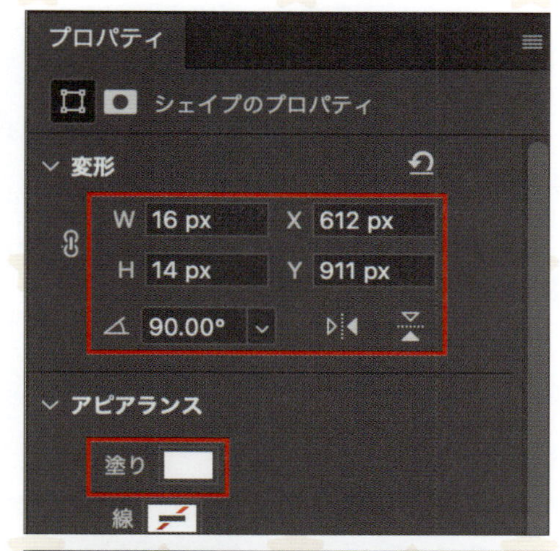

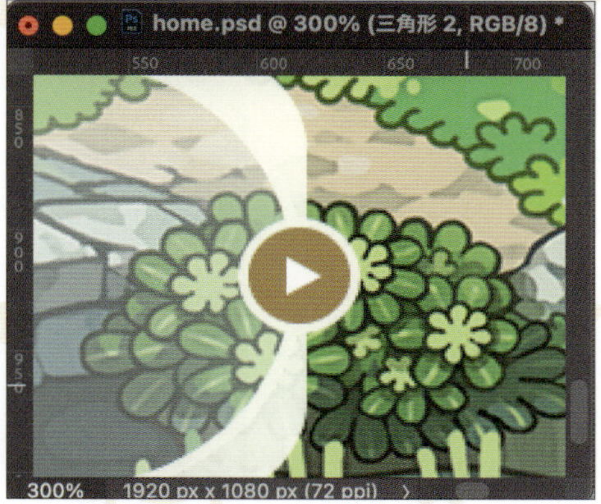

8 この三角形のレイヤー名を「表示切替矢印アイコン」に変更し❶、「表示切替ボタンベース」レイヤーと一緒にグループ化して、グループ名を「表示切替ボタン」に変更します❷。

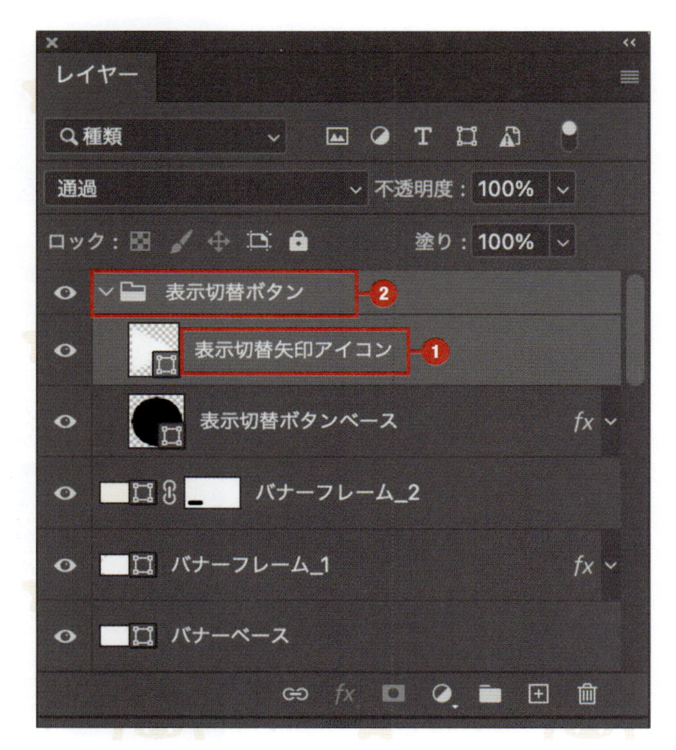

9 レイヤーパネル上で「表示切替ボタン」グループを選択し❶、右クリックして「スマートオブジェクトに変換」をクリックします❷。扱いやすいように、ひとまとめにしておきます。スマートオブジェクトに変換すると、ドキュメントアイコンのようなマークが追加されます❸。

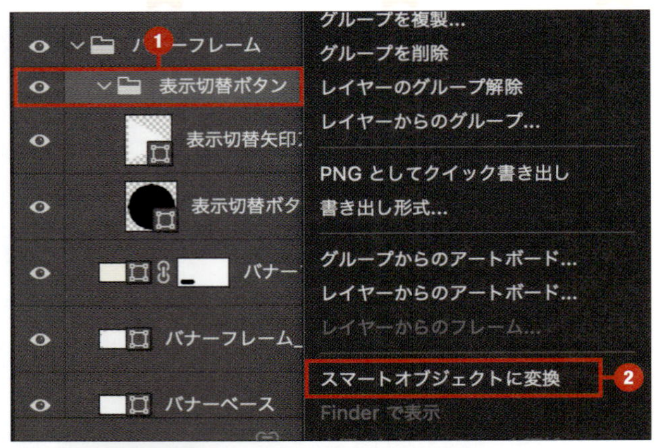

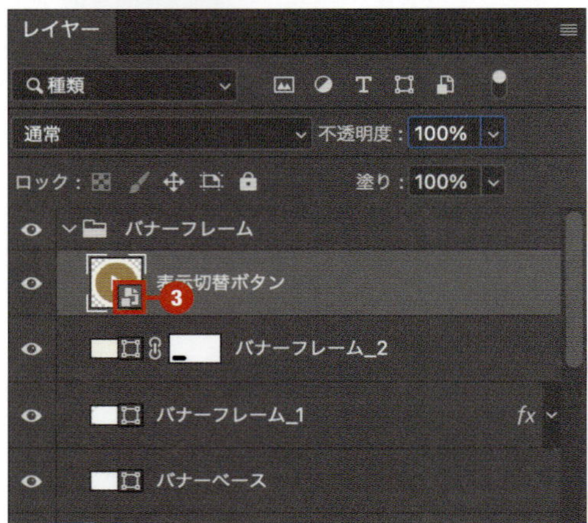

10 スマートオブジェクト化した「表示切替ボタン」を選択した状態で Ctrl ／ Command ＋ J キーを押し、コピーします❶。V キーを押して移動ツールに切り替え、左側へ移動します❷。Shift キーを押しながら、左矢印キーを複数回押して移動してもかまいません。

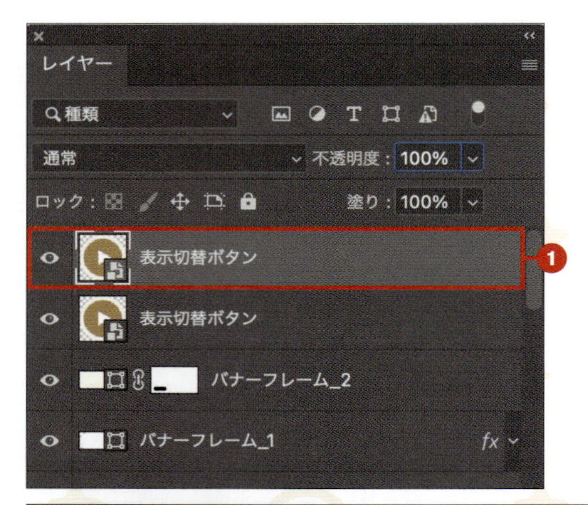

11 移動したレイヤーを選択した状態でメニューバー（P.40）から、「編集」→「変形」→「水平方向に反転」の順にクリックして、ボタンが反転した状態にします。

12 次に、バナーフレームの下にページャーを作成していきます。ページャーとは、複数のコンテンツがある場合に、今どれを表示しているのか、全体でどのくらいあるのかを示すナビゲーション要素です。番号やドット形式など、さまざまなデザインがあります。今回は、ドット形式でコンテンツ分の小さな丸が並ぶ形にします。楕円形ツールをクリックして❶、カンバス上でドラッグして楕円形を描きます❷。

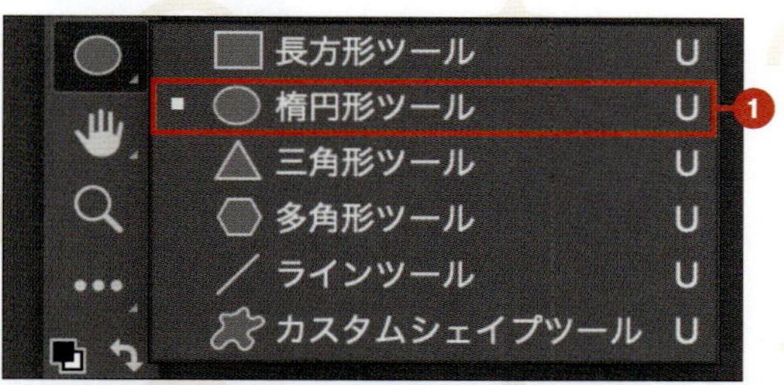

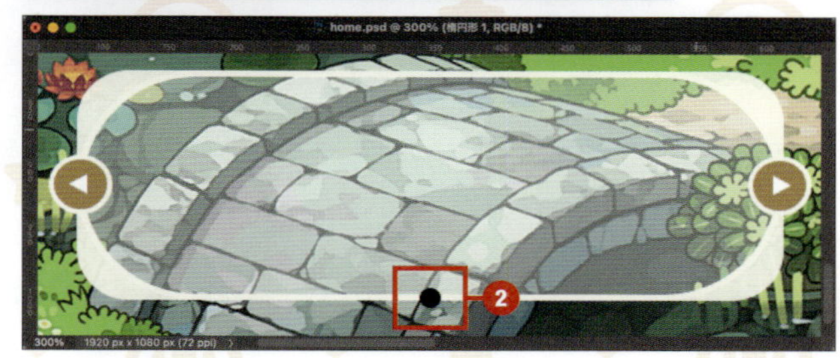

13 プロパティパネルで、以下のように設定します。

・変形
W：16px
H：16px
X：345px
Y：1000px

14 レイヤースタイルを開き（P.68）、「境界線」で以下のように設定します。

サイズ：3px
位置：内側
描画モード：通常
不透明度：100%
塗りつぶしタイプ：カラー
カラー：#fefff0

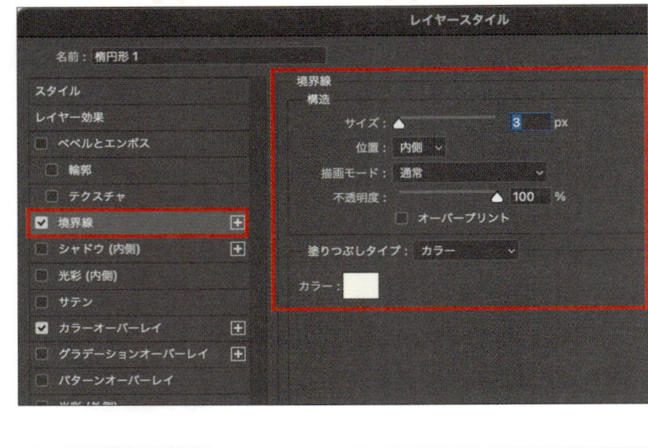

15 「カラーオーバーレイ」で以下のように設定します。

描画モード：通常
カラー：#797979
不透明度：100%

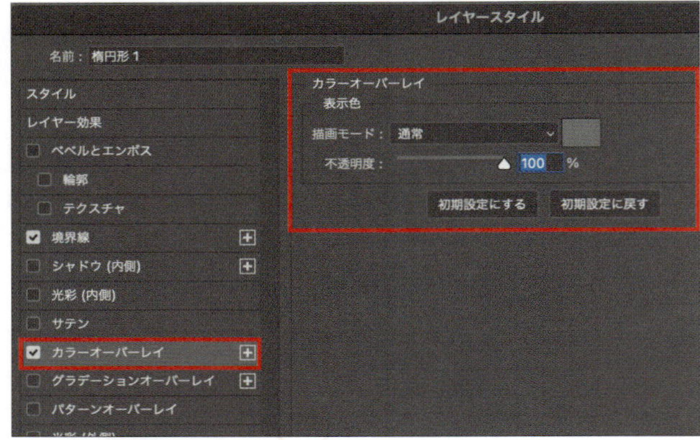

16 これで、ページャーOFFの状態が完成しました。

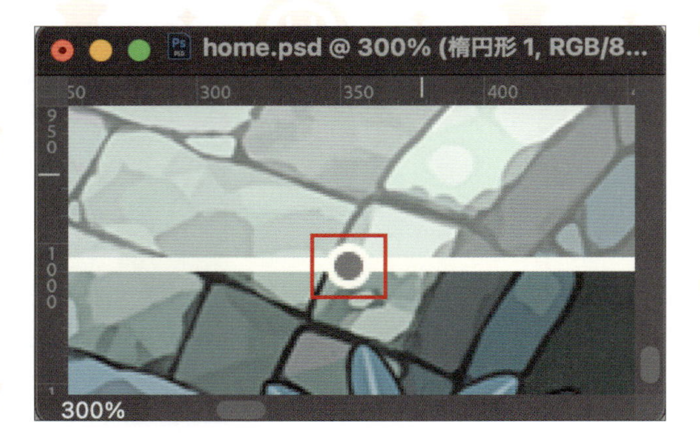

3 表示切替矢印ボタンとページャーを作成②

ページャーには、現在表示されていることを示すON状態とそれ以外のOFF状態が存在します。どれが表示されているかをわかりやすくするため、デザイン上でも違いがわかるようにしておく必要があります。今回は、ON状態のときは緑色で、OFF状態のときは灰色という形で変化をつけます。この状態変化は、Photoshopのレイヤーカンプの機能を使用して作成していきます。レイヤーカンプは、複数レイヤーの配置やスタイル、表示・非表示の状態などを保存しておくことができる機能です。これによって、複数デザインのバリエーションを簡単に切り替えることができます。

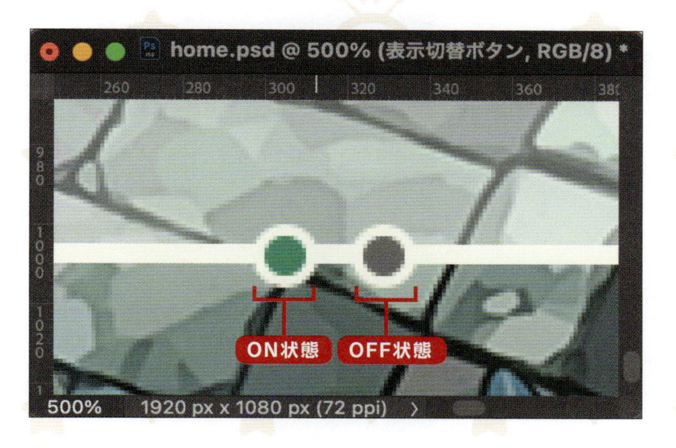

1 先ほど作成したページャーのレイヤー名を「ページャーOFF」に変更します❶。レイヤーパネル上で選択し、右クリックして、「スマートオブジェクトに変換」をクリックします❷。

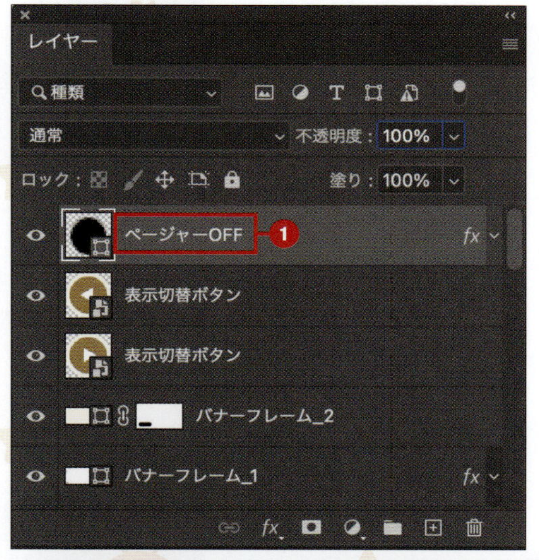

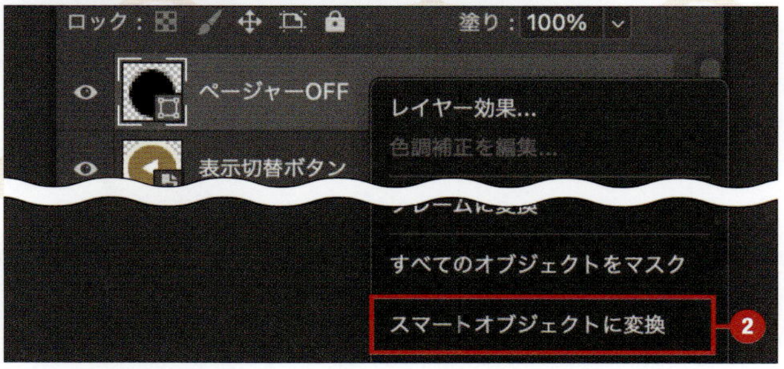

2 作成した「ページャーOFF」のスマートオブジェクトのサムネイルをダブルクリックして❶、新しいウィンドウを開きます❷。

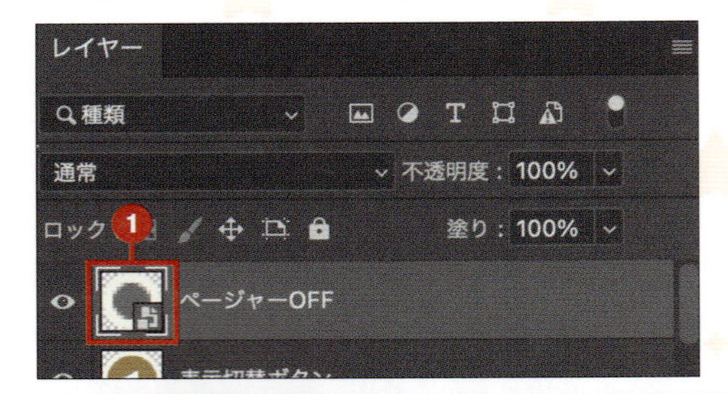

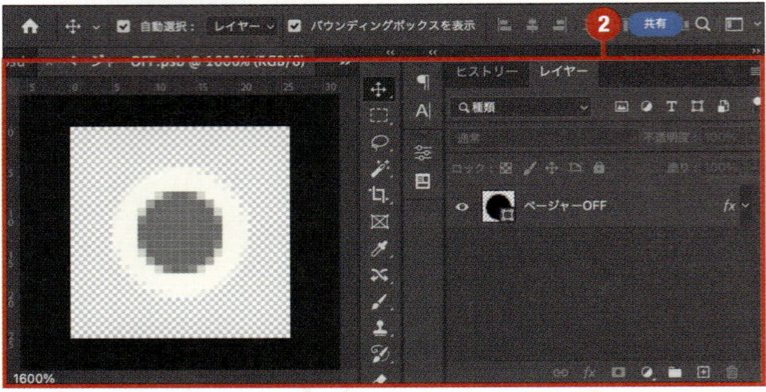

3 「ページャーOFF」レイヤーを[Ctrl]/[Command]+[J]キーを押してコピーして、レイヤー名を「ページャーON」に変更します。

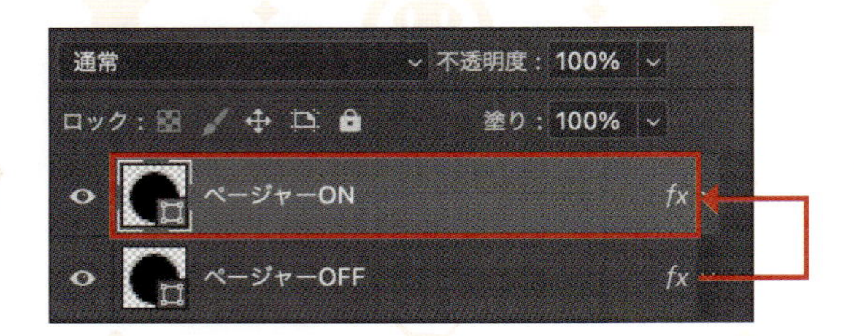

4 「ページャーON」のレイヤースタイルを開き（P.68）、「カラーオーバーレイ」で[カラー：#1b9b7b]に設定します。

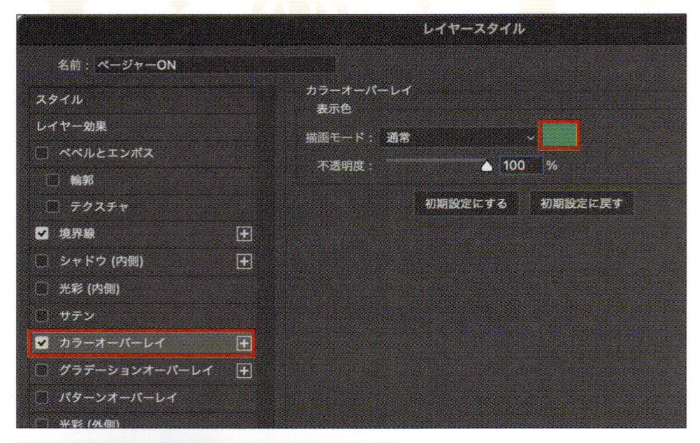

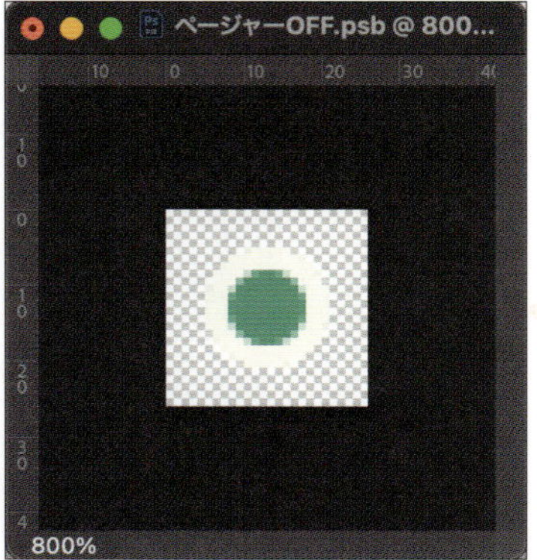

5 ここから、レイヤーカンプの設定をしていきます。「ウィンドウ」→「レイヤーカンプ」の順にクリックします。

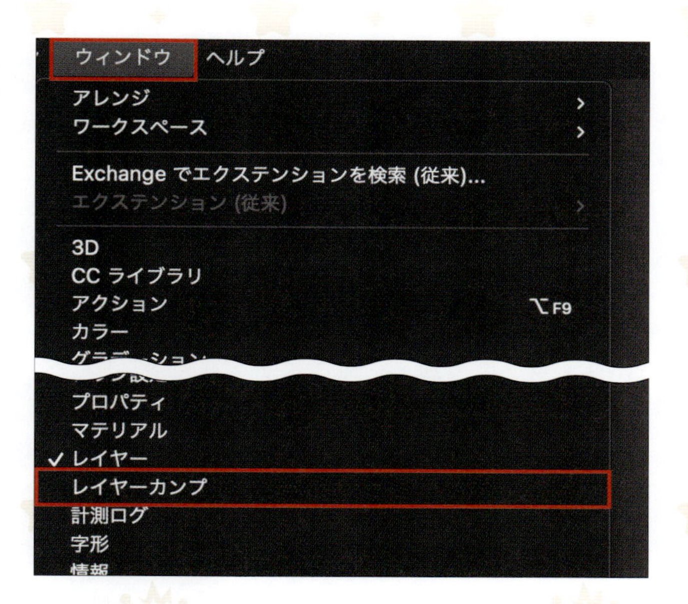

6 レイヤーパネルで「ページャーOFF」の目のアイコンをクリックし❶、「ページャーOFF」を非表示にします。この状態を記録するために、レイヤーカンプのプラスボタンをクリックします❷。

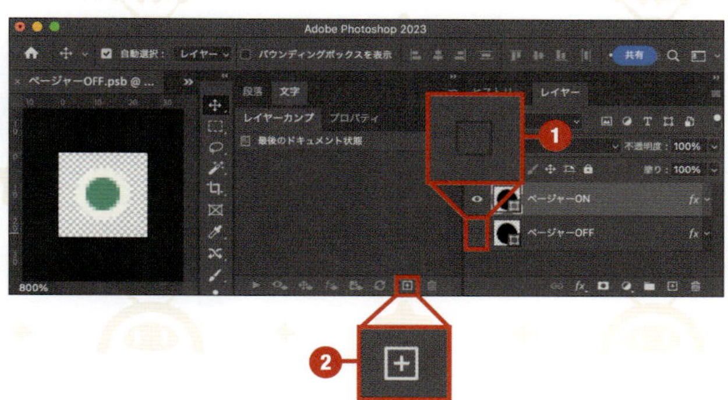

7 新規レイヤーカンプのウィンドウが開くので、レイヤーカンプ名に「ページャーON」と入力し❶、「OK」をクリックして確定します❷。

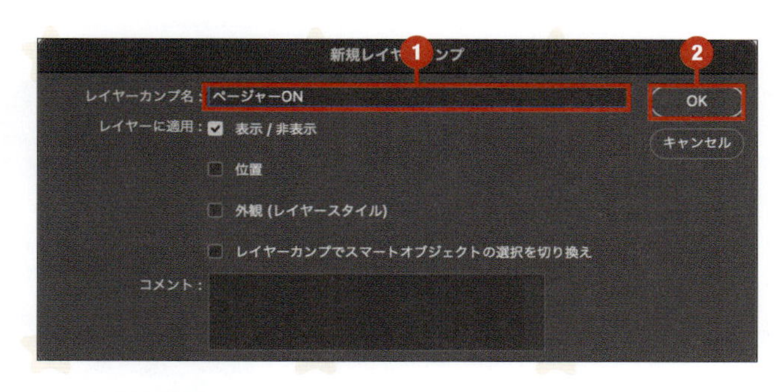

8 レイヤーパネルで「ページャーON」の目のアイコンをクリックして「ページャーON」を非表示にします❶。反対に「ページャーOFF」を表示し❷、レイヤーカンプのプラスボタンをクリックします❸。

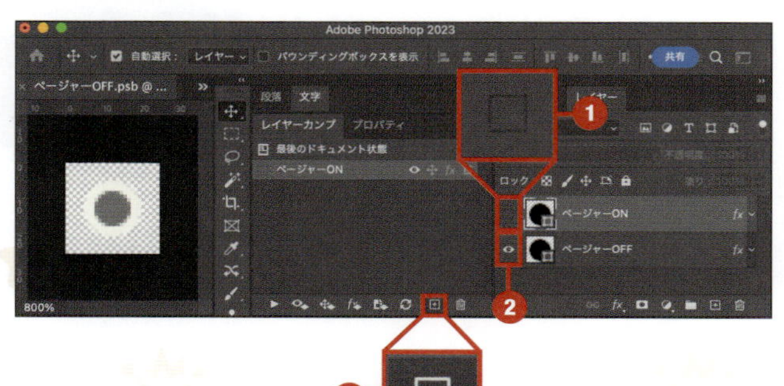

9 新規レイヤーカンプのウィンドウが開くので、レイヤーカンプ名に「ページャーOFF」と入力し❶、「OK」をクリックして確定します❷。

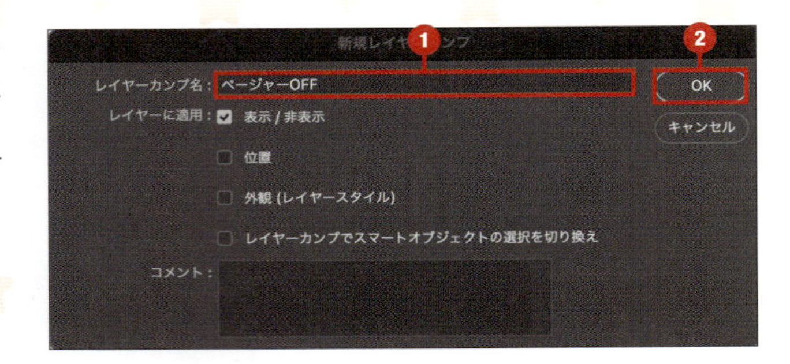

10 これで、ページャーのON・OFF状態をレイヤーカンプで記録できました。Ctrl／Command+Sキーを押して保存します。ウィンドウを閉じて、もとのhome.psdに戻ります。

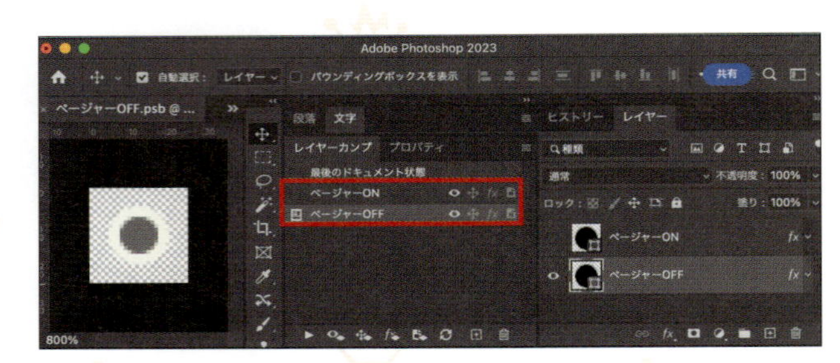

11 「ページャーOFF」レイヤーを選択し❶、プロパティパネルで先ほど設定した「ページャーOFF」を選択します❷。

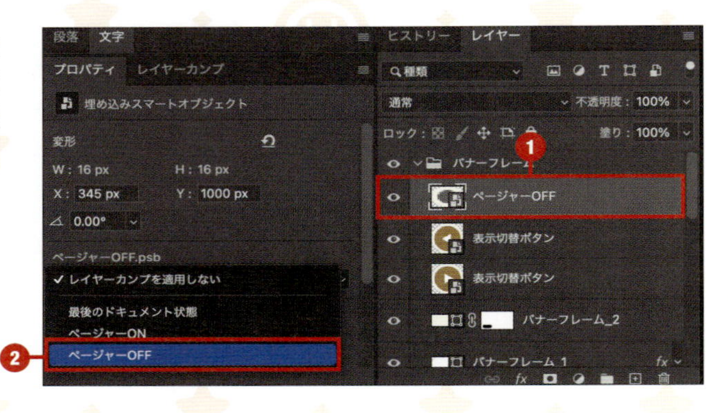

12 ページャーは5つ用意したいので、Ctrl／Command+Jキーを4回押して、4つコピーします❶。Vキーを押して移動ツールに切り替え、横に等間隔に配置します（P.44）❷。

13 5つ並んだページャーのうち、一番左側のページャーがONになっている状態にします。レイヤーを選択し❶、プロパティパネルから「ページャーON」を選択します❷。

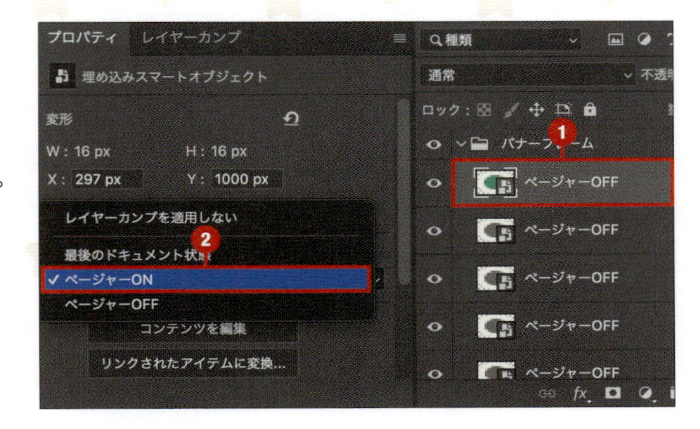

14 最後に、作成したバナーフレーム、表示切替ボタン、ページャーをすべて選択して、Ctrl／Command＋Gキーでグループ化します。グループ名は「バナーフレーム」に設定します❶。ページャーがONになっているレイヤーの名前を、「ページャーON」に変更します❷。

15 これで、バナーフレームが完成しました。

ここまでで、バナーフレームの制作が完了しました。次節からは、中身のバナーを作成していきましょう。

バナーの作成 2

イベントバナー

新規ドキュメント作成

前節まででバナーフレームの作成は完了したので、ここからはバナーフレームの中に表示するイベントバナーを作成していきます。バナーは更新頻度が高いため、今回作成するバナーをテンプレートにします。今後更新していく際には、このドキュメントをコピーして同じサイズで作成していきます。

1 「ファイル」→「新規」の順にクリックし、新規ドキュメントウィンドウを開きます。

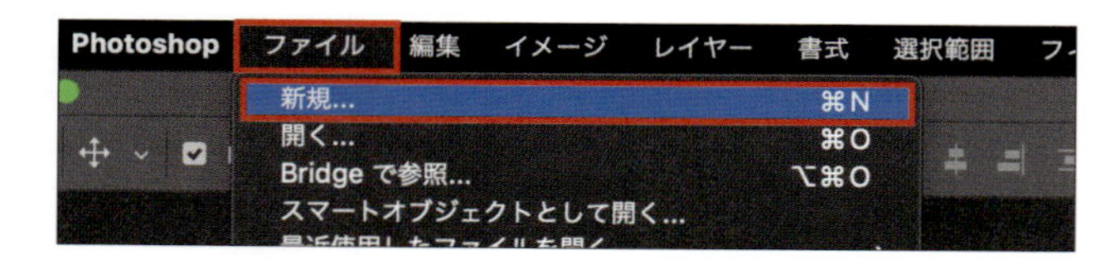

2 下記の設定を行い❶、「作成」をクリックします❷。

ドキュメント名：banner
幅：534ピクセル
高さ：182ピクセル
解像度：72
アートボード：チェックOFF
カラーモード：RGBカラー 8bit
カンバスカラー：#ffffff
カラープロファイル：sRGB IEC61966-2.1
ピクセル縦横比：正方形ピクセル

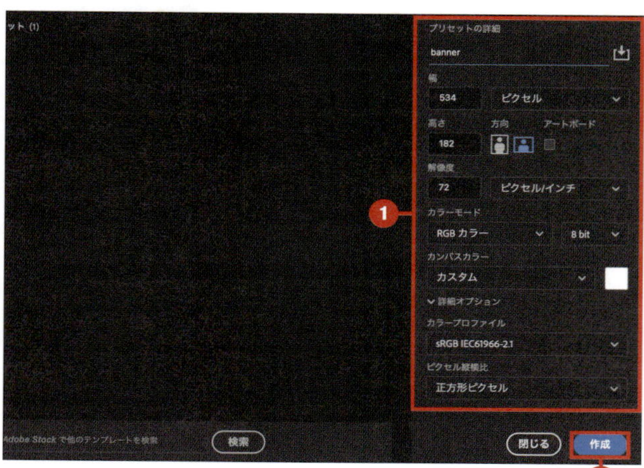

背景・キャラクターを配置

バナーのメインとなる背景とキャラクターを配置して、位置や色味を調整していきます。背景とキャラクターのデータをダウンロードしておきます（P.6）。

1 ダウンロードしたファイル「bg_home.png」と「chara.png」を2つ選択して、カンバス上にドラッグ＆ドロップします。

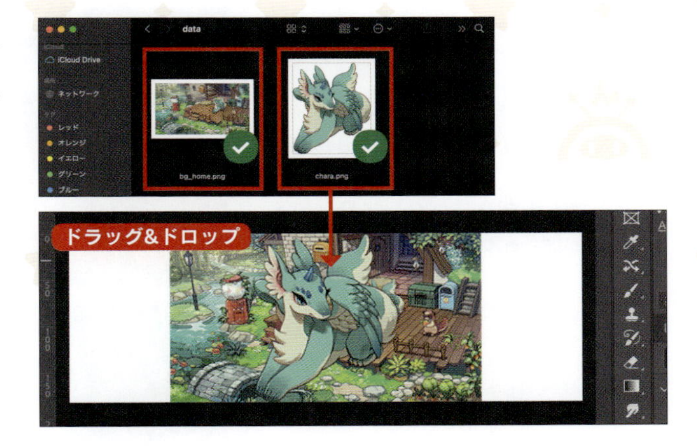

2 画像を配置した「bg_home」レイヤーを選択し❶、Ctrl／Command＋Tキーを押します。オプションバーで［170%］と入力して拡大し❷、Ctrl／Command＋Enterキーで確定します。

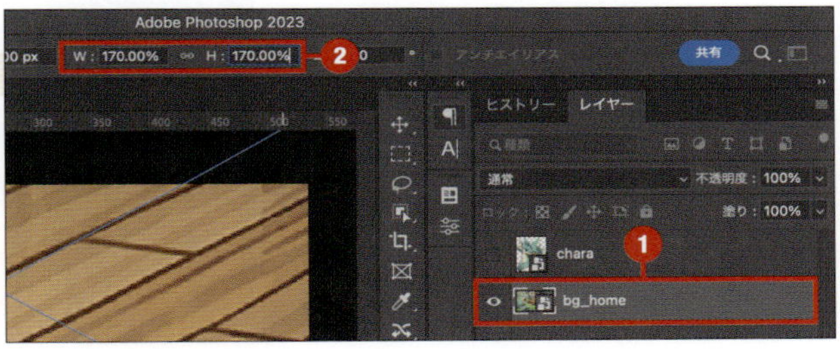

3 Vキーを押して移動ツールに持ち替え、画像左下あたりの水面が見える位置に「bg_home」レイヤーを移動します。プロパティパネル上では、［X：-149px］［Y：-1009px］の位置になります。

4 「chara」レイヤーを選択して❶、Ctrl／Command＋Tキーを押します。オプションバーで［W:-50%］［H：50%］と入力して❷、Ctrl／Command＋Enterキーで確定します。数値の前に-（マイナス）をつけて「-50%」と入力すると、画像を50%にした上で、横に反転させた状態にすることができます。

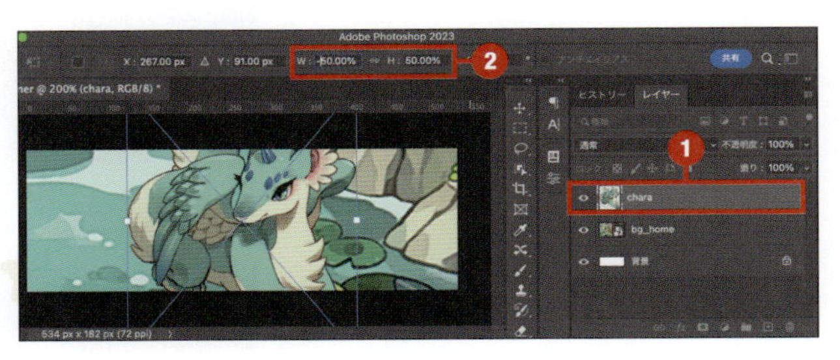

4 CHAPTER
ホーム画面のUIデザインを作ろう

5 Vキーを押して移動ツールに持ち替えて、「chara」レイヤーを画面右側に移動します。プロパティパネル上では、[X：250px] [Y：-40px] の位置になります。

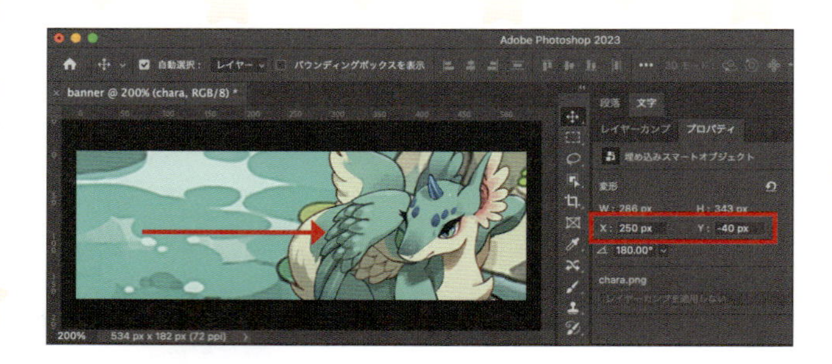

6 キャラと背景の岩が重なって見栄えがよくないため、ブラシを使って岩部分を消していきます。ブラシツールをクリックして❶、描画色を [#6eccc0] に設定します❷。

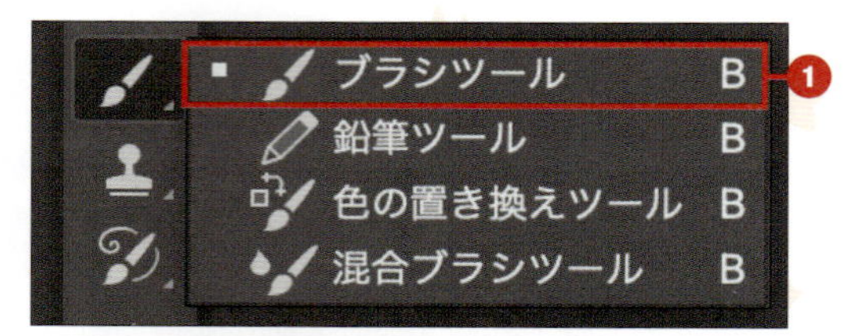

7 ブラシで描くための新規レイヤーを作成します。Ctrl ／ Command ＋ Shift ＋ N キーを押すと新規レイヤーウィンドウが表示されるので、レイヤー名に「水」と入力して❶、「OK」をクリックします❷。

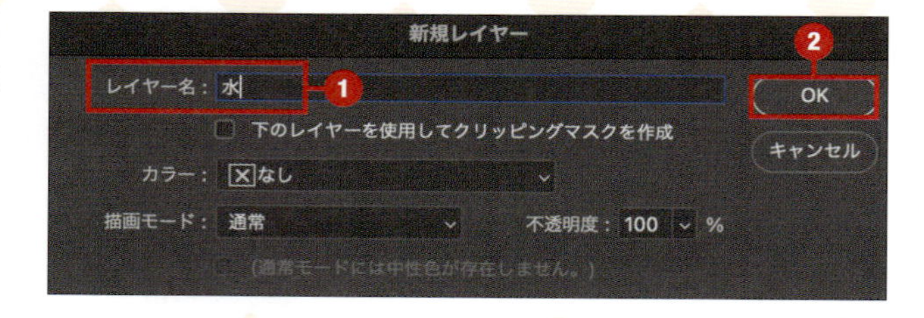

8 「bg_home」レイヤーのすぐ上に、「水」レイヤーを移動します。

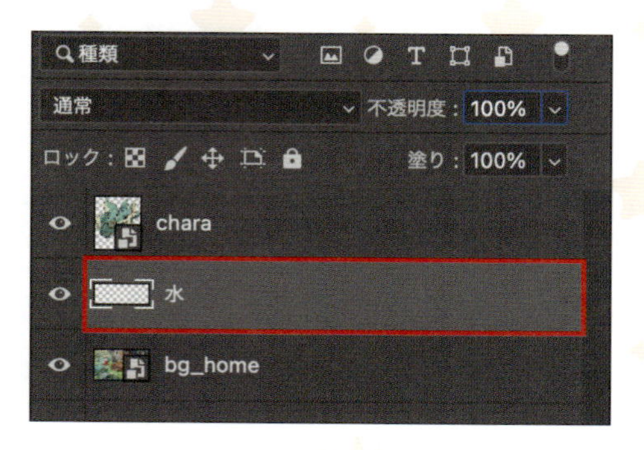

9 オプションバーのブラシをクリックして❶、「ソフト円ブラシ」を選択します❷。後はお好みで、ブラシの直径や硬さ、不透明度や流量などを設定してください❸ ❹。

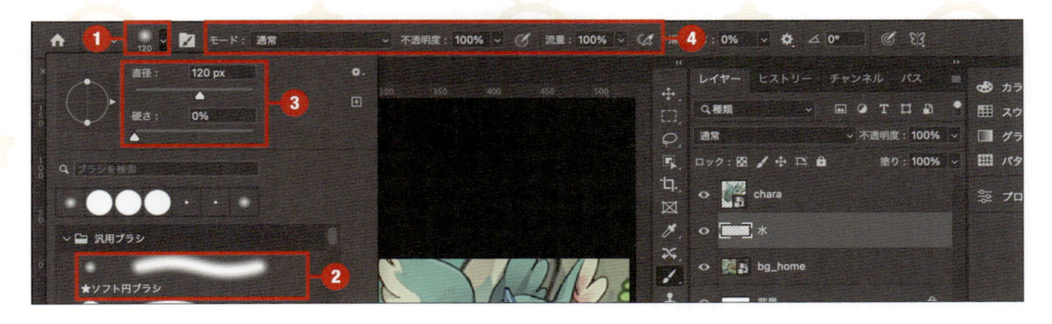

10 カンバス上で岩部分を数回クリックして色を塗り、岩を消していきます❶。これは、「水」レイヤーに背景と同じ水色を塗ることで背景の岩が見えないという状態にしています。塗った部分が気に入らなければ、「水」レイヤーを削除すれば元に戻ります❷。背景画像に直接塗ってしまうと、元に戻したいときに修正が大変になるため、今回のように新規レイヤーに描くことをオススメします。

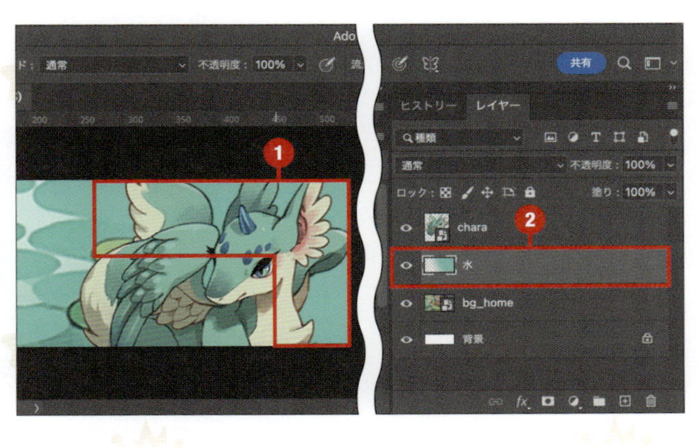

11 同様の方法で新規レイヤーを作成し、「濃水」と名前をつけて「水」レイヤーの上に配置します❶。レイヤーの描画モードを［焼き込みカラー］に設定し❷、バナーの下半分の水部分をブラシで塗り、水の色を少しだけ濃くしていきます❸。

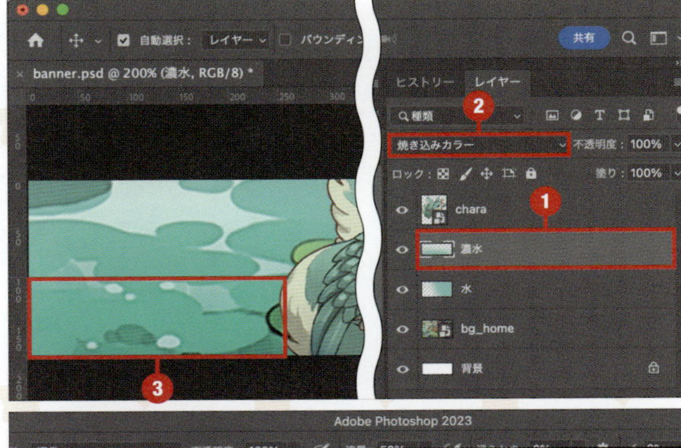

12 同様の方法で新規レイヤーを作成し、「光」と名前をつけて「chara」レイヤーの上に配置します❶。レイヤーの描画モードを［ソフトライト］に設定し❷、キャラの頭付近をブラシで塗り、光が上から当たっているように少しだけ明るくしていきます❸。

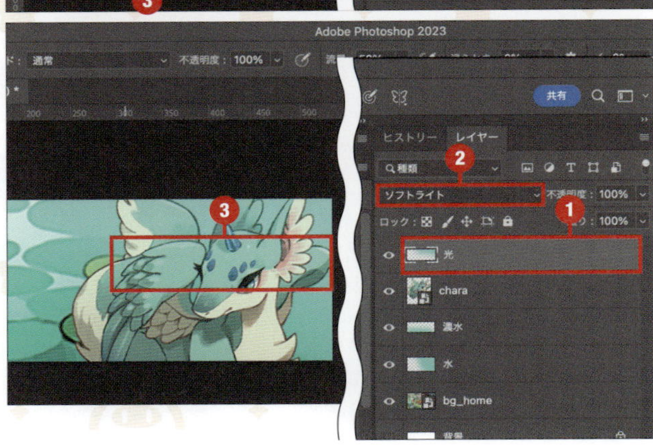

13 レイヤーパネル上で光と「chara」レイヤーの中間あたりに Alt キーを押しながらマウスを移動し、下矢印が表示されたらクリックして、クリッピングマスクをかけます。

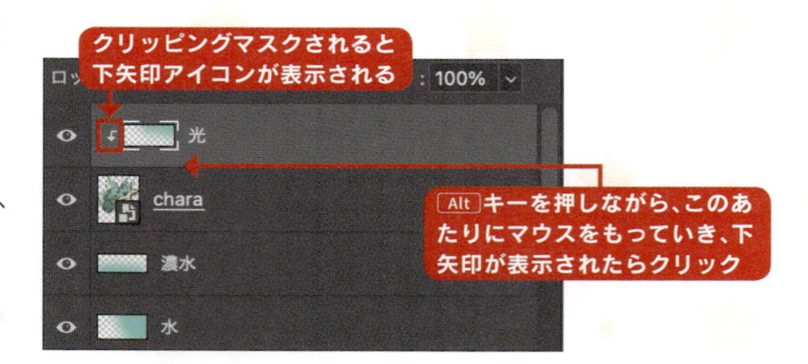

角丸のバナーを作成

角丸のバナーになるように、マスクを使用して調整していきます。

1 ここまで作成したレイヤーをすべて選択して Ctrl ／ Command ＋ G キーでグループ化し、グループ名を「バナーベース」に変更します。

2 このバナーは角丸にしたいので、マスクをかけていきます。長方形ツールをクリックし❶、カンバス上で左クリックします❷。長方形を作成ウィンドウで以下のように設定し❸、「OK」をクリックして確定します❹。

幅：534px
高さ：182px
半径：40px

3 作成した「長方形1」と「背景」レイヤーを2つ選択して❶、V キーを押して移動ツールに持ち替えます。オプションバーで［水平方向中央揃え］と［垂直方向中央揃え］をクリックし❷、画面中央へ移動します。

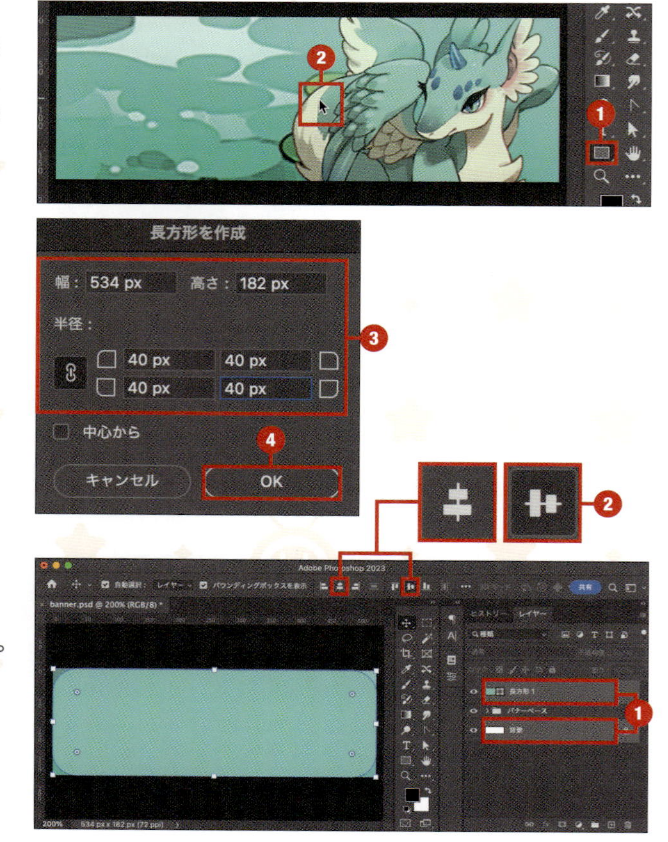

4 レイヤーパネル上で、Ctrl／Command キーを押しながら「長方形1」レイヤーのサムネイルをクリックします❶。すると、角丸の長方形型が選択された状態になります。この状態で「バナーベース」グループを選択し❷、レイヤーパネル下のマスクアイコンをクリックしてマスクをかけます❸。

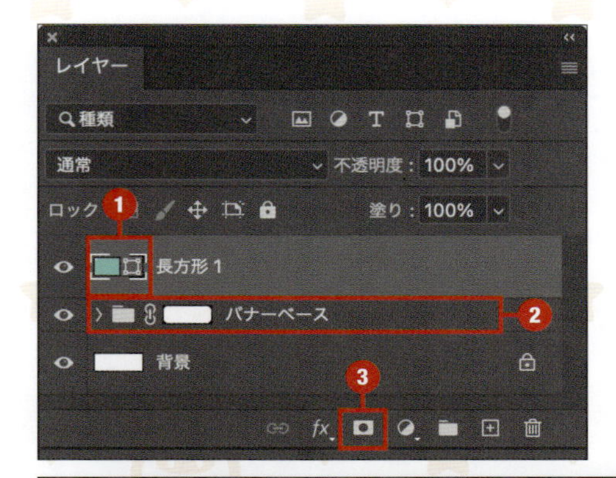

5 不要になった「長方形1」レイヤーを選択して、Delete キーを押して削除します❶。レイヤーパネル上で背景レイヤーの目のマークをクリックして非表示にして❷、四隅の角丸部分が半透明になるようにしておきます。

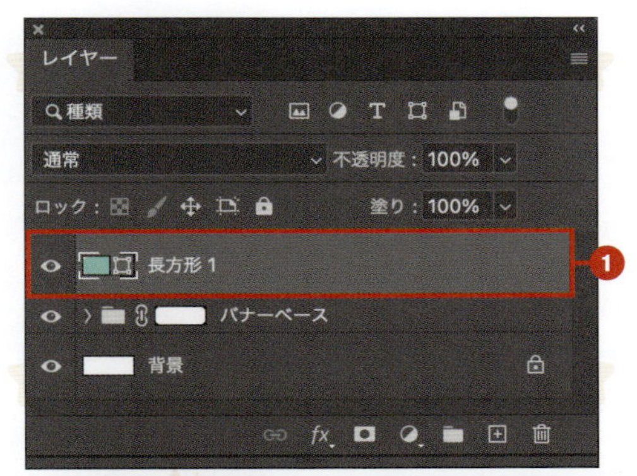

6 これで、角丸にくり抜かれた状態のバナー背景が完成しました。

CHAPTER 4 ホーム画面のUIデザインを作ろう

イベントロゴを作成

架空イベントのロゴ「トロピカル SUMMER（サマーイベント）」を作成していきます。ここでは、Adobe のソフトウェアを契約していれば無料で使用可能な「AB J グー」フォントを使用します。事前にダウンロードしておきましょう（P.39）。

1 ロゴのメインテキストと飾りの波の形状を作成

イベントロゴのメインテキストと、飾りのアクセントとして波の形状を作成します。

1 ここでは、「トロピカル」と「SUMMER」の文字を、1文字ずつ別レイヤーとして作成していきます。これは、1文字ずつ文字を上下移動させたりサイズを変えたりして、動きをつけていくためです。文字に強弱や動きをつけることで、躍動感が出て楽しさを演出することができます。文字パネルを開き、下記のように設定します。

フォント：AB-j_gu
フォントサイズ：38pt
カーニング：0
トラッキング：0
カラー：#ffffff

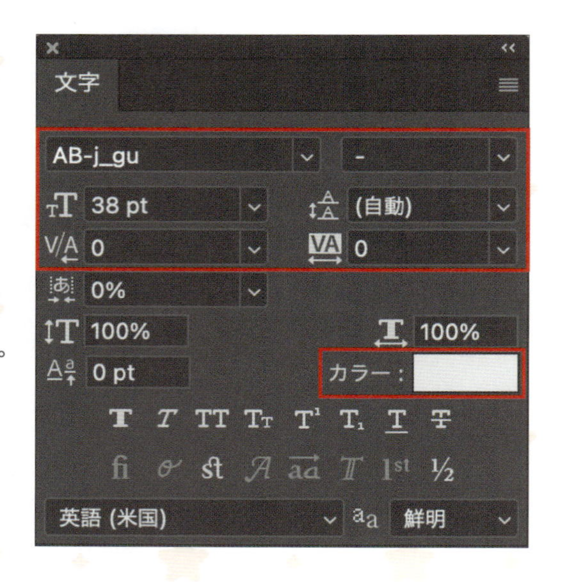

2 横書き文字ツールをクリックして❶、1文字ずつレイヤーを分けて、「ト」「ロ」「ピ」「カ」「ル」と入力します❷。同じように、「S」「U」「M」「M」「E」「R」も作成します❸。

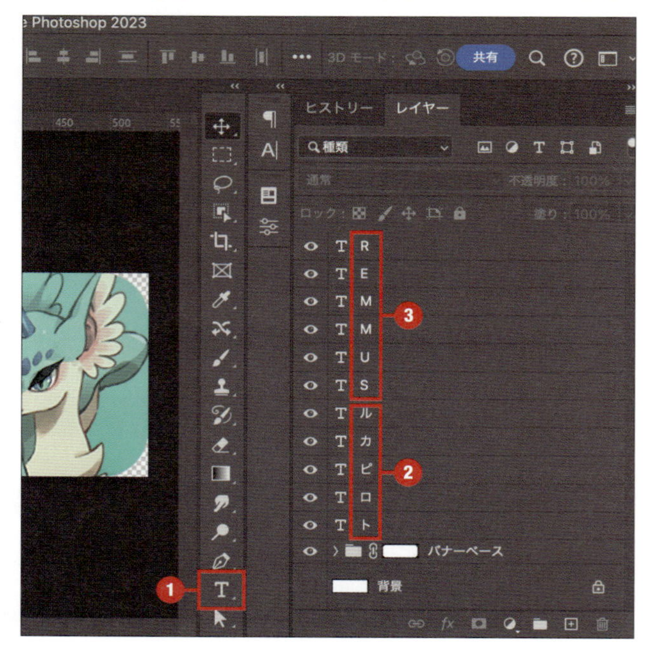

3 作成した文字をすべて選択し、Ctrl／Command+Gキーを押してグループ化します。グループ名は「ロゴ」に変更します❶。「ロゴ」グループのレイヤースタイルを開き(P.68)、「ドロップシャドウ」で以下のように設定します❷。これで、文字に青色のアウトラインを作成することができました。

描画モード：通常
カラー：#117bb2
不透明度：100%
角度：90°
包括光源を使用：チェックOFF
距離：2px
スプレッド：100%
サイズ：8px

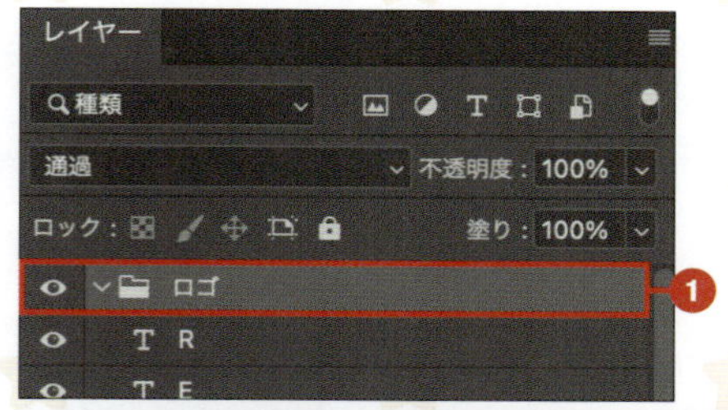

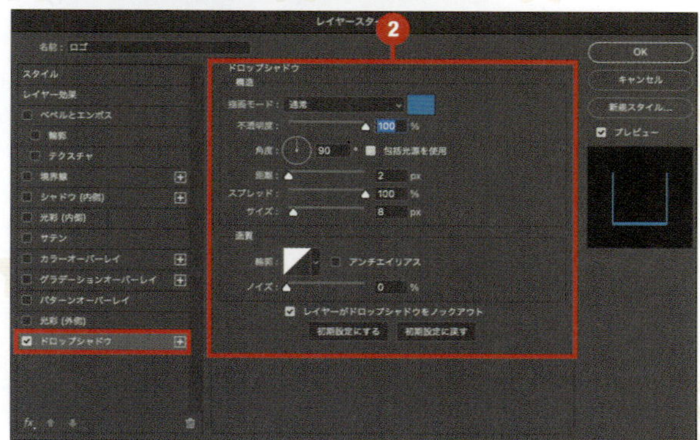

4 文字のサイズを少しずつ変更しながら、1文字ずつ位置を上下させていきます。文字サイズは、文字パネルを開いてフォントサイズを数値で指定するか、1つの文字を選択した状態でCtrl／Command+Tキーを押し、バウンディングボックスを表示させてドラッグするか、どちらの方法でもかまいません。サイズを変更したら、Vキーを押して移動ツールに持ち替え、文字の位置が上下でリズムがつくように移動します。

5 「トロピカル」の文字を挟む形で、波のアイコンを作成します。この波の形状は、ペンツールでカンバス上をドラッグしながら描いていきますが、形状が少し複雑で難しいため練習用のファイル(wave.psd)をダウンロードして利用します(P.6)。

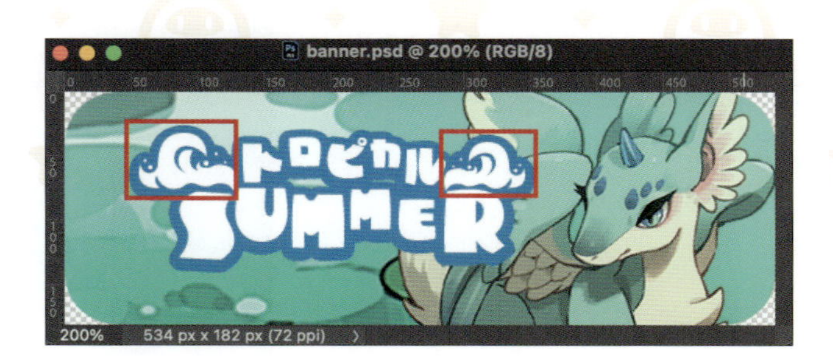

6 wave.psdを開くと、波のアイコンのサンプルが配置されています。これをお手本にしながら、ペンツールを使って作成していきます。ツールバーからペンツールを選択してください。オプションバーで塗りを白 [#ffffff] に設定し❶、波の左下をクリックします❷。最初のカーブのところでドラッグして、ハンドルを伸ばします❸。サンプルの波の形状を下敷きにした状態でこの作業を繰り返し、波の形状を作成していきます。

7 緩やかなカーブでなく尖ったカーブを作成したい場合は、ドラッグしてハンドルを出したあとに❶、ポイント部分を Alt キーを押しながら一度クリックします❷。するとハンドルの状態が変化するので、次のポイントで今までと同じようにドラッグすると、尖ったカーブにすることができます。

8 パスを引いていくと、途中でサンプルの波アイコンが見えなくなります❶。その場合は、5キーを押して不透明度を50%に下げた状態にします❷。

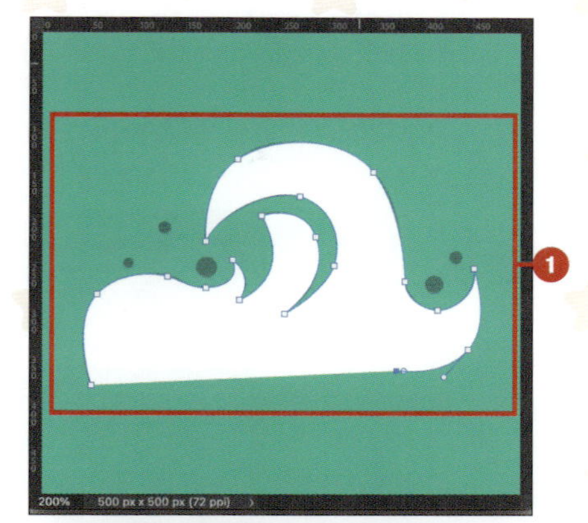

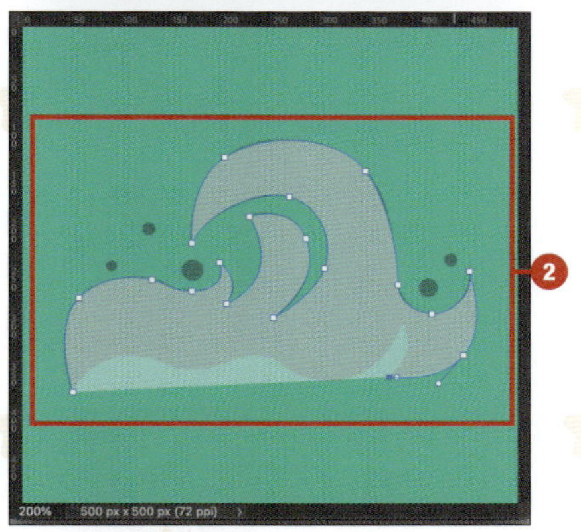

9 この状態で、最後までパスを作成していきます。

10 最後に、0キーを押して不透明度を100%に戻しておきます。

2 波の飛沫を作成

ロゴの飾り要素である、波の飛沫を作成していきます。

1 楕円形ツールをクリックして❶、カンバス上でドラッグしながら、波の飛沫として円を描いていきます❷。

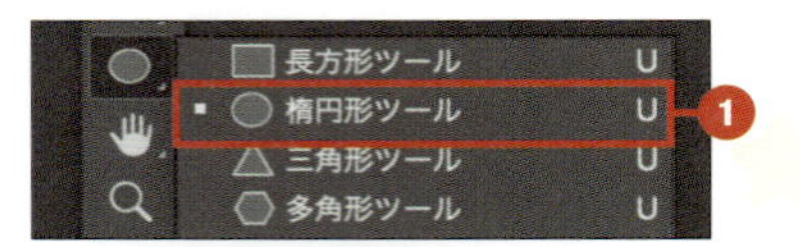

2 ここまで作成した波と飛沫をすべて選択し、Ctrl／Command+Eキーを押して、シェイプを結合します❶。結合したシェイプレイヤーの名前を「波アイコン」に変更します❷。

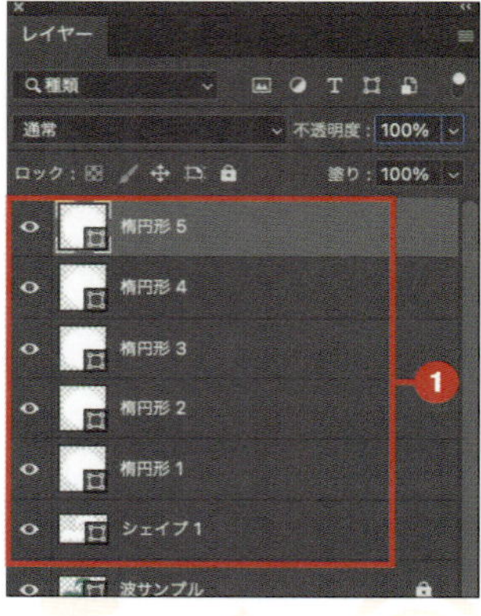

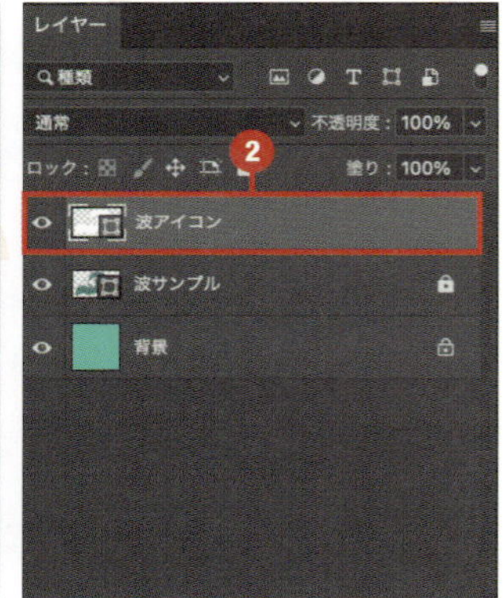

3 作成した「波アイコン」レイヤーを選択した状態で、Ctrl／Command+Cキーを押してコピーします❶。次に、最初に作業していたbanner.psdに戻ります。Ctrl／Command+Vキーを押して波アイコンをペーストします❷。

4 Ctrl／Command+Tキーを押してバウンディングボックスを表示し、Shiftキーを押しながらコーナーをドラッグして波アイコンを縮小します。Enterキーを押して確定したら、Vキーを押して移動ツールに持ち替え、「ル」の文字の右隣へドラッグして移動します。

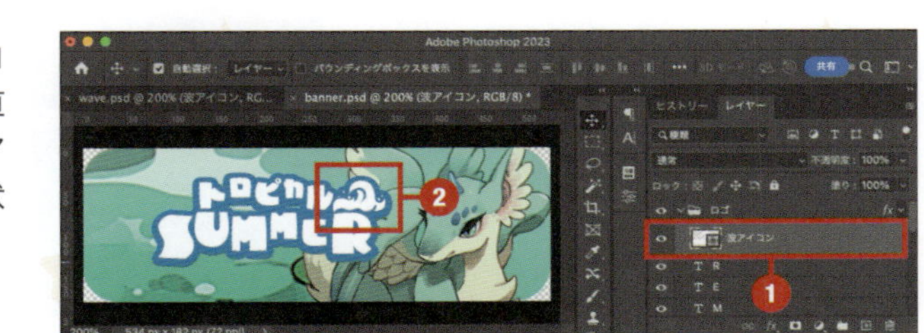

5 レイヤーパネルを開き、「波アイコン」レイヤーを「ロゴ」グループ直下に移動します❶。これで、波アイコンもアウトラインがついた状態になります❷。

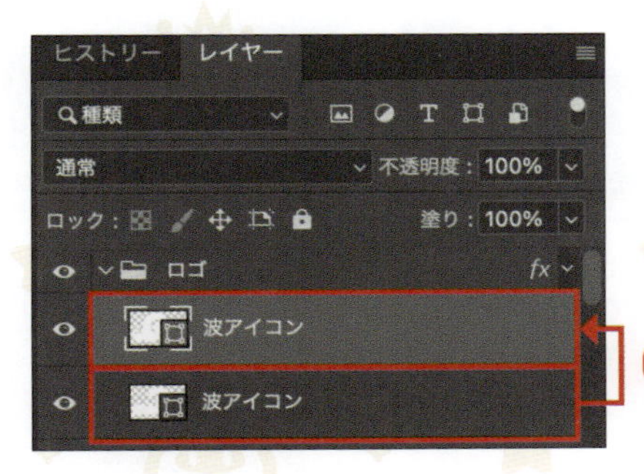

6 波アイコンを選択した状態で、Ctrl／Command+Jキーを押してレイヤーをコピーします。

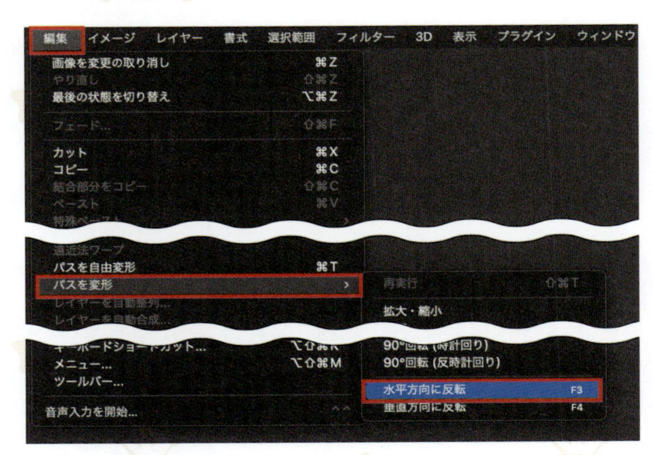

7 「編集」→「パスを変形」→「水平方向に反転」の順にクリックし、波アイコンを左右反転させます。

8 Vキーを押して移動ツールに持ち替え、「ト」の文字の左隣へドラッグして移動します。Ctrl／Command+Tキーを押してバウンディングボックスを表示し、コーナーをドラッグして波アイコンを少し拡大し、微調整しておきます。

3 太陽マークを作成

ロゴの飾り要素である、太陽マークを作成していきます。

1 「ル」の文字の右上あたりに、太陽アイコンを作成していきます。楕円形ツールをクリックし❶、カンバス上でドラッグして円を描きます❷。この「楕円形1」レイヤーは、「ロゴ」グループの直下に配置します❸。

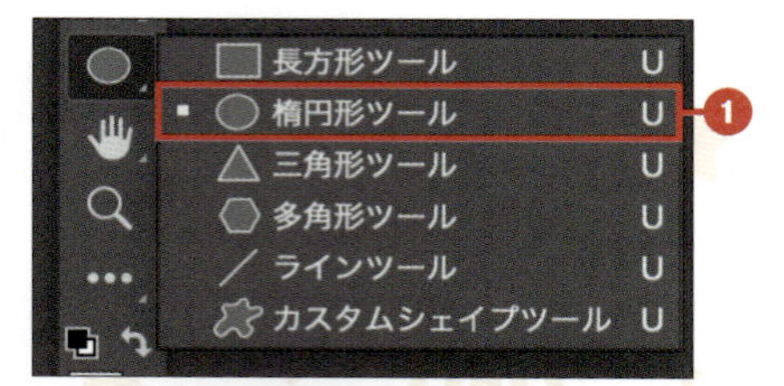

2 続けて、円の周りに三角形マークを配置します。三角形ツールをクリックし❶、カンバス上でドラッグして円の上部に三角形を描きます❷。

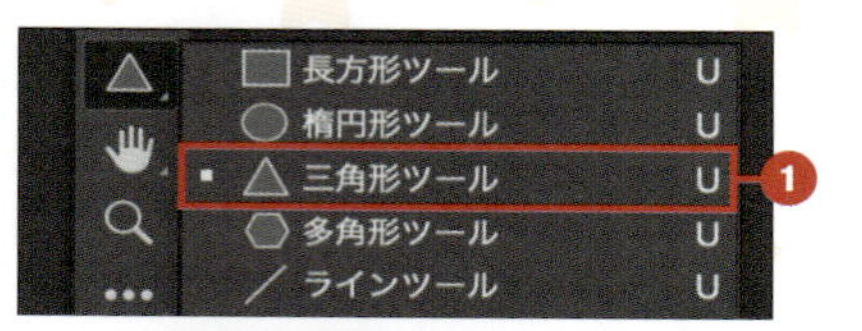

3 描いた三角形を Ctrl ／ Command ＋ J キーを押してコピーして、円の下側に移動します❶。 Ctrl ／ Command ＋ T キーを押してバウンディングボックスを表示し、コーナーをドラッグして180度回転します❷。このとき Shift キーを押しながら回転させると、15°ずつ回転させることができます。

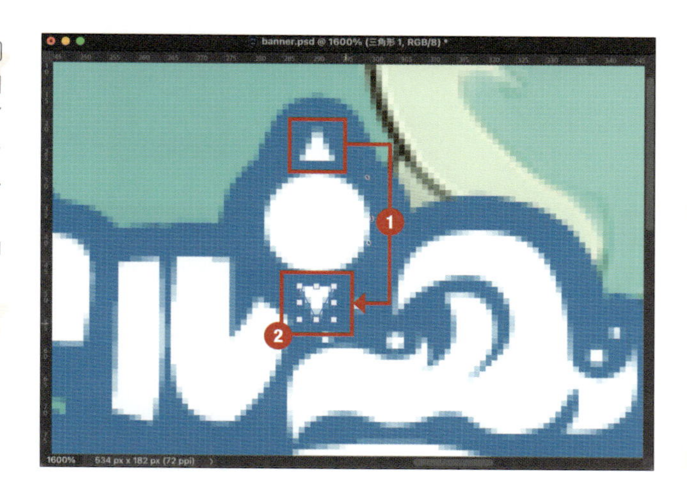

4 円を挟むように上下に作成した2つの三角形を選択し❶、Ctrl／Command+Eキーを押してシェイプを結合します❷。

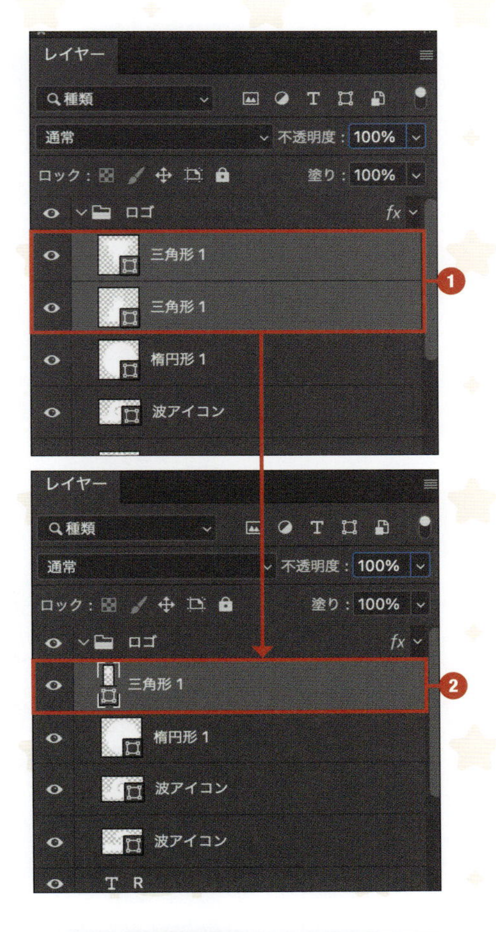

5 シェイプレイヤーをCtrl／Command+Jキーを押してコピーします❶。Ctrl／Command+Tキーを押してバウンディングボックスを表示し、コーナーをドラッグして90度回転します❷。

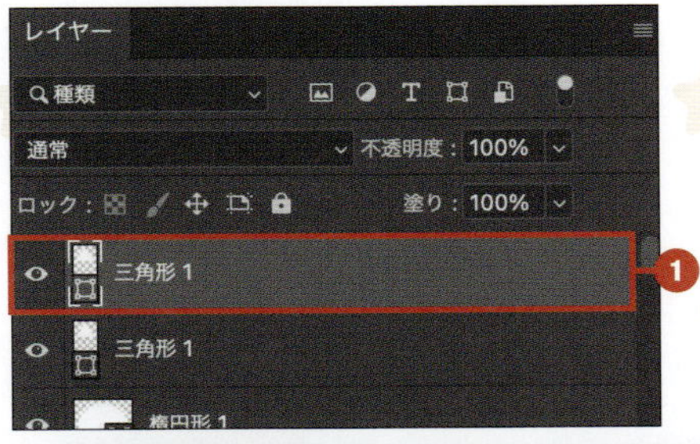

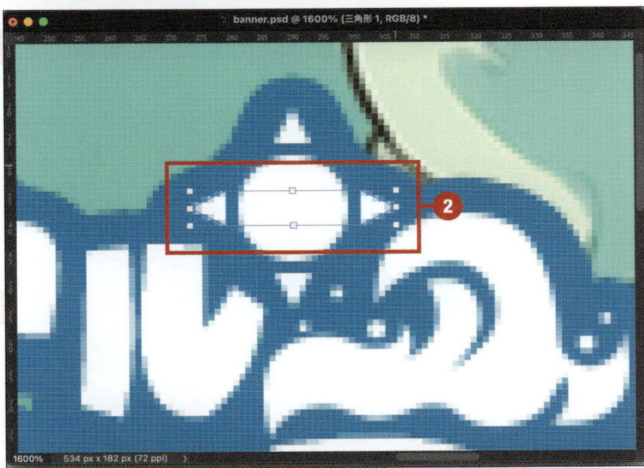

6 これら4つの三角形をすべて選択した状態で、Ctrl／Command＋Eキーを押してシェイプを結合します❶。このシェイプレイヤーをCtrl／Command＋Jキーを押してコピー、Ctrl／Command＋Tキーを押してバウンディングボックスを表示し、コーナーをドラッグして45度回転します❷。

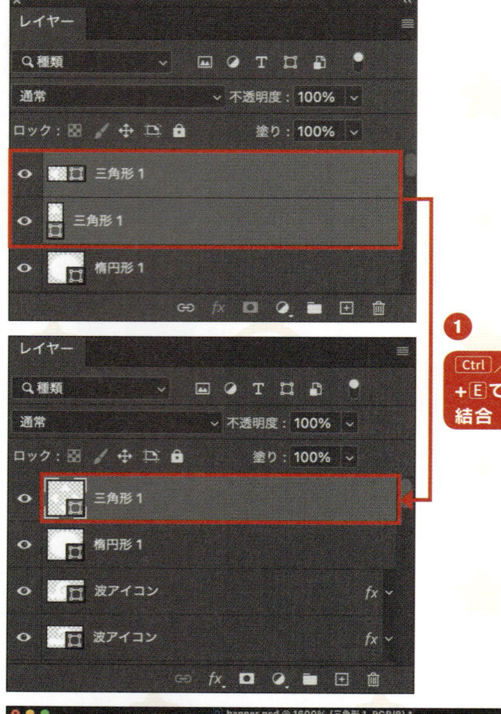

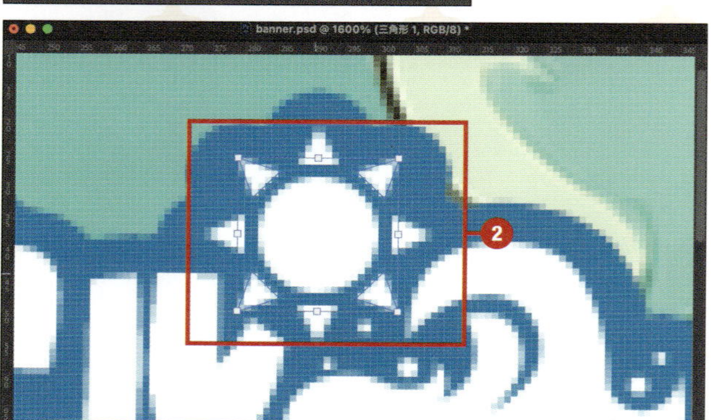

7 ここまで作成した円と三角形をすべて選択し、Ctrl／Command＋Eキーを押してシェイプを結合したら❶、レイヤー名を「太陽アイコン」に変更します❷。

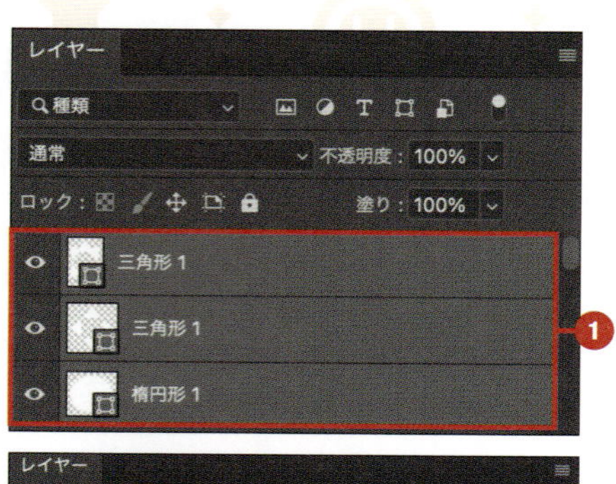

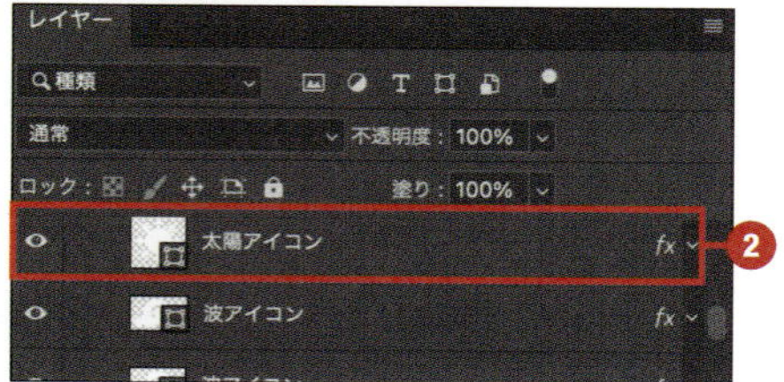

8 飾り要素として、キラキラ光っているようなアイコンを作成します。ペンツールをクリックし❶、カンバス上でドラッグしながら描いていきます。描き方については、波のアイコンを描いた時と同じ手順で作成してください。キラキラアイコンを1つ作成したら、Ctrl／Command+Jキーを2回押して2つコピーして、文字周りに散らばして華やかにします❷。

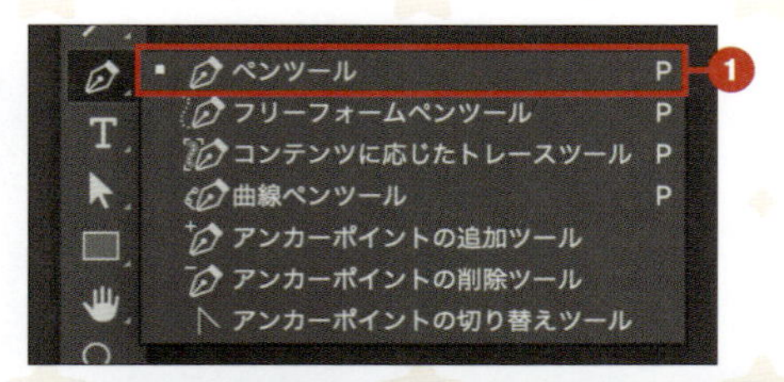

9 作成したアイコンは、レイヤー名を「キラキラアイコン」に変更します。

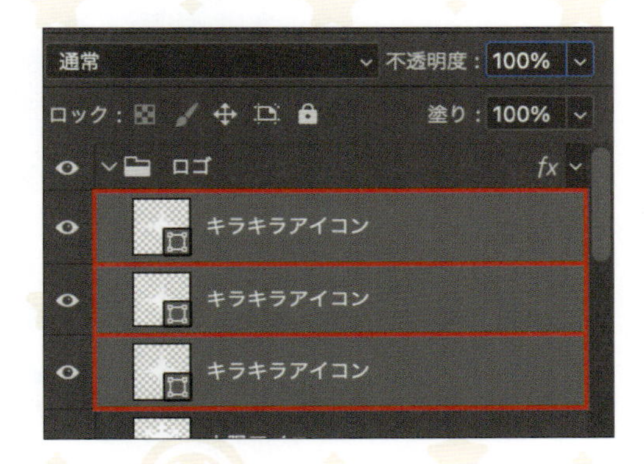

4 サマーイベントの文字と台紙を作成

最後に、「SUMMER」の文字の下に「サマーイベント」の文字と台紙を作成していきます。

1 長方形ツールをクリックし❶、カンバス上でドラッグして「SUMMER」の文字下に長方形を描いていきます❷。

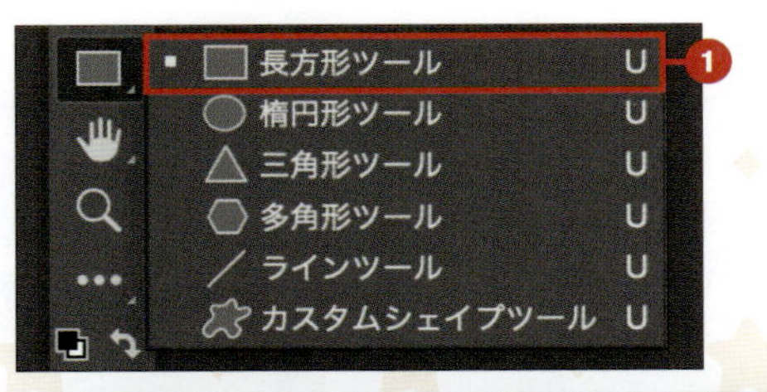

2 プロパティパネルで、以下のように設定します。このレイヤー名は「ラベルベース」とします。

・変形
W：166px
H：24px
X：126px
Y：126px

・アピアランス
塗り：#dc78b0
線：なし
角丸：12px12px12px12px

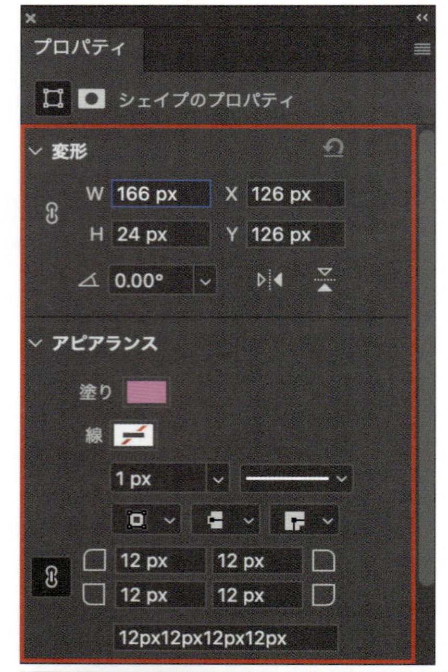

3 横書き文字ツールをクリックして、カンバス上で「サマーイベント」と入力します❶。プロパティパネルで、以下のように設定します❷。

・文字
フォント：平成角ゴシック Std
フォントスタイル：W7
フォントサイズ：18 pt
カーニング：オプティカル
トラッキング：25
カラー：#ffffff

・段落
中央揃え

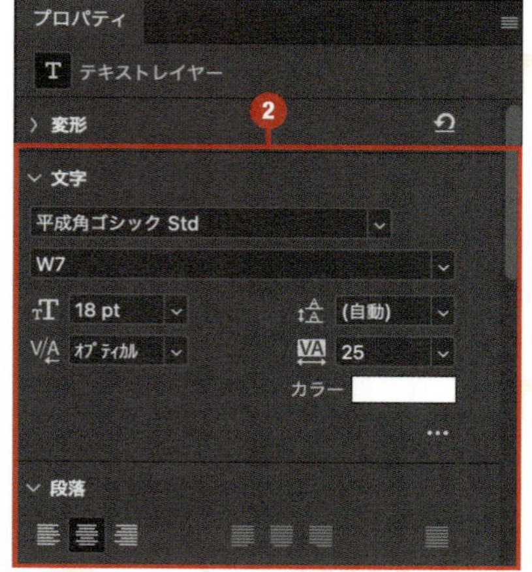

4 アクセントとして「サマーイベント」の文字の両端に、楕円形ツールを使用して丸を描きます。レイヤー名は「穴」に変更しておきます。

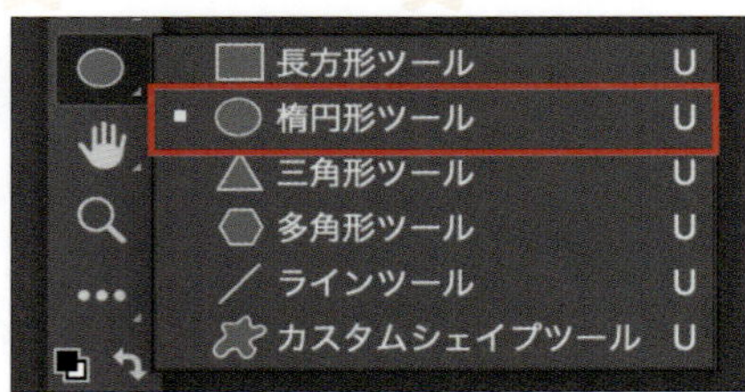

5 文字の間が青色アウトラインで埋まっておらず、隙間ができている部分があるので、ブラシで塗って埋めていきます。Ctrl／Command+Shift+Nキーを押して新規レイヤーを作成し、レイヤー名を「塗り」に設定します。

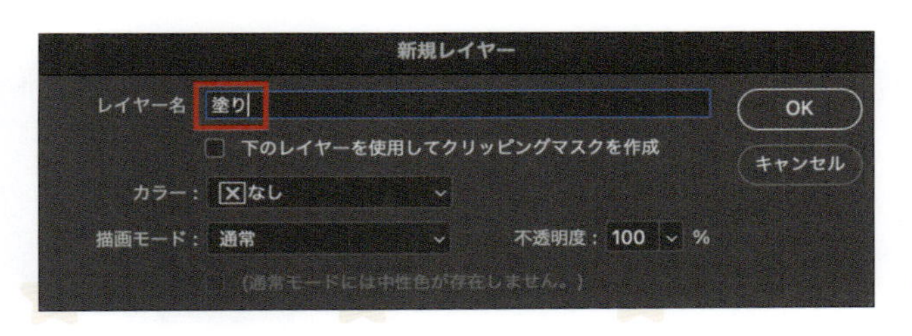

6 ブラシツールをクリックし❶、描画色を［#117bb2］に設定します❷。

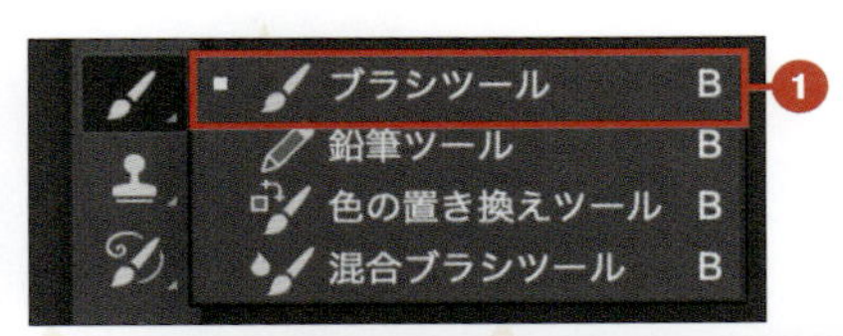

7 ブラシで、隙間部分を塗っていきます。

8 ロゴと背景が青系で視認性が悪いため、ロゴに白いアウトラインを追加します。「ロゴ」グループを選択して Ctrl ／ Command + G キーを押し、さらにグループ化します。グループ名は「ロゴアウトライン」とします。

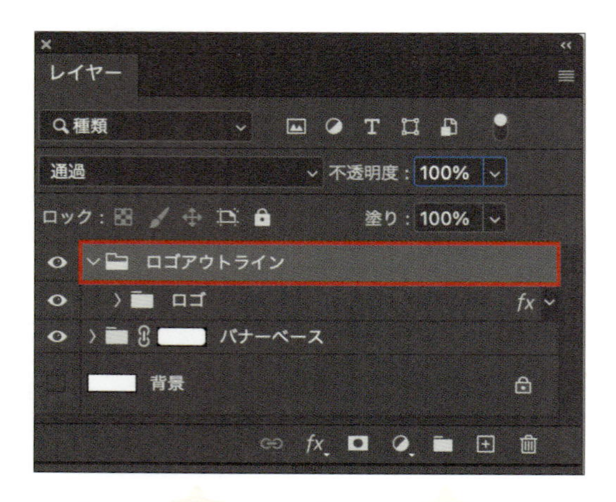

9 「ロゴアウトライン」のレイヤースタイルを開き（P.68）、「境界線」で以下のように設定します。これで、文字の外側に白いアウトラインを作成することができました。

サイズ：3px
位置：外側
描画モード：通常
不透明度：100%
塗りつぶしタイプ：カラー
カラー：#ffffff

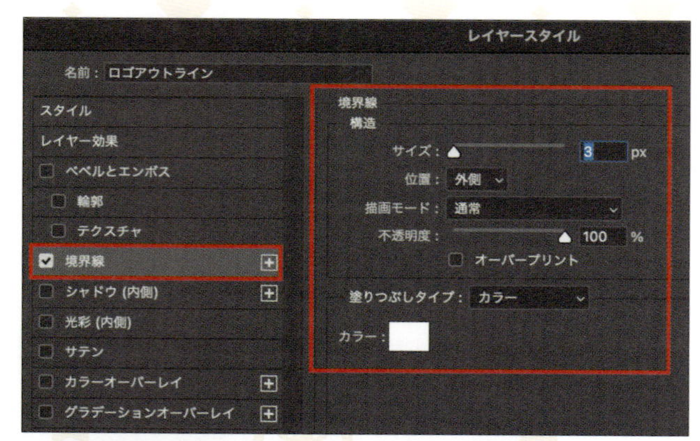

10 ここまで作成してきた文字やアイコンに、グラデーションで色を追加します。まずは「トロピカル」と「SUMMER」の文字のレイヤースタイルを開き（P.68）、グラデーションオーバーレイで以下のように設定します（P.69）。

・トロピカルの文字❶
描画モード：通常
不透明度：100%
逆方向：チェックOFF
スタイル：線形
角度：90°
カラー分岐点A
カラー：#fff8be
位置：0
カラー分岐点B
カラー：#ffffff
位置：100

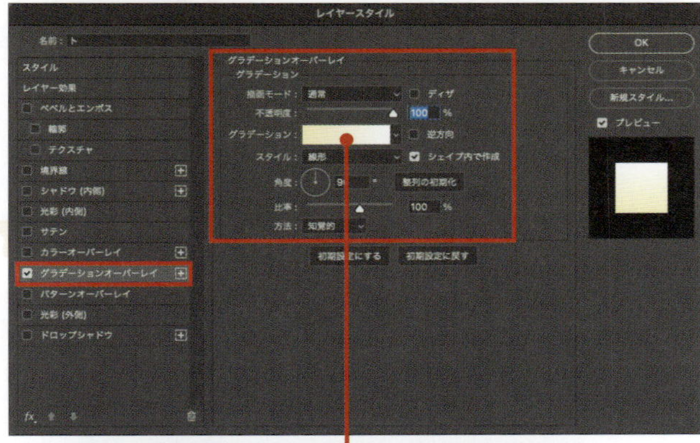

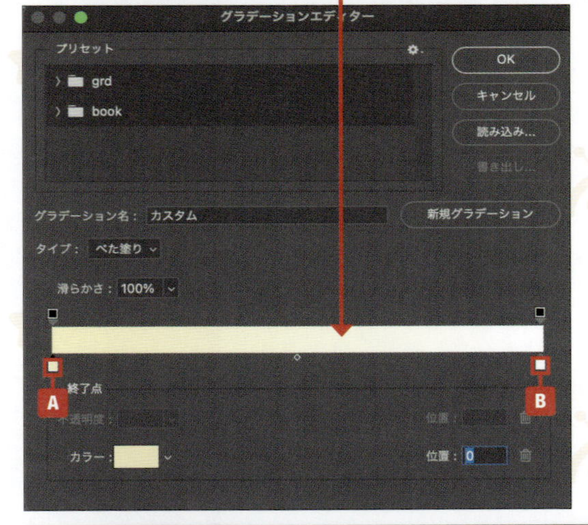

・SUMMERの文字❷
描画モード：通常
不透明度：100%
逆方向：チェックOFF
スタイル：線形
角度：90°
カラー分岐点A
カラー：#c6fff5
位置：0
カラー分岐点B
カラー：#ffffff
位置：100

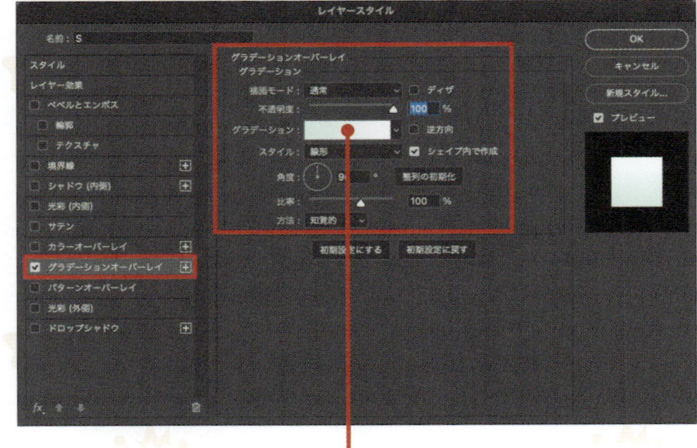

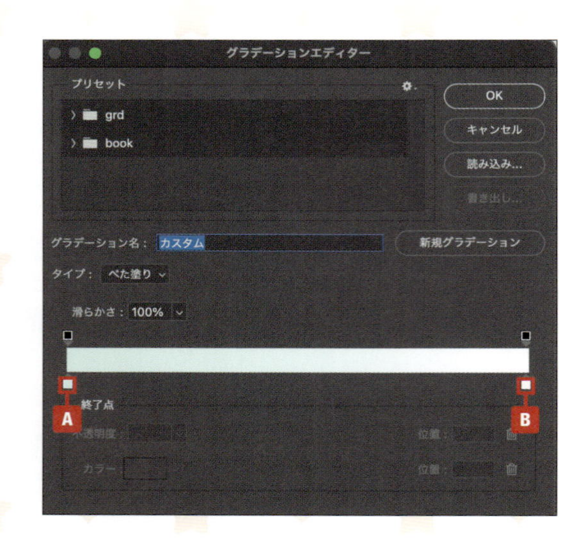

11 次に、波と太陽アイコンにグラデーションを追加します。レイヤースタイルを開き（P.68）、グラデーションオーバーレイで以下のように設定します（P.69）。

・波アイコン❶
描画モード：通常
不透明度：100%
逆方向：チェックOFF
スタイル：線形
角度：90°
カラー分岐点A
カラー：#98e1f3
位置：0
カラー分岐点B
カラー：#b2ffdc
位置：100

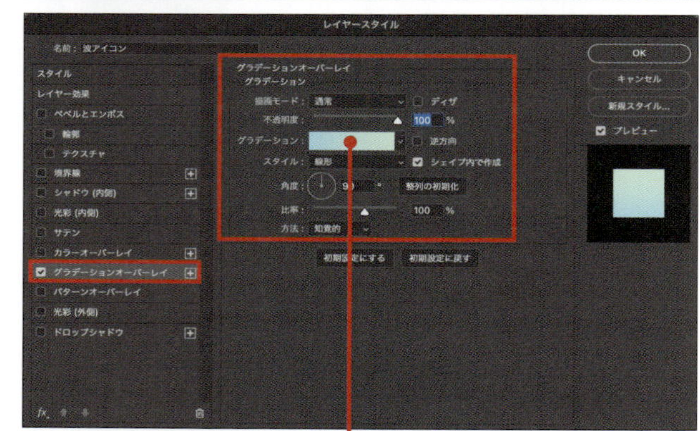

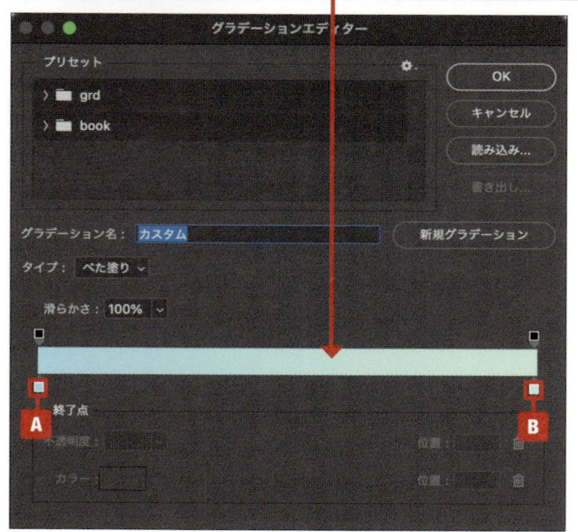

・太陽アイコン❷
描画モード：通常
不透明度：100%
逆方向：チェックOFF
スタイル：線形
角度：90°
カラー分岐点A
カラー：#ded356
位置：0
カラー分岐点B
カラー：#fbfc8b
位置：100

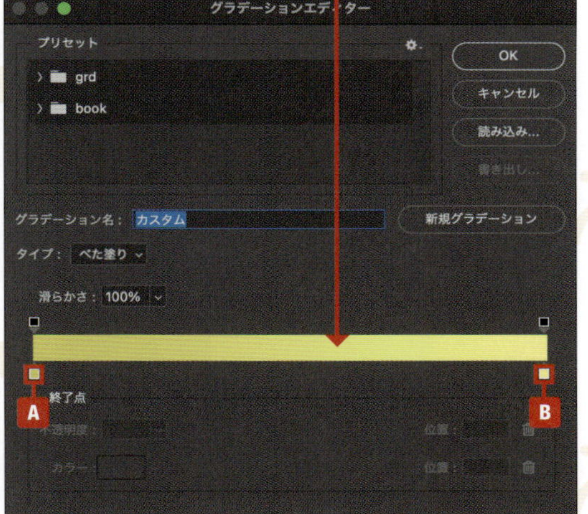

12 これで、文字とアイコンのグラデーション設定が完了しました。

レイヤースタイルのコピーを活用

同じレイヤースタイルを、何度も個別に設定するのは大変です。レイヤースタイルの設定後、レイヤー上で右クリックすると表示される「レイヤースタイルをコピー」「レイヤースタイルをペースト」のメニューを活用していくことで時短できます。

5 バナーの最終調整

ブラシで粒子を追加したり、色味調整をしたりして、全体的な調整を行い完成させます。

1 最後に、ブラシを使って泡のような粒子を追加していきます。Ctrl / Command + Shift + N キーを押して新規レイヤーを作成し、レイヤー名を「バブル」に設定します。

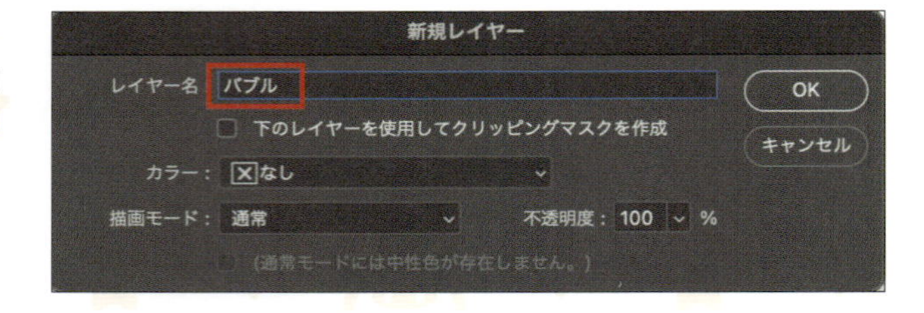

2 ブラシツールをクリックし❶、描画色を[#ffffff]に設定します❷。

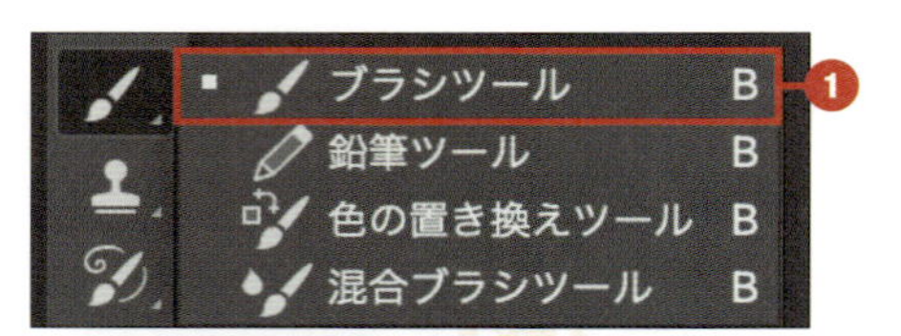

3 ブラシでカンバス上をクリックして、円形の泡を描いていきます❶。このとき、ブラシのサイズを変えながら、円の大きさに強弱がつくようにしていきます。ブラシサイズは、キーボードの「［」を押すと小さくなり、「］」を押すと大きくなります。描画色を[オーバーレイ]に変更したら❷、完成です。

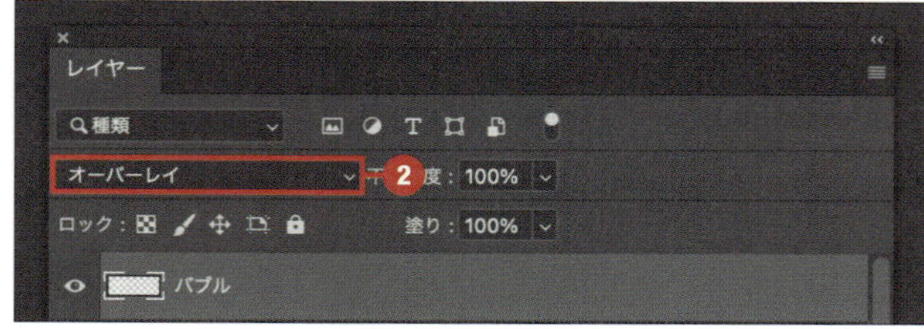

4 もう少しだけ黄色の色を足したいので、キラキラアイコンの色を[#f0ec78]に変更しておきます。

5 作成したバナー(banner.psd)を、ホーム画面(home.psd)に配置します。banner.psdをhome.psdにドラッグ&ドロップして配置し、バナーエリアに移動します。

6 「banner」レイヤーは、レイヤーパネル上で「バナーベース」レイヤーの上に配置します。

7 これで、バナーが完成しました。

ホーム画面の最終調整

ホーム画面の要素は完成しましたが、フッターのメニューやサイドメニューが背景に溶け込んでしまい、視認性が悪くなっています。そこで、背景の上に暗いスクリーンを敷いていきます。

1 最初に、左エリアから作成していきます。長方形ツールをクリックし❶、左エリアに [W：960px] [H：1080px] の長方形を描きます❷。レイヤー名は「スクリーン左」に変更し、bg_home レイヤーの上に配置します❸。

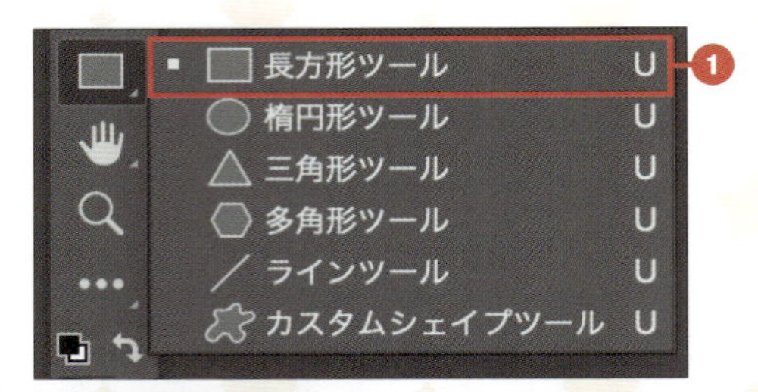

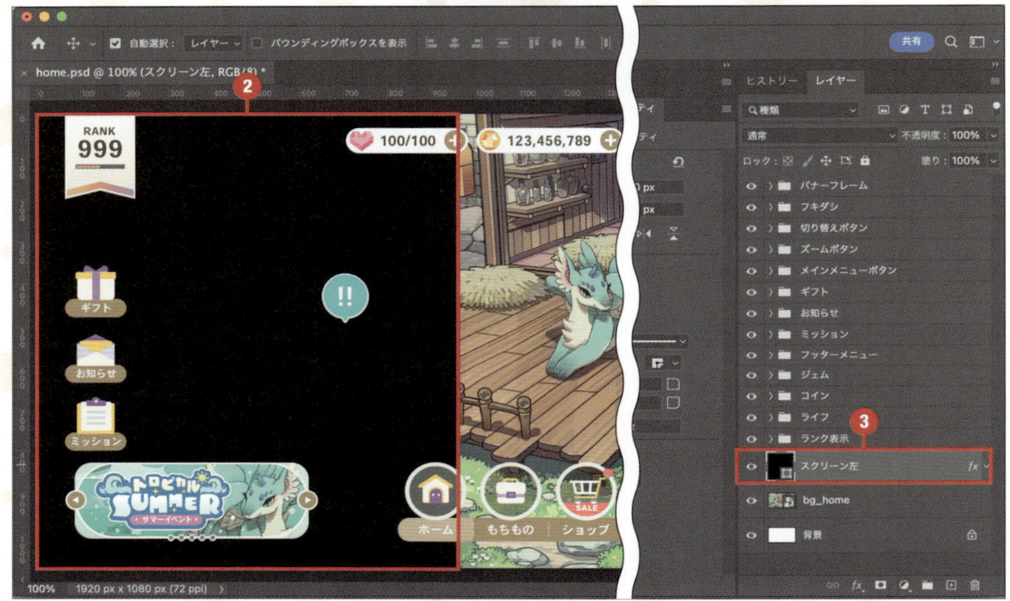

2 「スクリーン左」レイヤーのレイヤースタイルを開き (P.68)、以下のように設定します。これで、左エリアに暗いスクリーンを追加できました。

・レイヤー効果❶
塗りの不透明度：0%❷

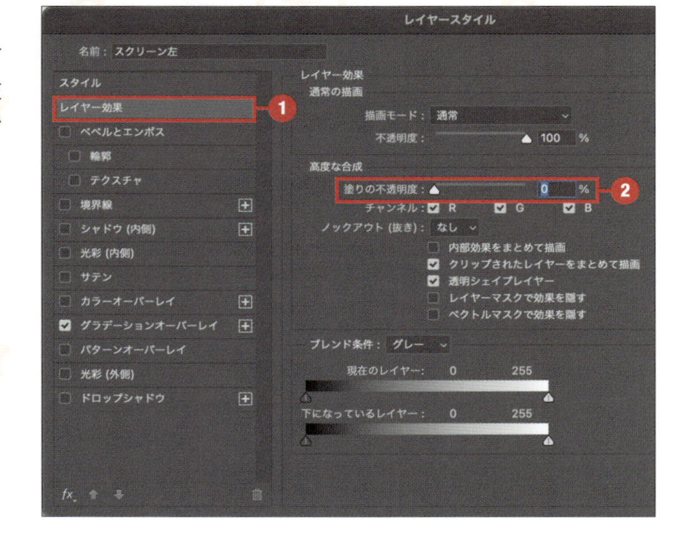

・グラデーションオーバーレイ❸
描画モード：通常
不透明度：100%
逆方向：チェックOFF
スタイル：線形
角度：0°
不透明度の分岐点❹
不透明度：40%
位置：0
カラー分岐点❺
カラー：#083c06
位置：0
不透明度の分岐点❻
不透明度：0%
位置：50

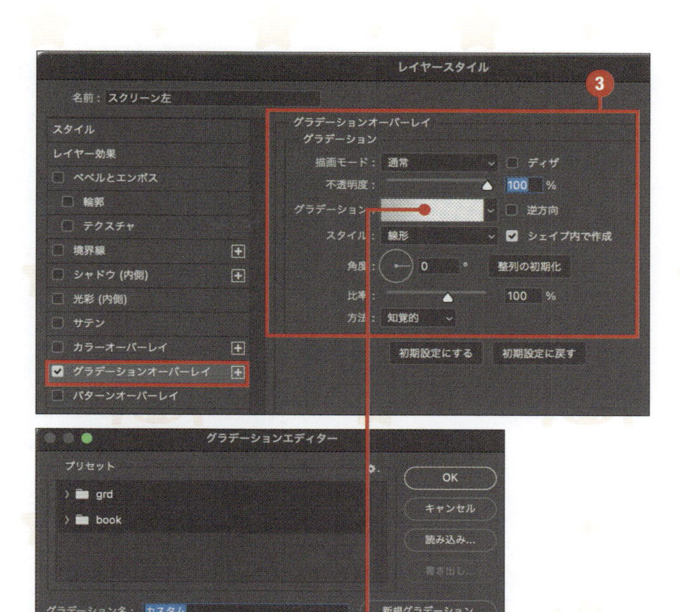

背面に暗いスクリーンを敷くことでUIの視認性が上がり、見やすくなる

3 同様の方法で、右エリアにもスクリーンを作成していきます。長方形ツールを使用して、右エリアに長方形を描きます❶。レイヤー名は「スクリーン右」とします❷。スクリーン左レイヤーを参考に、シェイプのサイズや色味を調整してみましょう。

背面に暗いスクリーンを敷くことでUIの視認性が上がり、見やすくなる

4 同様の方法で、下エリアにもスクリーンを作成していきます。長方形ツールを使用して、下エリアに長方形を描きます❶。レイヤー名は「スクリーン下」とします❷。スクリーン左レイヤーを参考に、シェイプのサイズや色味を調整してみましょう。

5 これで、ホーム画面が完成しました。

左側、右側、下側とUIが密集している場所の背面に暗いスクリーンを敷くことでUIの視認性が上がり、見やすくなる

CHAPTER

5 ゲームUI アニメーションの基本を知ろう

SECTION 5-1

UIアニメーションの重要性

アニメーションの力

ゲームのUIデザインを作成した後は、UIアニメーションの作成を行うステップになります。UIにアニメーションを導入することによって、UIデザインの機能がわかりやすくなり、操作をより快適にすることができます。また、UIアニメーションによってゲームの世界観を表現することで、UIデザインそのものの魅力が高まり、ユーザーがより楽しくゲームをプレイできるようになります。

ゲームのUIデザインでは、アニメーションをさまざまな用途で利用します。例えば私たちの視線は、静止したものよりも動いているものに誘導させられる傾向にあります。そのため、アニメーションを注目させる用途で使用することがあります。例えば、ゲームの進行ボタンに発光するアニメーションを入れて目立たせることで、ユーザーが迷うことなく進行ボタンに目を移し、ボタンを押すことができるようになります。

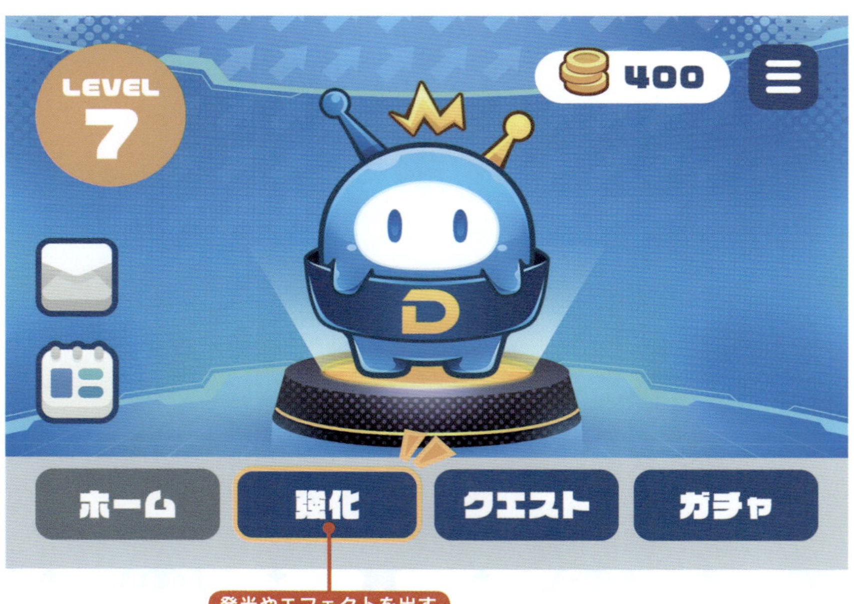

アニメーションの弊害

一方で、ユーザーが望んでいない場所に派手なアニメーションを入れてしまうと、意図しないストレスを与えることになります。例えば、ゲーム内のお知らせボタンを常に目立たせるアニメーションを入れると、ユーザーの視線はお知らせボタンへ誘導され、確認するユーザーは増えるでしょう。しかし、未読のお知らせがある場合に常にお知らせボタンのアニメーションが続くような状態は、ユーザーにストレスを与えてしまうかもしれません。ここでは、お知らせボタンを目立たせることが悪いわけではありません。そうではなく、何を目立たせたいのか、ユーザーに対して何を訴求したいのか、優先順位を決めた上で、適切にアニメーションを導入する必要があるということです。

また、画面内にたくさんのアニメーションがあると、一見リッチに見えるかもしれません。しかし、常に動きにあふれた画面は、どこを見ればいいのかユーザーを迷わせ、疲れとストレスを与える原因となってしまいます。リッチな画面を実現しつつ、見せたい要素とそうでない要素にメリハリをつけたアニメーションの導入が求められます。

ここからは、UI アニメーションの役割を以下の 2 つに分けて見ていきたいと思います。

①ユーザーが情報を理解しやすくするための役割（ユーザビリティ）
②ユーザーのゲーム体験を向上させるための役割（インタラクション）

目立たせたいものがあふれていて、どこを見ればいいのかわからない状態

ユーザビリティ

UIアニメーションのユーザビリティ

UI アニメーションの 1 つ目の役割は、「ユーザーが情報を理解しやすくするための役割」、すなわちユーザビリティです。スマートフォン用のアプリゲームでは、1 つの画面に収められる情報量が非常に多くなるため、目を引きたいポイントに明滅や移動、拡大縮小などのアニメーションを入れることで、ユーザーの視線を誘導し、画面の中の重要な要素を伝えられるようにする必要があります。情報量の多い画面では、ユーザーが画面を見た時に、何をすればいいのかわからない、どのボタンを押せばいいのかわからない場合があり、ユーザー自身が画面内で情報を探して考える必要が出てきてしまいます。その考える回数を減らし、ゲームをスムーズに楽しんでもらうために、アニメーションを使って情報の理解を助ける必要があります。

例えば、情報量の多い画面では情報の出す順番を整理してユーザーに順序だててアニメーションを見せていく必要があります。LEVEL UP を出す場合、LEVEL UP の一画面の情報を一気に全てだすと、何がどう変化したのか把握することが難しくなります。情報を順序だててアニメーションで出すことで、何が起きたのか把握しやすくすることができます。

ここでは LEVEL UP 画面を例に、どのように情報を出すとよいのか考えてみましょう。

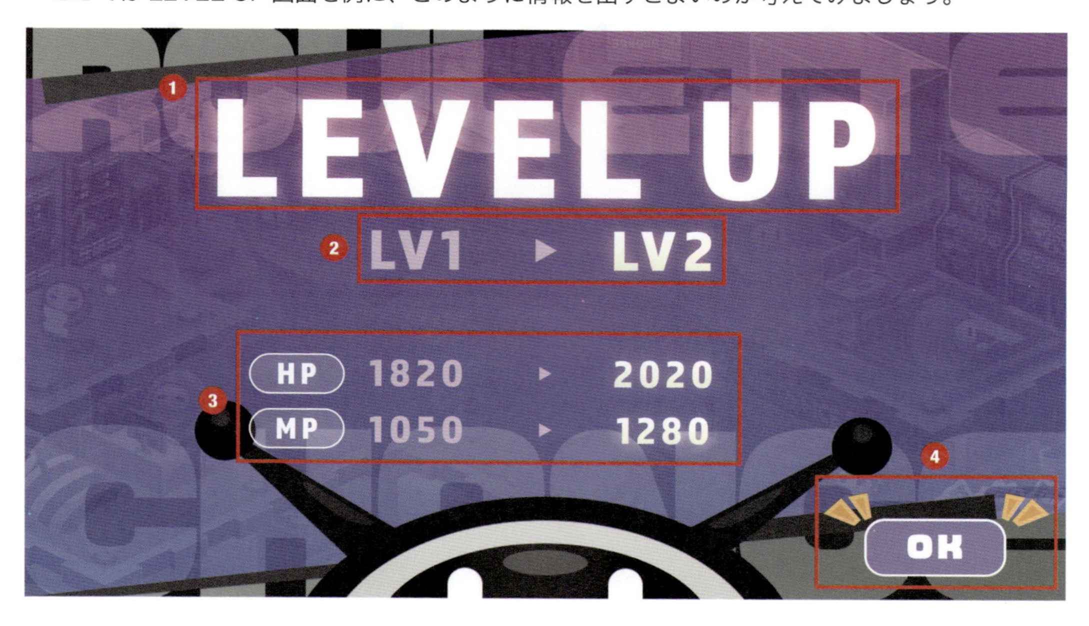

❶〜❹を順番に出すことでアニメーションによって
情報の理解を助ける

LEVEL UPをした時の流れをわかりやすくすると、以下のように順々に情報を出していき、何が起きたのか整理して伝え、最終的な結果画面にすることで、LEVEL UPしたことの把握、数字の変化の把握、次にどこを押せばよいかの把握ができるようになります。

LEVEL UPのタイトルを分かりやすく表示

ユーザーはレベルアップすることを把握

LEVEL UPのタイトルを上に上げ、Lv1→Lv2を表示、この時Lv2を目立たせる

ユーザーはレベルの変化を把握

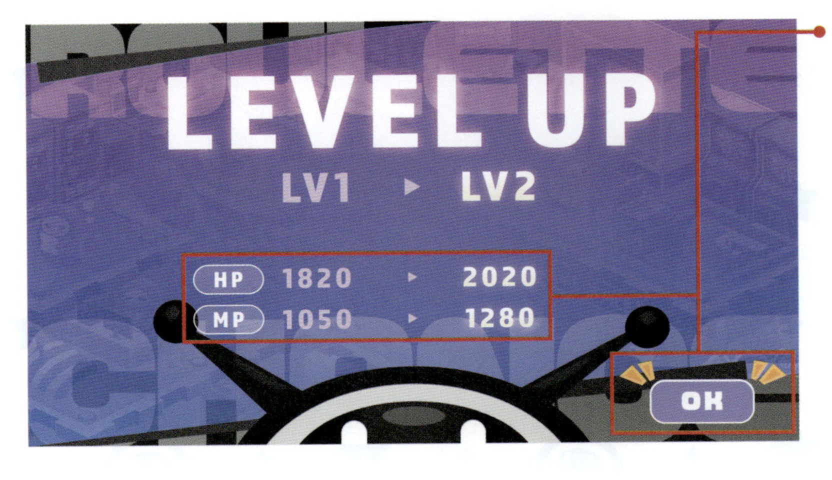

HP、MPを上から順番に表示させ、最後にボタンを出して少し目立たせることで視線を誘導する

ユーザーは次に何をすればいいのかを把握

UIアニメーションの遷移

理解を促すアニメーションとしては、ユーザーがボタンを押した結果をわかりやすくユーザーに伝えることも重要になります。ボタンを押して次の画面へ遷移する場合にアニメーションを入れると、次のような流れで遷移が行われます。

1 ボタンをタップし、ボタンが凹む

2 現在の画面にアニメーションが入る。暗転やボタンが消えるアニメーションなど

3 ロードが入る。次のページへ行くための準備中

4 遷移先のアニメーションが入る

5 遷移先に遷移が完了する

ここでアニメーションを何も入れない場合、次のような遷移になります。

1 ボタンをタップし、ボタンが凹む

2 遷移先に遷移が完了する

アニメーションが入る場合の2〜4が省略され、非常にシンプルな遷移になることがわかります。web の場合は情報を最速で効率よく表示することが優先されるため、ボタンを押した後のアニメーションは不要です。しかしスマートフォン用のアプリゲームでは、ボタンを押した後の画面にも複数のボタンが表示され、ユーザーに対して、どのボタンを押すのかの選択を迫ります。このようにユーザーに選択を促し続けるゲームでは、アニメーションを使って情報に優先順位をつけることで、何が起きたのか、どこを操作すればいいのかをユーザーが直感的に把握でき、体感として気持ちよく UI に触れてもらう必要があるのです。

インタラクション

UIアニメーションのインタラクション

UI アニメーションの 2 つ目の役割は、「ユーザーのゲーム体験を向上させるための役割」、すなわち UI インタラクションです。インタラクションとは「相互作用」という意味ですが、UI の相互作用とは、例えばボタンを押すことでボタンが凹んだり光ったりして押したことがわかるように反応をすることを指します。ユーザーからのアクションに対して UI から反応が返ってくることで、自分がボタンを押せたのかどうかを知ることができるため、インタラクションは非常に重要な役割になります。

UI インタラクションは反応を返すだけでなく、ボタンを押したときの光り方や凹み方を細かく調整することで、ユーザーに対して違和感なく気持ちのよいフィードバックを行い、ゲーム体験の向上に貢献することができます。また、UI アニメーションに世界観の表現を取り入れることで、ゲームの世界へ没入する体験をユーザーに与え、ゲームに集中して遊んでもらうことができるようになります。

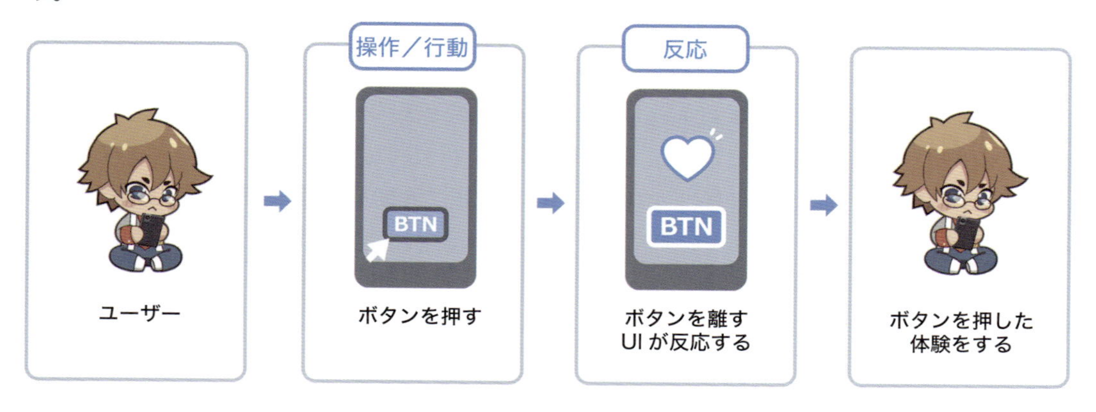

ユーザーの操作に対して違和感を感じさせることのないアニメーションを入れ、気持ちのよい反応を返すことが大切です。

気持ちのよい動き・不快な動き

一方で、ユーザーのアクションに対して不快感を与えたり、ゲームの世界から意識が途切れたりするようなアニメーションを用意してしまうと、ユーザーはスマホから意識をそらし、他のことに気を取られてしまいます。そうならないためにも、ユーザーにとって快適に遷移し、ゲームの世界観を気持ちよく楽しめるようなUIアニメーションを作ることが重要になります。ユーザーにとって気持ちのよい動き、不快な動きには、例えば以下のようなものがあります。

要素	気持ちのよい動き	不快な動き
テンポ	各アニメーションが流れるようなタイミングで出現する	アニメーションの出現タイミングが遅い／早いなど、タイミングが合わない
緩急	アニメーションの速度や密度感に変化があり、起伏がある	アニメーションの速度や密度感に強弱がないため、盛り上がりがなく、単調
動き方	現実の動きに近く、過剰でない	動きが速すぎたり、大きすぎたり、多すぎたり、過剰な状態、または動きがない
方向性	世界観や雰囲気にふさわしい動き、一貫性のある動き	様々な動き（ポップ、かっこいい、サイバー）が入り交じり、一貫性がない
尺	尺が適切、アニメーションの時間が丁度よい	尺が短すぎる、長すぎる、特に長い場合にストレスを感じやすい
反応	アクションに対しての反応がよい	反応が遅い、または反応がない

なお、ゲーム体験を向上させるアニメーションというのは、知識を得れば身につくというものではありません。たくさんの質の高いアニメーションを見て、実際に作り、感覚を研ぎ澄ましていくことが大切です。

UIアニメーションを作るための準備

気持ちのよい動きを作るための準備

ゲームのUIアニメーションを快適で魅力的なものにするためには、UIアニメーションの目的を明確にして、適切な場面で使用することが大切です。UIアニメーションは、ユーザーの操作に対するフィードバックや、画面遷移の自然さを提供するために使用されます。スムーズで直感的な操作感を提供するためには、適度な速さと遅延を持たせることがポイントです。

アニメーションは、緩急やテンポ、タイミングなど、さまざまな要素が組み合わさることで気持ちのよいものになります。ここでは、気持ちがよいと感じるアニメーションを作るためには具体的にどうすればいいのかを解説します。

①動きのテーマを決める

最初に、動きのテーマを決めます。動きのテーマは、ゲーム全体のコンセプトやスタイル、ゲームジャンル、ゲームが持つ世界観、ストーリー、ビジュアルデザインなど、様々な要素から決めていきます。その中でも、ゲームの個性（らしさ）を表現するためには、コンセプト、世界観がとても重要な要素になります。

世界観の例

- **ファンタジー**：柔らかく滑らかな動き、魔法のようなエフェクトや優雅なトランジション
- **サイバーパンク**：シャープで速い動き、デジタルなエフェクトや光のトレイル
- **ホラー**：ゆっくりとした、不安感を煽る動き、突然の激しい動きと何もない不気味さの緩急
- **学園 / 恋愛**：生き生きとしたポップな動き、シンプルな形状のエフェクトで色数は多め

世界観だけでなく、ゲーム全体のテーマを総合的に捉え、動きのテーマを決めることが大切です。

目指す動き
綺麗な動き
出現は速度感高く、余韻はゆっくり
エフェクトに魂を
フェードインでオシャレに
はかなく消える
画面に 1 つはこだわりあるリッチさを

やらない動き
ポップな動き
過剰な動き
白飛びするエフェクト
インパクトの強い動き
異なる世界観の動き
イージングのない等速な動き

②資料を集める／模写する

テーマが決まったら、そのテーマに合った資料を集めます。参考となるゲームやモーショングラフィックス、アニメなど、さまざまなところから資料を集めましょう。集めた資料は漠然と見るのではなく、アニメーションのテーマを意識して観察するようにします。

動きの資料を集めることで、目指す方向性やクオリティを明確にすることができます。一方、集めた資料の中によくないと感じる動きがあった場合は、その理由を考えてみましょう。それにより、気持ちのよい動きと悪い動きの感覚を養うことができます。

よいと思ったアニメーションは After Effects で読み込み、1F ずつコマ送りにしながらどう動いているのかを調べ、実際に作ってみます。見ているだけでは実際の細かいフレーム数や速度感を学習するのは難しいため、何度も見て、作ってを繰り返すことで、よい動きが作れるようになります。

③現れ方と動かし方を考える

UI アニメーションは、「現れ方 × 動かし方」の組み合わせによって作ることができます。例えば、「かわいい」「跳ねる」「優しい」という現れ方を、「拡大縮小」と「オーバーシュート」という動かし方との組み合わせによって表現する、といった形です。「フェードイン × スライド × オーバーシュート」といったように、動かし方を複数掛け合わせることもよいでしょう。

現れ方の種類

現れ方の
種類

動かし方の種類

オーバーシュート：行き過ぎた後に戻る動き

バウンス：ぶつかって跳ねるような動き

イーズイン / アウト：緩やかに進む / 止まる

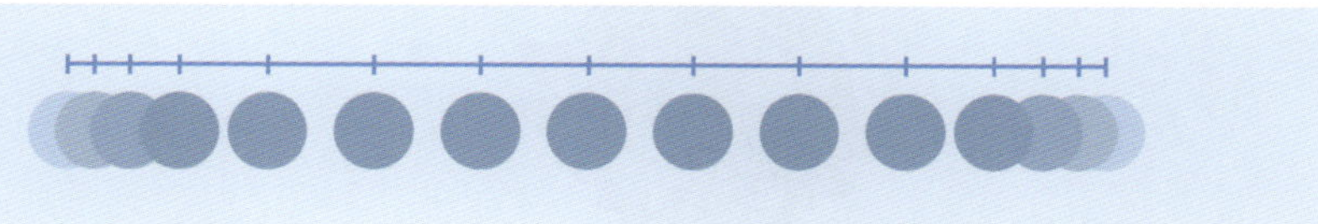

予備動作：目的の方向へ進む前に、逆の方向へ動きを入れること

❶助走をつけて
❷進む

時間差：後追いする動き

❶〜❻がタイミングをずらして出現し、❶と同じ動きをとる

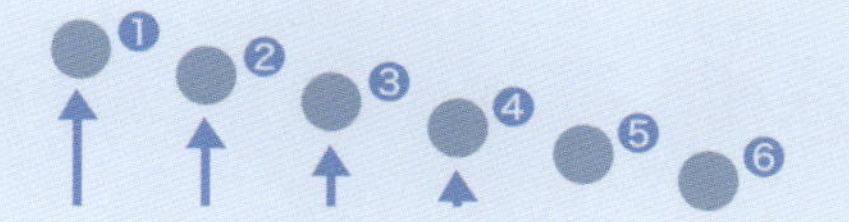

動かし方の種類

④尺とイージングを意識する

UI アニメーションでは、尺（時間）に対する意識が重要です。10F（0.166 秒）で拡大の動きをするのと、12F（0.2 秒）で拡大の動きをするのでは、体感がまったく変わってきます。尺がほんの少し長いだけでも、アニメーションによって待たされている感覚が出てきてしまいます。また、再生時間が 1F しか違わなかったとしても、画面遷移時に 1F おきにリストが出現する場合と、2F おきにリストが出現する場合とでは、まったく違った見え方になるでしょう。F（フレーム）については、P.258 であらためて説明します。

③で紹介したイージング（動きの緩急）もまた、気持ちのよいアニメーションを作るのに欠かせない要素になります。イージングには、主に 3 種類の緩急があります。

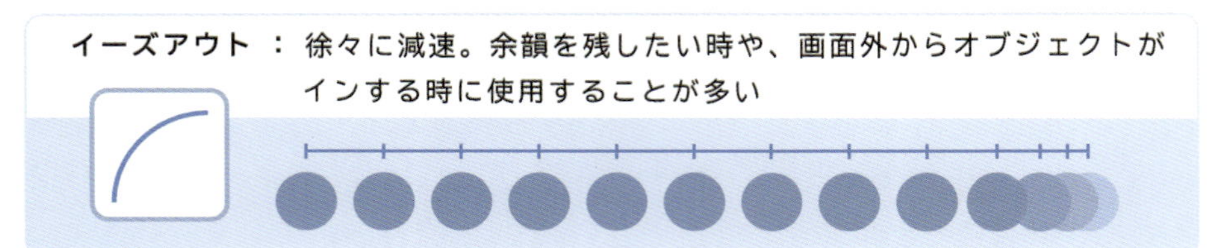

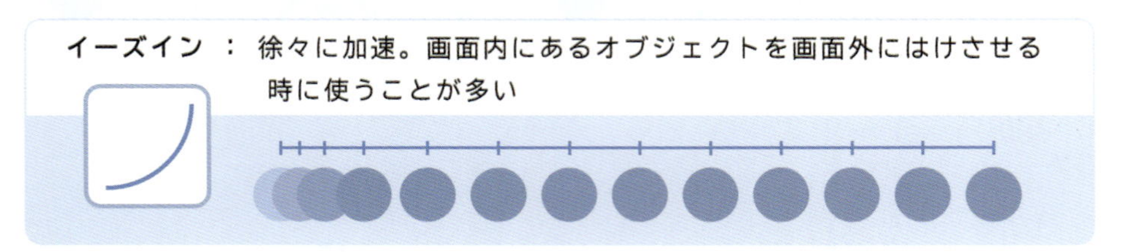

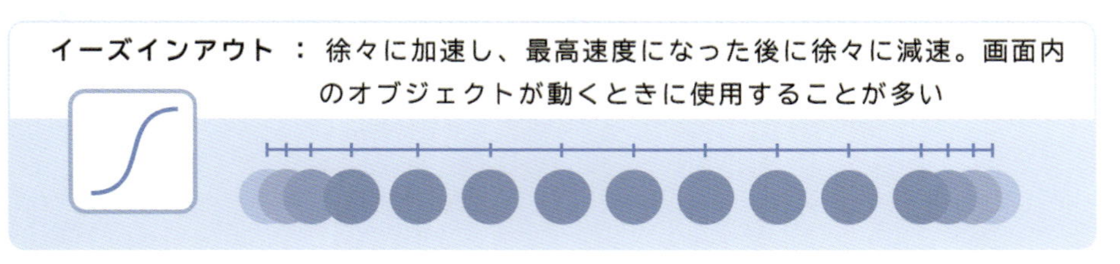

After Effects では、イージングはグラフで調整を行います。慣れるまでは何度も触って、気持ちのよい緩急を作り続ける必要があります。

様々な種類のイージング

イージングには、基本の３種類以外にも様々な種類があります。After Effects ではイージングを自身で調整するため名前を覚えて使用する機会は少ないですが、プラグインや別ツールによっては名前からイージングを指定することもあります。一覧でまとめましたので、参考にしてください。

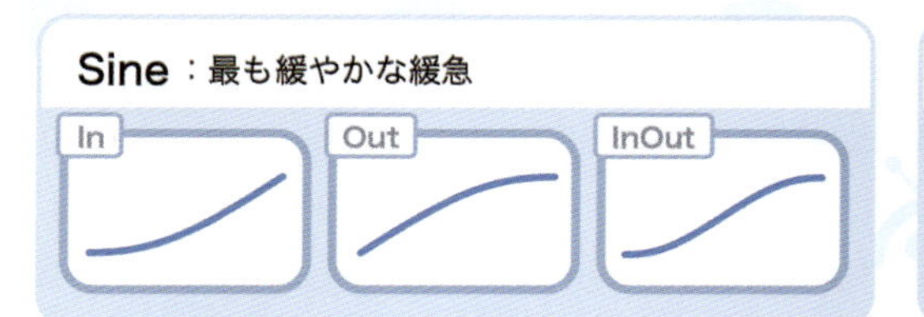

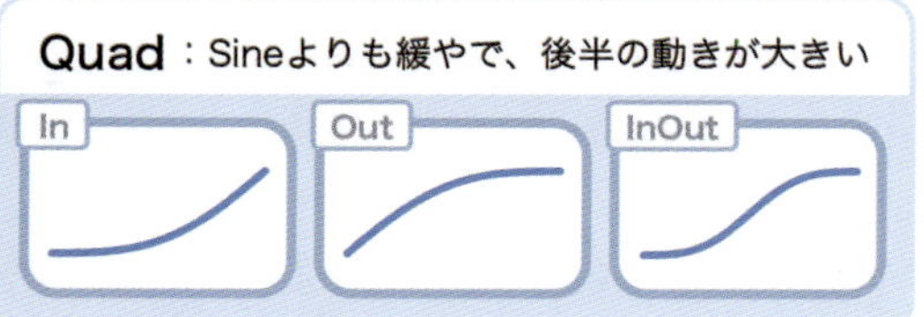

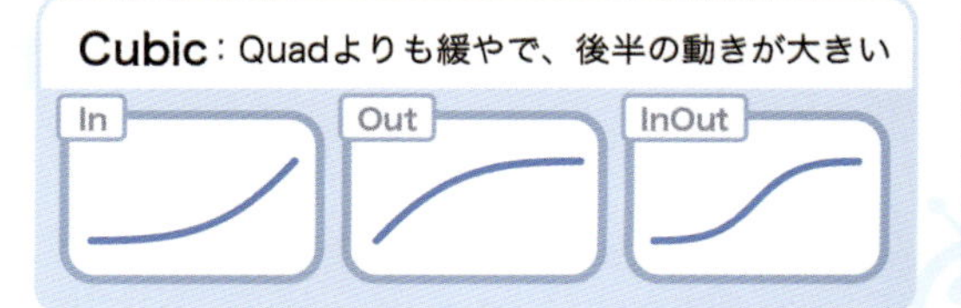

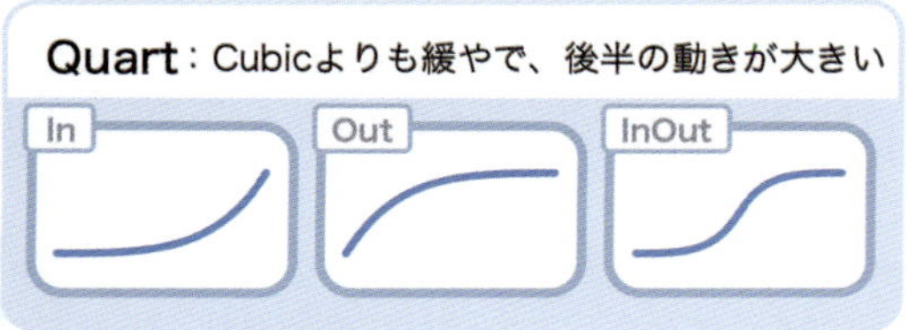

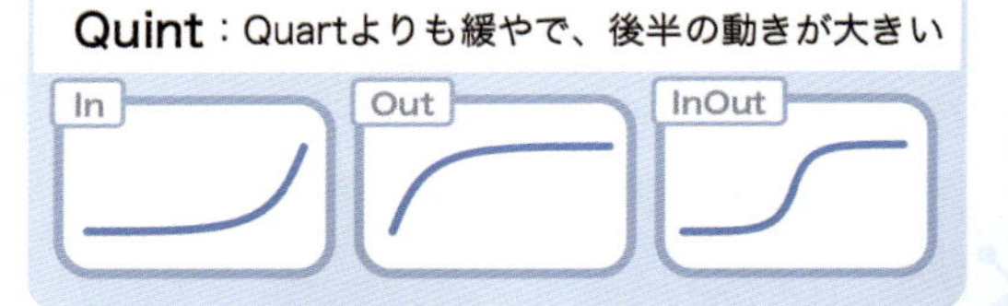

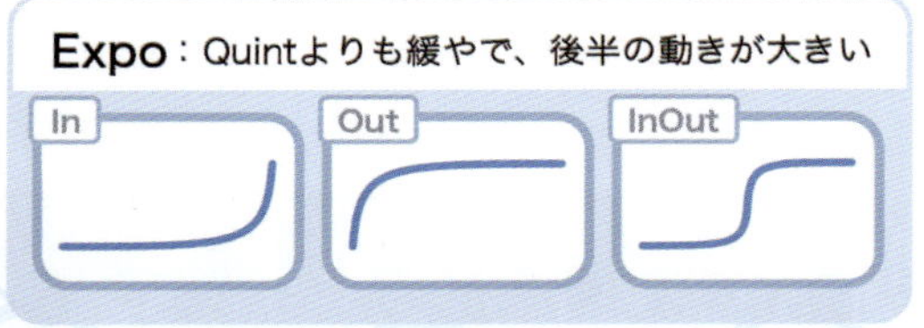

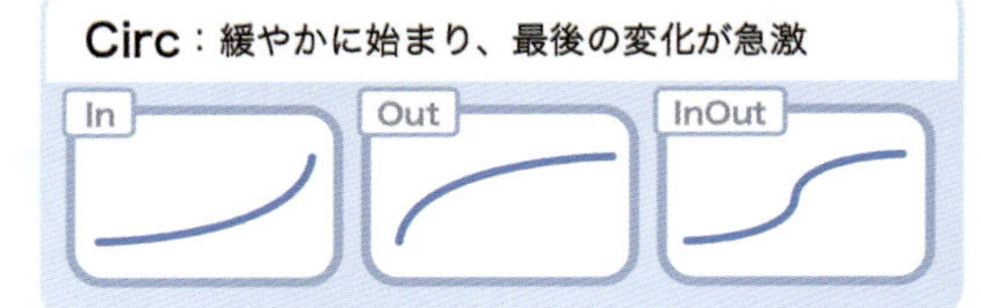

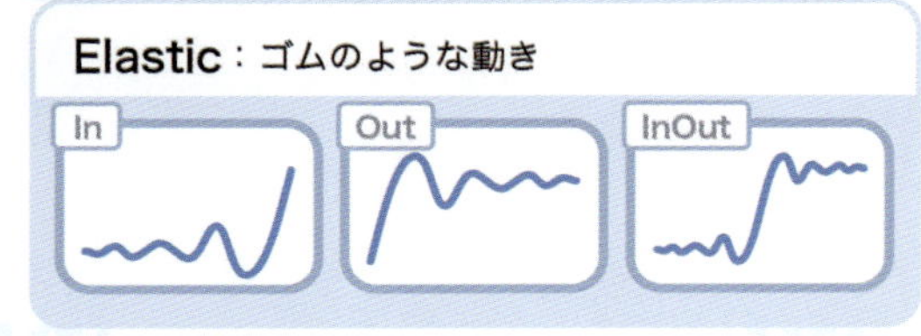

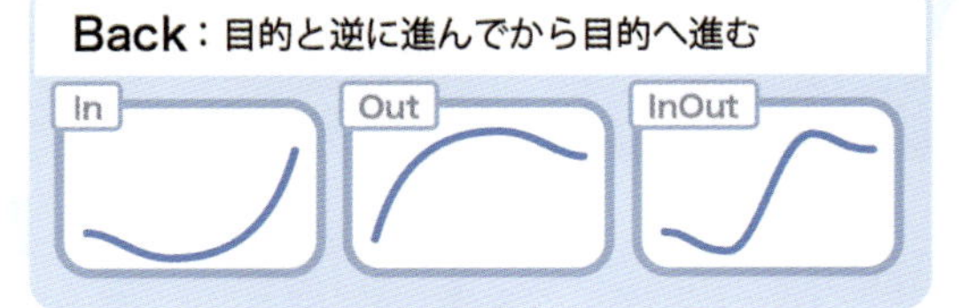

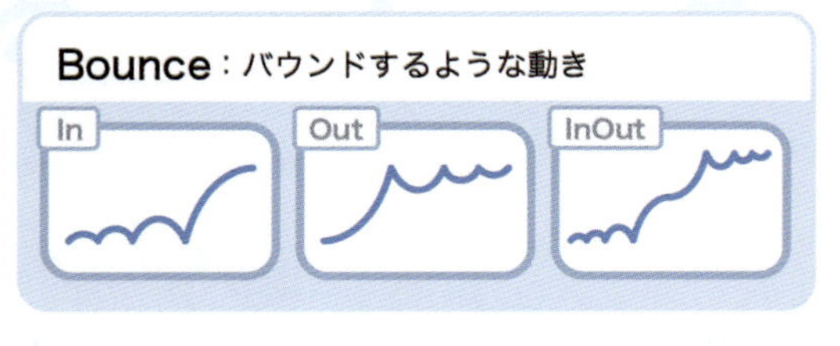

イージング

⑤UI演出の情報量を意識する

UI 演出の作成時には情報量を意識することが大切です。情報量とは、拡大のみのアニメーションの情報量を 1（動きが 1 つだけ）とすると、拡大 × 移動 × 回転 × 色変化のアニメーションは情報量が 4（動きが 4 つ）と、アニメーションの数だけ情報量が増えるという考え方です。情報量が多くなればなるほど、人の目を引き付けることができます。目立たせたい箇所は情報量を多くし、目立たせたくない箇所は情報量を絞るとよいでしょう。例えば遷移した時のヘッダーの動きは情報量を少なく、メインボタンは情報量を多くすることで、メインボタンに視線を誘導することができます。盛り上げたいところ、じっと溜めるところなど、情報量に緩急をつけることで、演出が平坦にならないようにします。情報量が多ければよいアニメーションになるというわけではなく、少ない情報量と多い情報量を使い分けることで、よいアニメーションが作られます。

UI 演出制作のよくある流れに、以下のようなものがあります。

①導入：情報量は少なめで、次のインパクトにつなげるための「溜め」の演出です。
②インパクト：インパクトの瞬間は一番派手にしたいため、情報量も一番多くなります。
③余韻：インパクト時よりも速度を抑え、徐々に情報量を減らして余韻を出します。

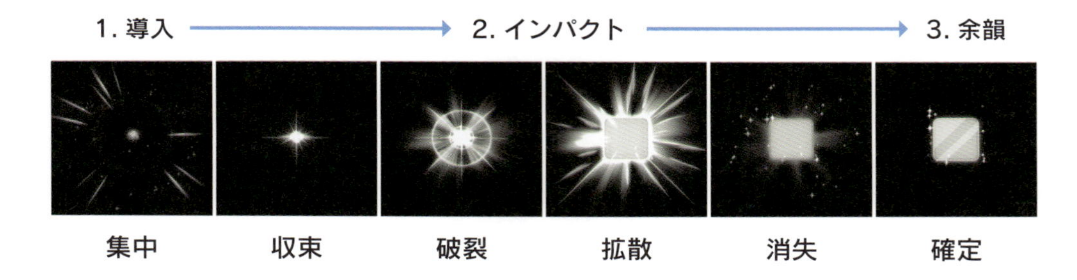

①～③を必ず用意しなければならないというわけではありません。②だけの場合や②と③のみを使う場合など、ユーザーに伝えたい内容によって使い分けます。

UI 演出をチームで作る場合の注意点

UI 演出は、チームで分担して制作することも多くなります。ここでは、UI 演出を複数人で制作する時に気をつけるべきことについて解説しておきます。

①コンセプトを決めておく

チームで UI 演出を作る際は事前にコンセプトを決め、演出制作の方向性を共有しておく必要があります。

②カラールールを決めておく

ポジティブな演出の時に使用する色、ネガティブな時に使用する色、ゲーム全体の世界観を表す色、強調する時に使用する色など、色に関する汎用的なルールを作成しておきます。

③命名規則

prefab 名、material 名、texture 名、animation clip/controller 名、text 名など、大文字、小文字、加算、乗算、使用シーン、ID を名前に入れるかどうかといったルールを決めて、統一されたデータの作成を行います。

④NG の動きを決めておく

NG の動きを事前に定めておくことで、統一感のある UI 演出を作ることができます。また、NG の動きが定められていることで、動きを選択する際に悩むことが少なくなります。

⑤汎用的な動きを決めておく

よく使う動きを決めておくと、統一感のある UI 演出を作ることができます。「こういった場合はこの動きをさせる」という認識をチーム内で共有しておきましょう。ただし、すべての場面で同じ動きを適用できるかというと、そうではありません。例えば、「アイコン類は 0F でスケール 10% から 12F で 100% に拡大する」といったルールを作ったとしても、サイズ感や他のオブジェクトの出し方によって、動き自体を見直す必要が出てくることがあります。

⑥シェーダーで演出表現の幅を広げる

既存の機能では表現が難しい UI 演出を作る際には、プログラムで機能を作ってもらう必要があります。リストアップして、エンジニアと相談をして進めていきます。

アニメーション作業の位置づけ

ゲーム制作におけるアニメーション作業の位置づけと担当範囲

ここでは、ゲーム制作におけるアニメーション作業の位置づけについて解説します。基本的には、デザイン制作の後にアニメーション制作を行うことになりますが、どの工程で制作を行うかによって、アニメーションの対応内容は変わります。ゲーム制作の全体の流れは、以下のようになります。

上記の❶～❺の工程の中で、UIアニメーターが関わる可能性があるのは❸❹の工程になります。❸❹それぞれの工程でUIアニメーターが担当する内容を整理すると、以下のようになります。

③の工程では、【アニメーション】→【実装】→【テスト】の流れを1セットとして行います。プロトタイプでは最低限の仕組みで動かす場合が多いのでアニメーションの実装はない場合も多く、入れる場合も簡単なアニメーションで実装することになります。

④の工程でも同じく、【アニメーション】→【実装】→【テスト】の流れを1セットとして行います。ここから本格的にアニメーションのイメージを固めていくことになります。さらに④の工程では機能開発の相談が入り、動画と同じような表現をするための機能をエンジニアと相談して開発を行っていきます。

このように、UIアニメーターの担当範囲はアニメーション、実装、テストと広範囲に及びます。現場ではアニメーションの全行程を1人の担当者で対応することもあるため、一連の流れを知っておくとよいでしょう。また、扱うツールもAfter Effects、Photoshop、Unity/Unreal Engineの他に、3Dツールも入ってくることがあるため、ツールに関しての知識も深めておく必要があります。

サンプルファイルダウンロード用パスワード　GAMEUI9

ゲームUIアニメーターの仕事内容

ゲームUIアニメーターの仕事内容は、UIデザインを基にした演出の作成、実装、テストまでになります。UIデザインを基に演出の作成を行っていくため、デザインが固まってから一気に作り始めることも多くなります。また、エンジニアと共同でアニメーションの実装まで進めることになるため、担当エンジニアとは密にコミュニケーションをとる必要があります。

【アニメーション①】仕様書確認

仕様書を参照して画面の目的と達成したいことを把握し、演出を入れる箇所の確認を行います。演出の数を把握したら、演出の盛り具合や尺感、分岐の有無、レアリティによるバリエーションの有無などを確認します。仕様書に演出面の要望が書かれていない場合は仕様作成者と相談し、演出のイメージを固めていきます。

【アニメーション②】ラフ動画制作

仕様書を基に、演出イメージのラフ動画の作成をします。全体の動きやエフェクトの盛り具合のイメージのすり合わせを行い、実装時の手戻りを少なくします。絵コンテという選択もありますが、動きのイメージを伝えるのが難しいため、チーム全体で共有する場合はラフ動画で進めていくことが多くなります。

【アニメーション③】機能開発の相談

ラフ動画を作成すると共に、実装時に表現可能かどうかの判断を行います。アニメーションだけでは対応が難しい場合、エンジニアにプログラム、シェーダー作成の相談を行い、実装時に表現できるように準備します。シェーダーとは、オブジェクトの外見を歪めたり、光の反射や屈折などの効果を入れたりするプログラムになります。

【実装①】画像書き出し

UI デザイナーが書き出しを行う場合もあれば、UI アニメーターが書き出しを行う場合もあります。演出の内容が複雑になる場合や、画面全体の演出（レベルアップや進化、覚醒など）を行う場合は、UI アニメーター側で画像の書き出しから実装までを行うことがあります。また、演出次第でパーツを分けて書き出す必要があるため、UI アニメーターが書き出し担当でない場合もデザイナーと相談することがあります。

【実装②】Unity / UE組み込み

書き出した画像を実装し、アニメーションの実装を行います。Unity でのアニメーション実装には animation clip での対応と Timeline での対応の 2 パターンがあるため、どちらのやり方で進めるのか、エンジニアと相談して決めておきます。

今後の手戻りを少なくするため、使用するマテリアル、命名規則、各素材の納品場所等はあらかじめルールを作っておくとスムーズです。

【実装③】演出作成

After Effects などで作成したラフアニメーションを Unity / UE で同じように再現します。ラフ動画を完全再現するのか、さらにクオリティをアップするのかは事前に決めておきます。

【テスト】実機確認

スマートフォンで、アニメーションの確認を行います。各端末ごとに見え方が異なるため、可能ならいろいろな端末で確認してみましょう。条件分岐で変わるアニメーションが問題なく再生されているか、エフェクトは表示されているか、レイアウトはズレていないか、処理負荷は問題ないかなどを確認します。

UIアニメーションの詳細な制作フロー

ベースアニメーション制作時とアニメーション量産時の作業内容の違い

ベースアニメーションの制作では、アニメーションのコンセプトを決めていき、動きのルールとなるベースを決めていきます。ベースとなるアニメーションのイメージを固めていくために、ラフ動画の制作や簡単にUnity上で実装をし、体感をチェックしてチーム内で方向性を確定させていきます。このベースアニメーションができることで、その後の量産対応する時にベースとなるアニメーションに従って対応していくことができます。量産時の制作では、確定したベースアニメーションを他画面のアニメーションへと展開していきます。全ての要素に汎用的にアニメーションを当てはめることは難しいため、画面に合わせて最適化していきます。

1 ベースアニメーション制作時

ベースアニメーション制作時の作業では、しっかりとしたコンセプトとルールを決め、ガイドラインを作成していくことで、ゲーム全体で統一感のあるUIアニメーションに仕上げることができます。

コンセプトは、UIデザインのコンセプトをベースにアニメーションへの落とし込みを行います。ルールの設定では、遷移時の動き方やエフェクトの出し方などを決定することで、統一感のあるアニメーションに仕上げていきます。

①アニメーション資料作成

世界観に合いそうな資料を集めて、表現したいアニメーションを並べていきます。作成した資料をチームで共有し、方向性を決めていきます。

②制作画面を決めて仕様書を確認

どの画面を対象にベースのアニメーションを制作するかを決めます。ゲームのコアとなるインゲームを選ぶ場合もあれば、最初に目に入るホーム画面を選ぶこともあります。複数の主要画面を同時に作ることもあります。制作画面が決まったら、仕様書を確認し、どのようなアニメーションが必要になるのか、どこを目立たせる必要があるのかを確認します。

▼対応画面
- ホーム画面
- 育成画面
- ガチャ TOP 画面

▼目立たせたい箇所
- スタートボタン
- 遷移時に目立たせるのと、待機中もエフェクトで目立たせたい

▼表現したいアニメーション
- ポップで可愛い
- バウンドを入れて柔らかい表現
- 予備動作も入れてオーバー気味に
- 色味の変化で楽しそうに見せる

③ラフ動画作成

①の資料を元に、ラフ動画を作成していきます。コンセプトに基づいたアニメーションが伝わるように作成します。この時点で、情報量、視線誘導、体感などに問題がないか、スマートフォンの画面で確認します。

④機能開発の相談

表現したい演出を実装するためのシェーダー作成の相談をします。Unity を拡張するツールについても、必要があれば作成の相談をします。　機能開発の相談は、あらかじめ入れたいものがわかっている場合は、①アニメーション資料作成の後に行うこともあります。

⑤実装

Unity を使用して、実装作業をしていきます。実際の遷移時やボタンを押したときのアニメーションなど、視線誘導や体感を確認してきます。

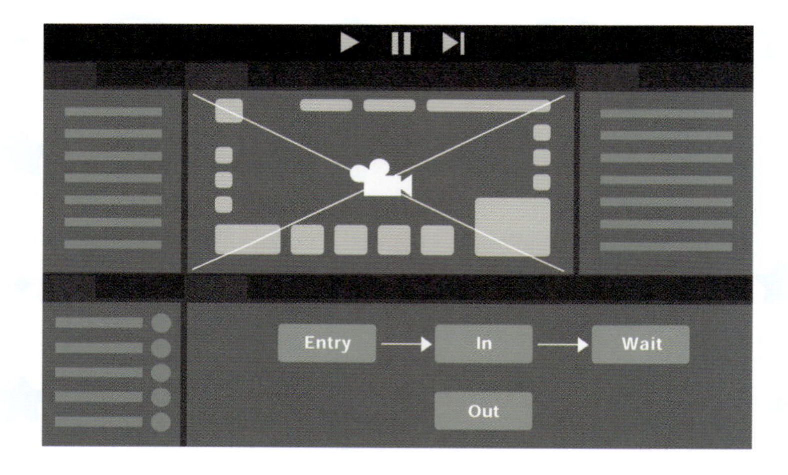

⑥ UI アニメーションガイドライン作成

UI アニメーションのベースデザインが決まったら、ボタンや遷移アニメーションなどのルールをまとめたガイドラインを作成します。複数の画面を作りながら、徐々にガイドラインを埋めていく場合もあります。

ボタンアニメーション	ルール
押下	白く光る、凹む
離す	弾むようなアニメーション
非活性	文字を含めて灰色に
選択	アウトラインの発光
マウスオーバー	アウトラインの発光

なお、スケジュール感や予算などにより、すべてのプロジェクトでこれらのフローを辿るわけではありません。複数のコンセプトを基にたくさんの案出しを行い、アイデアや想像を広げ、そこから絞りに絞って1つのベースとなるアニメーションを定めて、機能開発の相談や本アニメーションへ進むということもあれば、近い資料動画をチームへ共有し、ラフ動画などは作らずに資料動画からアニメーションのベースを確定し、本アニメーションの制作に取り掛かるなど、様々なやり方があります。

2 UIアニメーション量産時

UI アニメーション量産時の作業内容は、以下のようになります。UI アニメーション量産時は、1 → 100 のアニメーションを作る段階になります。コンセプトを把握した上で、UI アニメーションのガイドラインに則り、さまざまな画面にアニメーションを付けていく工程になります。

①仕様書・UI デザインの確認

制作する画面の仕様書と UI デザインを確認します。制作する画面の前後の遷移を確認しながら、アニメーションのイメージをつかんでおくことが重要です。

②実装

UI アニメーションのガイドラインに基づき、画面のアニメーションを作成していきます。量産時は、アニメーションの方向性がほぼ決まりブレないことを前提に、ラフ動画を作らず Unity で作ることも多いです。一方、ビジュアルで魅力的に見せたいなど、重要な画面ではラフ動画を制作した方が安心といえます。

なお、量産時にはチームでアニメーションの対応を行う場合もあるため、ベースアニメーションの資料（アニメーションガイドラインやコンセプトなど）をチーム内で共有している資料などに記載しておくことや、今まで作成した UI アニメーションの動画をまとめておき、量産時にはチーム内で動きのイメージがすりあっている状態を作っておく必要があります。また、自分 1 人だけの制作でも、今後のことを見据えて資料として残しておき、自分の代わりに他のメンバーが対応することになった時に、すぐにアニメーションの対応ができるような資料を用意することで、アニメーション品質の担保ができるようにしておくことはとても大切です。

各職種とのすり合わせ方法

UIデザイナーからデザインが上がってきたタイミングで、UIアニメーターとプランナー、UIデザイナーの間でアニメーションのイメージのすり合わせを行います。プランナー、UIデザイナーからイメージを伝えてもらう場合もありますが、UIアニメーターから「こんなアニメーションにしよう」と提案する場合もあります。今回は、UIアニメーター側からアニメーションのすり合わせを行う方法を紹介します。

①口頭ですり合わせる

口頭でのすり合わせは、おおよその方向性やニュアンス、温度感を、短時間で探ることができます。複数案がほしい場合も、口頭で簡潔に済ませる場合があります。ただし口頭の場合のデメリットとして、思い描いているイメージが異なる場合があるので注意が必要です。特に擬音を使うと、お互いのイメージがずれる場合があります。口頭ですり合わせる際は、以下の内容を各担当者に確認し、特に想定がなさそうな場合はこちらから提案を行い、動画で実際に作ってみます。それにより、アニメーションラフの制作、Unityでの制作をスムーズに進めることができます。

●企画職とのコミュニケーション

・想定アニメーションはどのようなアニメーションか？
・どこにエフェクトやアニメーションを入れる想定か？
・どのくらいの温度感／盛り具合の演出を作るか？
・表示物の優先順位は？
・どんな意図の画面になるのか？

●デザイナーとのコミュニケーション

・必要な素材のすり合わせ
・素材の動かし方による素材の分け方、書き出し方の相談
・想定アニメーションの相談、確認

●エンジニアとのコミュニケーション

・実装可能かどうかの相談
・想定しているアニメーションの共有
・アニメーションの出し分け方の相談
・アニメーション担当領域とエンジニア担当領域の相談

②字コンテ制作

字コンテを制作することで、演出の流れや要件をまとめ、おおよその方向性を把握する方法です。字コンテでは、アニメーションの流れをテキストで書いていきます。①の口頭ですり合わせた内容を、字コンテで詰めていく場合もあります。字コンテはログが残るため、後々確認する際に便利ですが、一方で温度感やニュアンスが伝わりにくいという欠点があります。

例えばレベルアップ演出の字コンテとして、以下のような文言を用意します。

1. **ゲージが溜まっている最中**：ここではゲージが光るだけ
2. **右端までゲージが溜まりきる**：ゲージの色が変化
3. **レベルアップの文字が出現**：パーティクルや後光などで盛り上げる
4. **フェードアウト**：しばらくしてエフェクト、レベルアップの文字が消える

字コンテをどこまで細かく書くかは、相手との信頼関係やプロジェクトの進め方によって変わってきます。おおよその方向性だけを確認して、ラフ動画や本番制作に移ることも多いです。

③参考動画

参考となりそうな資料を集め、イメージの方向性を探る方法です。具体的なイメージを提供できるので、完成形を想像しやすいというメリットがあります。デメリットして、参考資料の収集に非常に時間がかかるという点があります。また、参考資料から実際に制作するアニメーションは、動かし方や演出の盛り具合などをどの程度変更させるのかを事前にすり合わせておくと、進行がスムーズになります。

④絵コンテ

アニメの絵コンテと同じように、UI アニメーションの絵コンテを起こす方法です。UI アニメーターのリーダーやプランナー、UI デザイナーとの間で、動きのイメージや流れ、方向性を共有します。コマ送りで書いたり、エフェクトとアニメーションを分けて書いたりするなど、自由度が高いというメリットがあります。一方、絵コンテ制作に慣れていないと、制作の難易度が上がる、テンポ感が伝わりにくい、絵コンテの読み手に読む力を求められるなどのデメリットがあります。

絵コンテには 2 種類の見せ方があるので、それについては次のページに記載しています。

●コマ送りの絵コンテ

コマ送りの絵コンテは、数フレームずつコマ送りにした絵コンテです。粗いパラパラ漫画のように作ります。枚数は少し多くなりますが、動きの流れやどのようなエフェクトを入れるのかが視覚的にわかるので、共有しやすいです。

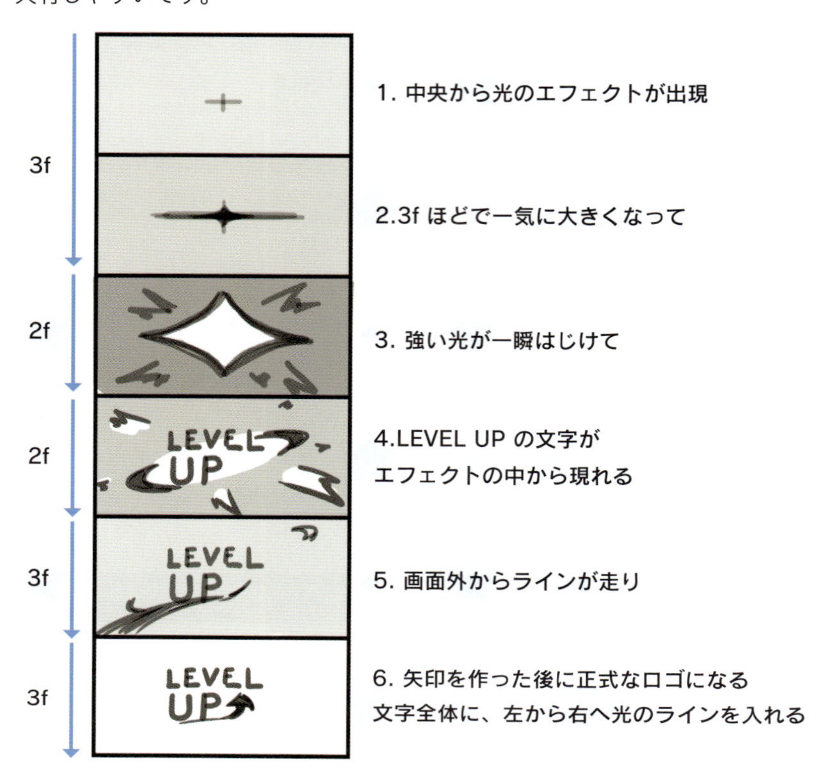

【コマ送りの絵コンテが使われる場面】

- ・1 カットの短い場面の流れを詳細に伝えたい場合
- ・文字の出し方など、単体のアニメーションを伝えたい場合

●切り替わりの絵コンテ

切り替わりの絵コンテは、絵が切り替わるところで切り分けた絵コンテです。例えば、遷移アニメーションでは遷移前とトランジション（切り替わりアニメーション）、遷移後の３つの絵を描きます。文章による補足や動きを表す矢印、カメラの動かし方などを絵コンテ内に書き込むことで、動きのイメージを伝えます。

1. バトル画面

2. ボス戦の危険を知らせるWARNINGが表示される
「!」を先に出した後、WARNINGの帯を出し、
画面を赤明滅させて危険感を出す

3.BOSSの文字を強く出す
エフェクトで禍々しさを出した後にBOSSの文字を出す

4. ボスキャラの絵を出す
顔アップから入り、カメラを引いて腰あたりまでを映す

5. 絵を一気に引いて戦闘画面に戻り、ターン数の帯を出す

6. 各UIが表示される

【切り替わりの絵コンテが使われる場面】

・複数カットの流れを伝えたい場合
・1カットでも尺が長い演出の流れを伝えたい場合

⑤ラフ動画制作

Unityでつけようと思っているアニメーションのラフを、After Effectsなどの動画制作ソフトで制作する方法です。イメージが伝わりやすく、方向性の認識を共有するのが容易です。ただし、もっとも制作時間がかかります。ラフ動画は、まだ実装環境が整っていないときに先にアニメーションを作ってイメージを確認することができるため、新規開発を行う場合にお世話になることが多いかと思います。1案のみの場合もあれば、凝りたい演出などは3案以上出して詰めていく場合もあります。After Effectsでラフ動画を制作する時の流れは、以下のようになります。

1. デザインから動きのイメージを作っておく
2.Photoshopのデザインデータから、動きのイメージに合わせて素材の切り分けを行う
3. 素材の書き出し、After Effectsへの配置を行う（Photoshopデータを直接読み込むことで

も OK）
4. 簡単な動きをつけ、全体を通しで見られるようにする
5. 伝えたい情報に視線を誘導できているか確認する
6. イージングなど動きの調整をしつつ、エフェクトを仮置きして詰めていく
7. 案 1 として書き出しを行う
8. 案 2 の制作を行う（4 へ戻る）
9.2 ～ 3 案くらい作ったら各担当者にチェックしてもらう

新規開発の制作

なお、新規開発の案件ではさまざまなアニメーションが必要になるため、すべてにラフアニメーションを作っていると時間が足りなくなる場合があります。報酬獲得やミッション達成など、喜び系のエフェクトはある程度同じようなエフェクトになることもあるので、ラフ作成の要不要、共通で使うアニメーションをどの部分で共通化するのかを事前に決めておくと、制作効率が上がります。

新しくゲームを作る場合、スマホゲームではどのくらいのアニメーションが必要になるのか、以下にリストアップしてみました。

1. タイトルまでの導入：企業名や注意事項、OP（オープニング）などの遷移
2. タイトル画面：ロゴアニメーションや tap to start、全体のアニメーション
3. ローディング：全画面や右下に小さく出るローディング、通信中のコネクティングなど、複数パターンが必要
4. タップエフェクト：タップした時のエフェクト。世界観の表現やタップのフィードバックのために必要だが、タップエフェクトを出さないアプリもある
5. ログインボーナス：遷移アニメーション、本日受け取るアイテムへの注目アニメーション、獲得アニメーションなどがある
6. 報酬獲得：アイテムやガチャ石などの獲得演出 共通化しやすい
7. 画面遷移した時の IN ／ OUT：ホームやショップなどの各画面への遷移アニメーション 一部共通化できる
8. 共通ヘッダー：ヘッダーアニメーションは個別に作り、共通化される場合が多い 共通化する
9. ボタン押下：タップした時に押したことがわかるアニメーション 共通化する
10. ダイアログポップアップ：各種ダイアログアニメーション。複数パターンを用意する場合がある 共通化する
11. リストの IN ／ OUT：複数のリストが並んだ時のアニメーション 共通化する
12. レベルアップ／覚醒／進化：エフェクトを使って嬉しい表現を演出する
13. ガチャ演出導入：遷移アニメーション。ガチャを引く時に、タップして開始か、引っ張って開始かなどのインタラクション部分

14. ガチャ _ 個別獲得リザルト:キャラクター全体のイラストを見せる個別リザルト。レアリティに R、SR、SSR がある場合、それぞれに応じた演出を行う
15. ガチャ _ リザルト：簡易的なアイコン表示で見せる最終リザルト
16. インゲーム開始／終了：インゲームスタート時に演出を入れる場合と、終了時に演出を入れる場合に必要
17. インゲーム：インゲーム中の各種アニメーション
18. インゲーム _ リザルト：インゲーム後のリザルト。ミッションの達成度合いや経験値、アイテム獲得など。画面数と演出数が多くなることもある
19. イベント周り：定期的なイベント専用のアニメーション

この他にも、ゲームのジャンルによってさまざまなアニメーションが増えることになります。どの画面から対応していくのかはプロジェクトによって異なりますが、UI アニメーションの制作者としてはどのようなアニメーション制作を行うのか、事前に参考資料を集め、動きのイメージを準備しておくとスムーズに進めることができます。

CHAPTER

6 ゲームUIにおけるAfter Effectsの基本を知ろう

After Effectsの基本 1

UIアニメーションにおける After Effectsの役割

After Effectsの基本

この章では、ゲームUIアニメーションを制作する上で必要になる、After Effectsの基本について解説していきます。本書ではAfter Effectsを使ったUIアニメーションの作り方をご紹介しますが、完成したゲームのアニメーションは、After Effectsを使って作られたものではありません。After Effectsで作成した動きをゲームに反映させるには、UnityやUnreal Engineなどのツールを使用する必要があるからです。After Effectsで制作したUIアニメーションは、Unity上であらためて素材を配置し直し、アニメーションを作り直している場合がほとんどです。「それならUnityで十分なのでは？」と思う方もいるかもしれませんが、After Effectsを使うことで、Unityだけでは補えない複雑なエフェクトや視覚効果を表現することができます。表現の幅を広げるために、After Effectsを使ったアニメーション制作はとてもよい方法なのです。また、ラフ動画の作成をより早く行うツールとしても、After Effectsは最適です。アニメーション制作に便利な機能が多いため、様々な表現の案出しを効率的に行いやすいということもあります。

その他に、After Effectsを覚えておくと動画系コンテンツの作成にも役立ちます。ゲーム内のちょっとした動画の作成やSNS用の動画作成、汎用的なエフェクト素材から連番テクスチャの作成など、幅広い場面で活躍することになります。

UIアニメーション制作を学ぶにあたって、After Effectsは非常に扱いやすいツールと言えます。まずはAfter Effectsの操作を学習し、UIアニメーションを作る楽しさを知っていただければ嬉しいです。

After Effectsの役割

次に、ゲームUIアニメーションの制作における、After Effectsの具体的な役割について細かく見ていきます。

①UIアニメーション制作

本書で解説を行う、UIアニメーションの制作です。After Effectsを使うと1画面内のすべての動きをつけることができるので、UIデザイナーやエンジニアとのすり合わせを簡単に行えます。どのようなゲームになるのか、どのように動いてどのように遊ぶのかを静止画像だけの場合よりも具体的に伝えることができるため、Unityで同じ動きを再現する時にイメージのずれが少なくなります。また、自分でUnityを使う場合は一度After Effectsで動きを作成しているので数値などを合わせやすく、制作をスムーズに進めることができます。

②合成編集

Unityで実装済みの画面に新規にUIアニメーションを組み合わせて表示したい場合、Unityでアニメーションを制作する前にAfter Effectsで画面とUIアニメーションを合成してシミュレーションすることができます。簡単なアニメーションであればUnity上で作ってしまう方が早いかもしれませんが、複雑なアニメーションはAfter Effectsで動画を合成してイメージを作る方が早い場合があります。また、複数パターンを出してチーム内で検討する際にも役立ちます。

③エフェクト素材の制作

After Effectsには、非常に多くのエフェクト機能が備わっています。これらの機能を利用して、より複雑なエフェクト素材の制作が可能になります。またアニメーション制作の完了後は、エフェクト部分を書き出してそのままUnityで使用できるというメリットがあります。

④ムービー素材の制作

After Effectsで制作したアニメーションを、Unity内に動画として組み込むこともあります。例えばゲーム起動時のOPムービーやガチャのTOP画面に出てくるキャラクター紹介動画、イベント時の紹介動画などの動画素材がこれに該当します。

After Effectsの画面構成

画面構成（ワークスペース）

After Effects起動時のスタート画面を閉じると、デフォルトレイアウトのワークスペース（レイアウト）が表示されます。ここでは、UIアニメーションの作成に必要なパネルを表示させた状態のワークスペースをご紹介します。

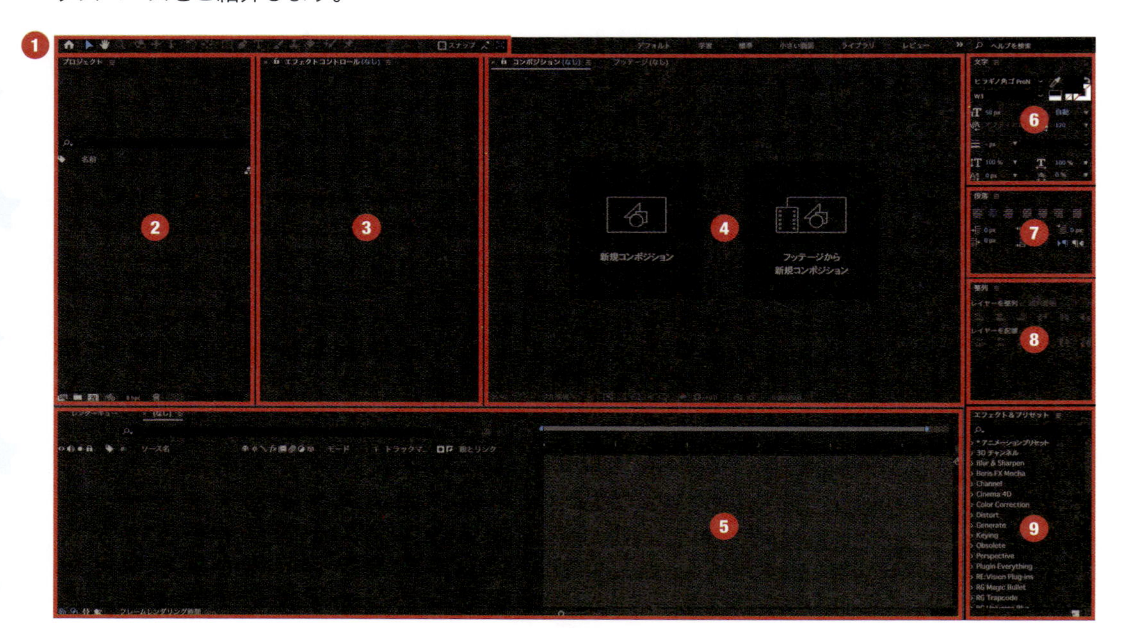

❶ **ツールパネル**：選択ツールや長方形ツールなどの各種ツールを集めたパネルです。
❷ **プロジェクトパネル**：制作に使用する素材を管理します。
❸ **エフェクトコントロールパネル**：エフェクトのプロパティを調整します。
❹ **コンポジションパネル**：アニメーションをプレビューするキャンバスのようなパネルです。
❺ **タイムラインパネル**：タイムラインに素材を並べ、アニメーションのタイミングを調整します。
❻ **文字パネル**：テキストレイヤーに対して、文字列の編集や書式の設定を行います。
❼ **段落パネル**：テキストレイヤーに対して、文字のスタイルや配置の設定を行います。
❽ **整列パネル**：整列ツールを使用して、複数のオブジェクトを整列させることができます。
❾ **エフェクト＆プリセットパネル**：パネル内のエフェクトやプリセットを使うことで、効率的なアニメーションの編集が可能になります。

同じパネルが表示されていない場合は、メニューバーの「ウインドウ」から必要なパネルを呼び出すことができます。❶〜❾のパネルを表示させ、パネルの名前をドラッグ＆ドロップして配置を調整してみましょう。カスタマイズしたレイアウトは、「ウインドウ」→「ワークスペース」→「新規ワークスペースとして保存」を選択して保存することができます。保存されたレイアウトは、「ウインドウ」→「ワークスペース」から呼び出すことができます。

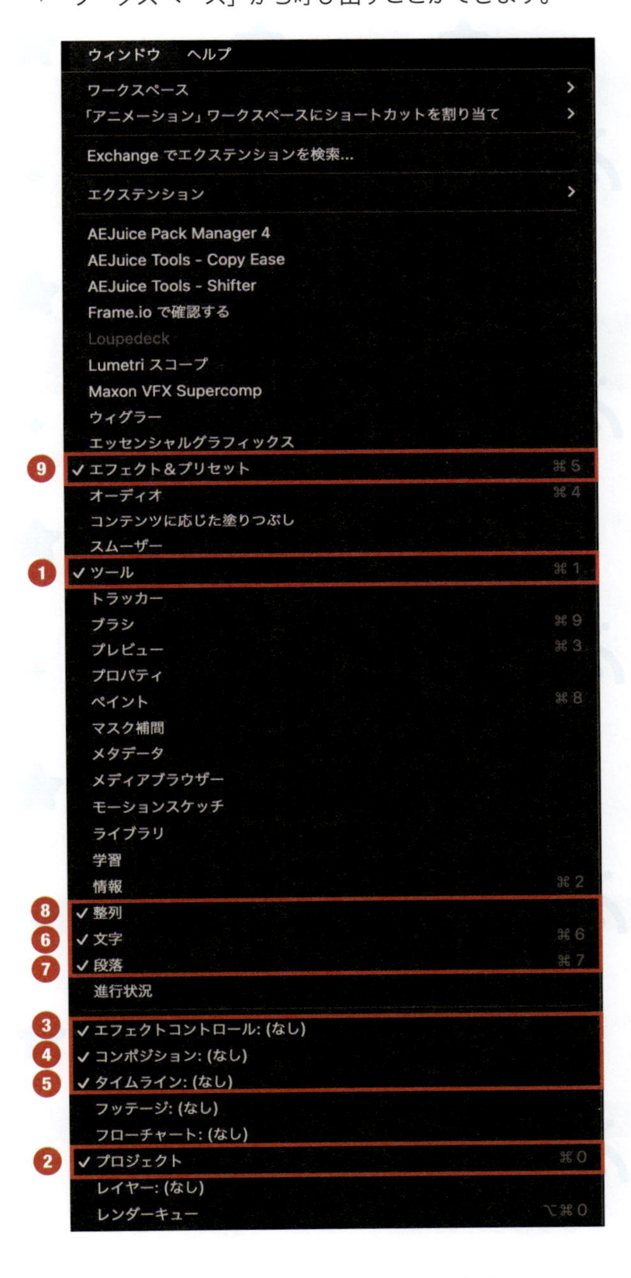

UIアニメーションで使用するパネル

パネル別に、UI アニメーションの制作でよく使用する機能を見ていきましょう。UI アニメーションで使用する機能に絞って解説を行います。

❶ツールパネル

ツールパネルには、さまざまなツールが含まれています。これらのツールを使うことで、コンポジション内のレイヤーやプロパティを操作できます。UI アニメーションを扱う際に使うツールに絞ると、以下の８つになります（【】内はツール選択のショートカット）。

❶ **選択ツール**：レイヤーを選択し、レイヤーの移動や大きさの変更を行うツールです。【V】

❷ **手のひらツール**：画面の表示位置を移動するツールです。スペースキーの長押しで、手のひらツールを一時的に選択できます。【Space ／ H】

❸ **ズームツール**：画面表示を拡大するツールです。「Alt」（「option」）キーを押すことで、画面表示を縮小できます。マウスのホイールをスクロールさせて拡大縮小することもできます。【Z ／ マウスホイールのスクロール】

❹ **回転ツール**：レイヤーを回転させることができます。【R】

❺ **アンカーポイントツール**：オブジェクトの中心位置を変更できます。ツールパネルの「スナップ」にチェックを入れると、レイヤーの端や中心に吸い付くようにアンカーポイントを移動させることができます。【Y】

❻ **長方形ツール／マスクツール**：レイヤーを選択していない状態で使用すると、長方形のシェイプを描くことができます。レイヤー選択時には、ツールパネルで「シェイプ」か「マスク」のどちらかを選択して使用します。長押しすることで、さまざまな形を扱うことができます。【Q】

❼ **ペンツール**：フリーハンドでシェイプ、マスクを描くことができます。【G】

❽ **文字ツール**：テキストを作成できます。長押しすることで、横書きと縦書きを選択できます。【Ctrl ／ Command ＋ T】

❷プロジェクトパネル

プロジェクトパネルは、After Effects 内のすべてのファイルを管理する場所です。ここに、ビデオ、オーディオ、画像、コンポジション、エフェクトなどの素材を入れ、管理します。フォルダを作成して管理することもできます。プロジェクトパネルの上部では、読み込んだ素材のサムネイルと情報を確認できます。

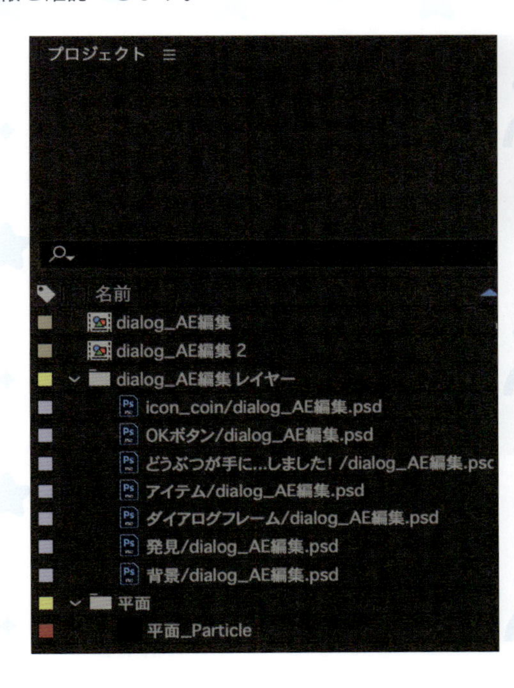

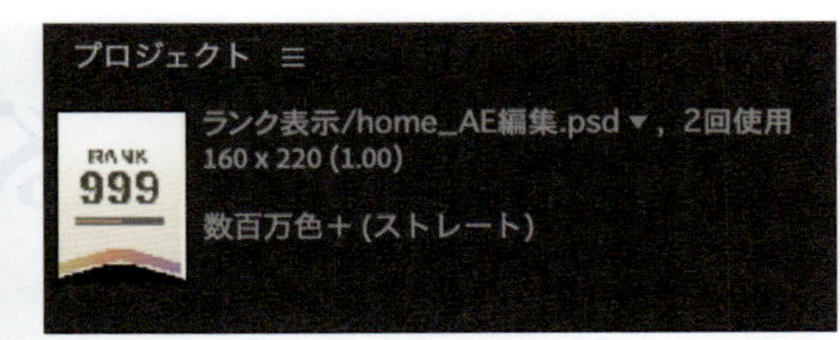

❸エフェクトコントロールパネル

エフェクトコントロールパネルは、画像や映像に加えたエフェクトの設定を行うためのパネルです。エフェクトの調整はタイムライン上でも可能ですが、エフェクトコントロールパネルではエフェクトのみを表示させ、項目によってはより直感的な調整が可能になります。「エフェクト」メニューからエフェクトを追加すると、追加したエフェクトがエフェクトコントロールパネル上に自動で表示されます。

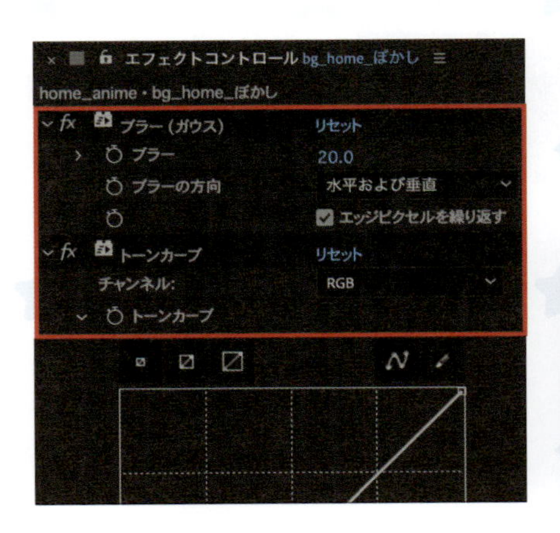

エフェクトコントロールパネル内に、追加したエフェクトが表示されます。エフェクト名の左にある fx をクリックすると、エフェクトの表示非表示を切り替えることができます。

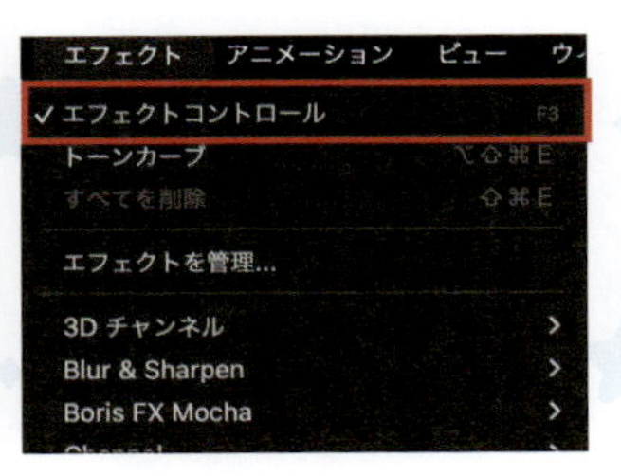

パネルがない場合は、「エフェクト」メニューから「エフェクトコントロール」にチェックを入れると表示される

❹コンポジションパネル

コンポジションとは、アニメーションを構成するための素材となる映像や画像を入れる箱のようなものです。コンポジションパネルでは、素材の配置やアニメーションの再生を確認することができます。また、素材の移動や拡大縮小、回転などの編集が可能です。マウスホイールで画面の拡大縮小をしたり、スペースキーを押しながらドラッグして画面を移動し、自由に動かすことができます。

●プレビューサイズ

コンポジションパネル左下の「%」をクリックすると、プレビューのサイズを変更できます。「全体表示」は使いやすいのでおすすめです。

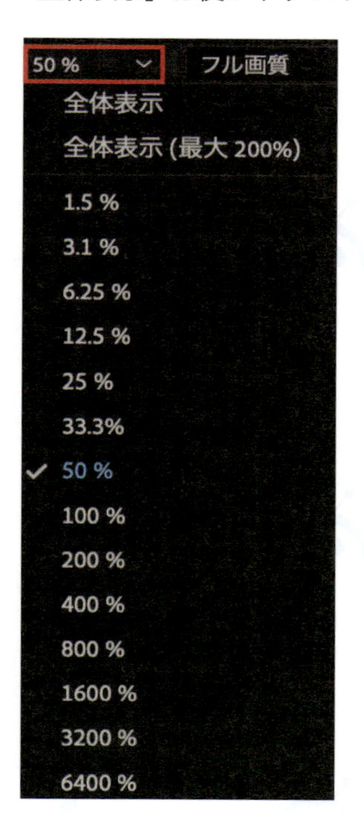

●解像度

コンポジションパネル左下の「フル画質」をクリックすると、解像度を変更できます。アニメーションのプレビューが遅いと感じた場合は、「1/2 画質」に設定することで再生速度が上がります。

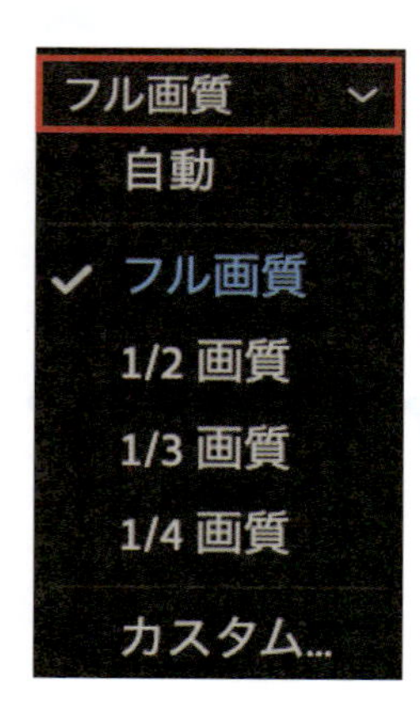

●透明グリッド

「解像度」の右側にある市松模様のアイコンをオンにすることで、描画されない箇所をアルファ表示（透明表示）することができます。オフの場合、描画されない箇所は黒※１で表示されます。ただし、書き出し時にアルファで書き出す設定をした場合、透明グリッドをオフの状態で黒表示されていても透明として書き出されます。

※１ コンポジション設定の背景色によって色は変わります。

透明グリッド：オン　　透明グリッド：オフ

❺タイムラインパネル

タイムラインパネルは、動画や画像、音声などのメディアコンテンツを時間軸上に配置し、アニメーションを作成するためのパネルです。レイヤーの上下で表示順を変えたり、キーフレームアニメーションを作ったりすることができます。

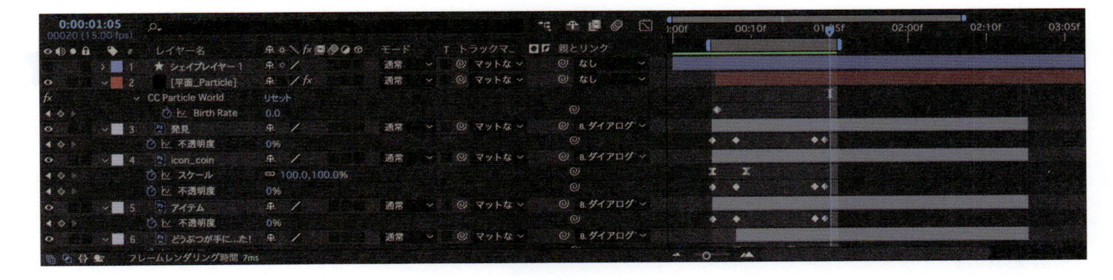

❻文字パネル

フォントの種類、サイズ、太さなどを変更できます。文字を新しく作成する場合は、文字パネルでプロパティを設定した後、ツールパネルから文字ツールを選択し、コンポジション上に文字を入力することで反映されます。既存の文字に適用する場合は、文字を選択し、文字パネルでプロパティを設定することで反映されます。

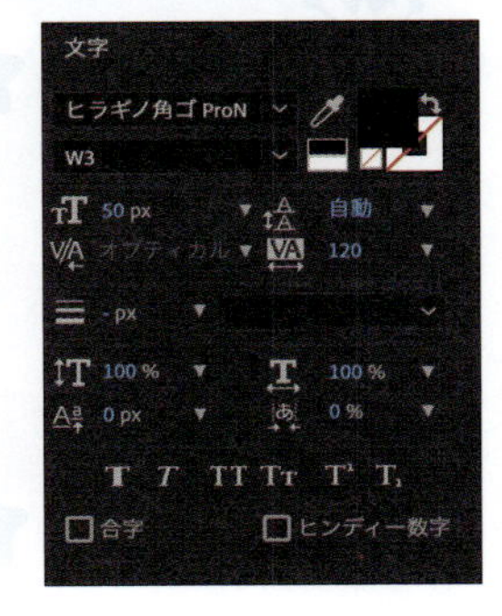

❼段落パネル

文字の左揃え、中央揃え、右揃えや、インデントの調整を行うことができます。

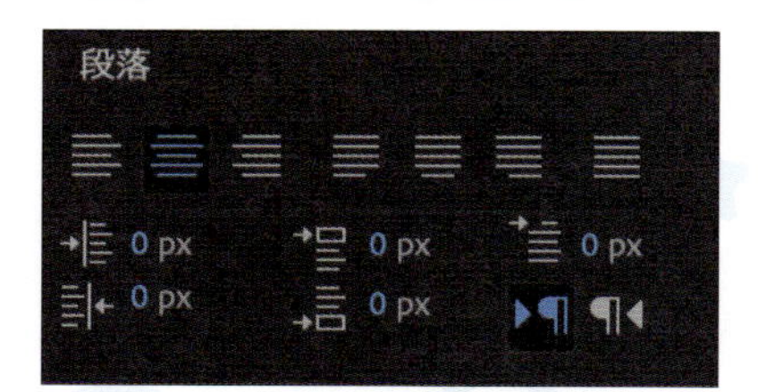

❽整列パネル

レイヤーの整列、配置を行うことができます。1つのレイヤーを選択した状態ではプルダウンが「コンポジション」に設定され、コンポジションのサイズを基準に整列が行われます。複数レイヤーを選択した状態では、プルダウンが「選択範囲」に設定され、選択したレイヤーを基準に整列が行われます。

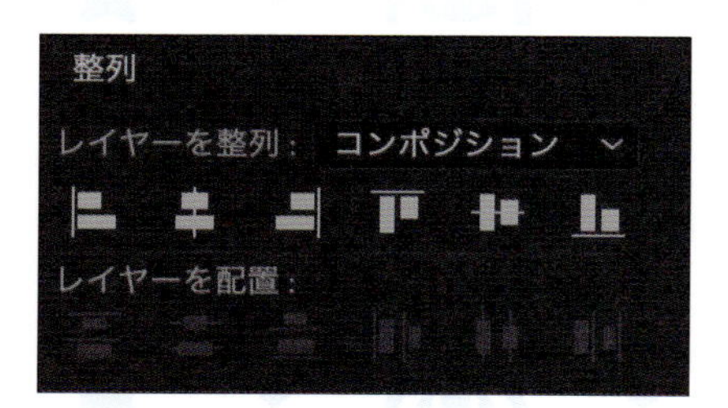

❾エフェクト&プリセットパネル

エフェクト＆プリセットパネルでは、エフェクト単体の呼び出しや検索を行うことができる他、さまざまなアニメーションプリセットが用意されていて、ワンクリックで複雑なエフェクトをつけることができます。また、任意のアニメーション、エフェクトをプリセットとして登録できるため、汎用的なアニメーションを登録しておくことで作業効率をアップさせることができます。

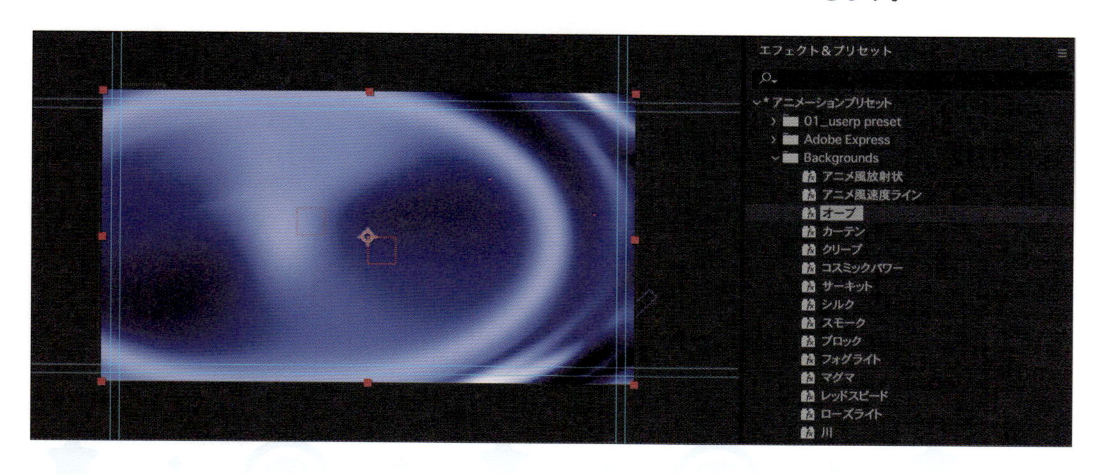

After Effectsの環境設定

After Effectsの環境設定は、以下のメニューから開くことができます。ここでは、筆者であるたかゆの設定をご紹介します。

Windows：「編集」→「環境設定」→「一般設定」

Mac：「After Effects」→「設定」→「一般設定」

一般設定

「アンカーポイントを新しいシェイプレイヤーの中央に配置」のチェックをオンにします。オフの状態では、コンポジションの中心にアンカーポイントが設定されます。

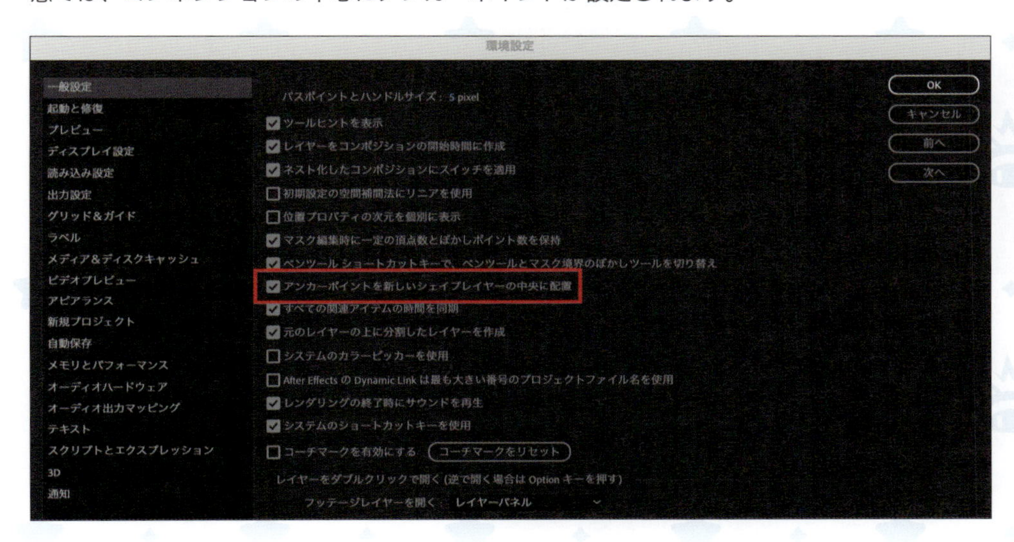

起動と修復

「ホーム画面を有効化」のチェックをオフにし、起動時にホーム画面が表示されないようにします。

メディア＆ディスクキャッシュ

「ディスクキャッシュの保存先」を変更します。ディスクキャッシュは一時的に保存しているデータで、データサイズも大きくなります。Windows はＣドライブの容量不足に陥りやすいため、たかゆはディスクキャッシュをキャッシュ用のドライブに割り当てています。可能であれば、SSD に保存するとよいでしょう。

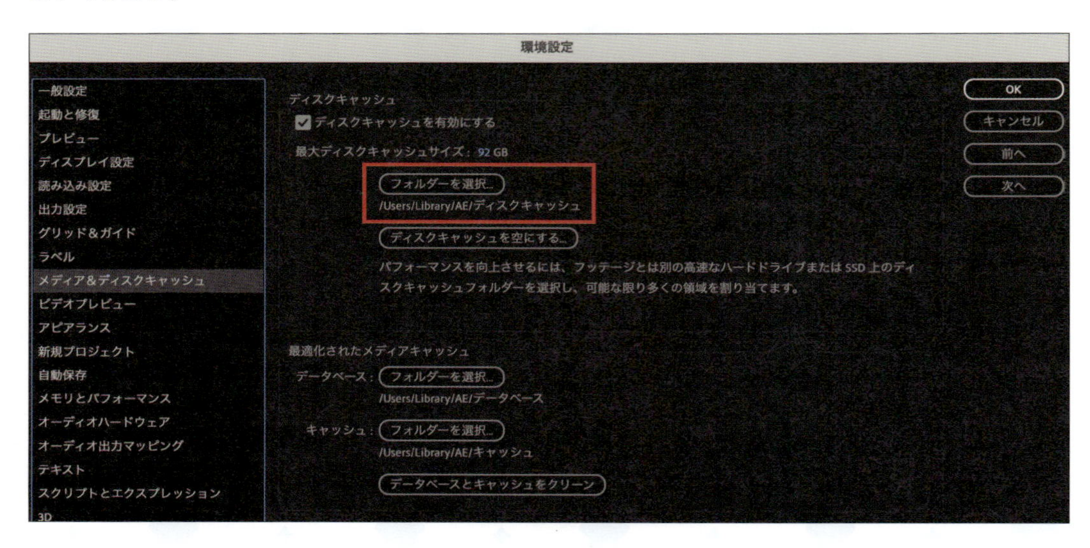

自動保存

保存の間隔とプロジェクトバージョンの最大数、自動保存の場所を以下のように設定します。

・保存の間隔：15 分

・プロジェクトバージョンの最大数：20

・自動保存の場所：ユーザー定義の場所に変更

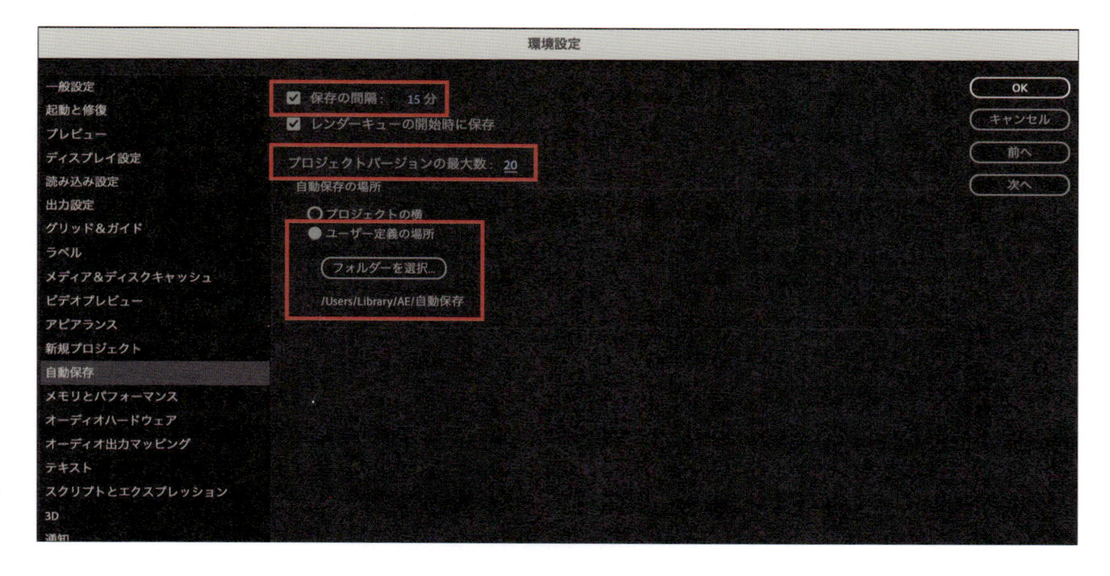

キーボードショートカットキーを設定する

環境設定でキーボードのショートカットを設定しておくと、作業効率が上がります。ここでは、おすすめのショートカット設定を紹介します。メニューバーの「編集」→「キーボードショートカット」から検索パネルで「グラフエディター」と検索し、グラフエディターの表示非表示を「C」に変更します。C は Unity の「カーブ」(「グラフエディター」と同じ機能) を開くショートカットのため、After Effects も揃えておくと便利です。

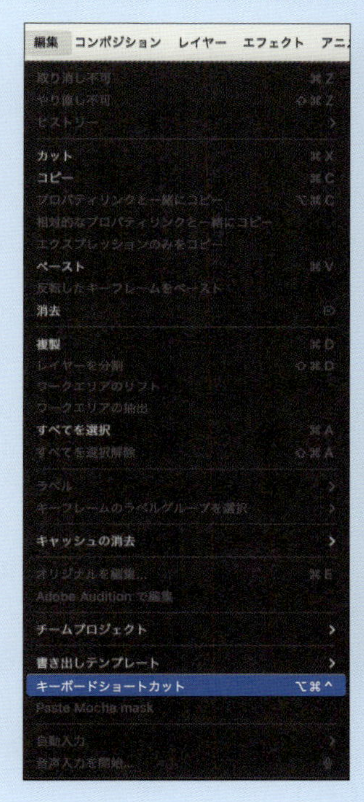

イージーイーズはよく使うので、アクセスしやすいショートカットに変更するのもよいと思います。

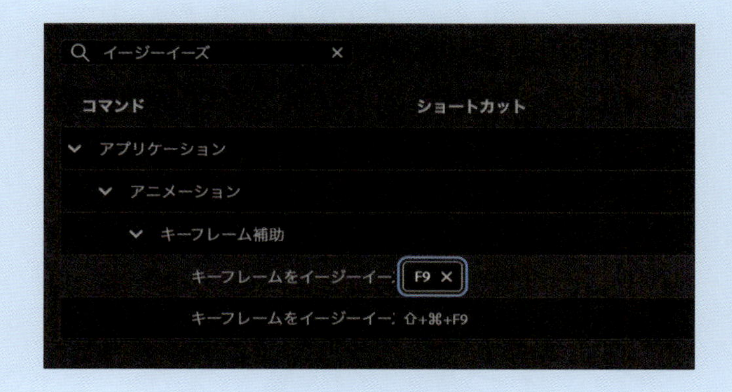

フレームレートと解像度

フレームレート

アニメーションで1秒間に表示される静止画の数のことを、フレームレート（fps）と呼びます。1秒間に何枚もの静止画が表示されることで、パラパラ漫画のように滑らかな動きになります。例えばフレームレートが9fpsの場合、1秒間に9枚の静止画が表示されます。滑らかなアニメーションにするには、9fpsだと枚数が少ないので、フレームレートの値を増やす必要があります。必要なfpsは制作物や国によって変わってきますが、日本の代表的なメディアのfpsは以下のようになります。

・映画：24fps
・テレビ：29.97fps
・テレビ（4K、8K）：60fps

Unityでゲーム制作を行う場合、アニメーションのフレームレートはデフォルトが60fpsになります。1秒間に60枚の静止画が連続で表示されることで、滑らかなアニメーションの表現を行っています。しかし、スマートフォン表示のみかPC表示も含めるかなど、環境によって30fps、60fpsと違ってきます。あらかじめ、fpsは30か60のどちらで進めるのかを確認しておくとよいでしょう。

解像度

ディスプレイや映像の大きさや鮮明さを表す数字のことを、解像度と言います。解像度の数字が大きいほど、より細かくきれいな表現が可能になります。一般的なディスプレイの解像度に、1920×1080（フルHD）や2560×1440（WQHD）、3840×2160（4K）などがあります。解像度が高いほどリソースの消費が多くなるため、ゲーム制作では適切な解像度を選定する必要があります。

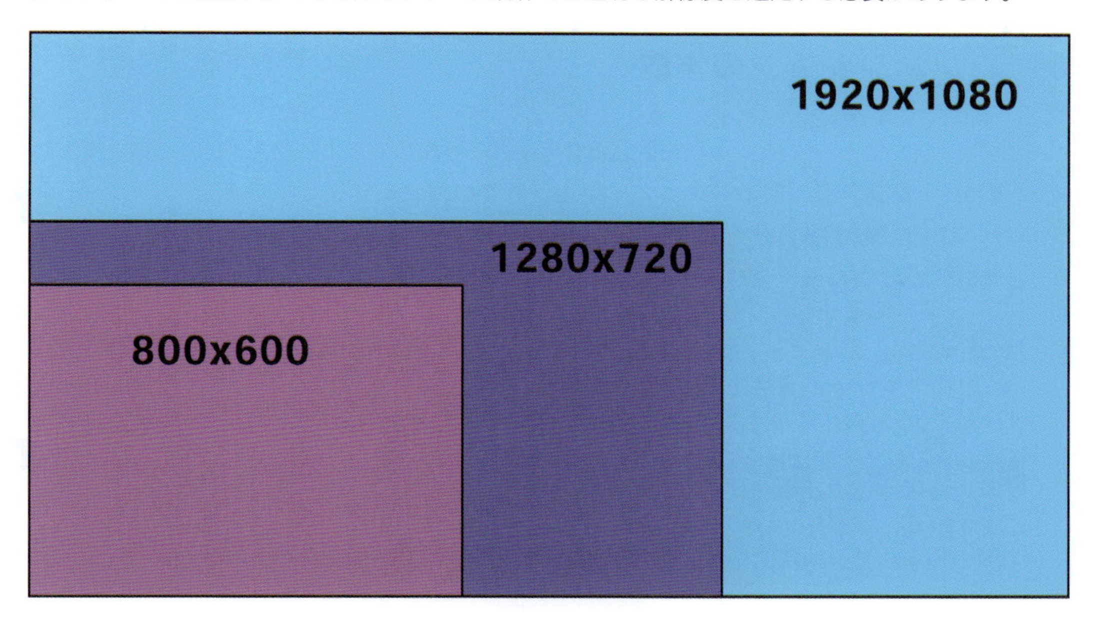

画像の場合、サイズと解像度を適切な設定にすることで、きれいな画像を書き出すことができます。通信環境やデバイスの性能UPによって以前に比べて容量は非常に多く使えるようになりましたが、それでも見栄えが悪くならない程度に画像の容量は削減していきたいですね。

サイズ／解像度が高い状態の画像

サイズ／解像度が低い状態の画像

After Effectsの実践 1

コンポジション／背景／シェイプを作る

コンポジションの作成

ここまで、UI アニメーションの制作に必要な考え方を解説してきました。ここからは、実際にAfter Effects を操作し、簡単なアニメーション制作の方法を学習していきましょう。After Effects では、作業の最初に必ずコンポジションの作成を行います。コンポジションとは、アニメーションを制作するためのキャンバスのようなものです。

1 「コンポジション」メニューから、「新規コンポジション」を選択します。

ショートカットキー

新規コンポジションの作成
Ctrl ／ Command ＋ N

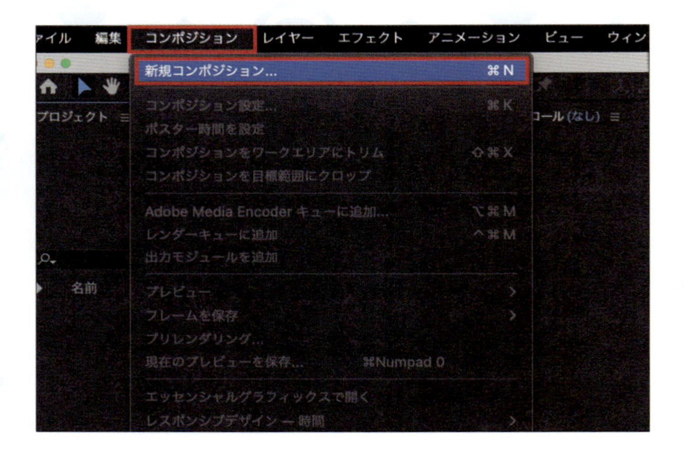

コンポジションの作成の別の方法

コンポジションの作成は、プロジェクトウインドウの下部にある「コンポジションの作成」からでも作成することができます。

2 「コンポジション設定」ダイアログが表示されるので、以下のように設定します。

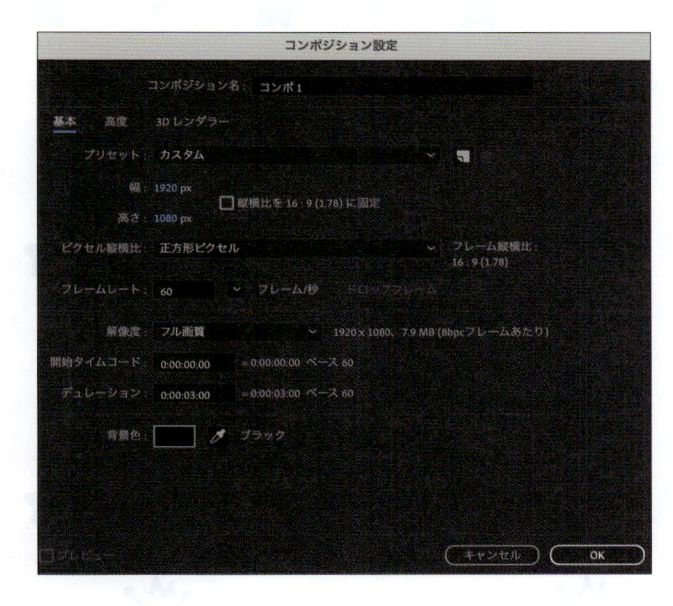

- **コンポジション名**：任意の名前（ここでは「コンポ1」）
- **幅と高さ**：1920×1080
- **フレームレート**：60フレーム
- **解像度**：フル画質
- **デュレーション**：3秒
- **背景色**：黒

コンポジションの設定内容をあとから変更したい場合は、Ctrl／Command+Kキーを押します。「デュレーション」は、動画の全体の長さ、開始から終了までの時間のことを指します。ここでは、動画の長さを3秒に設定していることになります。

背景とシェイプの作成

これで、新しいコンポジションを作成できました。タイムラインに何も配置していないので、コンポジションパネルには黒いキャンバス（透明なキャンバス）だけが表示されています。ここから、簡単な操作を覚えるための基本的なアニメーションをつけていきます。

1 最初に、背面の下地を準備しましょう。「レイヤー」→「新規」→「平面」(Ctrl／Command+Y) を選択します。

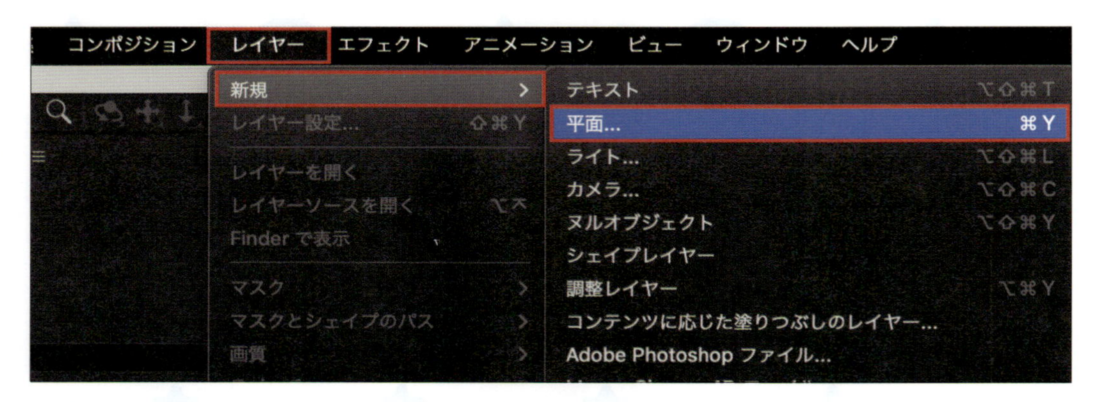

2 「平面設定」ダイアログが表示されるので、以下のように設定します。

・**カラー**：グレー系

幅と高さはコンポジションのサイズがあらかじめ入力されているので、そのままにします。平面の設定は、Ctrl／Command+Shift+Y で再設定が可能です。

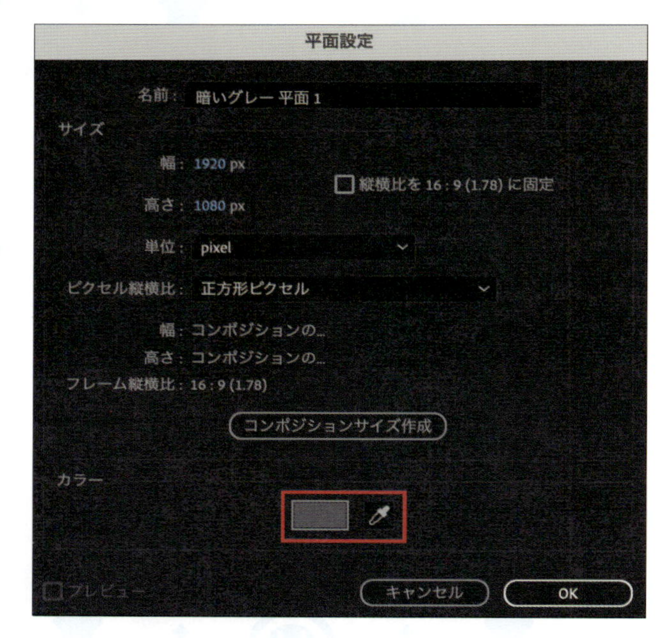

3 アニメーションをつけるためのオブジェクトを作成します。ここでは、シェイプレイヤーにアニメーションをつけてみます。ツールパネルの長方形ツールをクリックします。

4 ツールパネルに、塗りと線の設定項目が表示されます。線をクリックし❶、線オプションを表示します。線の非表示アイコンをクリックし❷、線を非表示にします。線の隣の□をクリックすると❸、線のカラーを変更することができます。
塗りが表示されていない場合は、線オプションの表示で行ったように、ツールパネルに表示された塗りをクリックで塗りオプションを開き、塗り表示をオンにします。

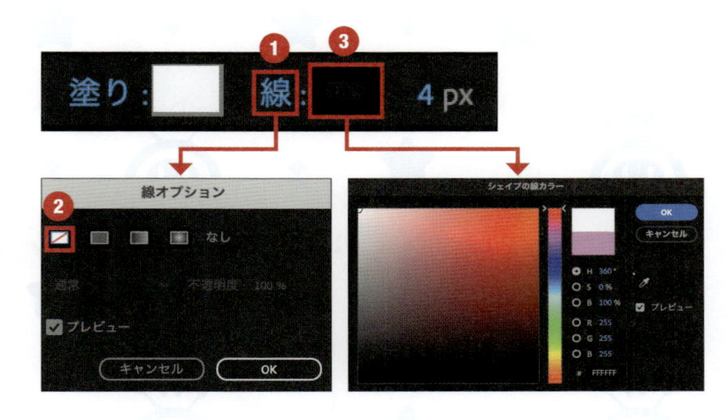

5 塗りと線の設定が完了したら、コンポジションパネル上でドラッグします。すると、シェイプレイヤーが作成されます。タイムラインパネルにも、シェイプレイヤーが新しく作られます。

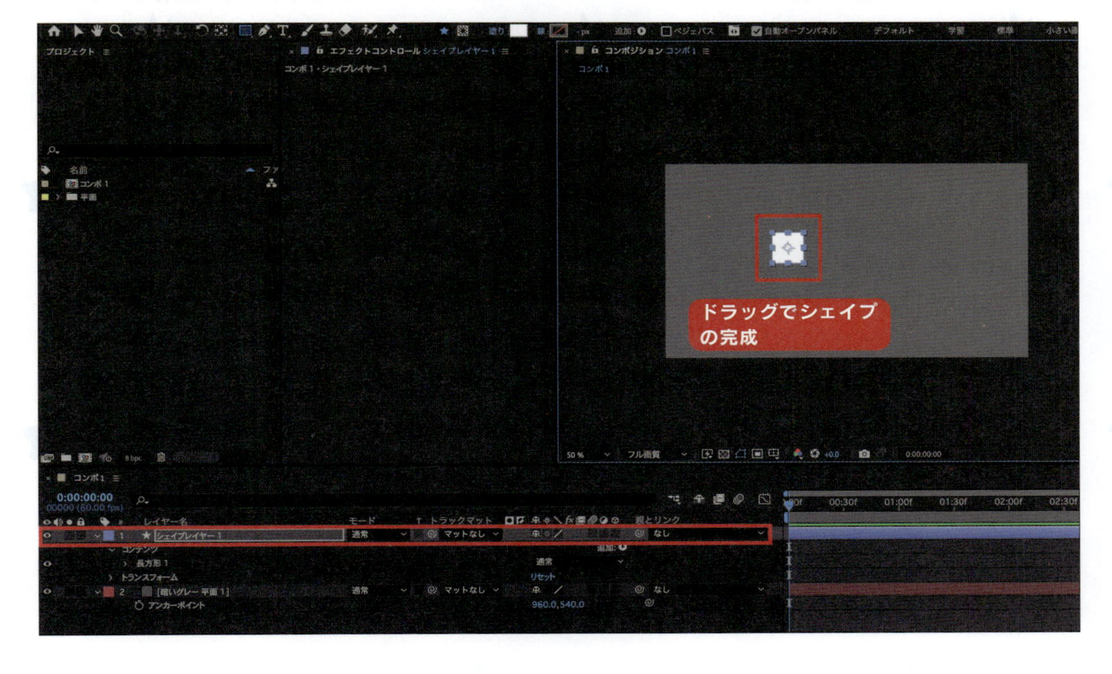

移動アニメーションを作る

アニメーションを設定する

前節で作成したシェイプレイヤーに、アニメーションをつけていきます。

1 最初に、アンカーポイントがシェイプレイヤーの中央に来ていない場合は「レイヤー」→「トランスフォーム」→「アンカーポイントをレイヤーコンテンツの中央に配置」を選択します。これで、アンカーポイントを中央に設定することができます。

ショートカットキー

アンカーポイントを中央に設定：Ctrl ／ Command ＋ Alt ＋ Home

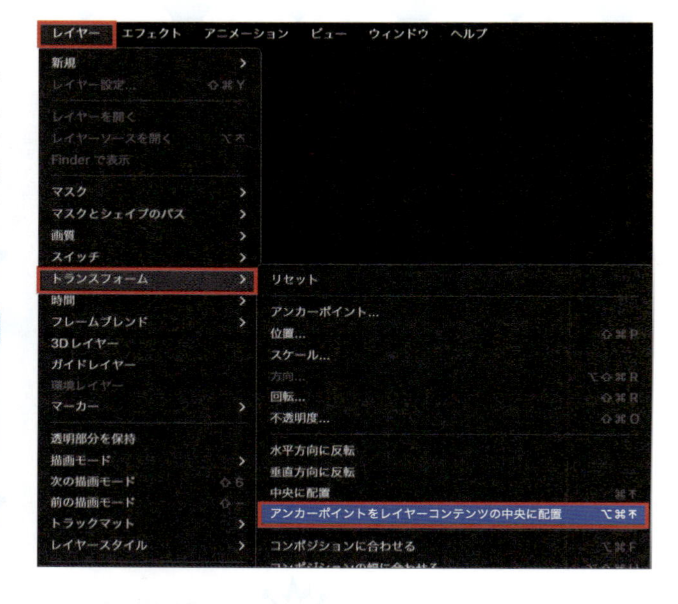

2 次に、シェイプレイヤーをコンポジションの中央に移動します。「レイヤー」→「トランスフォーム」→「中央に配置」を選択します。

ショートカットキー

コンポジションの中央にシェイプレイヤーを配置：Ctrl ／ Command ＋ Home

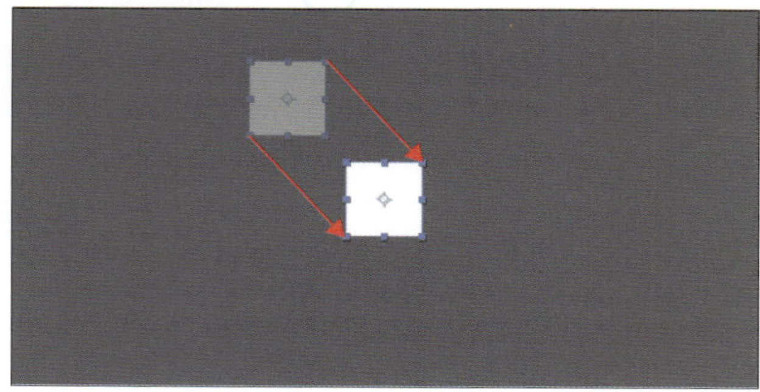

3 タイムラインに作られたシェイプレイヤーを展開し❶、「トランスフォーム」の中を開きます❷。ここでは、「位置」を使ってアニメーションを入れてみます。

4 タイムラインのインジケーターをドラッグし、一番左の0Fへ移動させます。インジケーターは、タイムライン上で現在のフレームを示すマーカーです。インジケーターを左右に動かすことで、時間を進めたり戻したりしてアニメーションを確認できます。

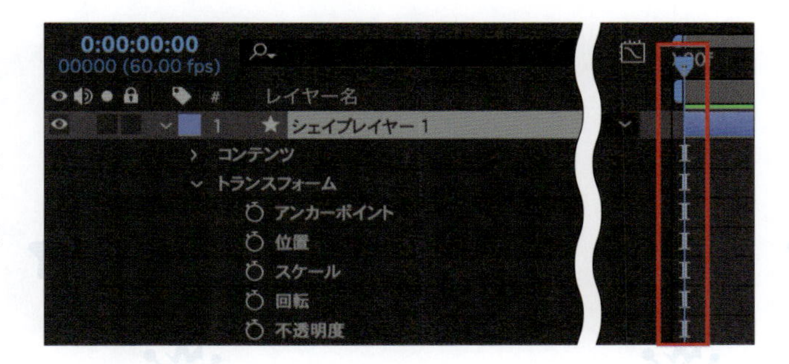

5 トランスフォームのストップウォッチアイコンをクリックすることで、情報を記録することができます。ここでは、「位置」の左にあるストップウォッチアイコンをクリックします❶。すると、インジケーターの方に◇のアイコン(キーフレーム)が追加されます❷。これで、0Fに位置の情報が記録されました。

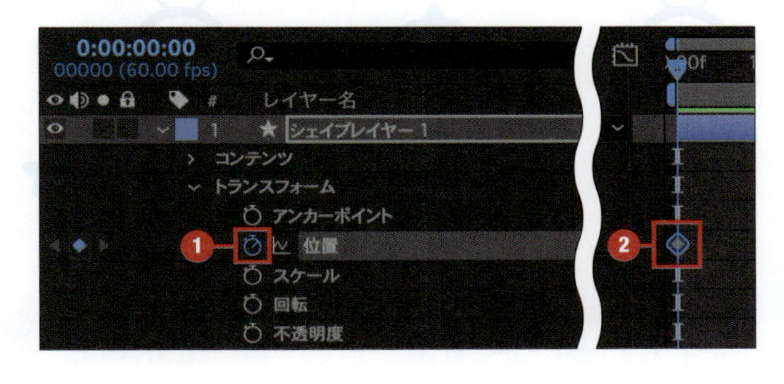

6 次に、インジケーターを最後のF(2:59)までドラッグして移動させます。

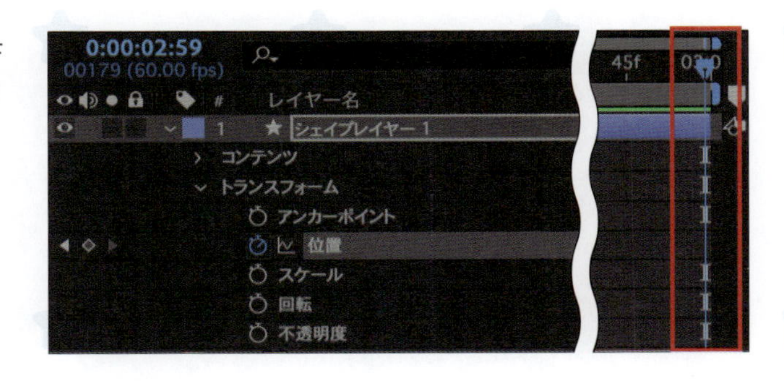

7 選択ツールをクリックし、コンポジションパネルでシェイプレイヤーを好きな場所へドラッグします。コンポジションパネル上では移動のラインが引かれ、タイムライン上では◇が新たに打たれます。ストップウォッチを一度押すと、変更した内容は自動でタイムライン上に記録されていきます。

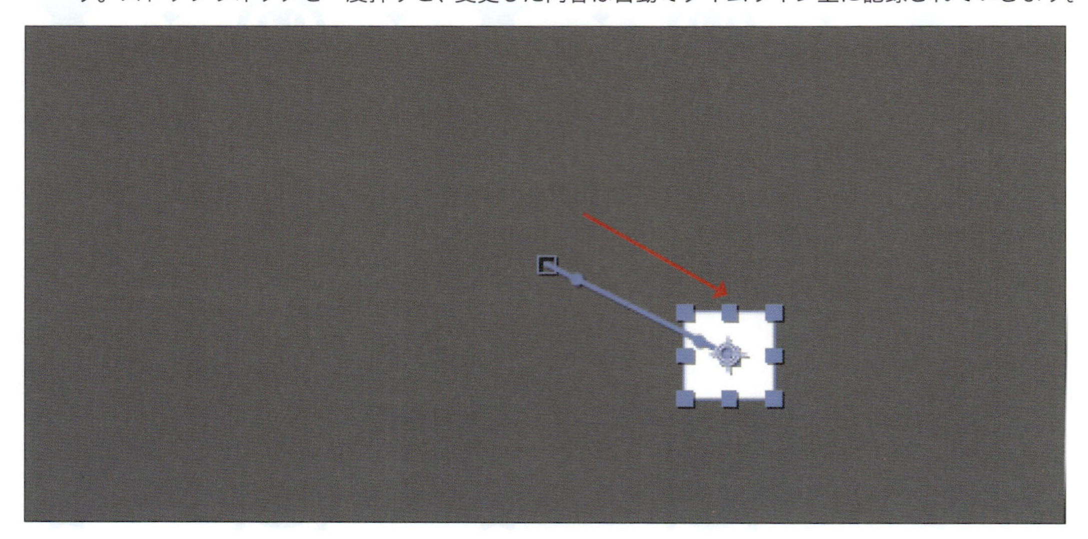

8 インジケーターを0Fに移動させ、スペースキーを押してアニメーションを再生／停止します。最初に打ったフレームの位置（0F）から最後に打ったフレームの位置（2:59）まで、シェイプレイヤーが移動するアニメーションが再生されます。なお、入力モードが日本語入力モードになっていると、アニメーションが再生されません。英語入力モードの状態で、スペースキーを押します。

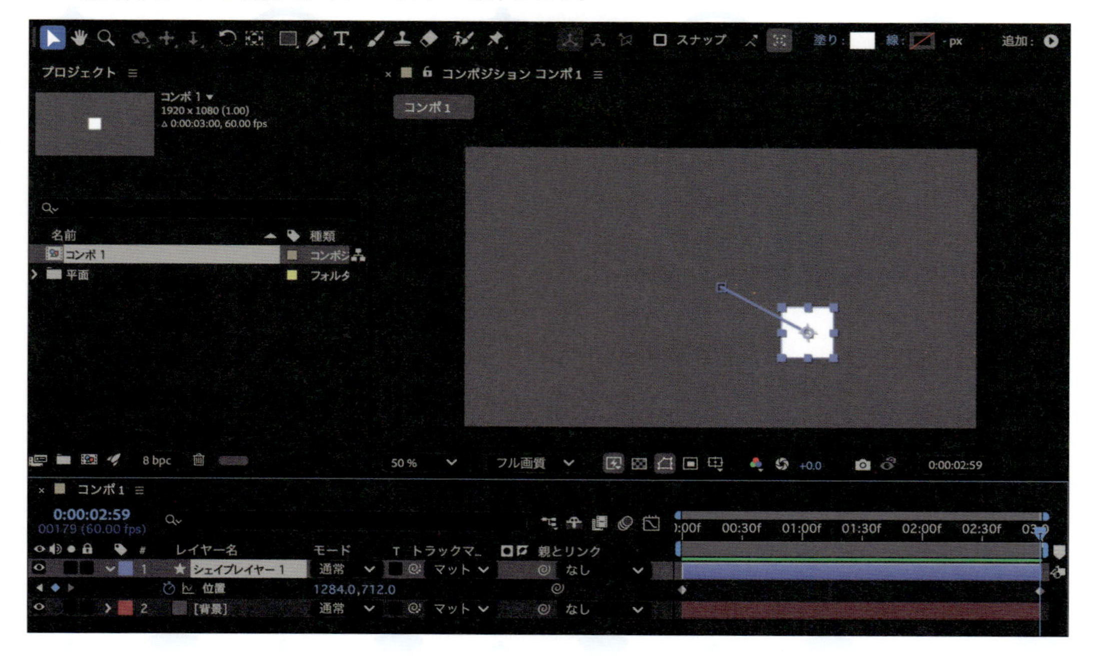

ここでは位置のアニメーションを作成しましたが、ゲームUIアニメーションでは他にもスケール、回転、不透明度のアニメーションをよく作成します。いろいろなアニメーションを作ってみてください。

明滅アニメーションを作る

素材の追加

続いて、UIアニメーションでよく利用する明滅アニメーションを作成してみます。最初に、明滅させるための素材を追加します。

1 新しくコンポジションを作りましょう。Ctrl／Command+Nキーで、新規コンポジションを作成します。

- **コンポジション名**：任意の名前
- **幅と高さ**：500×500
- **フレームレート**：60フレーム
- **解像度**：フル画質
- **デュレーション**：3秒
- **背景色**：黒

2 次に、使用する素材、P.6にあるDL素材の「OKボタン.png」をAfter Effectsのプロジェクトパネルにドラッグ&ドロップします。これで、After Effectsに素材を読み込むことができます。

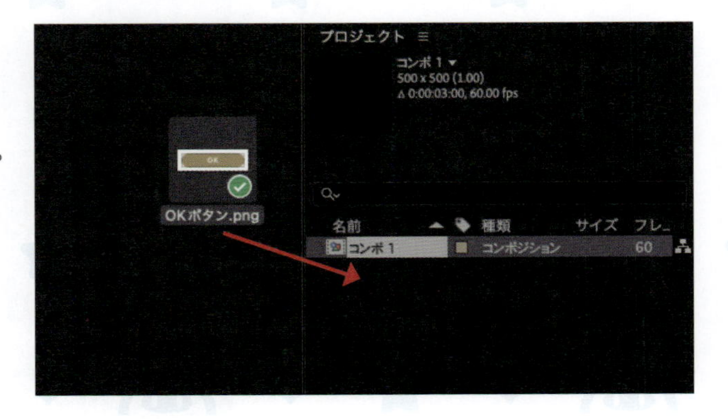

3 プロジェクトパネルに追加した素材を、タイムラインパネルにドラッグ＆ドロップします。タイムライン上に配置された素材には、シェイプの時と同様、「位置」「スケール」「回転」「不透明度」などのアニメーションをつけることができます。

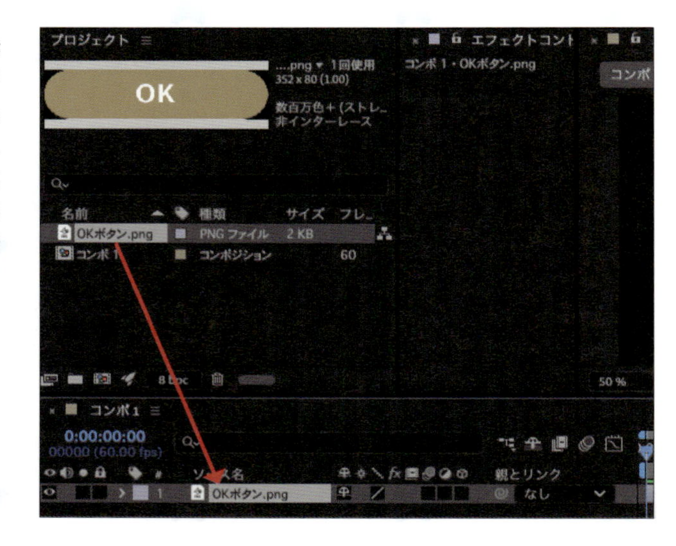

画像の明滅

続いて、読み込んだ画像に対して明滅するアニメーションを設定していきます。

1 Ctrl／Command+Dキーを押して、タイムラインパネルに配置した画像を複製します。続いて、複製した画像のモードを「加算」に変更します。「加算」に設定することで、画像が明るくなります。モードの項目が表示されていない場合は、タイムライン左下にあるアイコンをONにすることで表示できます。

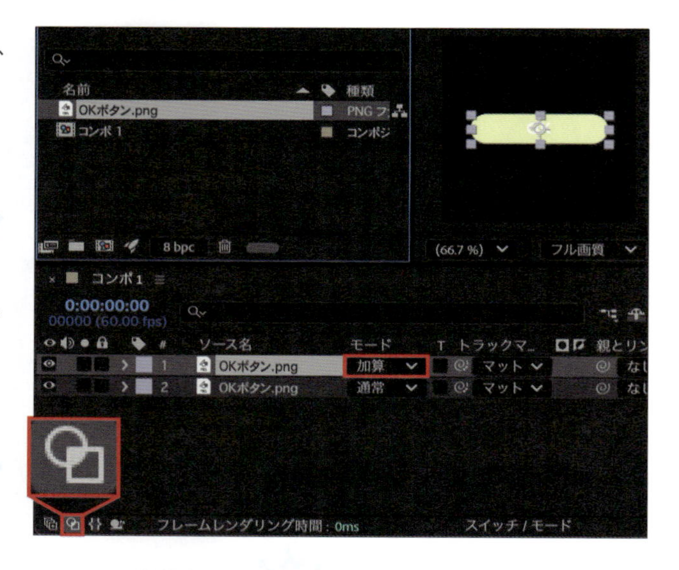

2 明滅は、加算モードに設定したレイヤーの「不透明度」にアニメーションを設定することで作成できます。ショートカットキーTで不透明度のアニメーションを開き、インジケーターが0Fの位置で❶、ストップウォッチをクリックします❷。これで、アニメーションの記録が開始されます。

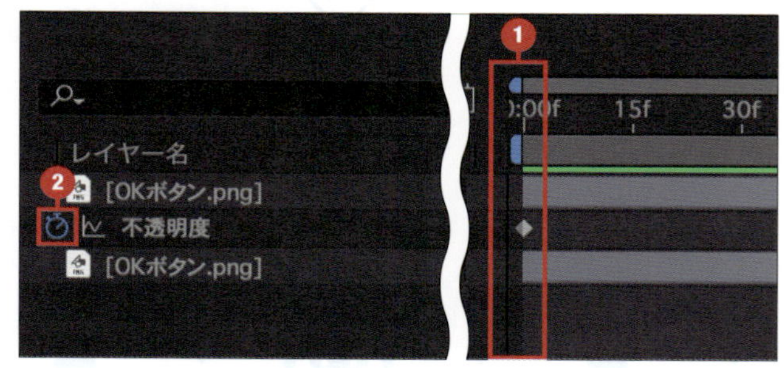

3 次に、インジケーターが90Fの位置で、「不透明度」を0%に設定します。最後に、179Fの位置で「不透明度」を100%（素材によっては少し明るくなるくらい）に設定します。スペースキーを押すと、明滅アニメーションの動画が再生されます。

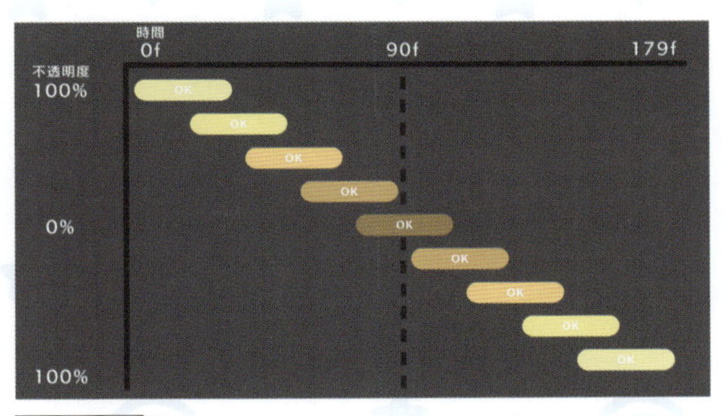

よくある画像データの消失

After Effectsに読み込まれた素材は、画像の格納先パスを参照しています。そのため画像の元ファイルを移動させると、リンク外れを起こしてしまいます。リンクが外れた時は、プロジェクトパネルでリンク外れを起こした画像を右クリックし、「フッテージの置き換え」から画像のリンクを読み込み直しましょう。

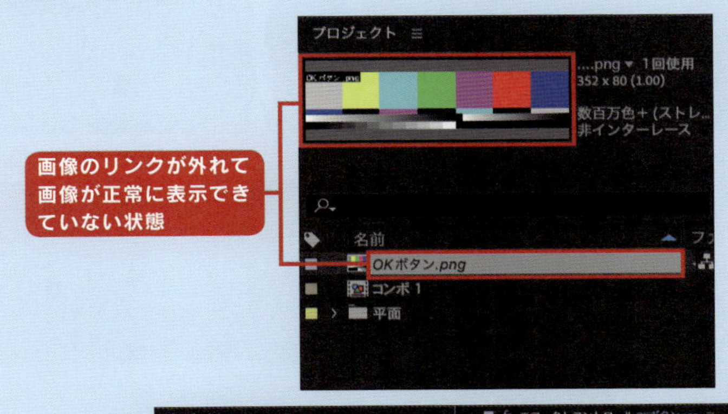

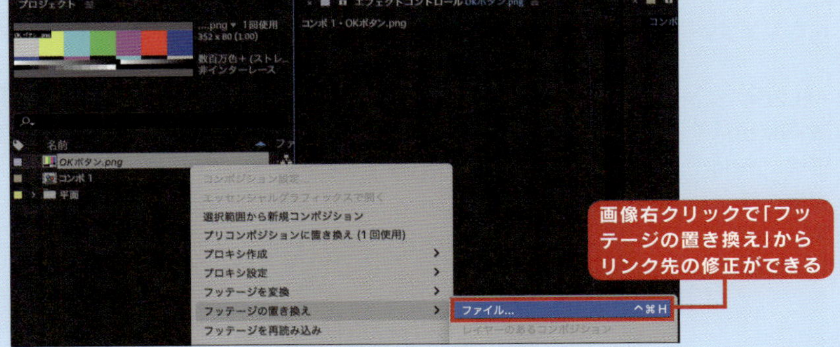

After Effectsの実践 4

アニメーションを書き出す

動画の書き出し

作成したアニメーションは、動画として書き出します。

1 書き出したいコンポジションを選択し、「ファイル」→「書き出し」→「レンダーキューに追加」（Ctrl + M / Command + Shift + /）を選択し、レンダーキューウインドウを表示します。

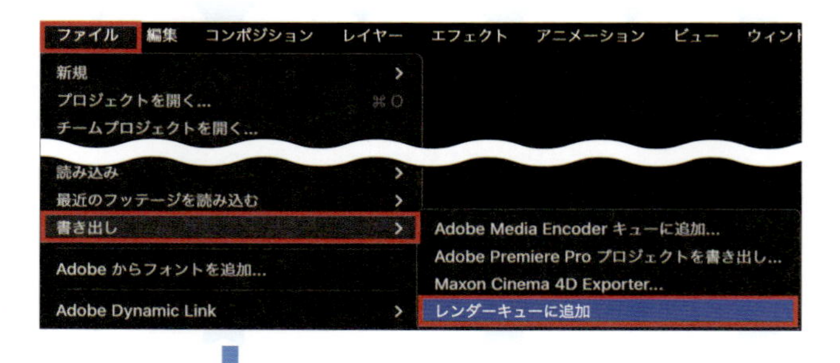

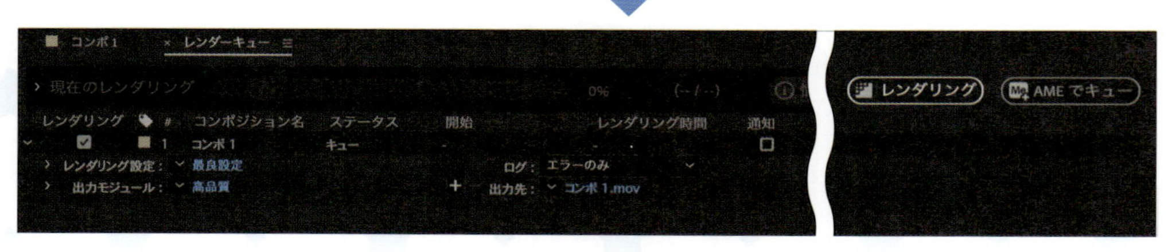

2 書き出し設定を行います。「出力モジュール」で「H.264-レンダリング設定を一致-5Mbps」を選択すると、mp4形式で圧縮されたファイルが書き出されます。次の設定2つが、UIアニメーションでもっともよく利用される書き出し設定になります。

・**H.264-レンダリング設定を一致-5Mbps**
形式：mp4
容量：軽い
用途：サンプル動画などの確認用ファイル

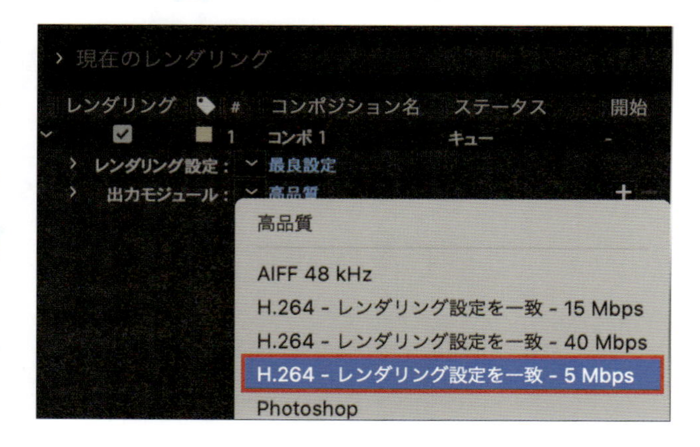

・アルファ付き高品質
形式：mov
容量：重い
用途：実機に動画を載せる場合など、高品質な状態の納品用ファイル

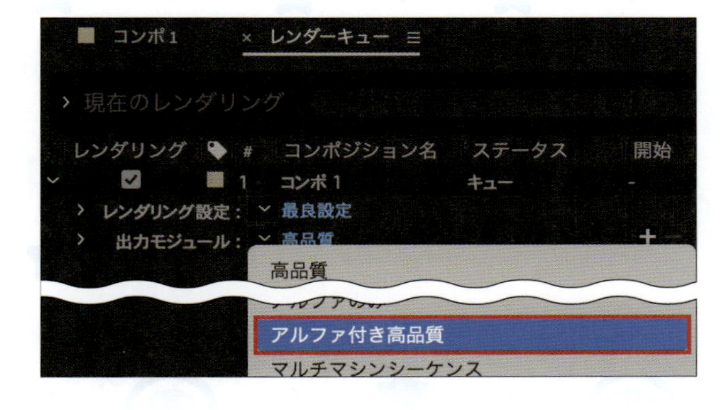

「出力先」で、書き出すファイルの保存場所を指定します。

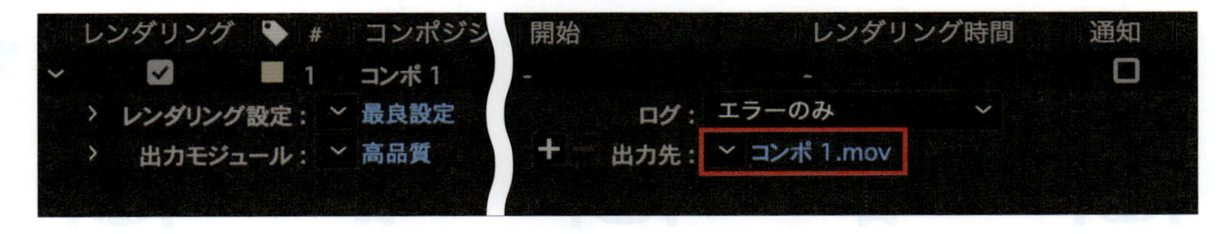

4 「レンダリング」をクリックすると、書き出しが行われます。

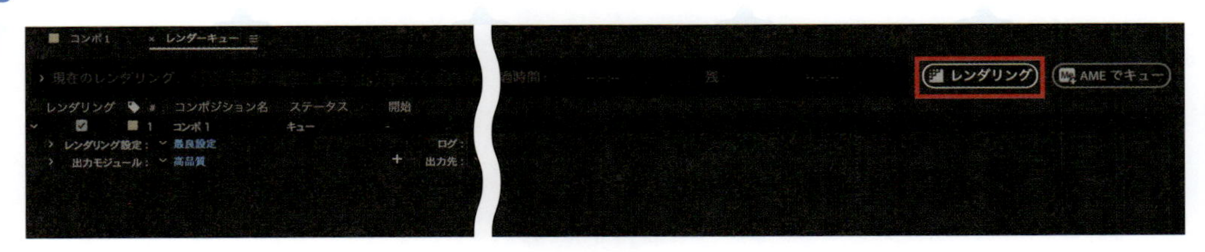

CHECK

書き出し専用ツール「Adobe Media Encoder」

Adobe Media Encoder は、様々なフォーマットで複数の動画を書き出すことができるツールです。After Effects のレンダリングでは書き出し中は作業ができないのですが、Adobe Media Encoder では書き出し中も After Effects で動画編集ができるため、非常に便利なツールとなります。
Adobe Media Encoder は、After Effects の「ファイル」→「書き出し」→「Adobe Media Encoder キューに追加」から起動することができます。

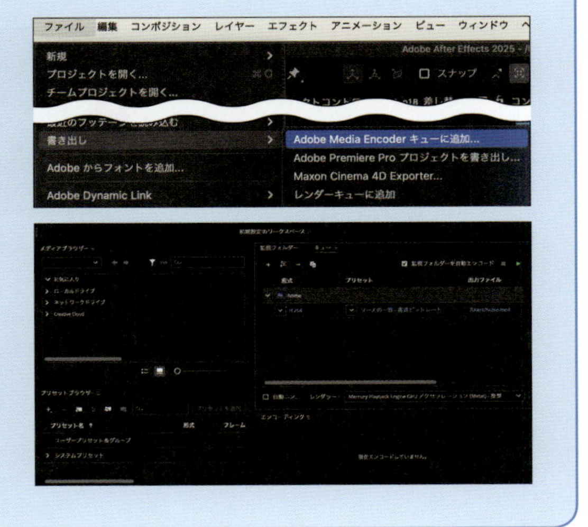

UIアニメーション制作の必須機能

After Effectsの全機能を覚える必要はない

After Effectsには、非常に多くの機能が搭載されています。これらの機能を、すべて覚える必要はあるのでしょうか？　同じゲームクリエイターでも、役割によってAfter Effectsを使う目的は異なります。エフェクトデザイナーはエフェクトの素材制作に、アニメーションデザイナーはUIや演出のサンプル動画制作や素材制作に、動画クリエイターはCM、PVなどの宣伝用動画の制作にといった形で、目的が異なれば、使用するAfter Effectsの機能も異なります。その中でUIアニメーションという分野に絞ると、After Effectsの一部の機能を使って制作が可能です。ここからは、UI制作に携わるアニメーションデザイナーが、UIアニメーションを作成する時に使用する必須の機能を解説していきます。

エフェクトデザイナー

アニメーションデザイナー

動画クリエイター

UIアニメーション作成に必要なAfter Effectsの機能

UI アニメーションの作成に必要な After Effects の基本機能には、以下のようなものがあります。このうちの「アンカーポイント」「位置」「不透明度」については、すでに解説した通りです。「回転」はオブジェクトを回転させる機能、「スケール」はサイズを変更する機能です。

●アンカーポイント（A） ●位置（P） ●回転（R） ●スケール（S） ●不透明度（T）

これらの機能を使いこなせれば、必要最低限の UI アニメーションを作ることができます。ただし、より気持ちのよい動きや見栄えの細かなクオリティを上げるには、上記に加えて覚えておくべき機能が 5 つあります。以降で、これらの 5 つの必須機能について詳しく解説を行っていきます。

●グラフエディター（P.274）
カーブを使用してアニメーションのタイミング、速度を調整します。

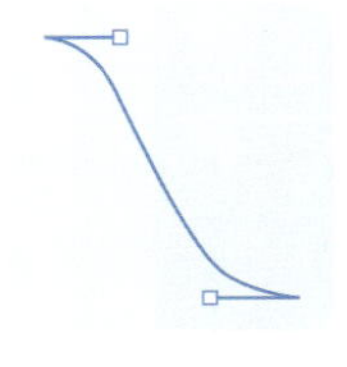

●トラックマット（P.281）
マスク機能です。

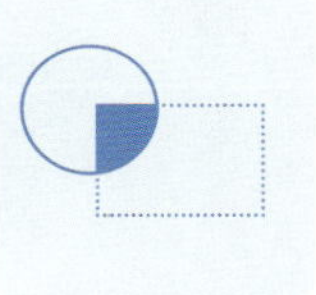

●親子関係（P.278）
親のアニメーションに子が追従します。

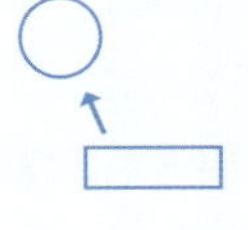

●エフェクト（P.284）
パーティクルやオブジェクトの歪みなど、さまざまな効果を入れることができます。

●エクスプレッション（P.287）
複雑な動きを簡略化し、効率化を図ることができます。

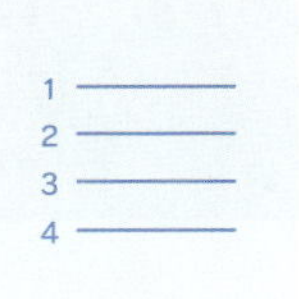

グラフエディター

グラフエディターとは

グラフエディターは、アニメーションの動きのタイミングや速度の細かい調整を行うことができる機能です。ベジェ曲線を扱うようにグラフのカーブを変更することで、アニメーションの動きを直感的に調整できます。グラフエディターは利用頻度が非常に高い機能です。速度調整はアニメーションの気持ちよさに直結するため、基本的にはほぼすべてのキーフレームでグラフエディターを使用し、速度調整をすることになります。

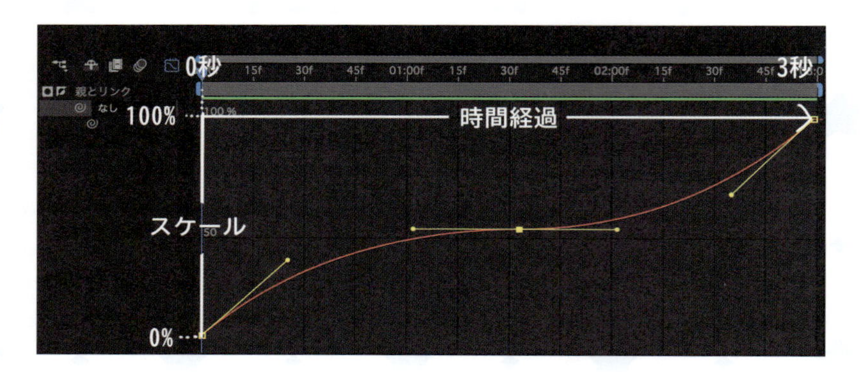

スケールを例に、グラフの見方を見ていきます。縦がスケールの 0% ～ 100% の数値変化、横が時間になります。グラフのカーブを変化させることで、数値の変化に緩急をつけることができます。以下のグラフは、0 秒時点ではスケールは 0% で、1.5 秒でスケールはおよそ 50% に変化し、3 秒ではスケールが 100% に変化しています。最初の 0 ～ 1 秒の動きは加速から減速し、1 ～ 2 秒は緩やかに上昇し、2 ～ 3 秒はゆっくり加速して一気にスケール 100%に変化している様子を表しています。

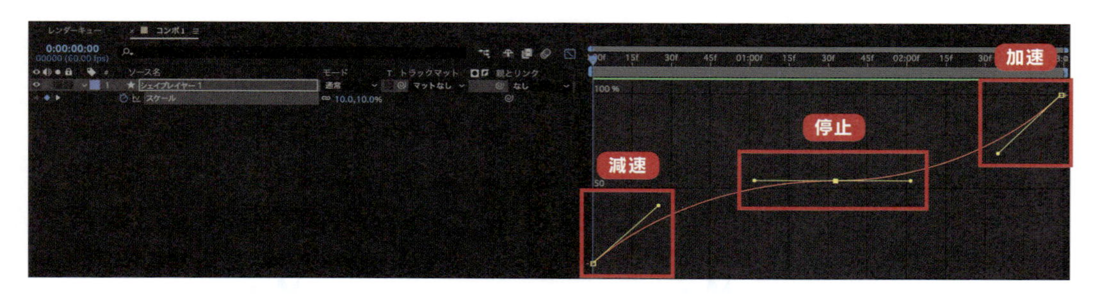

グラフエディターでは、このイージングのカーブを使い分け、調整をすることで様々な緩急をつけていきます。5-4（P.227）でもイージングについては書きましたが、イージングは基本のイーズアウト、イーズイン、イーズインアウトを使用し、グラフエディターで調整を入れることで、気持ちのよいアニメーションを作り上げていきます。

制作効率を上げる「Flow パネル」

UI アニメーション制作中は、よく使う機能だけを表示させ、不要な画面は非表示にすることで、ゲーム制作のクリエイティブに集中できるようになります。ワークスペースに表示させるおすすめのウィンドウには、P.248 で解説したパネルのほかに、「Flow パネル」（https://flashbackj.com/product/flow）があります。

Flow パネルは有料のプラグインで、作業スピードが上がる便利なツールです。Flow パネルでは、グラフエディタを開かずにアニメーションカーブの調整ができます。またプリセットに設定を登録することで、ワンクリックでアニメーションカーブを調整することができます。After Effects ではグラフエディターを開くためにワンステップ必要で、そこから手動でカーブの調整をする必要があるなど、手間と時間がかかります。Flow パネルに基本的なイージングを登録しておくことで、かなりの時間短縮が可能になります。

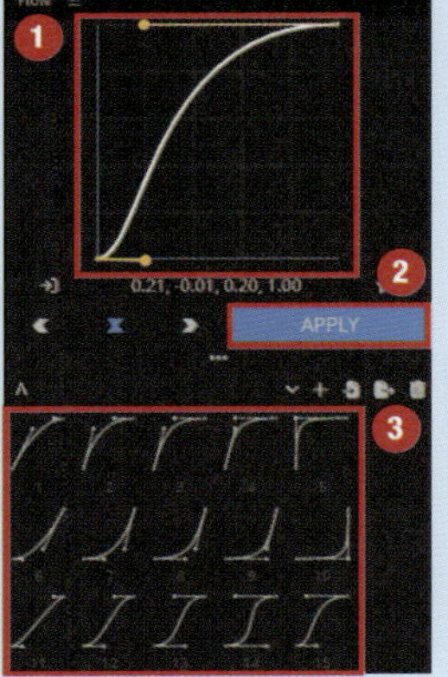

❶カーブを自由に調整可能
❷ APPLY で選択中のキーフレームにカーブを反映
位置など次元に分割しなくてもカーブの反映が可能
❸プリセット化で簡単にカーブの呼び出しが可能

グラフエディターの使い方

アニメーションの動きを、グラフエディターを使って調整していきます。グラフエディターでよく使うショートカットはP.257で解説しているので、ショートカットを使って制作してみると、より効率的に作成することができます。

1 P.264の方法で、左から右へオブジェクトが移動するキーフレームをタイムラインで打ちます。ここでは位置を横にずらしたキーフレームを打ってみます。

2 左側のキーフレームを右クリックし、「キーフレーム補助」→「イージーイーズ」を選択します。イージーイーズは、ゆっくりと加速、ゆっくりと減速した動きになります。

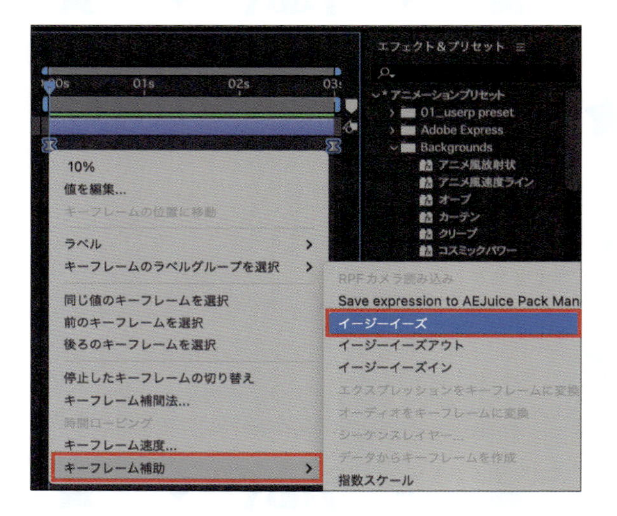

3 「グラフエディター」をクリックします。

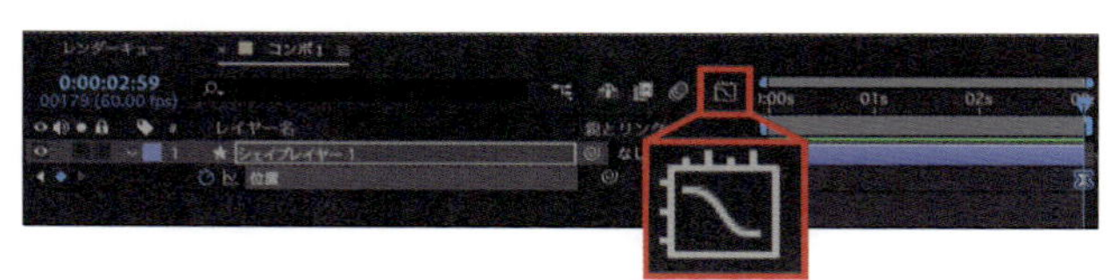

4 タイムラインがグラフエディターに切り替わります。位置にはX軸とY軸の移動があるため、赤と緑の2本の線が出ています。それぞれ、以下のような意味があります。

・赤の線：X（横移動）
・緑の線：Y（縦移動）

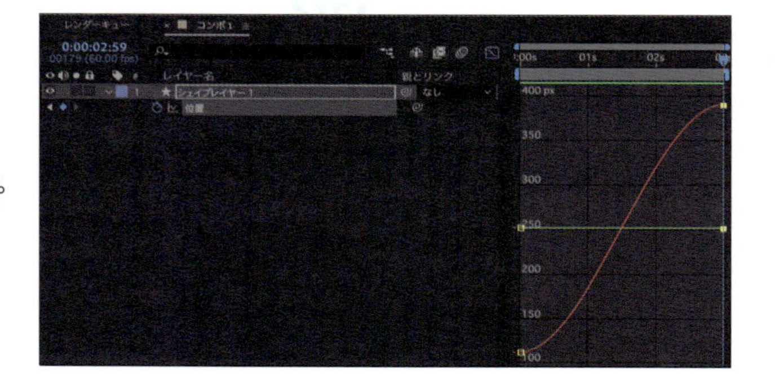

5 現在の状態では、X、Yを個別に調整することができません。「位置」を右クリックし、「次元に分割」をクリックします。

6 すると、「位置」がX位置とY位置に分かれ、個別に編集をすることができるようになります。グラフ上に打たれているXのキーフレームを選択することで、Xのキーフレームだけハンドル操作が可能になります。

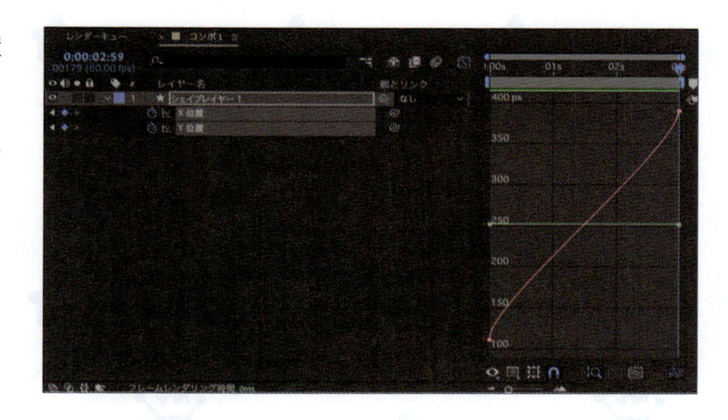

7 ここでは、X位置の横移動のみのアニメーションを調整します。グラフの縦軸の数字は、移動するXの位置を単位pxで出しています。横軸が時間になっていて、カーブで加速減速を細かく調整することができます。

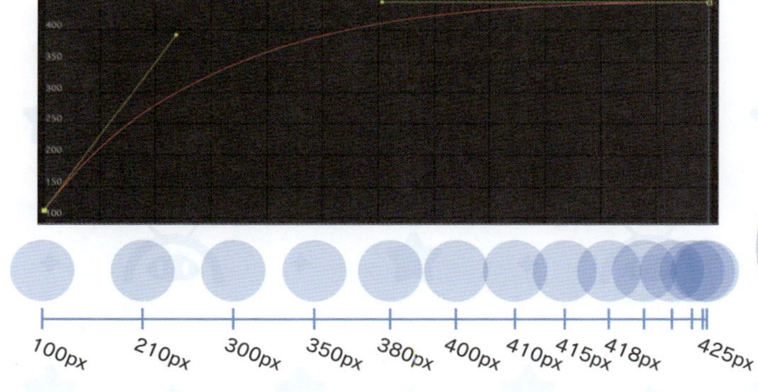

8 カーブを使うと、2点のキーフレームで動きに予備動作[※1]やオーバーシュート[※2]する動きも入れることができます。

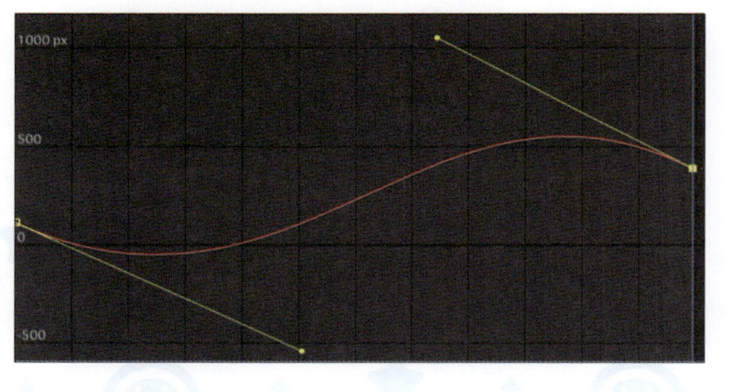

※1 **予備動作**：オブジェクトが動き始める前に反対の動きを入れること。例えば、ジャンプする時にかがむ行為が予備動作になる。

※2 **オーバーシュート**：目的地点を少し通り過ぎてから目的地点へ止まること。

親子関係

親子関係とは

親子関係は、親レイヤーに子レイヤーが追従する動きをつけることのできる機能です。子レイヤーに親レイヤーと同じキーフレームを打たなくてもよくなるため、とてもよく使う機能の１つです。親子関係では、「位置」「スケール」「回転」の３つの要素で子レイヤーを親レイヤーに追従させることができます。「不透明度」は、親レイヤーと子レイヤーで独立したものになるため追従させることはできません。なお、親子関係では子レイヤーに親レイヤーが追従することはありません。そのため、親レイヤーとは無関係に子レイヤーだけを動かすことが可能です。

UI アニメーションでは、画面遷移の時にボタン等を一括で移動させたい場合、１つのオブジェクト（親）にのみ移動アニメーションをつけておき、残りのレイヤー（子）は親へ追従させることで、まとめて移動させることができます。

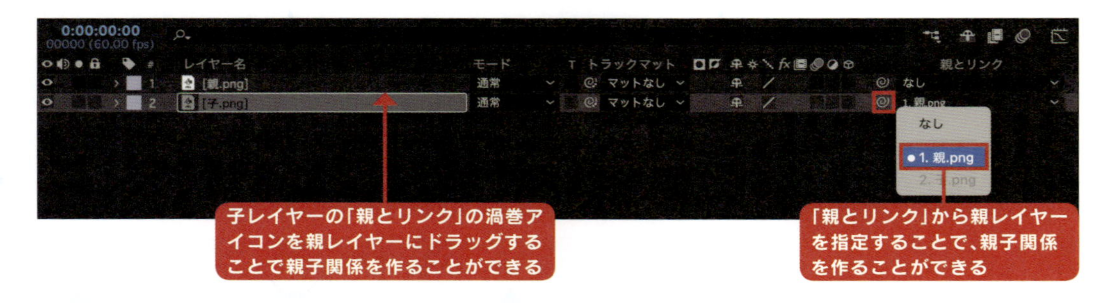

●位置

親レイヤーの位置が変わると、子レイヤーも同様に移動します。

●スケール（拡大）

親レイヤーの拡大に合わせて、子レイヤーも拡大します。

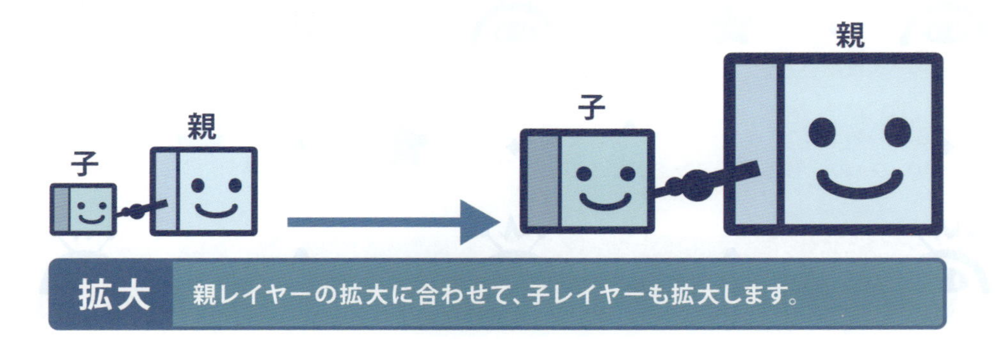

●回転

親レイヤーの回転に合わせて、子レイヤーも回転します。

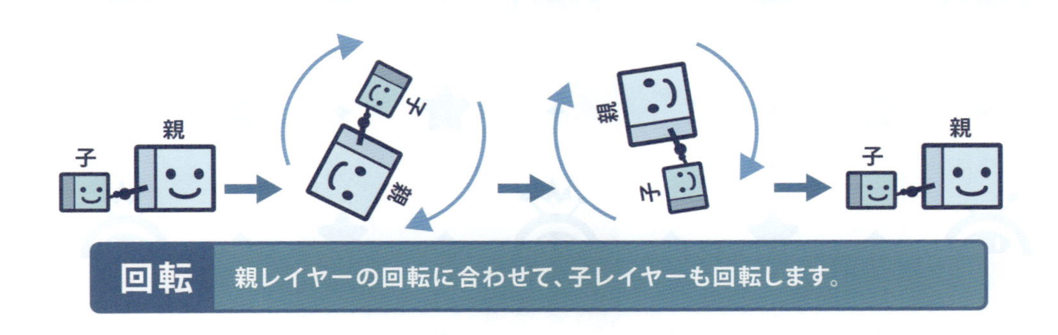

●不透明度

親レイヤーの透過は子レイヤーには影響せず、親レイヤーだけが消えます。

親子関係

親子関係の使い方

親子関係の使い方を紹介します。

1 あらかじめ、親にするレイヤーと子にするレイヤーを作っておきます。子レイヤーの右側にある「親とリンク」の渦巻きアイコンをドラッグし、追従させる親レイヤーの名前にドロップします。

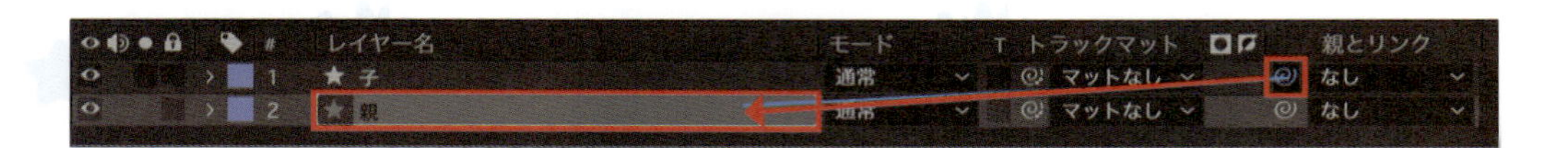

2 すると、渦巻きの右側の欄に「2. 親.png」と書かれ、子が親に追従する設定が完成します。

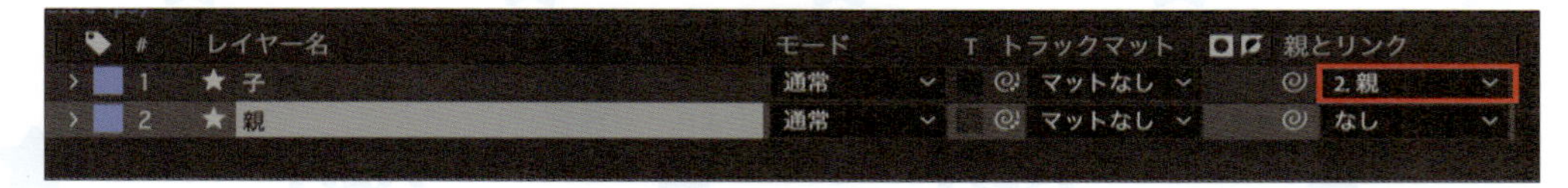

3 渦巻きをドラッグせず、「親とリンク」のプルダウンメニューから親にしたいレイヤーを選ぶこともできます。

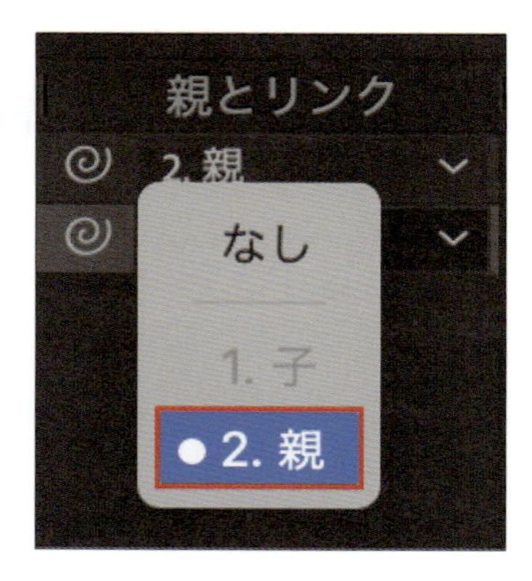

4 複数のレイヤーを選択した状態で渦巻きアイコンをドラッグ＆ドロップすることで、親子関係を一括で設定することもできます。プルダウンから選択して一括設定を行うことも可能です。

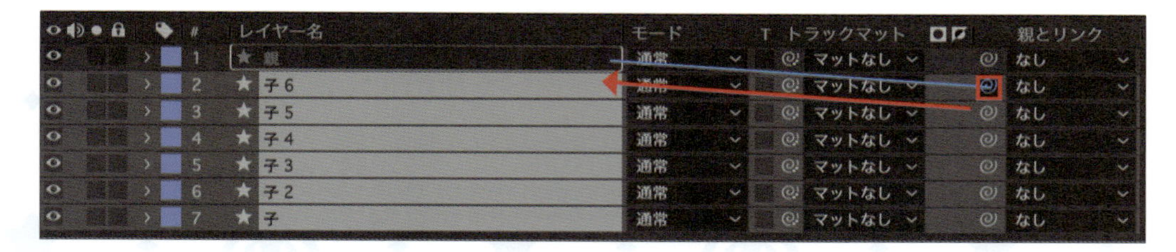

UIアニメーション必須の機能 ④

トラックマット

トラックマットとは

トラックマットには、アルファマットとルミナンスマットの２種類の機能があります。オブジェクトの形で型抜きするのがアルファマット、輝度で型抜きするのがルミナンスマットです。UIアニメーションでは、ボタン内にエフェクトを出したい時や文字に光を当てたい時などにトラックマットを使用することが多いです。

●アルファマット

アルファ（透明部分）以外が表示され、オブジェクトの形に型抜きをすることができます。アルファマットでは、不透明から透明へグラデーションした画像を使うことで、画像を滑らかに消すことができます。

●ルミナンスマット

輝度の明るい方が表示され、暗い方は非表示になります。グラデーションによる明るさにも対応しているので、滑らかに画像を消すこともできます。

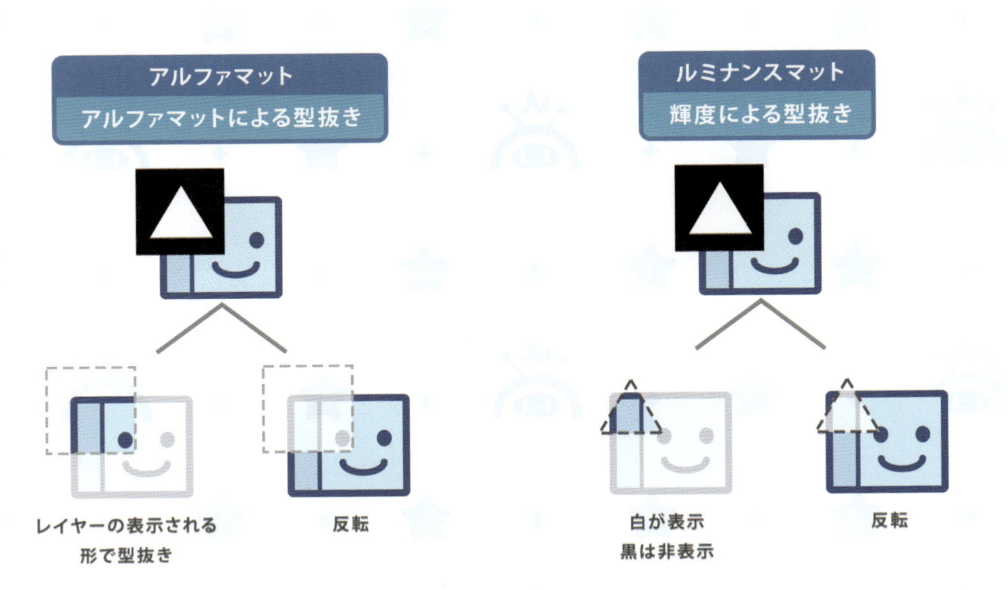

トラックマット

トラックマットの使い方

トラックマットの使い方を解説します。

1 あらかじめ、型抜きの対象となるレイヤーと、型抜きを行うための画像レイヤーを作成しておきます❶。型抜き用の画像レイヤーのトラックマット列の渦巻きアイコンを、型抜きの対象となるレイヤー名へドラッグ&ドロップします❷。

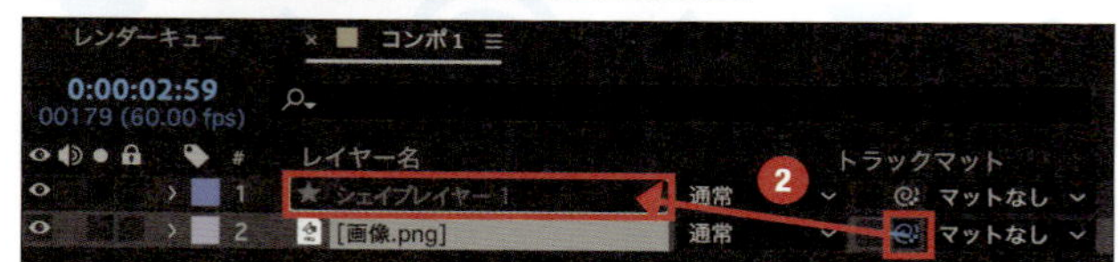

2 アルファマットとして、画像が型抜きされます。

アルファマット設定

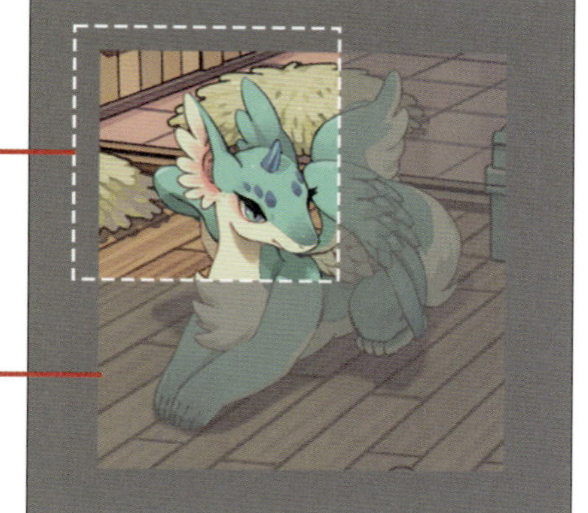

白いシェイプレイヤーの型の範囲だけ表示

白いシェイプレイヤーの型以外の範囲は表示されなくなる

3 トラックマットが設定されると、レイヤー名の左側にトラックマットのアイコンがつきます。

4 トラックマット列の右側にある2つのアイコンの右側をクリックすると、アルファマット（透明度での型抜き）を反転させることができます。トラックマット列の右側にある2つのアイコンの左側をクリックすると、アルファマットとルミナンスマットを切り替えることができます。

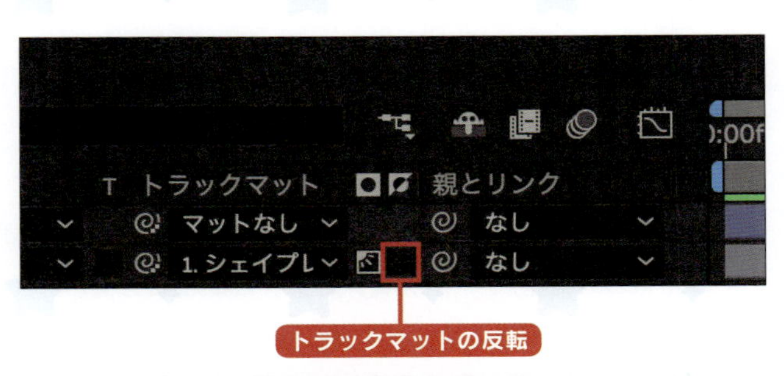

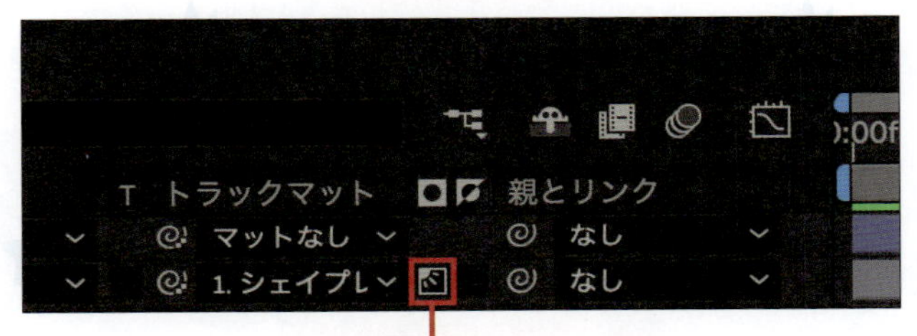

トラックマック反転で切り替え後の画像です。

今回は白い四角のシェイプレイヤーで型抜きをしましたが、テキストレイヤーでの型抜きもでき、演出作成ではよく使用されるので、色々試してみてください。

アルファマットを反転した状態

UIアニメーション必須の機能 5

エフェクト

エフェクト

After Effects のエフェクト機能を利用すると、多彩なエフェクトアニメーションを簡単に作成できます。花火や雨、キラキラエフェクトを表現できるパーティクルや、オブジェクトの変形、色の調整など、さまざまなエフェクトが存在します。エフェクトは非常に種類が多いので、いろいろなエフェクトを試してみることをおすすめします。UI アニメーションでは、レベルアップや報酬獲得などで particle エフェクトや文字の発光エフェクトなどを利用することが多いです。

CC Particle World エフェクトを使用

エフェクトの使い方

エフェクトの使い方を解説します。

1 エフェクトをかけたいレイヤーを選択した状態で、メニューからエフェクトを選択します。これで、エフェクトを適用できます。例えば「カラー補正」のメニューを見ると、カラーを変えるエフェクトの一覧が表示されます。ここでは、「色相／彩度」を選択してみます。

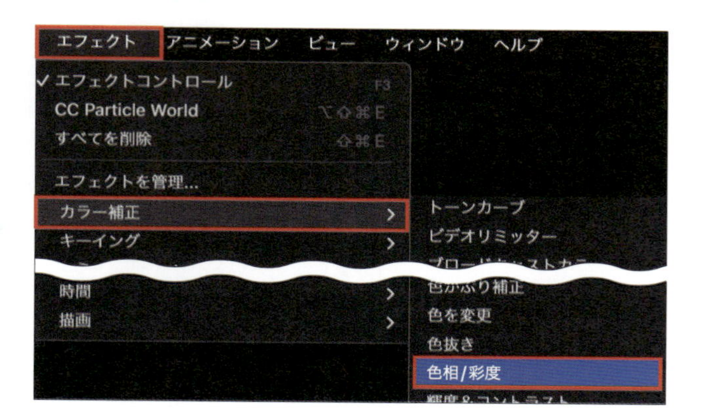

2 「色相／彩度」を選択すると、「エフェクトコントロール」に「色相／彩度」の設定項目が追加されます❶。ここで数値を設定することで、オブジェクトの色味を変えることができます。また、エフェクト名「色相／彩度」の左側にある「fx」をクリックすることで❷、エフェクトのオン／オフを切り替えることができます。

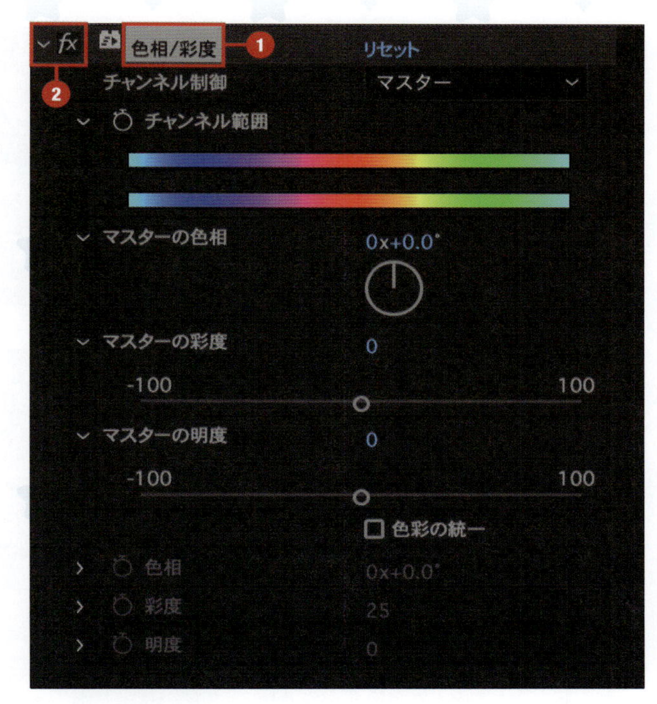

3 タイムラインにも、エフェクトを追加したレイヤーに「色相／彩度」の項目が追加されます。タイムラインとエフェクトコントロールのどちらからでも調整が可能です。

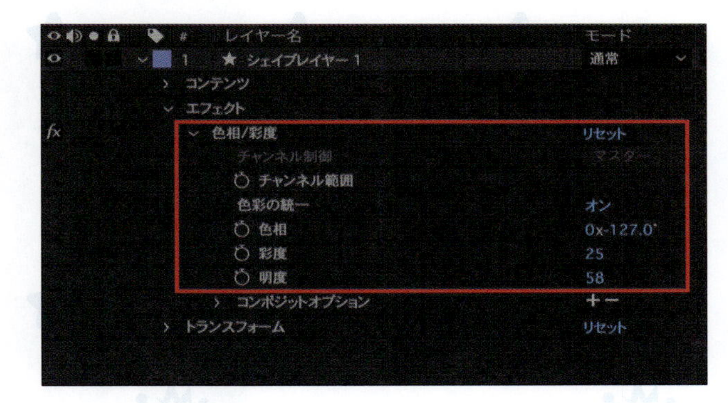

4 Eキーを押すことで、レイヤーに適用しているエフェクトのみをタイムラインに表示することができます。

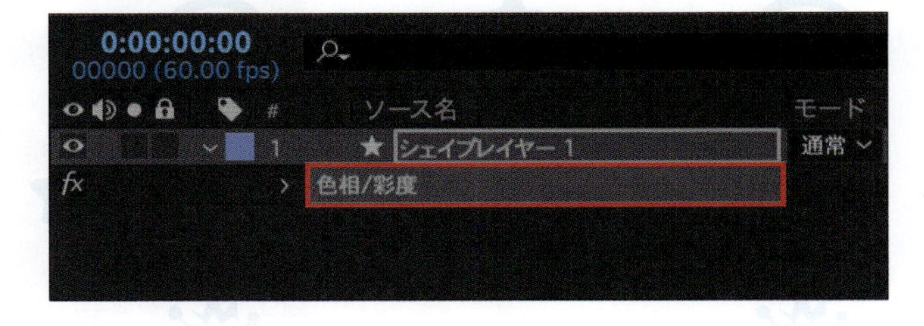

5 エフェクトは、「エフェクト＆プリセット」パネルから検索して適用することもできます。

6 「エフェクト＆プリセット」パネルのアニメーションプリセットには、エフェクトのテンプレートが豊富に揃っています。必要なプリセットを検索して、クリックするだけで適用できます。アニメーションプリセットのPresetsの中にbackgroundsがありますが、ここでは様々な背景に敷くエフェクトを呼び出すことができます。例えば「カーテン」を適用すると、高品質なカーテンエフェクトが作られます。その他、背景に雲を描画するエフェクトや、テキストを揺らすエフェクト、トランジションなど、さまざまなテンプレートが用意されています。

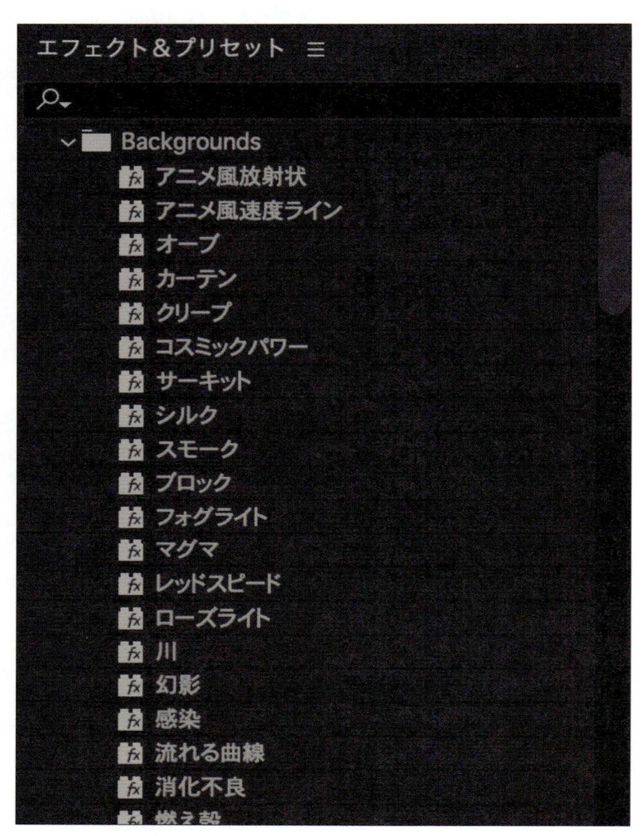

7 「Backgrounds/カーテン」のエフェクトを適用することで、ワンクリックでエフェクトが反映されます。

エクスプレッション

エクスプレッションを使用すると、アニメーション制作の一部を自動化し、複雑な動きを作成することができます。プロパティの値を動的に制御したり、他のレイヤーのプロパティにリンクしたり、時間に基づいて値を変化させたりすることができます。これにより、手動でキーフレームを設定するよりも、すばやく、精密なアニメーションを作ることが可能になります。本書ではエクスプレッションを使ってUIアニメーションを作ることはないので、ここでは簡単に説明をしておきます。After Effectsに慣れてきたら、次のステップとしてエクスプレッションを使ってみるのがよいと思います。

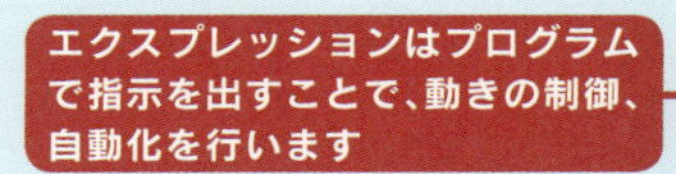

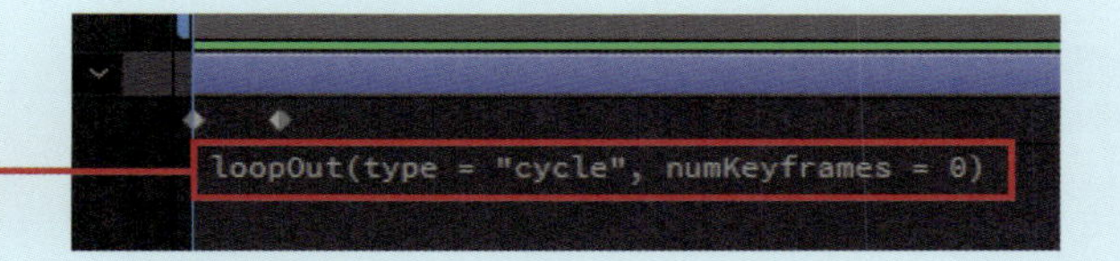

ここでは、ループのエクスプレッションを作ってみます。0fにスケール10,10%のキーフレームを打ち、60fに100,100%のキーフレームを打ちます。Alt キーを押しながら「スケール」のストップウォッチを右クリックすると、「エクスプレッション：スケール」という項目が追加されます。右にある▶（エクスプレッション言語メニュー）をクリックし、「Property」→「loopOuttype」を選択します。これで、スケールの10%から100%を60fごとにループし続けるアニメーションが自動で作られます。

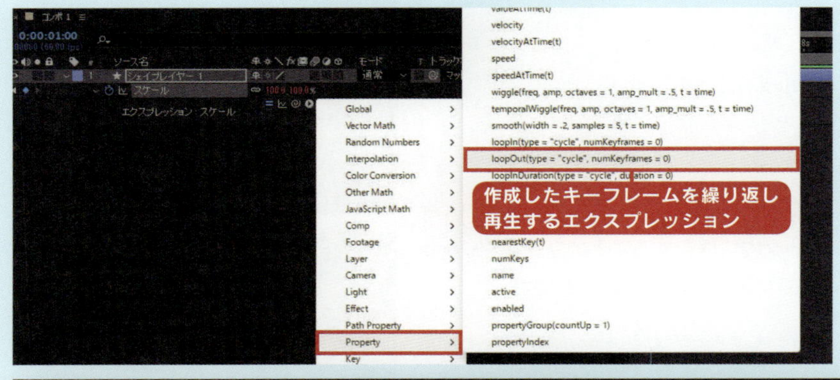

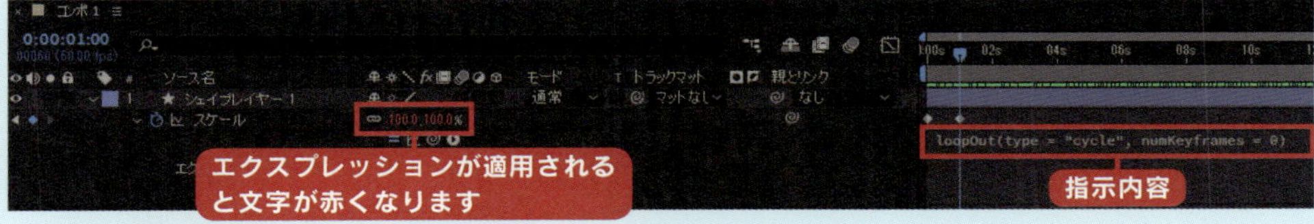

エクスプレッション

After Effects でよく使われるエクスプレッションには、以下のようなものがあります。これらのエクスプレッションは、アニメーションの制御や効率的な作業に役立ちます。

ループ	loopOut（type = "cycle"）	キーフレームを繰り返しアニメーションする
時間に基づいた値の変化	time*100	1 秒間に値 100 の変化を加える
指定範囲内の揺れ	wiggle（10,50）	1 秒間に 10 回、値 50 の幅で動く
ランダム	random（10,50）	10-50 の間の値をランダムに出す

エクスプレッションを保存する

エクスプレッションはとても便利ですが、指示内容を覚えておくのは大変です。よく使うエクスプレッションはアニメーションプリセットに保存し、いつでも呼び出せるようにしておくと便利です。

保存の方法は、保存したいエクスプレッションのあるプロパティを選択します（画像ではスケールを選択）。

「アニメーション」メニューの「アニメーションプリセットを保存」を選択します。

任意の名前で、プリセットとして保存します。「User Presets」のフォルダ内に保存することで、アニメーションプリセットの項目に追加することができます。

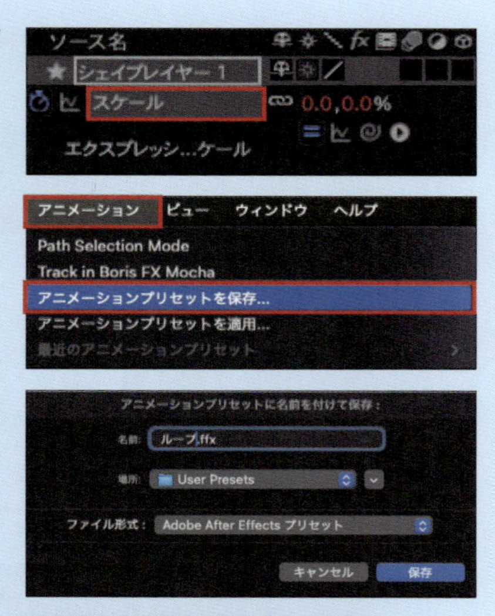

追加されたプリセットは、適用したいプロパティを選んだ状態でプリセットをダブルクリックすると、反映させることができます。

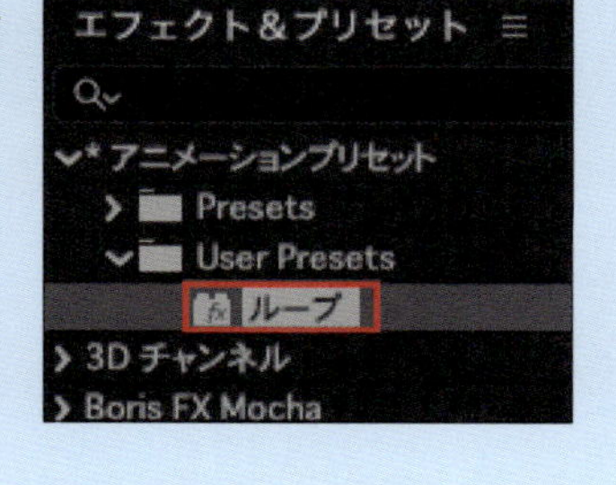

CHAPTER

7

ダイアログのUIアニメーションを作ろう

ダイアログアニメーションの情報を整理する

企画、仕様の確認をしよう

この章では、コインを獲得した際に表示されるダイアログのアニメーション制作を行います。ゲームの企画、ダイアログの仕様はデザイン制作時と同じ内容になりますが、ここであらためて確認しておきましょう。

ゲームの企画

・ゲームジャンル

育成 × パズルゲーム

・ターゲット（年齢、性別、好みなど）

年齢：20 ～ 30 代
性別：女性
性質：カジュアルゲームが好き

・コンセプト（世界観、ストーリー、キャラクター設定）

自然豊かで温かみのあるファンタジーの世界でどうぶつを育成することで、癒やしの時間を提供する

・ゲームシステム

パズルゲームでコインや食材などの資材を取得し、それを使用してどうぶつを育てる
特別なアイテムや食材は、課金して取得する

ダイアログの仕様

・機能

コイン獲得ダイアログ

・目的

獲得したコインの情報と個数を表示して、報酬への喜びを感じてもらう

・方式

ダイアログ

・要望

獲得した報酬がすぐわかるように、テキストだけなくアイテム画像も表示したい
報酬への喜びを感じてもらえるようなデザインまたは演出を入れたい

・デザイン

2章で制作した、以下のデザインを確認します。このデザインをもとに、次ページからアニメーションのイメージを固めていきます。

ダイアログアニメーションのイメージを検討する

ダイアログアニメーションのイメージ

ダイアログのアニメーションを作る際は、次のような手順でアニメーションのイメージを検討していきます。

①全体のイメージを決める
②演出を決める
③見てもらいたいものを決める

①全体のイメージを決める

最初に、アニメーションの土台となる①全体のイメージを検討します。今回はデザインがフラットでおしゃれなため、アニメーションも「おしゃれな雰囲気」を表現できるものにします。また、ターゲットやゲームの内容を加味して、「かわいい」アニメーションになるようにしていきます。

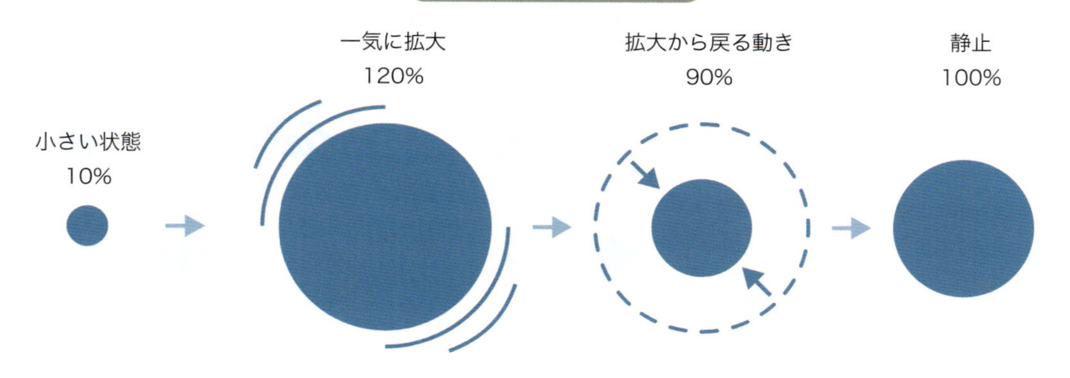

エフェクトでおしゃれを表現

②演出を決める

次に、アニメーションを使ってどんな②演出を行うかを決めます。今回のダイアログは報酬獲得のダイアログのため、獲得したユーザーが嬉しい気持ちになるような演出にします。演出内容としては、報酬を受け取った時にキラキラしたパーティクルをはじけさせようと思います。

③見てもらいたいものを決める

最後に、ユーザーに③見てもらいたいものを決めます。今回のダイアログでユーザーに伝えたいのは、獲得した報酬内容です。そのため、獲得したアイテムに目が行くよう、スケールを大きく拡大縮小させることでアイテムを目立たせます。

これで、以下のようにアニメーション要素の洗い出しができました。

- **ベース**：おしゃれ、かわいい
- **演出**：報酬を際立たせる輝き、キラキラしたパーティクル等を使用し、嬉しい感情を表す
- **見せたい箇所**：アイテム

ダイアログアニメーションの演出

イメージを固めることができたら、実際に制作を行っていきます。今回は、以下のような流れでアニメーションを作っていこうと思います。

1 拡大縮小／不透明度

冒頭のアニメーションは、ダイアログを小さい状態から大きくし、オーバーシュートで柔らかさを表現します。同時に冒頭に不透明度を入れることで、拡大するアニメーションのポップな可愛らしさを若干緩和し、少し優しくなる表現が出るようにします。

2 文字を遅らせて表示する

文字は、ダイアログのアニメーションと同時に出すのではなく、少し遅らせることで文字に目を移してもらいやすくします。視線がアイテム→文字→ボタンの順番に上から下へ流れるように表示させ、自然な流れになるようにします。

3 演出を加える

報酬獲得時の演出を加え、嬉しいという感情につながるようにキラキラしたエフェクトを出し、画面全体を盛り上げます。

ダイアログ表示後の背景の変化

ダイアログが表示された時には、背景も連動して変化させる必要があります。変化を入れない背景は以下のように視認しやすい状態になっているため、ダイアログに注目しにくい状態となっています。

例えば背景に黒い半透明の板を敷くことで、ダイアログに意識を向けやすくなります。

また、背景をぼかすことで、手前にダイアログが出てきたように見せることもできます。

他にも、ゲームの世界観を表す模様やモチーフなどを背景に敷くこともあります。

ダイアログを表示している時の背景演出をまとめると、以下のようなものがあります。これらの要素を組み合わせて作ることもあります。

・黒半透明　・白半透明　・ぼかし　・彩度を落とす　・模様（ゲームのモチーフなど）

ダイアログのアニメーション 3

ダイアログアニメーションの素材を準備する

PSDのレイヤーを整理する

ここから、実際にダイアログのアニメーションを制作していきます。ここで作るダイアログアニメーションは、次のようなものになります。

ダイアログの
完成イメージ動画

1 最初に、Photoshopのレイヤーを After Effects用に整理します。Chapter3で作成したダイアログのPSDファイルを複製し、名前を「dialog_AE編集」に変更します。元データはそのまま残しておきます。

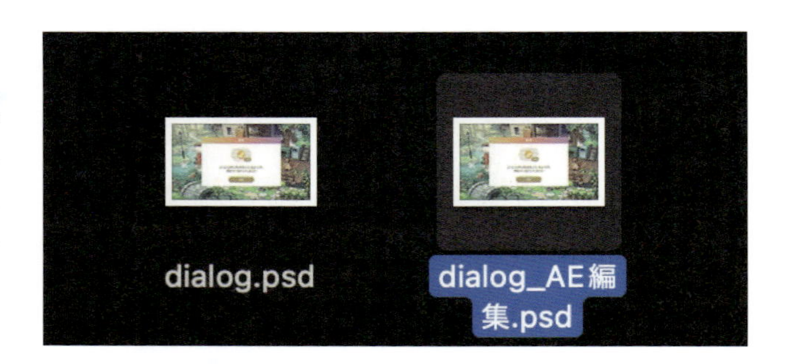

2 レイヤーの「アイテム」フォルダ内にある「icon_coin」❶を「アイテム」フォルダの上に移動します❷。「icon_coin」を「アイテム」フォルダの外に出すことで、「icon_coin」単体にエフェクトやアニメーションを入れやすくなります。

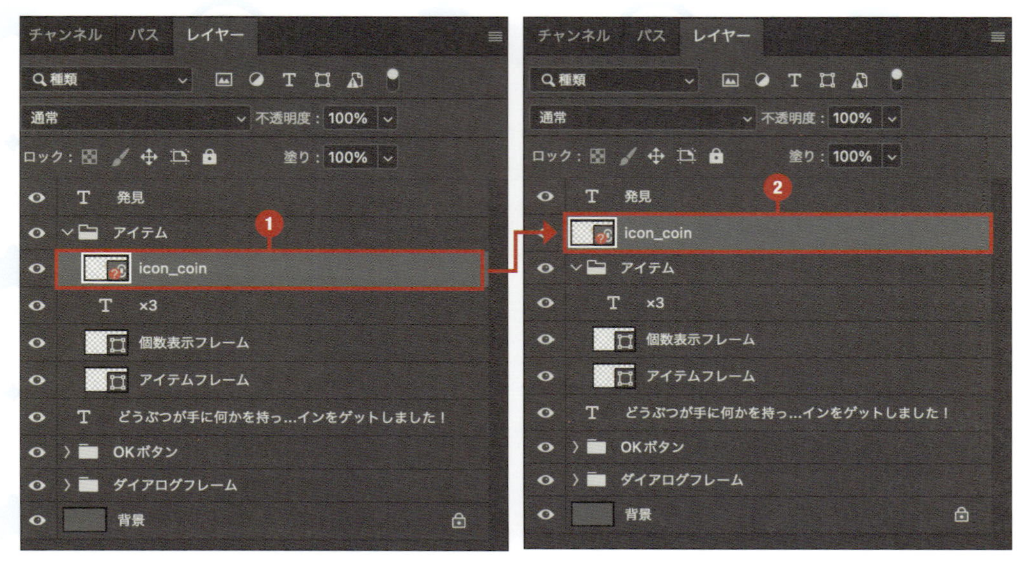

3 ❶のフォルダを選択し、Ctrl／Command+Eキーを押して統合します。この手順を❷、❸と繰り返します。フォルダ内のレイヤーを1つに統合しておくことで、After Effects上でのレイヤー数を減らし、編集しやすい状態を作ることができます。データを保存します。

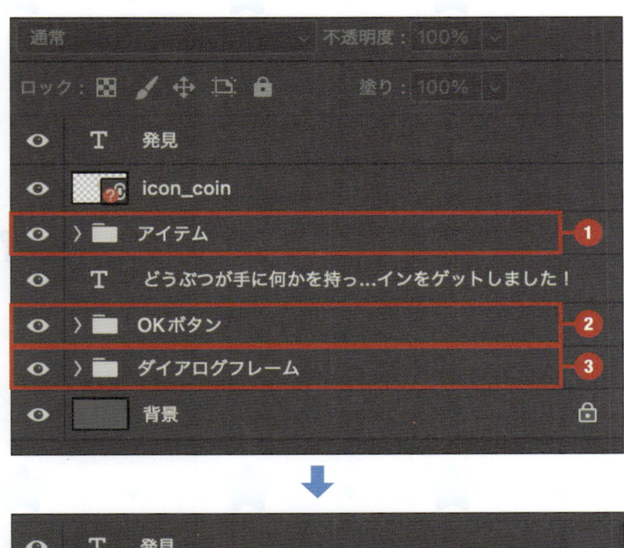

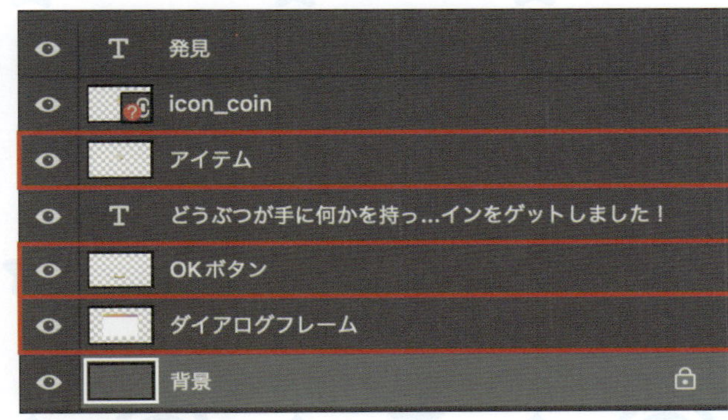

After EffectsでPSDを読み込む

After Effects に PSD ファイルを読み込ませることで、PSD のレイアウトやレイヤー構造を After Effects 上で再現することができます。

1 After Effectsを起動し、プロジェクトパネルにPSDファイル「dialog_AE編集」をドラッグ＆ドロップします。

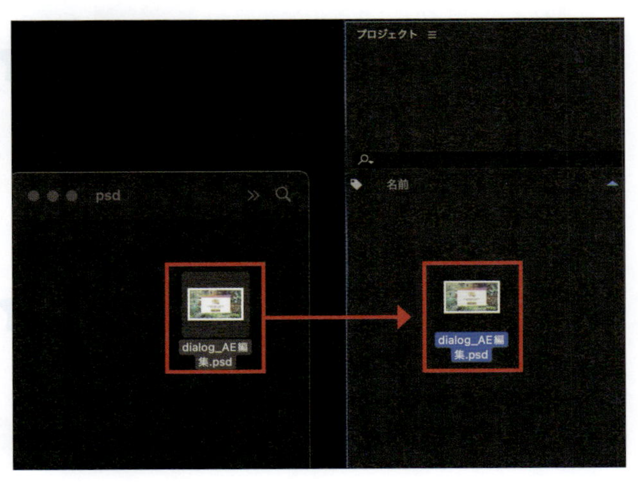

2 コンポジションの設定画面が表示されます。「読み込みの種類」を「コンポジション - レイヤーサイズを維持」に変更し❶、「レイヤーオプション」を「レイヤースタイルをフッテージに統合」に変更します❷。「OK」をクリックします❸。

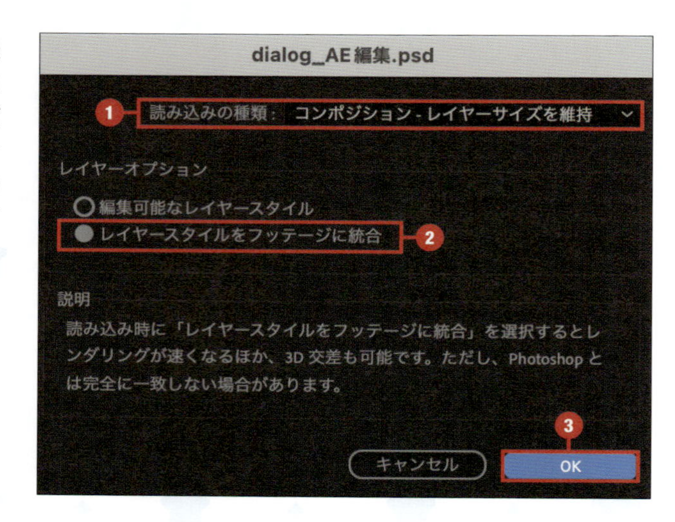

3 プロジェクトパネルに作成されたコンポジションをダブルクリックします。コンポジションの編集に移ります。

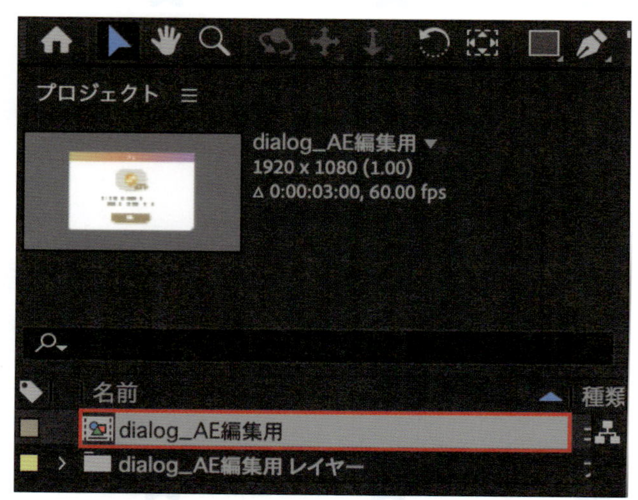

4 タイムラインパネルには、PSDのレイヤーと同じ構成で階層が組まれます。コンポジションパネルでは、PSDと同じ位置に要素が配置されます。これで、素材の配置が完了しました。

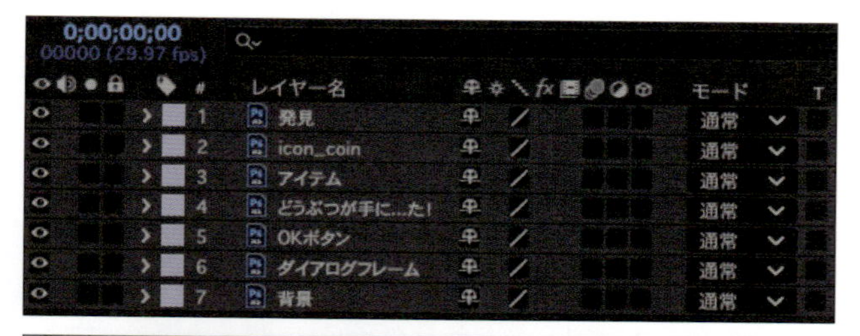

After Effectsのコンポジションを設定する

After Effects でコンポジションの設定を行います。画面サイズ、再生時間、フレーム数を設定します。

1 「コンポジション」→「コンポジション設定」を選択します。

ショートカットキー

コンポジションの設定：
Ctrl ／ command ＋ K キー

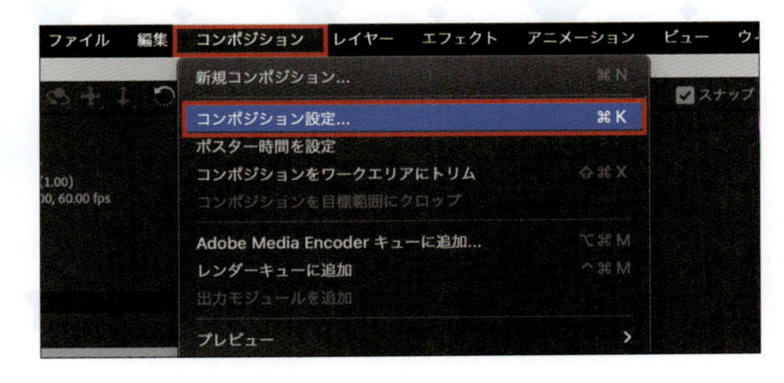

2 コンポジションの設定を、以下のように変更します。

コンポジション名：
dialog_anime❶
幅：1920 px❷
高さ：1080 px❷
フレームレート：60❸
デュレーション：3:30❹

「OK」をクリックして完了です。Ctrl ／ Command ＋ S キーを押して、After Effectsのデータを任意の場所に保存します。ファイル名は、「dialog_anime.aep」としておきます。

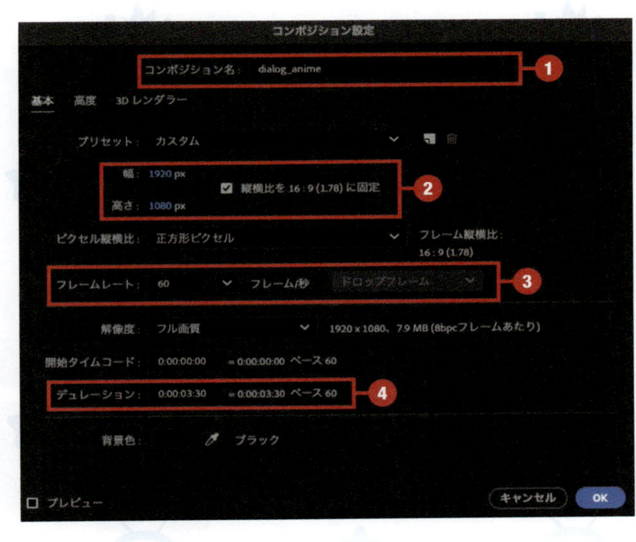

CHECK PSD の整理

P.296 で行った編集をせずに PSD を After Effects へ持っていくと、右の画面のように配置されます。PSD を整理してから After Effects に持っていくと、作業が楽になります。

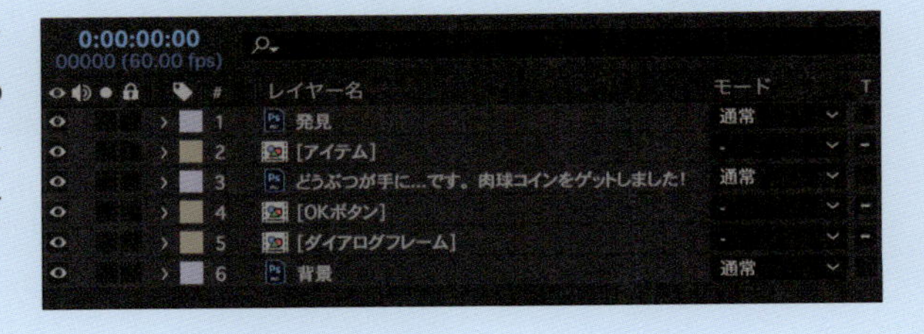

拡大縮小のアニメーションを作る

拡大縮小アニメーションをつける

タイムライン上の20fからダイアログが出現して、180f(3秒)でダイアログが閉じるアニメーションを作成します。ダイアログが現れる時のアニメーションに比べて、消える時のアニメーションは短めにしましょう。消える時はダイアログの役割が終了しているため、サッと終わらせて次の画面を表示してあげると、テンポがよくなります。

1 タイムライン上の「発見」～「ダイアログフレーム」レイヤーを選択し❶、インジケーターを20fにドラッグします❷。各素材の先端をドラッグし、20fまで移動します❸。すると、レイヤーの最初の位置(インポイント)が、20fのインジケーターの位置でカットされます。

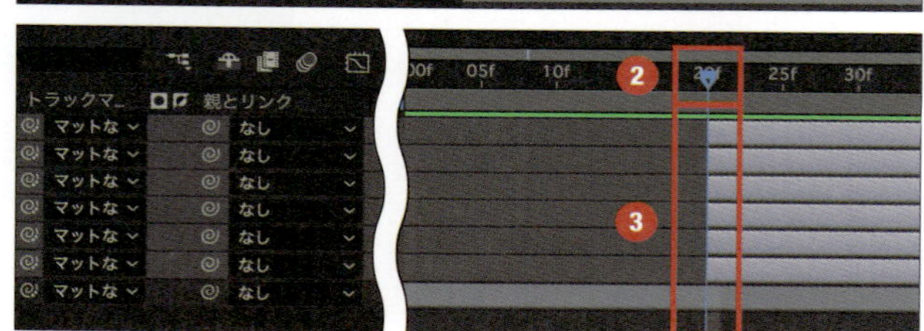

ショートカットキー

インジケーターの位置でインポイントをカット：
Alt / option + [

2 180f(3秒)にインジケーターを合わせ❶、各素材の末端を180fまでドラッグします❷。レイヤーの最後の位置(アウトポイント)がインジケーターの位置でカットされ、ダイアログの表示時間が3秒までになります。

ショートカットキー

インジケーターの位置でアウトポイントをカット：
Alt / option +]

3 「発見」～「OKボタン」レイヤーを選択し、「親とリンク」の渦巻きアイコンを「ダイアログフレーム」までドラッグ＆ドロップします。これで、各要素がダイアログの動きに追従するようになります。

4 インジケーターの位置を、20fに移動させます。「ダイアログフレーム」のトグルを開き、トランスフォームの中にある「スケール」のストップウォッチをクリックします❶。「スケール」を40%に設定します❷。この時、ダイアログ内のすべての表示物が「ダイアログフレーム」に追従して縮小されていることを確認します。

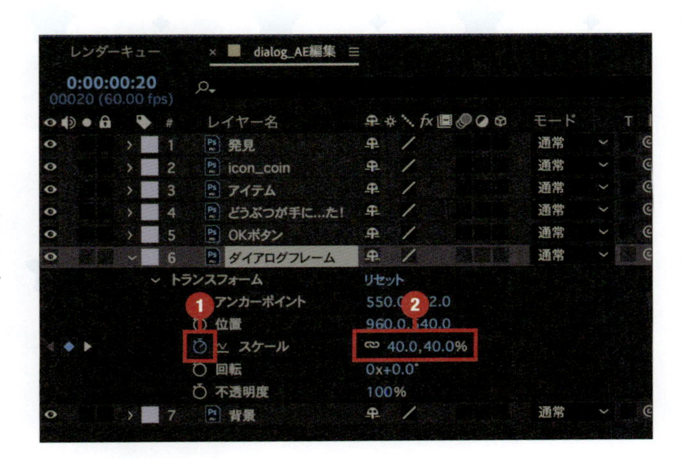

5 インジケーターの位置を30fに移動し❶、「スケール」を110%に拡大します❷。

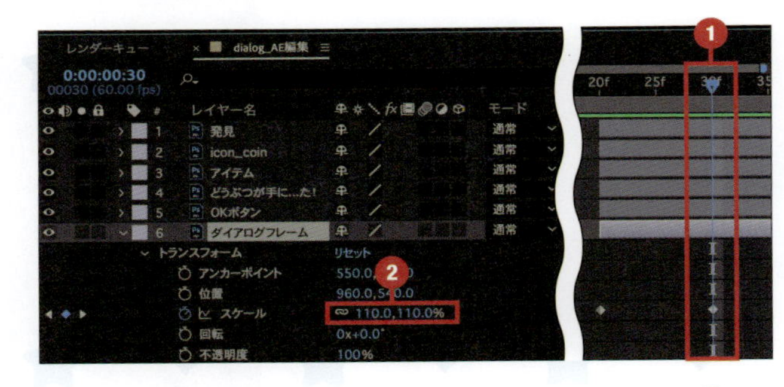

6 インジケーターを40fに移動し❶、「スケール」を100%に縮小します❷。

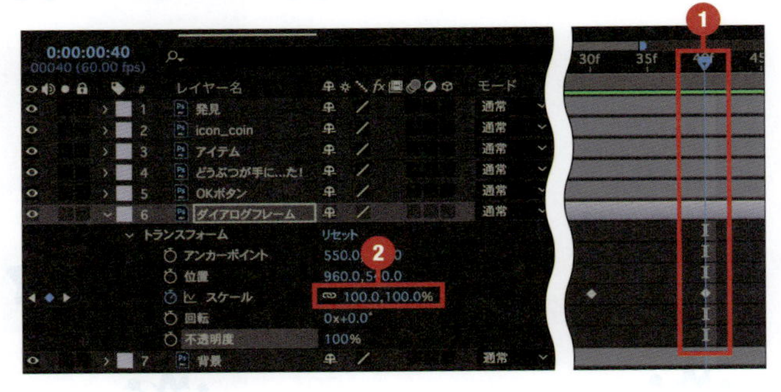

7 20f、30f、40fの3つのキーフレームを囲むようにドラッグして選択し、右クリックします❶。「キーフレーム補助」から「イージーイーズ」を選択し❷、イージングをかけて柔らかい動きにします。イージングについて、詳しくはP.226を参照してください。

8 グラフエディターをクリックし❶、タイムラインの表示をグラフ表示へ切り替えます。画面のようにハンドルを上に大きく伸ばすことで❷、初速を早くします。

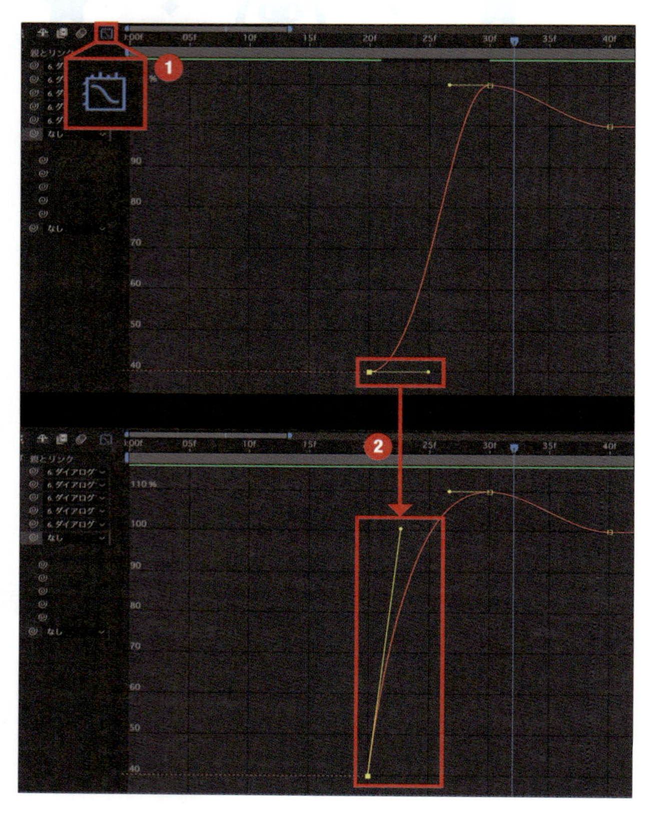

9 ダイアログの消える動きもつけます。インジケーターを170fに移動し、「スケール」を100%に設定します❶。インジケーターを180fに移動し、「スケール」を80%に設定し❷、縮小させます。グラフエディターを開き、❷で打ったキーフレームのハンドルを大きく上に上げ、徐々に加速するようにします❸。

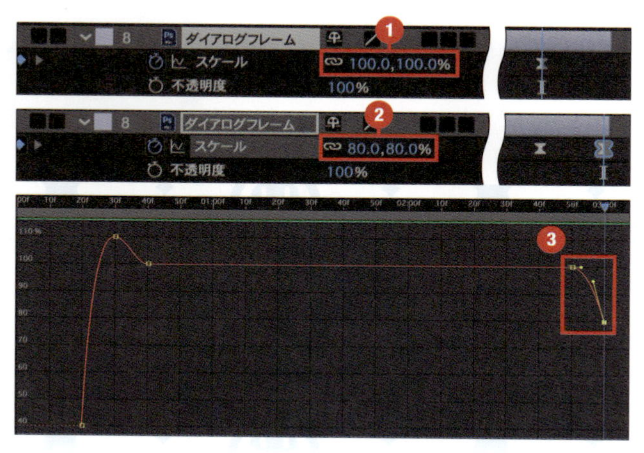

10 これで完成です。

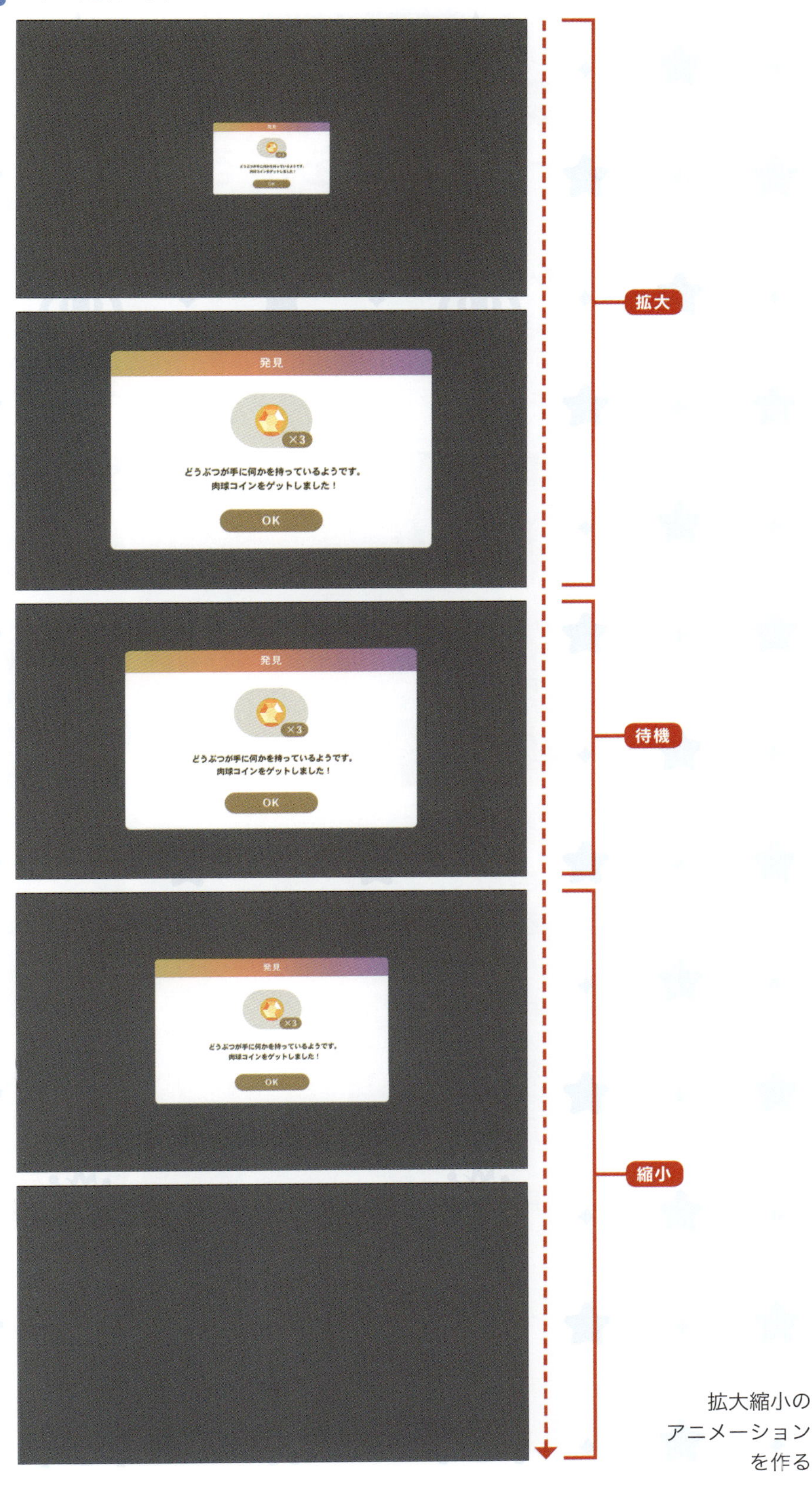

拡大縮小の
アニメーション
を作る

不透明度のアニメーションを作る

不透明度のアニメーション

ここまでで、ダイアログの表示／非表示のアニメーションが完成しました。しかし、このままだと動きが激しいため、不透明度を入れることで優しく表示され、優しく消えるように見せていきます。

1 インジケーターを32fに移動します❶。「発見」～「ダイアログフレーム」をまとめて選択します❷。トランスフォームを開き、「不透明度」のストップウォッチをクリックします❸。「不透明度」を100%に設定します❹。

ショートカットキー

「不透明度」のみを表示する：レイヤーを選択しているときに T

2 「発見」～「ダイアログフレーム」を選択した状態で、インジケーターを20fに移動します❶。「不透明度」を0%に設定します❷。

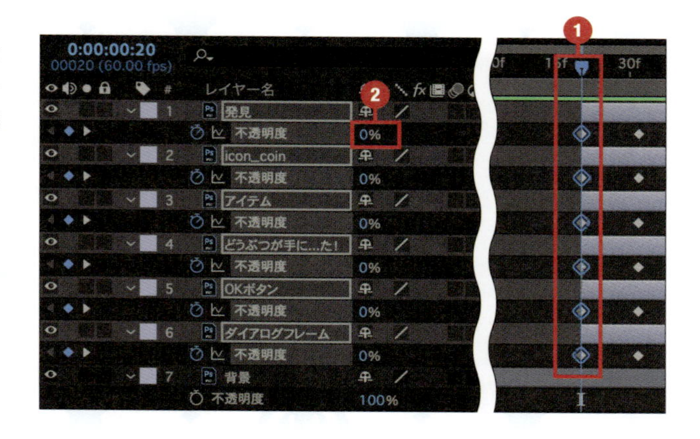

3 インジケーターを175fに移動します❶。「不透明度」を100%❷でアニメーションキーフレームを打ちます❸。これで、32f～175fまで不透明度100%が維持された状態になります。

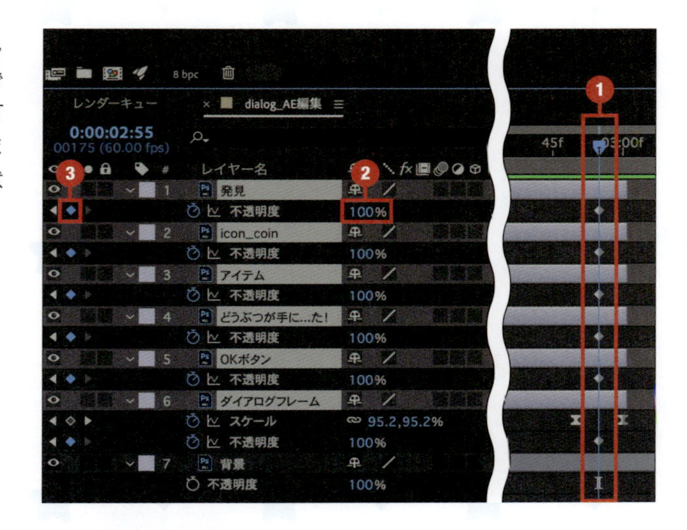

4 インジケーターを180fに移動し❶、「不透明度」を0%に変更します❷。

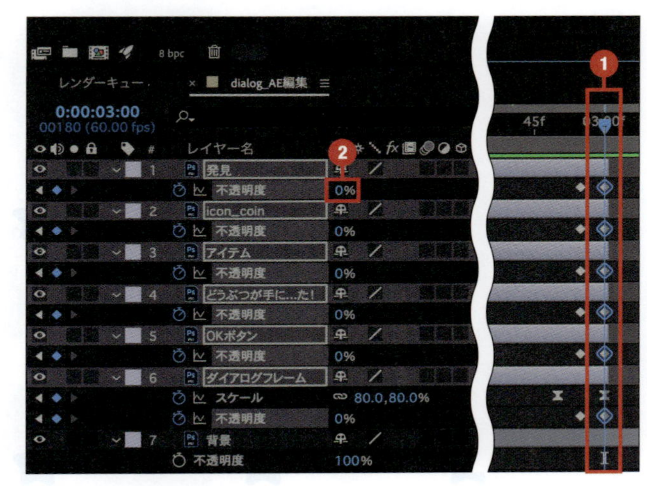

5 これで、ダイアログが現れる時は優しくふわっと出現し、消える時はふわっと消えるアニメーションが完成しました。

不透明度のアニメーションで柔らかく出現

不透明度のアニメーションを作る

文字を遅らせて表示する

文字とボタンに位置のアニメーションをつける

ダイアログのアニメーションをリッチにするために、文字を少し遅らせて出現させてみます。

1 インジケーターを32fに移動し❶、「どうぶつが手に…た！」と「OKボタン」のレイヤーを32fにドラッグ＆ドロップします❷。

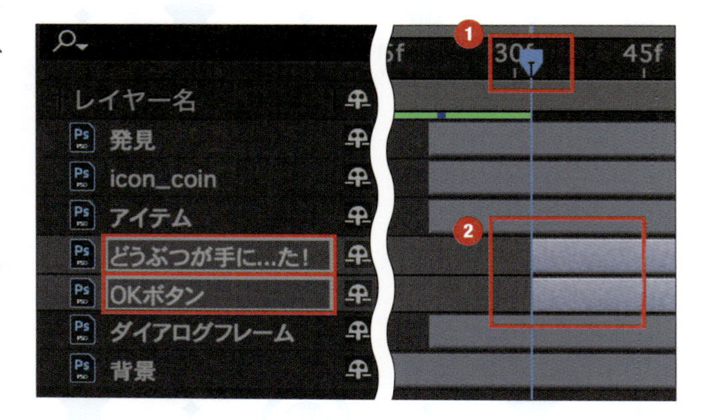

2 2つのレイヤーを選択した状態でTキーを押し、「不透明度」を表示します❶。Shift＋Pキーで「位置」を追加します❷。「位置」のストップウォッチマークをクリックし、位置の記録を行います❸。記録したキーをドラッグし、60fに移動させます。

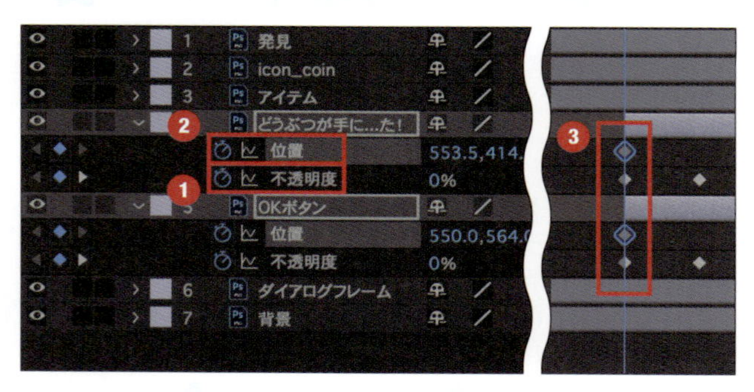

3 2つのレイヤーの「位置」を、以下のように設定します。ここでは、位置の高さ（Y軸）を移動させるアニメーションを入れ、文字が上からスライドして出現するようにします。

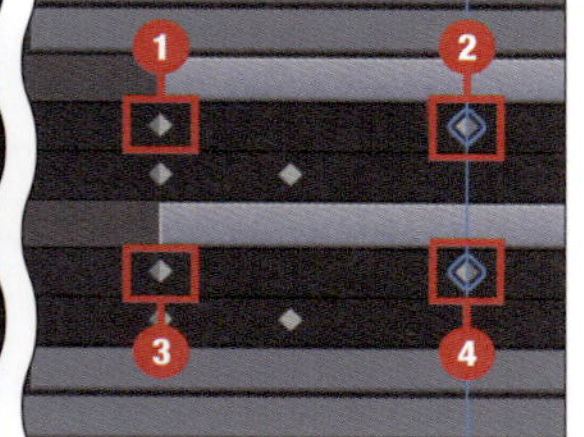

32f：553.5,414.5❶
60f：553.5,454.5❷

32f：550,564❸
60f：550,604❹

4 「どうぶつが手に…た！」の「位置」で右クリックし❶、「次元に分割」を選択します❷。

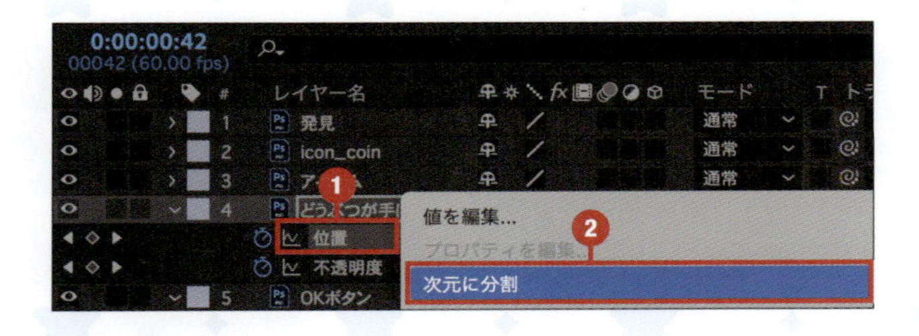

5 「どうぶつが手に…た！」の「位置」が、X位置／Y位置に分割されました。これで、縦移動、横移動を細かく調整することが可能になります。同じように「OKボタン」の位置を右クリックし、「次元に分割」を行います。

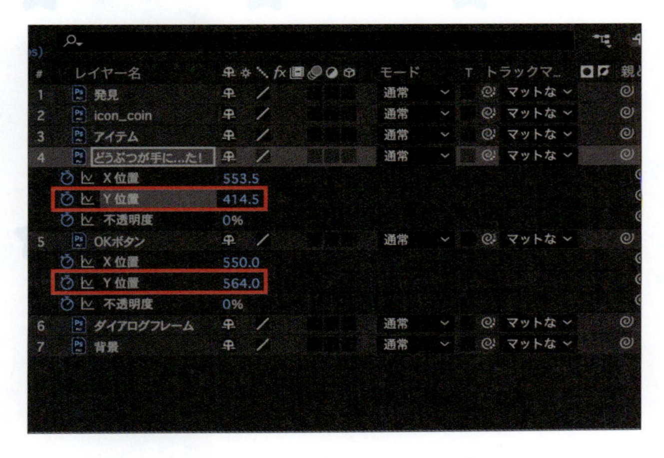

6 2つの「Y位置」のキーフレームを選択し❶、右クリックして「キーフレーム補助」→「イージーイーズ」を選択します❷。

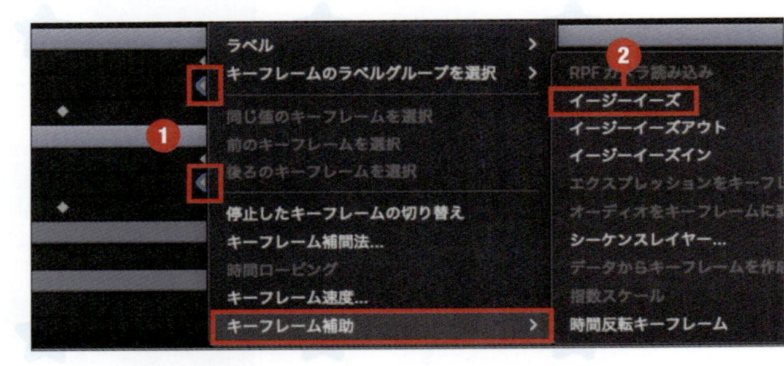

7 レイヤー「どうぶつが手に…た！」のY位置を選択し、グラフエディタに表示を切り替えます。最初のハンドルを上に大きく伸ばし❶、初速が早い状態にします。次のハンドルは左へ伸ばし❷、動きがゆっくりと止まるようにします。

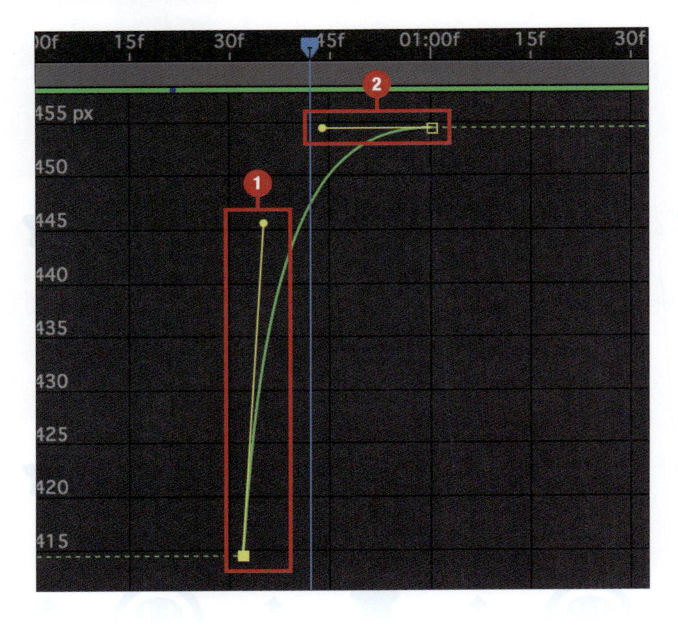

8 「OKボタン」も、同様の方法で「Y位置」を選択し❶、グラフエディターに表示を切り替えます。最初のハンドルを上に大きく伸ばします❷。次のハンドルを左へ伸ばします❸。

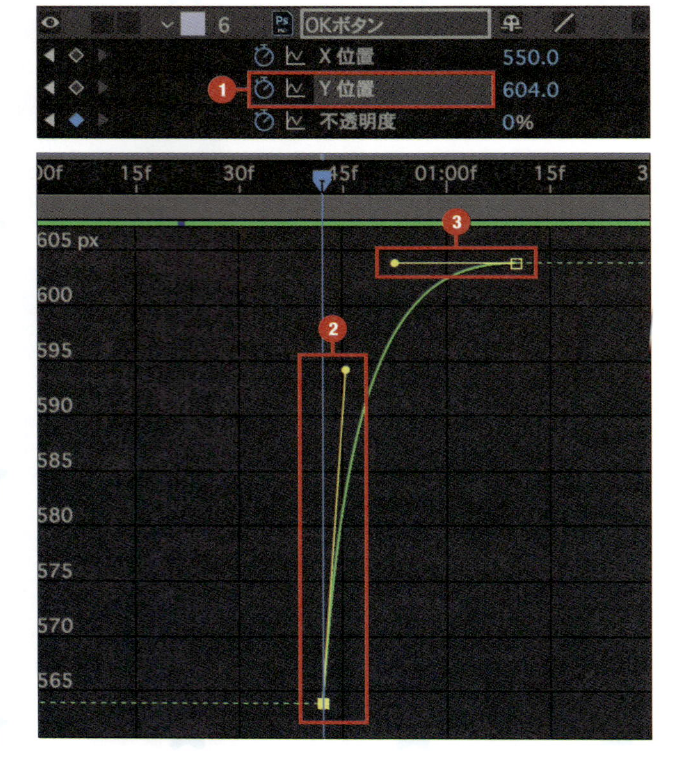

9 グラフエディターをクリックし❶、表示を戻します。「OKボタン」のレイヤーを42fにドラッグ&ドロップし❷、最初の再生が42fになるようにします。再生時間にずらしを入れることで、上から下へ視線を流し、最初に見てほしいものから最後の「OKボタン」まで誘導し、ユーザーが何をすればよいのかわかりやすいようにします。

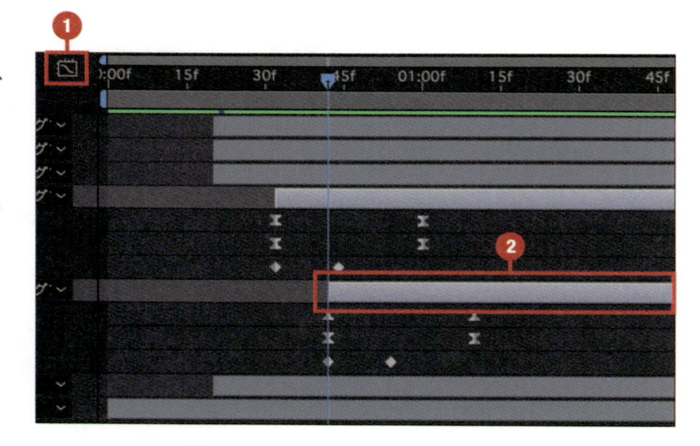

10 ダイアログが消えるアニメーションのタイミングを合わせます。「どうぶつが手に…た！」と「OKボタン」の「不透明度」のキーフレームの終わりが180fにくるように、ドラッグ&ドロップで移動させます❶❷。

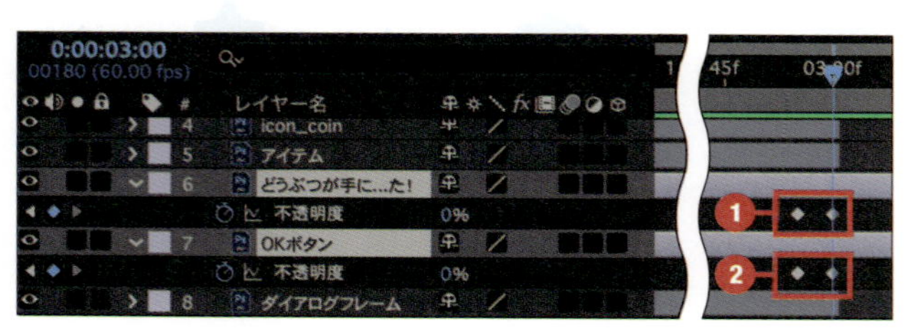

11 「どうぶつが手に…た！」と「OKボタン」の再生時間のアウトポイントを180fまでドラッグ＆ドロップします。または Alt / option +] キーを押して、アウトポイントをインジケーターの位置でカットします。

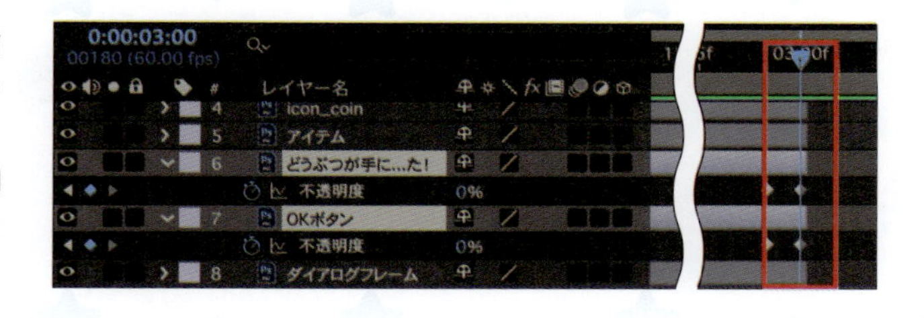

12 これで完成です。

文字が出始める

文字が出た後に「OKボタン」が出始める

OKボタンが表示され、ダイアログの全情報が出現する

文字を遅らせて表示する

演出を加える

アイテムを目立たせる

通常のダイアログであれば、アニメーションはこれで完成でよいかと思いますが、今回は報酬獲得のダイアログですので、もう少し演出を加えます。アイテムを目立たせ、お祝い感を出していきます。アイテム画像に動きを入れて、アイテムに視線が行くように注目させます。

1 「icon_coin」の「スケール」を20fの160%から37fで100%に縮小するアニメーションをつけます。グラフエディターに表示を切り替え、初速は遅く、最後は速度が早くなるように調整します。

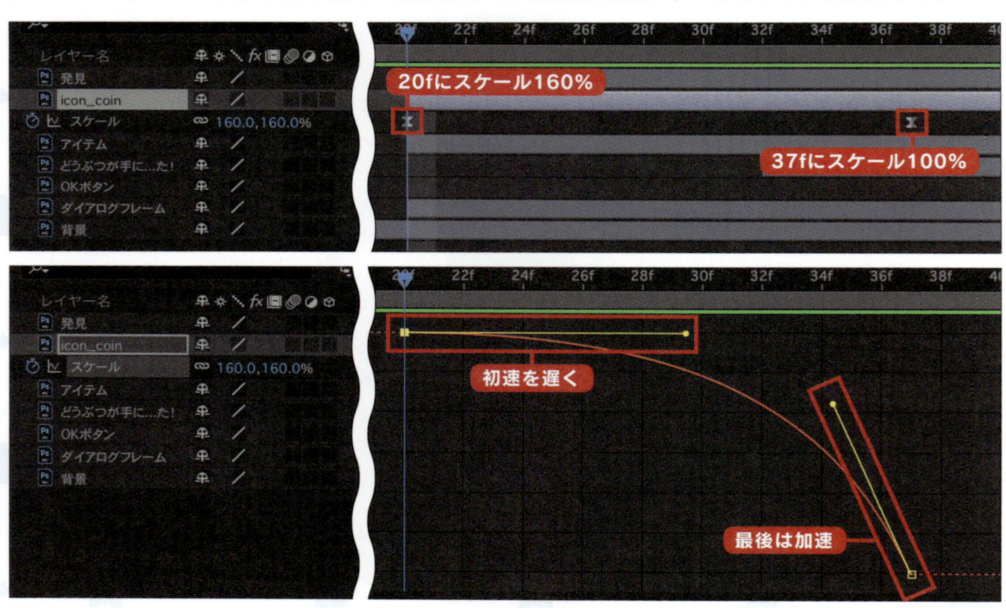

これで、アイテムの冒頭のアニメーションが少し目立つようになりました。

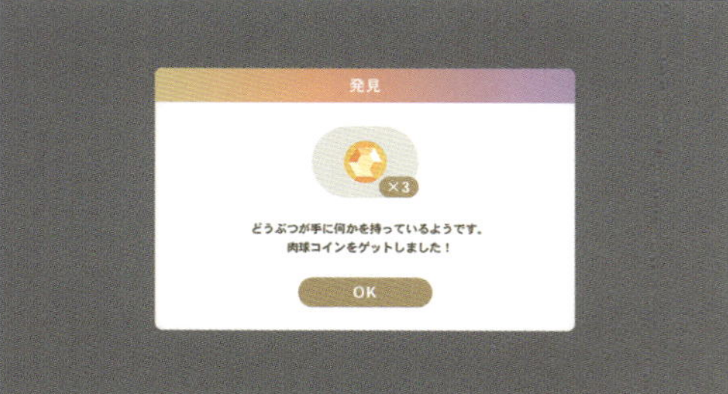

賑やかしのエフェクトを追加する

続いて、エフェクトのパーティクルを使い、画面全体に星を飛ばします。

1 「レイヤー」→「新規」→「平面」を選択し、平面レイヤーを作ります。

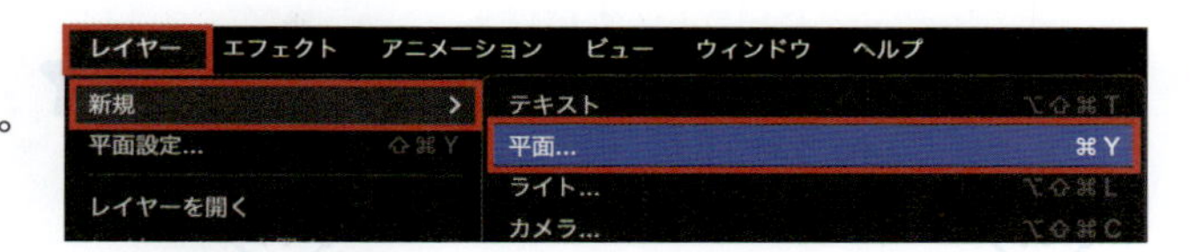

2 平面の名前を「平面_Particle」に設定します❶。サイズはコンポジションのサイズが入っているため、そのままにします❷。カラーは黒でも白でも問題ありません❸。「OK」をクリックします❹。

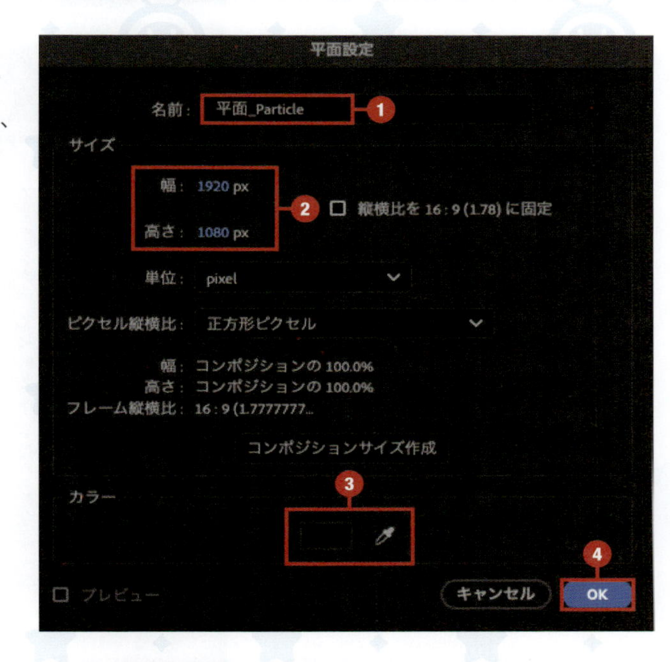

3 「平面_Particle」を選択した状態で、「エフェクト」→「Simulation」→「CC Particle World」を選択します。平面レイヤーに、オレンジ色の細かい粒子が下に向かって落ちるParticleが作られました。

追加した(Particle)

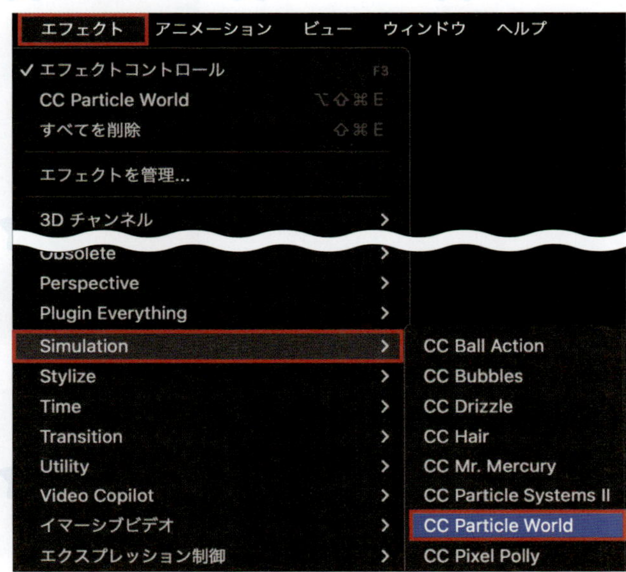

4 エフェクトコントロールパネルの「CC Particle World」で、設定を調整していきます。エフェクトコントロールパネルが表示されていない場合は、「ウインドウ」→「エフェクトコントロール」を選択することで表示されます。

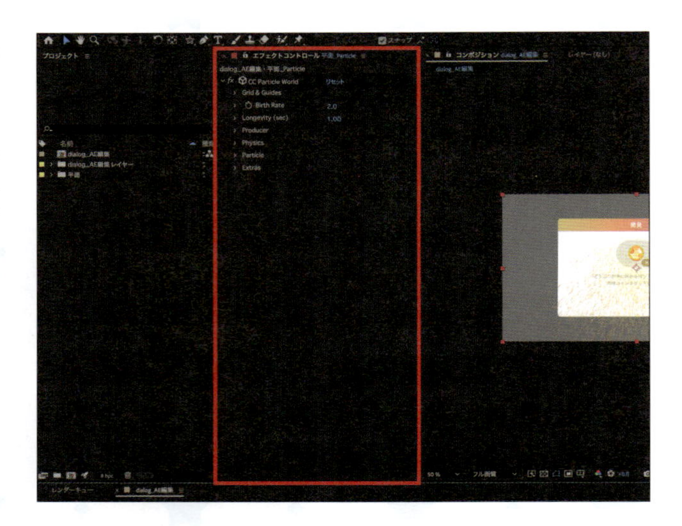

5 Particleの量が多いので、「Birth Rate」を0.3に設定し❶、Particleの量を減らします。次に「Physics」を開き、「Gravity」の数値を0に設定し❷、重力の制御をなくします。

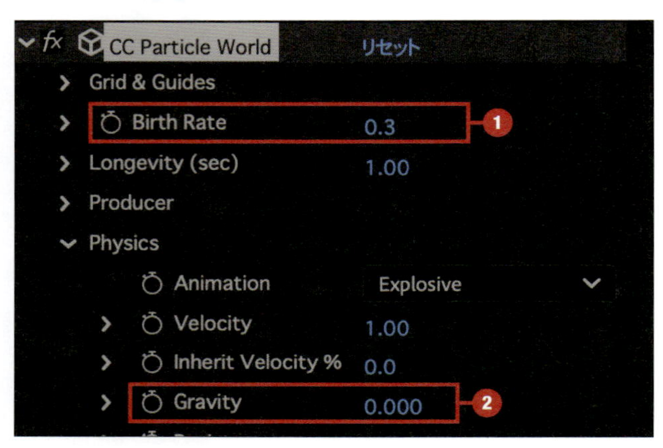

6 Particleの粒のデザインを変更するため、素材を作成します。ここでは星のテクスチャを作り、Particleとして使用します。長方形ツールを長押しし、スターツールをクリックします。

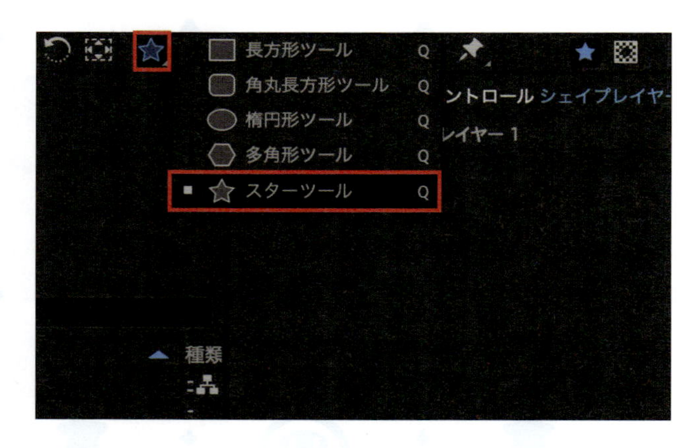

7 コンポジションパネルでドラッグ&ドロップし、星のシェイプレイヤーを作ります。ここで、塗りは白、線は非表示にします。線オプションは、「線」をクリックして表示することができます。

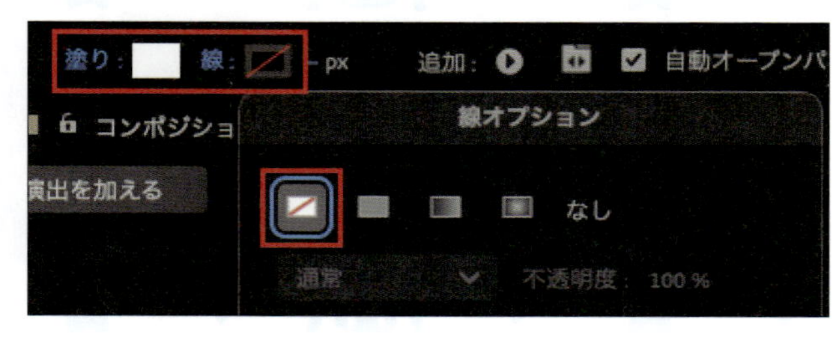

8 タイムラインパネルに作成された「シェイプレイヤー１」を開き、「コンテンツ」→「多角形 1」→「多角形パス 1」→「頂点の数」を４に設定します❶。星の形を整えるため、以下の調整を行います。

内半径：130❷
外半径：400❸
内側の丸み：200%❹

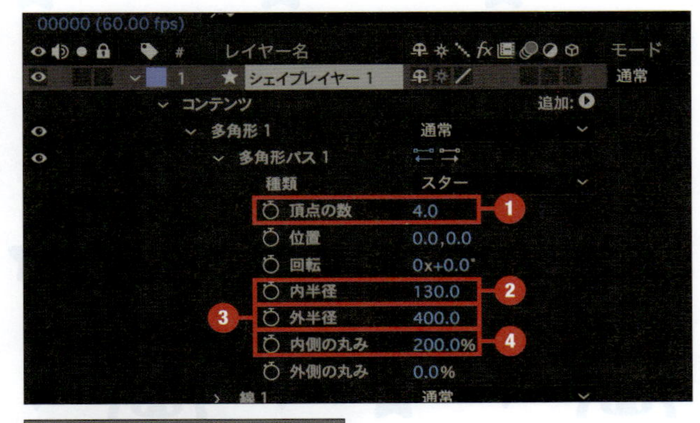

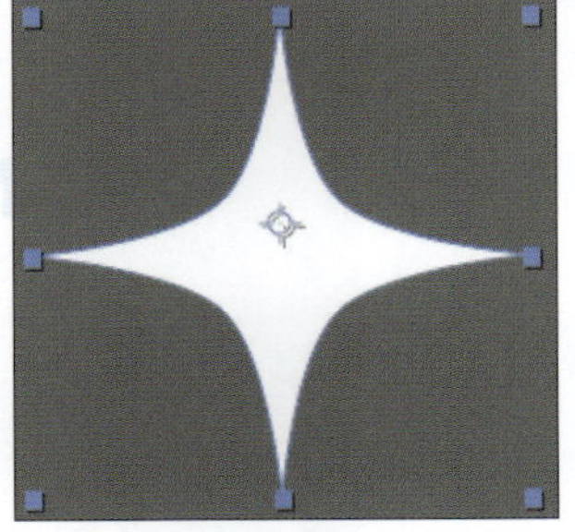
シェイプで作成された星

9 シェイプレイヤーの左にある目のアイコンをクリックし、非表示にします。

10 「平面_Particle」を選択し、CC Particle Worldの設定を行います。「Particle」の「Particle Type」をクリックし❶、「Textured Square」に変更します❷。これで画像を指定する準備ができました。

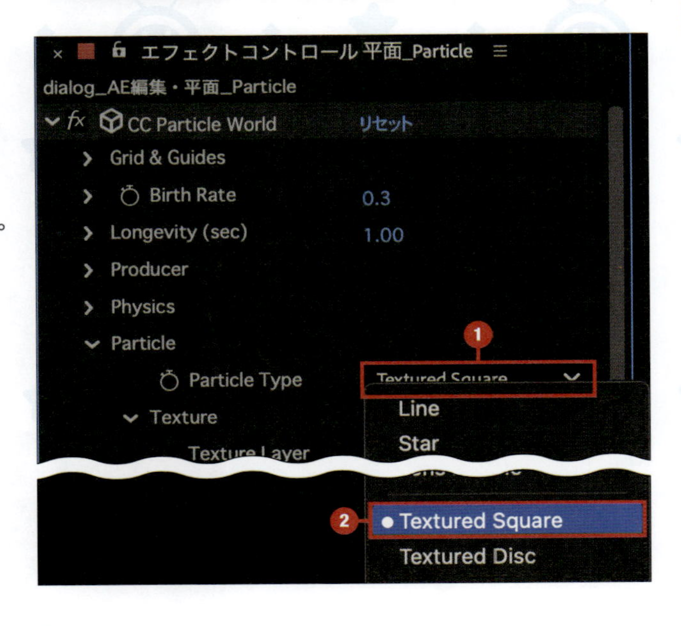

11 「Particle」の「Texture」を開き、「Texture Layer」❶で「シェイプレイヤー1」❷を選択します。これで、Particleが星の形に変更されます。

12 以下のように、Particleの粒を設定します。

・生成時のParticleの大きさ
Birth Size：1.5❶

・消失時のParticleの大きさ
Death Size：0.3❷

・Particleのサイズのバリエーション（数字が高いほど大きさがばらばらになる）
Size Variation：30%❸

・Particleの透明度
Max Opacity：100%❹

・Particle生成時のカラー
Birth Color：#FFFF50❺

・Particle消失時のカラー
Death Color：#FFFFFF❻

13 以下のように、Particleの挙動を設定します。

・Particleの初速
Velocity：15❶

・Particleの抵抗力
Resistance：40❷

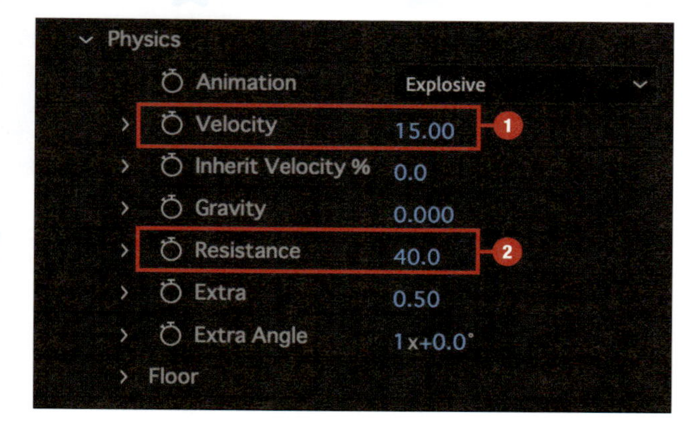

14 Particleを最初のフレームだけ出して消す設定を行います。タイムラインの22fにインジケーターを移動します❶。レイヤーの再生を22fから開始するために、Alt＋[キーを押します❷。

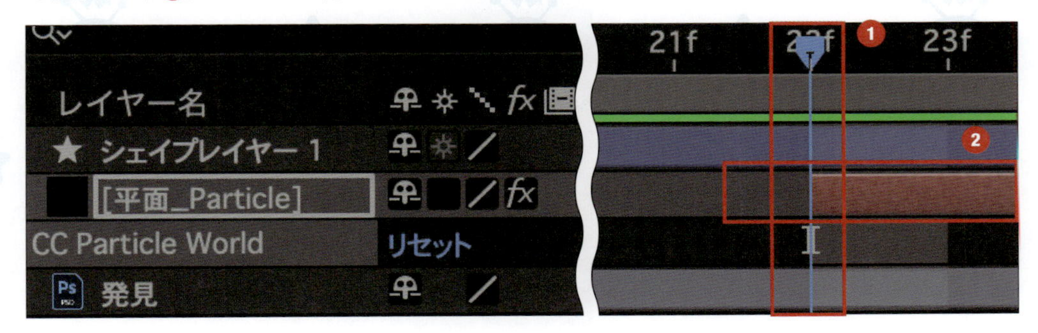

15 インジケーターが22f❶で「Birth Rate」のストップウォッチをクリックし❷、キーフレームの保存を行います。

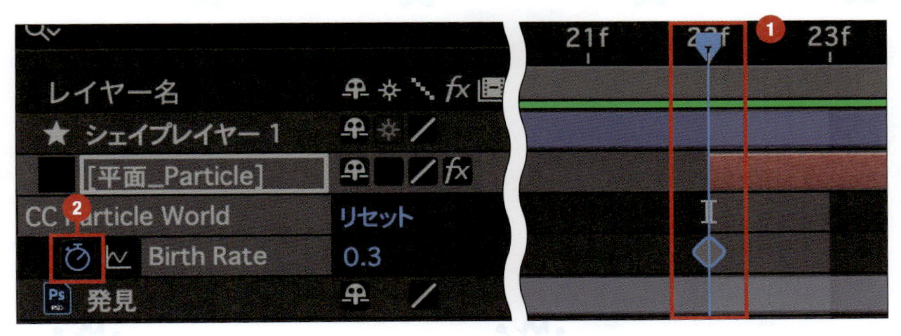

16 1f進めて23fで❶「Birth Rate」を0に変更し❷、23fでParticleは出現しないようにします。

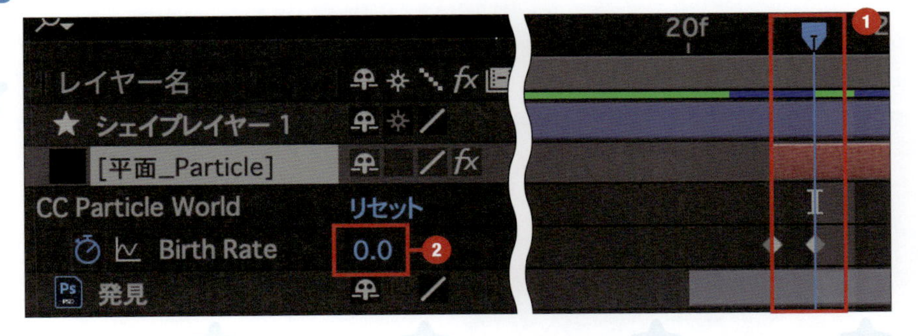

17 Particleの位置が見せたいものに被ってしまっている場合は、「Extras」の「Random Seed」の数値を変えることで、Particleの生成に変化をつけることができます。ここでは860に設定しています。

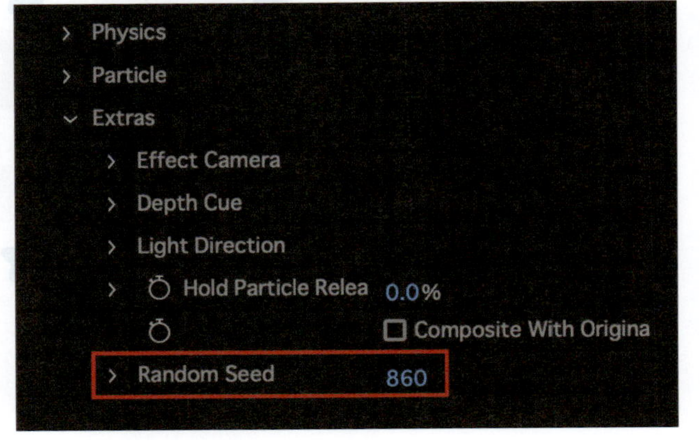

18 これで、獲得ダイアログのアニメーションが完成しました。

演出を加える

色々な Particle Type

Particle Type を変更すると、他にも様々な particle の形状を作ることができるので、色々試してみてください。

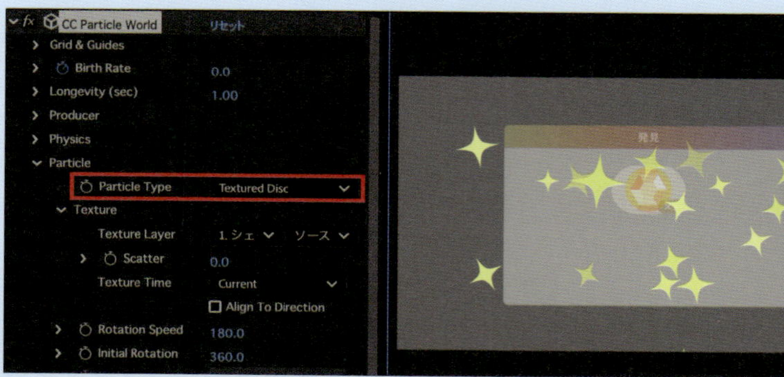

Type:Textured QuadPolygon

Type:TriPolygon

CHAPTER 8

ホーム画面のUIアニメーションを作ろう

ホーム画面の基本 1

ホーム画面のアニメーション情報を整理する

ホーム画面の仕様を確認しよう

ここでは、ホーム画面のアニメーション制作を行います。ホーム画面の仕様はデザイン制作時と同じ内容になりますが、ここであらためて確認しておきましょう。

ホーム画面の仕様

・機能

ホーム画面

・目的

ゲームのメインゲートになるため、各種画面へ迷うことなく遷移できるようにし、ユーザーに対して必要な情報や訴求をできるような構成にする

・方式

全画面表示

・要望

どうぶつを眺めて癒される画面にしたい
どうぶつをタップしてお世話をできるようにしたい
どうぶつを育てるために必要な資材を入手できるクエストへの入り口は目立たせたい

ホーム画面のデザインを確認しよう

続いて、4章で作成したホーム画面のデザインを確認します。このデザインを元に、次ページからアニメーションのイメージを固めていきます。

デザイン確認時には、FIX版のデザインではなく、ラフ版のデザインを提供される場合もあります。デザインがラフ版だった場合も、アニメーションは付けていき、チーム全体で動きのイメージを共有することが大切です。

また、ラフ版からFIX版に移行する時には、ラフ版から削られたデザインや追加されたデザイン、レイアウトの変更など、なぜ変更が入ったのかの理由を知ることでアニメーションを付ける時のヒントになります。デザインのラフからFIXまでの経緯を知っておくようにしましょう。

アニメーション制作を始める前に、仕様書の確認の他に、制作したデザイナーともコミュニケーションをとり、想定しているアニメーションがあるかどうかの確認や、どのような目的でどこを一番目立たせたいかなどをヒアリングしておくとスムーズになります。

また、PSDをデザイナーから受け取る際に、整理整頓ができていないことを気にされる方がいますが、整理整頓はアニメーション側で対応し、パーツ分割時の構造を把握しておくことがアニメーション制作時の役にも立ちますので、デザイナーのPSDの整理整頓は不要と伝えるのがよいでしょう。ただし、見せたくないデータもあると思うので、その時は必要最小限で整理整頓をお願いしておきましょう。

ホーム画面アニメーションの基本を知る

ホーム画面アニメーションのポイント

ホーム画面は、ユーザーが最初に入ってくる画面であり、何度も遷移してくる画面となります。そのため、以下のポイントを意識してアニメーションを作っていくと、スムーズに制作を進められます。

①デザイン／仕様の方向性（コンセプト）を理解する
②アニメーションの方向性（コンセプト）を決める
③視線誘導を考える
④過度なアニメーションをつけないようにする
⑤尺を意識する
⑥統一感のあるアニメーションにする

①デザイン／仕様の方向性（コンセプト）を理解する

ホーム画面アニメーションの１つ目のポイントは、デザイン／仕様の方向性（コンセプト）を理解することです。今回、デザインの方向性として挙げられたポイントは以下になります。

・カジュアルゲームが好きな若い女性を対象
・自然豊かで温かみのあるファンタジーの世界
・かわいいどうぶつを育成
・癒やしの時間を提供
・奇抜なデザインや色合いはそこまで必要ない

今回の仕様の方向性（コンセプト）は、以下になります。

・どうぶつを眺めて癒される画面にしたい
・どうぶつをタップしてお世話をできるようにしたい
・どうぶつを育てるために必要な資材を入手できるクエストへの入り口は目立たせたい

デザイン／仕様で出されたコンセプトは、ホーム画面以外の画面でも使われます。そのため、ここでコンセプトをしっかりと理解しておくことで、ゲーム全体のアニメーションの方向性を決めることができます。また、デザインの質感やアイコン、色、全体のイメージを共有しておくことで、より具体的にアニメーションの制作を進めていくことができます。

②アニメーションの方向性（コンセプト）を決める

2つ目のポイントは、アニメーションの方向性（コンセプト）を決めることです。アニメーションの方向性を決める時に筆者がよく行うのは、デザイン／仕様の方向性（コンセプト）と全体のデザインを見た時に感じる印象を、ワードとして洗い出すことです。例えば今回の例では、以下のようなワードで感じたことを書き出しました。

- **かわいい**
- **フラット**
- **おしゃれ**
- **彩度控えめで中央がしっかり目立つ**
- **画面中央も操作する**
- **中央は眺めることが多い**
- **アイコンは目立たない方がよさそう**
- **バナーは結構目に入る**
- **ペットの様子を眺めるので見る側がのぞきに来る**

これらのワードをヒントに、アニメーションにどのような動きを取り入れるべきかを決めていきます。

アニメーションの方向性について、決まったことは文章として資料に残しておくことで、後から参加してくる制作者が入りやすくなります。また、資料は文章だけだとイメージが伝わりにくいので、参考になるような動きの動画もセットで入れておくと、全体のイメージをつかみやすくなります。

今回のアニメーションの方向性（コンセプト）は、以下で進めていくことにします。

- **ベースの動きはシンプルでおしゃれに見せるようにする**
- **バウンドするような動きよりも、イージングのある動きで止まるように見せる**
- **ペットを眺めるための画面なので、ボタン等の訴求は過剰にやりすぎない**
- **おしゃれに見えつつ、かわいらしさも見える動きにする**

③視線誘導を考える

３つ目のポイントは、視線誘導を考えることです。画面遷移時に、アニメーションによってUIのどこに視線が行くようにするかを検討します。そのためには、最初にUIのグループ化を行います。ここでは、以下の画面のようなグループ分けを行いました。

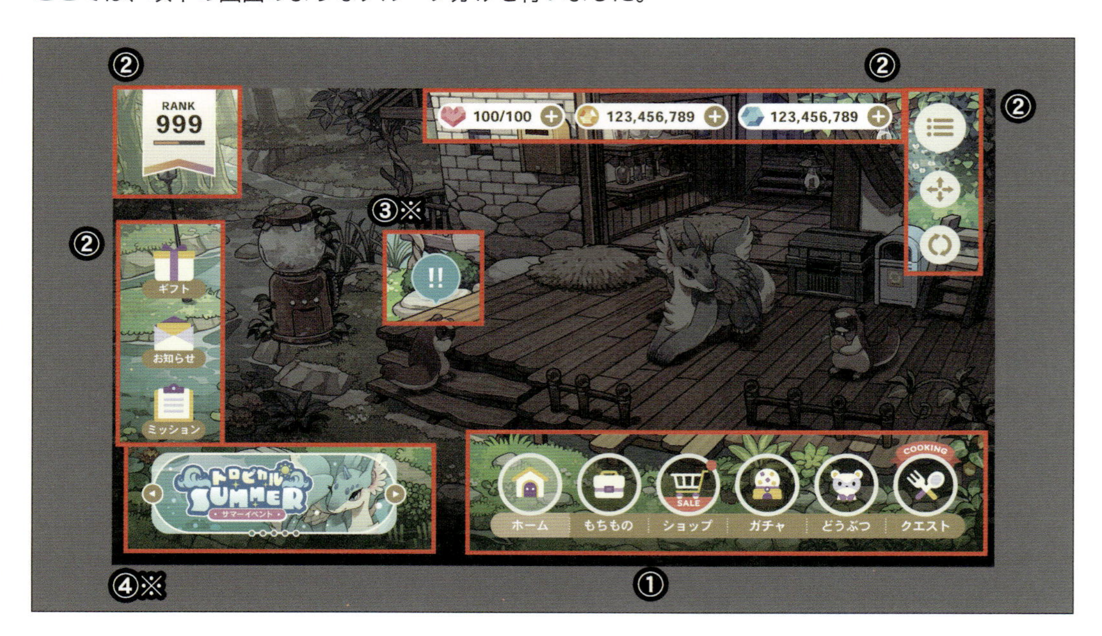

①もっとも目立たせたいグループ

ホーム画面のUIでもっとも目立たせたいグループは、右下のクエストがあるボタン類になります。ここからさまざまな箇所へ遷移していくため、はじめて遊ぶ人でも右下のクエストをとりあえず押せばいいということがわかるように、アニメーションで見せる必要があります。

②次に目立たせたいグループ

画面左のボタン類や右上のジェム、ライフ、コイン表示、ボタンが次に目立たせたいグループになります。それぞれ重要な情報ではありますが、①に比べると優先順位は劣ります。

③ペットの上に表示される吹き出し※

「※」とあるのは、特殊な表示が必要なUIになります。①と②が画面の端にあるのに対して、③は中央にあります。そのため、①②とは出現のタイミングをずらして表示することで、ペットが情報を持っているということに気がつきやすくします。タイミングを①②よりも早く動かすか遅く動かすかによって、ユーザーの視線がどこに行くかが決まります。今回のホーム画面では、③を遅く動かすことで、①②の要素よりも遅くユーザーの視線を集めるようにします。

④バナー※

バナーもまた、「※」のついた特殊なUIになります。バナーでは、イベントやガチャ情報など重要な情報を表示しつつ、アニメーションでどこまで目立たせるのかを検討する必要があります。今回のアニメーションでは、②と同じ動きにして、全体の動きと合わせて出現させることにします。

画面遷移時に視線が移る順番としては、以下の順番で視線が誘導されるように設計していきます。

①②④の各種画面端のUI
↓
①のクエストアイコン
↓
③の吹き出し

なぜこの順番にアニメーションさせるのかというと、視線誘導する時は最初に出たものよりも最後に出たものに人の目は惹きつけられます。そのため、優先度の低いものから先に出して、優先度の高いものを最後に出すことで視線を誘導することができます。

①のクエストよりも③の吹き出しアイコンを最後にした理由としては、吹き出しアイコンはペットのお知らせアイコン（ペットの今日の気分などの情報）で、お知らせがない時は表示されない不定期に出現するアイコンになります。そのため、ボタンと機能の重要度は低いものの、ユーザーがペットへの愛着を高めるための導線として、なるべくペットの行動に注視してもらいしたいという意味で、最後にアイコンを動かすことにしました。

④過度なアニメーションをつけないようにする

4つ目のポイントは、過度なアニメーションをつけないようにすることです。特に③の視線誘導を考えた際に、重要な箇所を過度に目立たせてしまう場合があります。例えば「クエスト」のボタンを過度に光らせ、激しく動かしてしまうなど、「クエスト」のボタンを押してほしいと思って行ったことが、かえって煩わしく見せてしまう場合があります。

ゲーム全体のコンセプトがそのようなものであればよいかもしれませんが、今回のゲームの目的はペットを見て癒されるということです。過度なアニメーションでUIを訴求することは、ユーザーに余計なストレスを与えてしまいます。アニメーションを使ってなんでも目立たせればよいということではなく、ゲーム全体のバランスを考えてつけていくことをおすすめします。

また、訴求力を強めたいという要望に対して、デザインの時点ですでに目立っているという場合は、アニメーションでさらに目立たせる必要はないという場合もあります。デザインで目立たせるのか、アニメーションで目立たせるのかのバランスを見ながら、アニメーションで行う演出をどのくらいにすればよいのかを考える必要があります。

例えば左下にあるバナーを目立たせたいという要望があった場合、デザインやバナー制作の時点でユーザーの目を引くようにコントラストや密度感高く作られていて、他のUIから浮いた存在になっていたとします。そこにさらにアニメーションで過度な演出を入れてしまうと、訴求力が強くなりすぎる場合があります。「どのくらい目立たせたいのか？」という温度感をプランナーに確認しながら進めていくことが大切になります。バナーは無理に主張せず、バナーの絵が動いていて楽しい、高級感のエフェクトで興味をそそらせるなど、ユーザーがワクワクする見せ方になるとよいと思います。

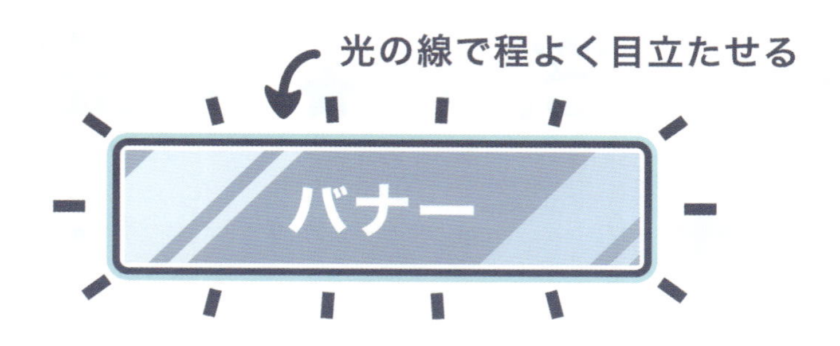

⑤尺／スピード感を意識する

5つ目のポイントは、尺／スピード感を意識することです。特に、アニメーションの優先順位を意識しすぎることで、アニメーションの尺が伸びてしまう場合があります。「まずは左上のアイコンから出して、次に右上のアイコンを出し、下のアイコンは全部のアイコンが出た後に出す」といった形で見せたい場所への誘導に意識を向けすぎると、尺が伸びてしまいがちです。また、アニメーションを楽しんでもらいたいという思いや、せっかくだからアニメーションに凝りたいという場合も、同様に尺が長くなりがちなので注意が必要です。

アニメーションの尺が長くなることのデメリットとして、スピード感が遅くなり、「待たされている感が出てしまう」ということがあります。UIやアニメーションが世界観の一部として溶け込んでいる場合は、ある程度長くなっても待たされている感を軽減できますが、何度も見るホーム画面としては、スピード感を早め、待たされている感をユーザーが感じない状態を作るのがよいでしょう。

アニメーションの尺とスピード感はユーザーに与える影響が大きいため、尺は気持ち短め、スピード感は気持ち早めに作るとよいと思います。他のアプリのUIの尺感、スピード感を参考にしてみたり、実機で実際のプレイに近い状態で体感したりすることで、尺とスピードの感覚を養い、ユーザーへのストレスがなくUIが表示されるアニメーションを作ることができるようになります。

⑥統一感のあるアニメーションにする

6つ目のポイントは、統一感のあるアニメーションにすることです。統一感のない動きはユーザーを不安にさせ、どこを見ればよいのかわからなくさせます。動きのコンセプトを1つ決めたら、関連する要素にはすべて同じ動きをさせるのがよいでしょう。

今回のホーム画面では、画面端にあるアイコン類はすべてスライド＋フェードインのアニメーションに統一することにします。全体の動きに一貫性を持たせることで、ユーザーが過度にUIを意識せず、画面中央のどうぶつに集中できる状態を作ります。ホーム画面以外でも同じようにアニメーションを統一しておくことで、ゲーム全体の統一感を高めるとともに、自分以外のチームメンバーが制作する時に、誰でも同じ状態の動きを作れるようになります。

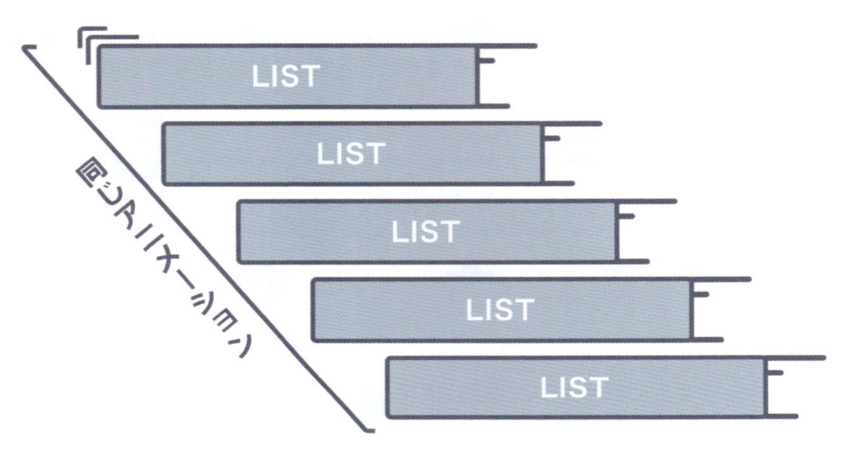

例外として、訴求力を強めたい場合など、あえてアニメーションの統一感を崩すことでユーザーにちょっとした気付きを与え、誘導するというテクニックもあります。また、各UIの質感や配置されている場所、大きさ、コンセプトなどによってアニメーションを変える場合もあります。しかし、まずは統一感ある動きを作ることを意識して制作し、その中で訴求力の強い個所に関しての見せ方をあらためて考えていくという順番がよいでしょう。

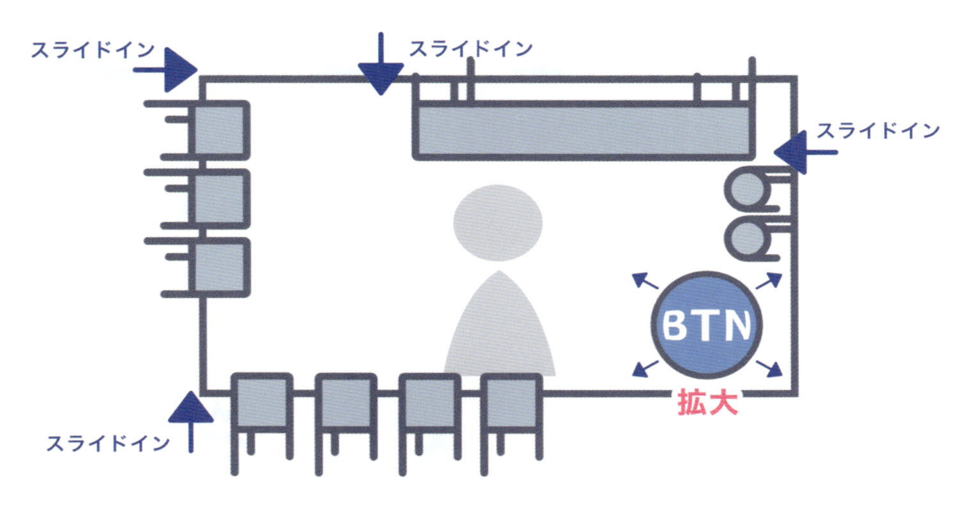

ホーム画面の基本 3

ホーム画面アニメーションのイメージを考える

UIアニメーションのイメージを考えよう

ホーム画面のアニメーションを制作する前に、ホーム画面の各UIについての具体的な動きのイメージをまとめておきましょう。

各UIのボタン数は多いですが、ブロックごとに分けることで動かし方はそのブロック単位で考えることができます。あとは各ブロックでなぜその動きをさせるのか、目立たせたいブロックはどう目立たせるとよいか、イメージを固めていきます。

実際の制作現場では、イメージを固めたあとは動画の制作を行い、その動画をもとに周りからのフィードバックを受けて調整していくことで最終的な動きを詰めていきます。

❶背景の動き

ペットを眺めに来るための画面なので、初回遷移時は自分がペットのいる場所へやってきた感じを出したいと思います。今回は、最初はカメラが引いた状態から始まり、次第にズームで寄っていき、UI を表示させます。

❷画面端のUIの動き

画面端の UI は、画面端から画面中央にスライドインさせる、よく見るタイプの遷移アニメーションを行いたいと思います。UI の出し方は、すべて同時に出すか、タイミングをずらして出すか、テンポ感はどうするかなどをアニメーションを作っていく中で調整していきますが、今回は同時に出したいと思います。

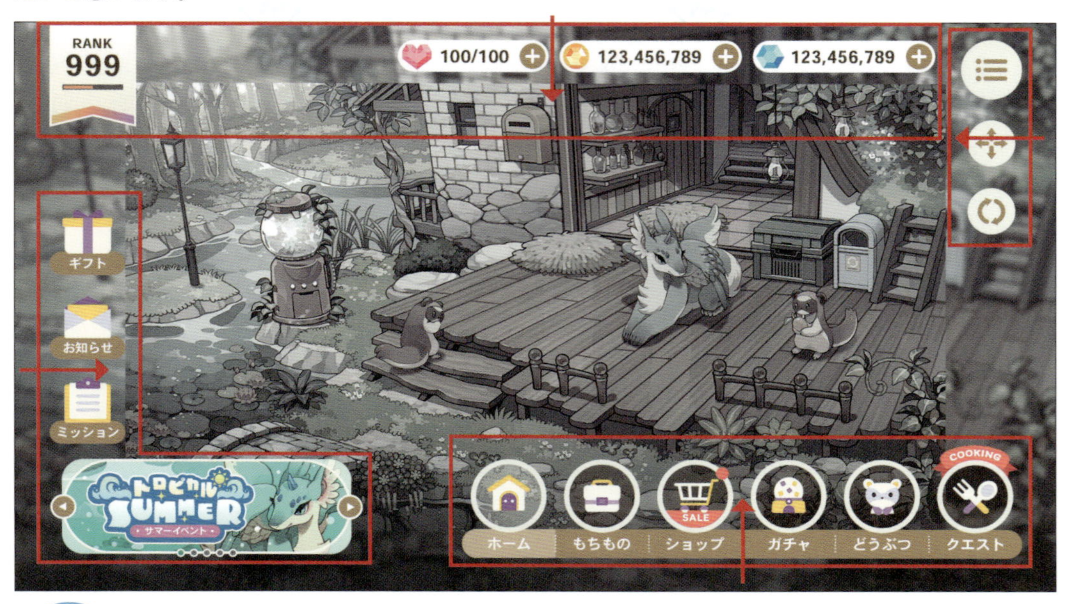

❸クエストボタンの動き

クエストボタンは、ユーザーがどこを押せばいいのかをわかりやすくするために、少し目立たせたいと思います。今回は、クエストアイコン上にあるリボンに対して、常時簡単なアニメーションを入れていきます。

❹バナーの動き

イベントの開催などを知らせるバナーは、ユーザーに知ってもらうためにアニメーションで補助を行いたいと思います。今回は、バナーが表示されてから一定時間が過ぎると、中のバナーイラストが横へスライドし、新しいバナーを出現させたいと思います。

❺中央の吹き出しアイコンの動き

中央の吹き出しアイコンは、絵のコントラストが強いため、アイコンが埋もれないように出てくる時に少し強めの動かし方をさせたいと思います。今回は、ペットから拡大縮小をさせつつ回転などを入れるイメージになります。

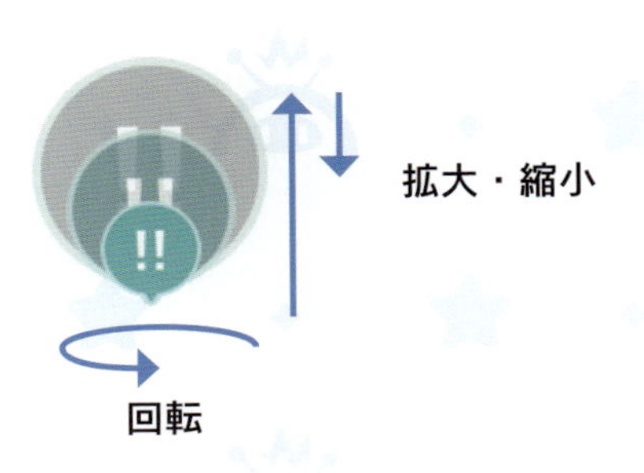

ホーム画面アニメーションの素材を準備する

PSDのレイヤーを整理する

ここから、実際にホーム画面のアニメーションを制作していきます。ここで作るホーム画面のアニメーションは、以下のようなものになります。

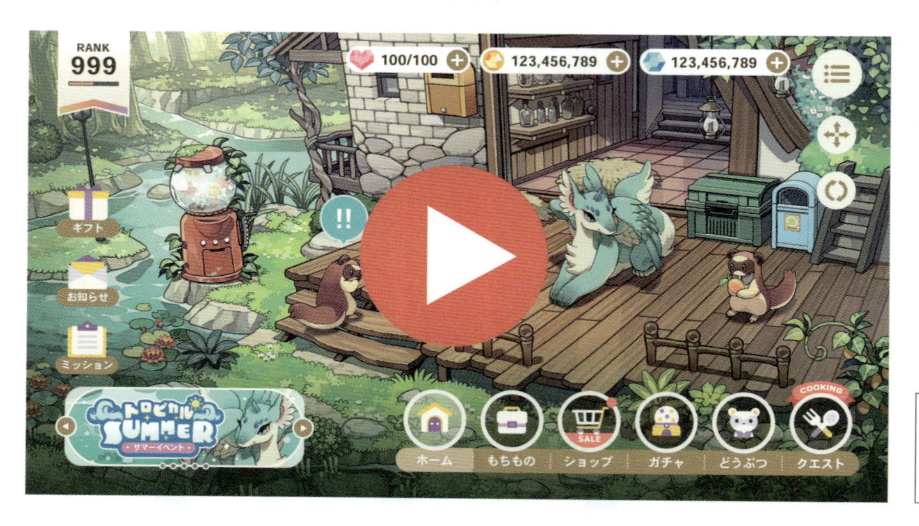

ダイアログの時と同じように、最初にPhotoshopのレイヤーをAfter Effects用に整理します。「home.psd」を複製し、名前を「home_AE編集」に変えて元データを残しておきます。

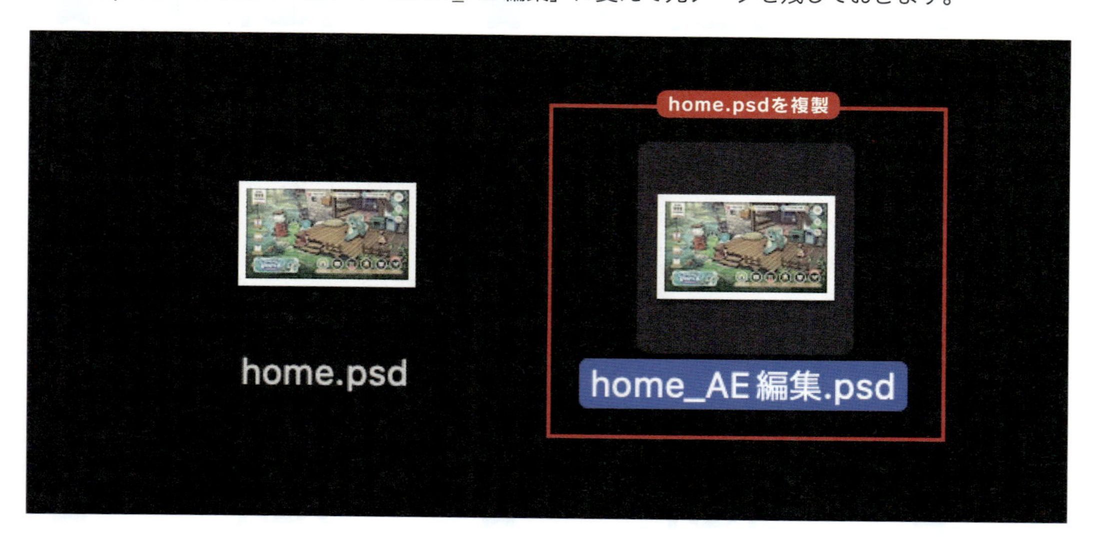

続いて、フォルダ構成の統合と整理を行っていきます。

1 「バナーフレーム」フォルダ内にある「ページャーON」～「バナーフレーム_1」を選択し、Ctrl/Command＋Eで統合します。統合されたレイヤーの名前を「バナーフレーム」にします。

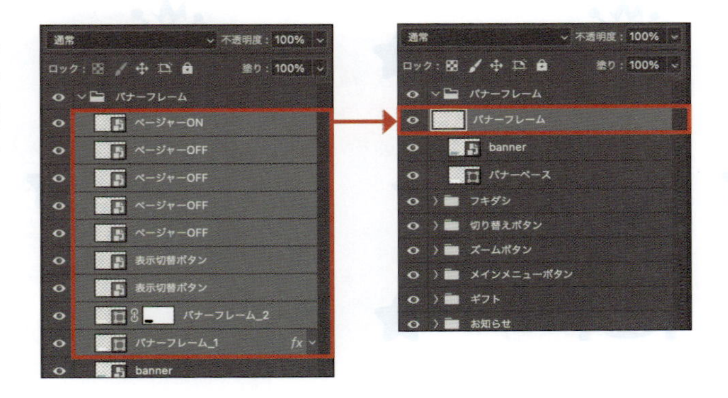

2 「バナーフレーム」フォルダを選択し、Ctrl/Command＋Shift＋Gキーを押して、フォルダ機能を解除します。

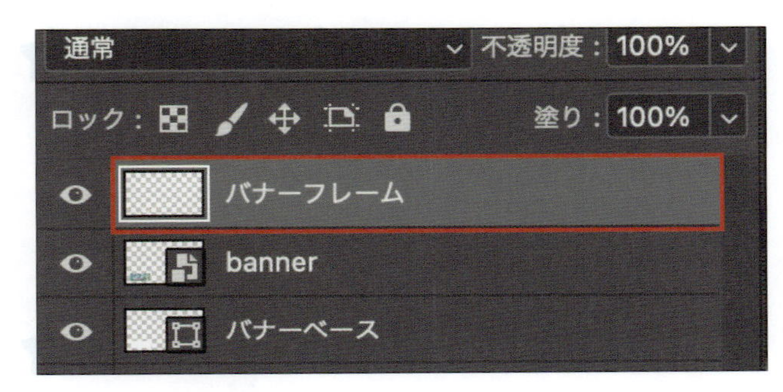

3 同様の方法で、「フッターメニュー」フォルダを除く「フキダシ」～「ランク表示」フォルダを、それぞれのフォルダごとに統合します。

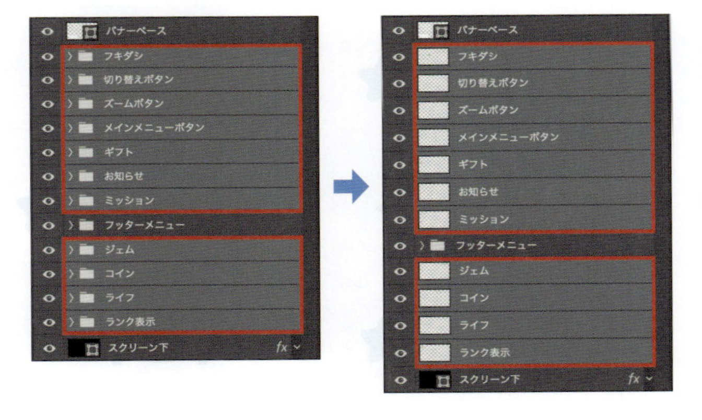

4 「COOKING」と「リボンラベル」を、「フッターメニュー」フォルダの外へ出します。

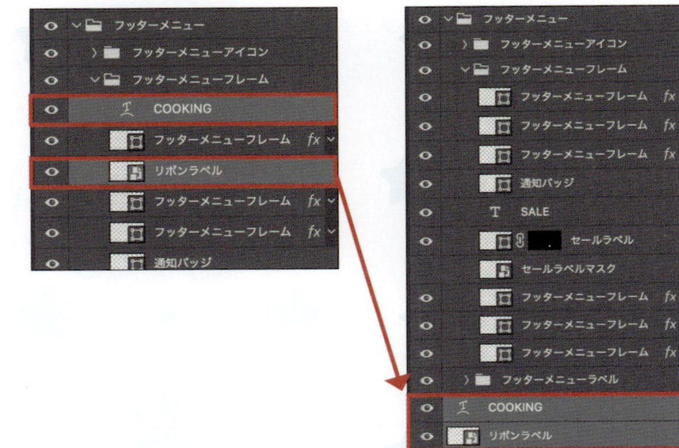

5 アイコンとフレームがバラバラになっているので、アイコン「icon_home」とフレーム「フッターメニューフレーム」を選択し❶、統合します。統合した「icon_home」を、フォルダの上へ移動させます❷。

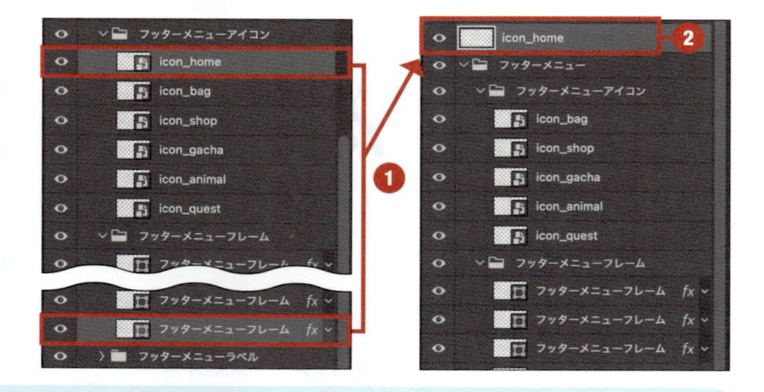

2つの画像を統合する

icon_home

＋

フッターメニューフレーム

＝

icon_home

6 ❺の操作を各アイコンごとに繰り返し、画面のようにします。「icon_shop」では、「通知バッジ」「SALE」「セールラベル」も一緒に統合します。

7 「フッターメニューラベル」フォルダも統合します❶。「フッターメニューフレーム」フォルダと中身は不要なので削除します❷。「フッターメニュー」「フッターメニューアイコン」フォルダは、Ctrl/Command＋Shift＋Gキーを押してフォルダ機能を解除します。

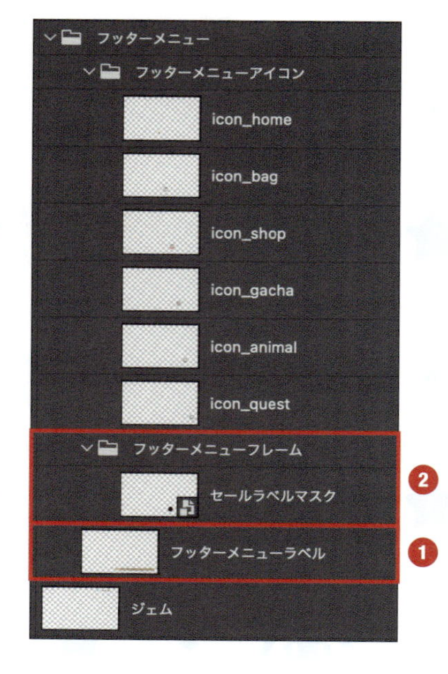

8 背景の「スクリーン下」〜「背景」❶を統合し、名前を「bg_home」❷に変更します。

9 最後にすべてのレイヤーを選択し、右クリックで「レイヤーをラスタライズ」をクリックします。ファイルを保存すれば完成です。

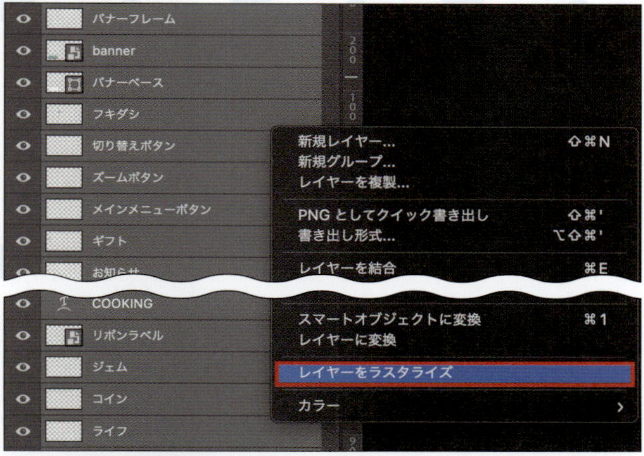

ラスタライズ後のレイヤー構成

After EffectsにPSDを読み込む

After Effects を起動し、PSD の読み込みを行います。

1 After Effectsのプロジェクトパネルに、ホーム画面のPSDファル(「home_AE編集.psd」)をドラッグ&ドロップします。

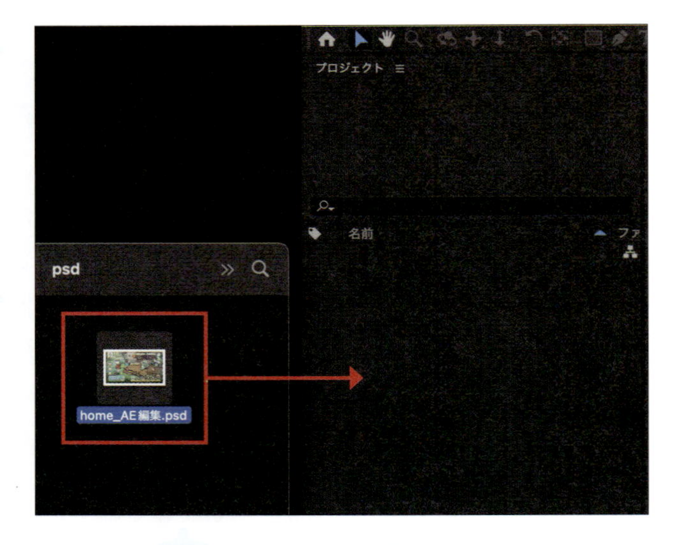

2 「読み込みの種類」を「コンポジション - レイヤーサイズを維持」に❶、「レイヤーオプション」を「レイヤースタイルをフッテージに統合」に変更し❷、「OK」をクリックします❸。

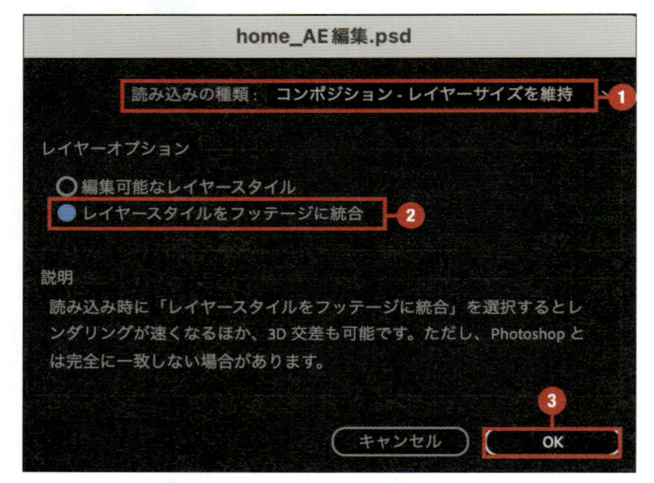

3 プロジェクトパネルに作成されたコンポジションをダブルクリックして❶、コンポジションの編集に移ります。コンポジションパネルでは、PSDファイルと同じ位置に素材が配置されます❷。タイムラインパネルは、PSDファイルのレイヤーと同じ構成で階層が組まれます❸。これで、素材の配置が完了しました。

After Effectsのコンポジションを設定する

続いてコンポジションの設定を行い、画面サイズ、再生時間、フレーム数を設定していきます。

1 「コンポジション」メニューから、「コンポジション設定」を選択します。Ctrl／command＋Kキーで、同様の操作ができます。

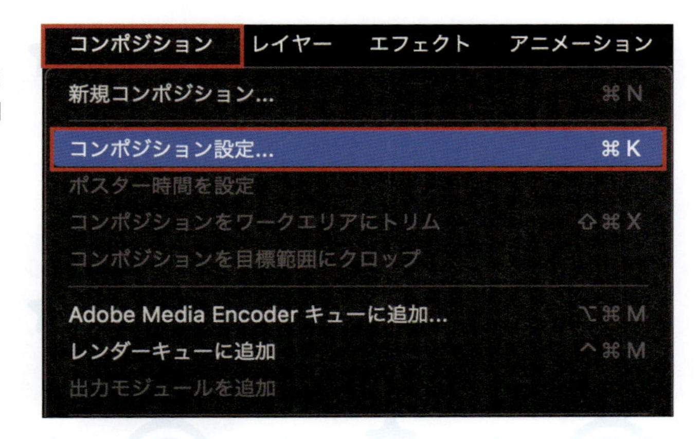

2 コンポジションの設定を、以下のように変更します。

コンポジション名：home_anime❶
幅：1920 px❷
高さ：1080 px❷
フレームレート：60❸
デュレーション：3:30❹

最後に「OK」をクリックすれば完了です。Ctrl／Command＋Sキーを押して、任意の場所にAfter Effectsデータを保存しておきましょう。名前は「home_anime.aep」としておきます。

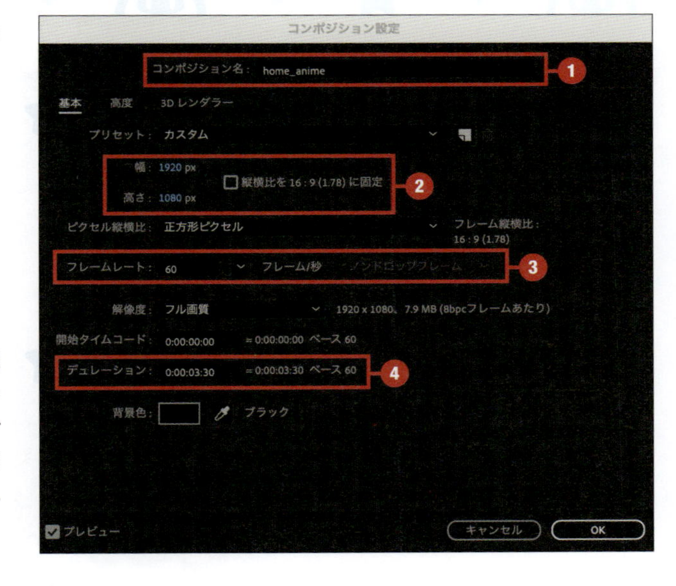

グループごとにレイヤーの色分けを行う

レイヤーの編集を行う上で、グループごとにレイヤーの色分けを行っておくことで、アニメーション編集のやりやすさがぐっと上がります。色は好みで指定すればよいのですが、タイムライン上では様々な色が自動で設定されます。タイムライン上に平面を作ると自動でレッドが割り当てられ、コンポジション化すると自動でサンドストーンが割り当てられます。そういった自動で割り当てられ、よく目にする色を避けておくと、整理がよりしやすくなるので、筆者はラベンダー、レッド、サンドストーンの使用はなるべく避けるようにしています。

1 タイムライン上に配置されたレイヤーの「バナーフレーム」「banner」「バナーベース」を選択した状態で、ラベンダー色のボックスをクリックします。

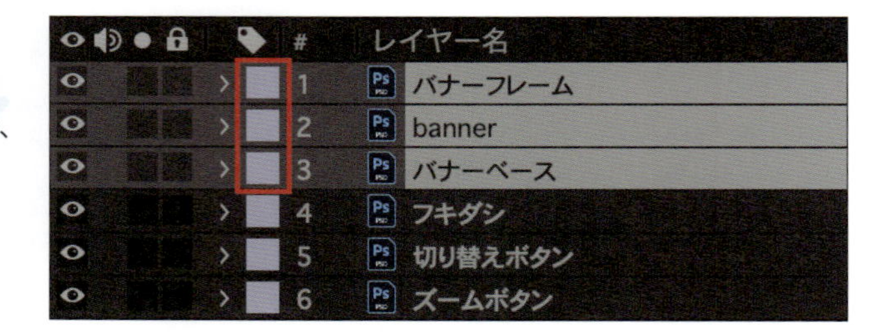

2 カラー指定のメニューが開くので、任意のカラーに変更します。ここでは、ピンクに変更を行います。

3 同様の方法で、以下のグループごとにレイヤーの色を設定していきます。

[ピンク]
バナーフレーム
banner
バナーベース

[ピーチ]
フキダシ

[シーフォーム]
切り替えボタン
ズームボタン
メインメニューボタン

[ブルー]
ギフト
お知らせ
ミッション

[フクシアピンク]
icon_home
icon_bag
icon_shop
icon_gacha
icon_animal
icon_quest
COOKING
リボンラベル
フッターメニューラベル

[イエロー]
ジェム
コイン
ライフ
ランク表示

[なし]
bg_home

背景アニメーションを作る

背景アニメーション

ホーム画面のファイルの準備ができたら、いよいよアニメーションの制作を始めていきます。最初に、遷移イメージで考えていた「ホーム画面へ入った時にペットを覗きに来た」という表現をさせるため、ホーム画面への遷移時に白い画面からフェードインする背景アニメーションを作成します。

1 「レイヤー」→「新規」→「平面」を選択し、新規平面を作成します。

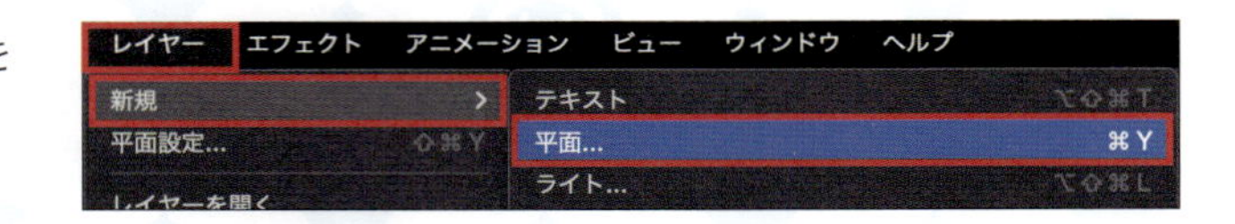

2 カラーを白に設定し❶、「新規」をクリックします❷。

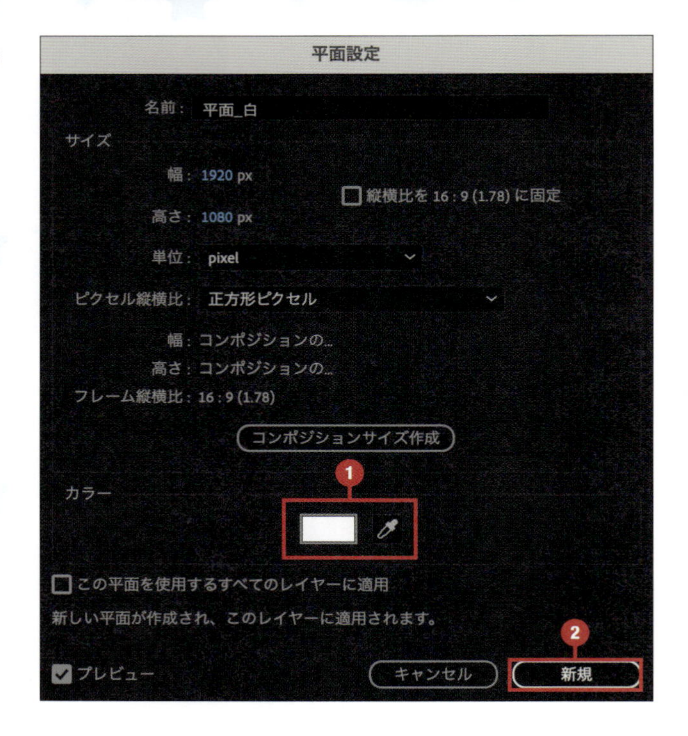

3 白いフェードアウトを作るために「不透明度」(Tキー)を開き、0fに「不透明度」100%❶、15fに「不透明度」0%❷で白がフェードアウトするアニメーションを作ります。「ホワイト 平面 1」は、タイムラインの一番上(手前)の階層に配置します❸。

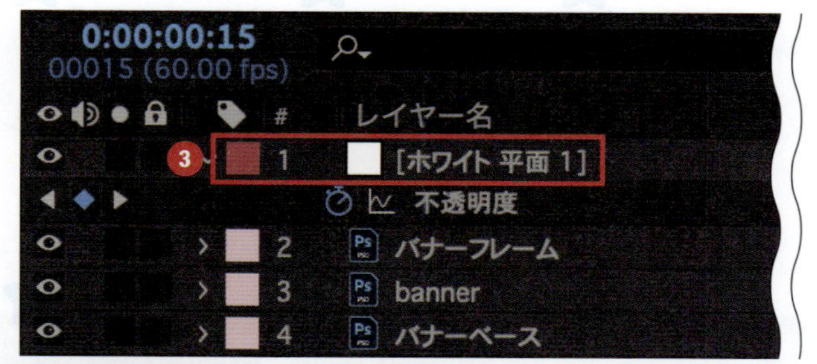

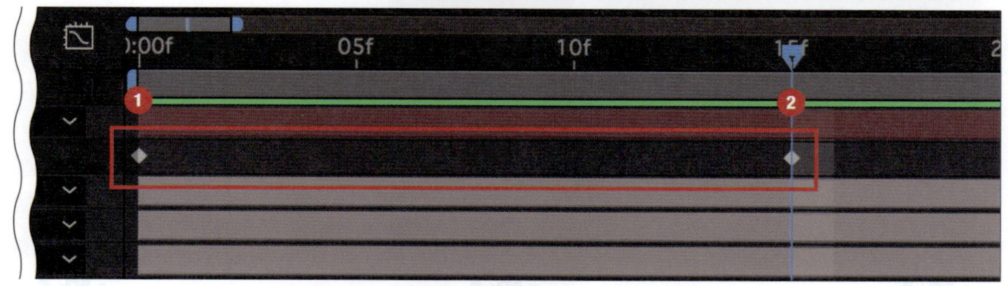

4 次に、背景が拡大するアニメーションを作ります。上下左右の素材が足りないので、サンプル動画としての見栄えを整えます。「bg_home」を選択し、「編集」→「複製」を選択します。

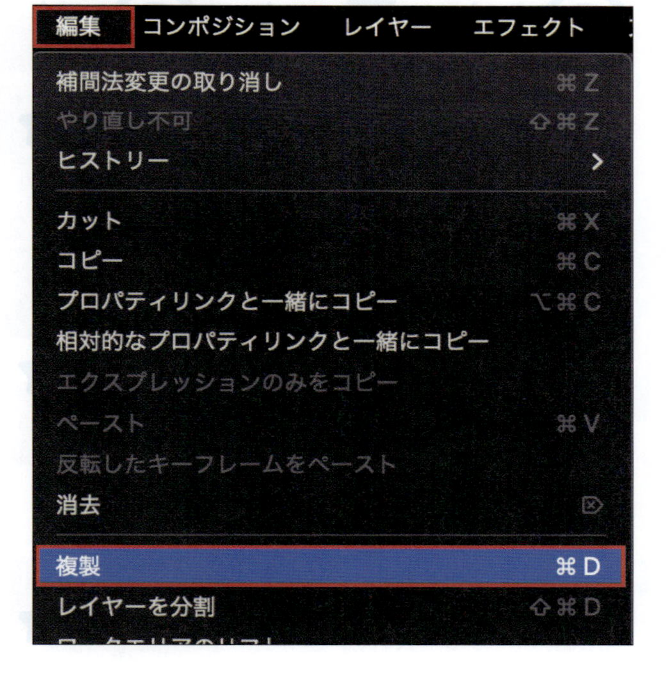

5 「bg_home」が複製されるので、上の名前を「bg_home」、下の名前を「bg_home_ぼかし」に変更します。レイヤーの名前は、Enterキーを押すことで変更できる状態になります。

6 「bg_home_ぼかし」を選択した状態で、「エフェクト」→「ブラー&シャープ」→「ブラー(ガウス)」を選択します❶。「ブラー」を20に設定します❷。これで、背景が引いた状態の時にブラーで余白を埋めることができます。

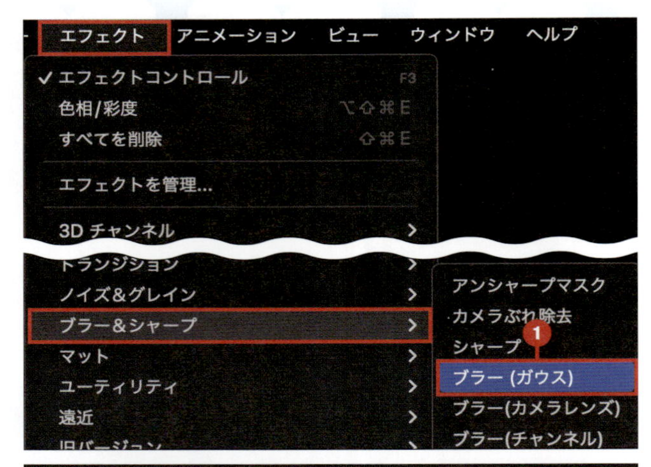

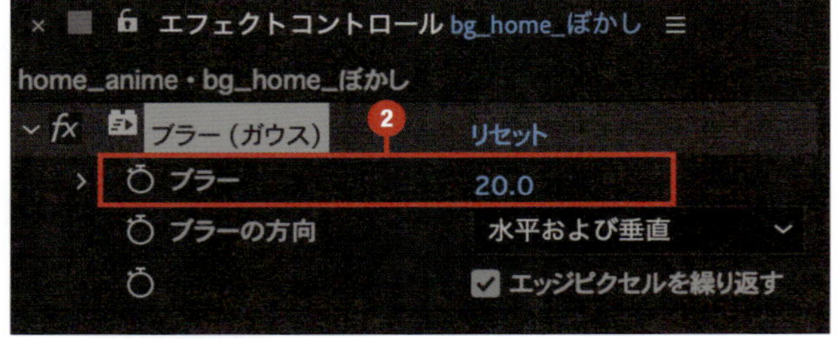

7 「bg_home」の「スケール」のストップウォッチをクリックし❶、0fを「スケール」90%❷、27fを「スケール」100%❸に設定します。

8 2つのスケールキーフレームを選択後、キーフレームを右クリックし❶、「キーフレーム補助」→「イージーイーズ」を選択し❷、緩急をつけます。

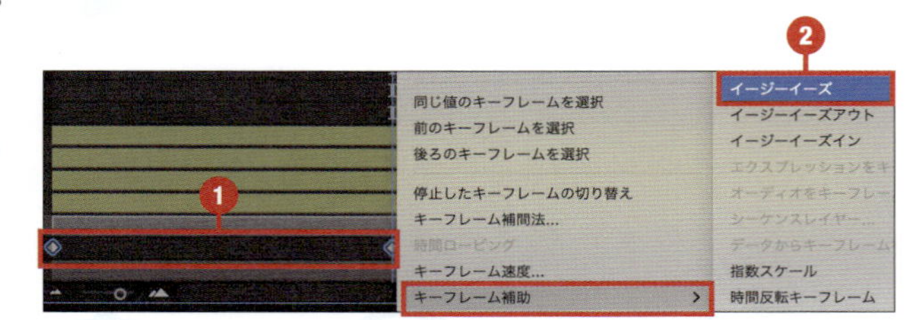

9 「スケール」のキーフレームを選択した状態でグラフエディターに切り替え、ハンドルを画面のように調整します。これで、柔らかく拡大する動きが止まるようになります。

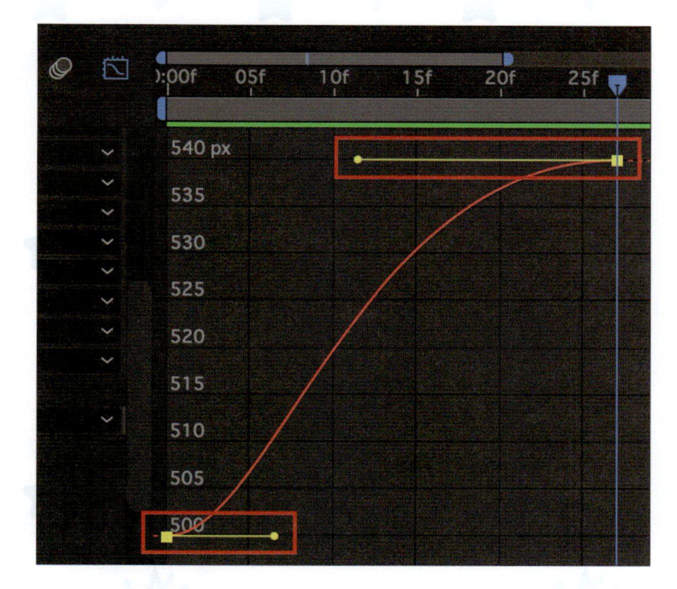

10 これで、背景アニメーションが完成です。背景に向かってカメラが進んでいるようにアニメーションをすることができました。

背景
アニメーション
を作る

ヘッダーアニメーションを作る

ヘッダーアニメーション

次に、ヘッダーのアニメーションを作成します。ここでは親としてヌルオブジェクトを作成し、各アイコンとの間に親子関係を設定して一括で動きをつけていきます。ヌルオブジェクトは透明のオブジェクトで画面に表示されることがないので、親子関係を作るためのオブジェクトとして最適です。

1 「レイヤー」→「新規」→「ヌルオブジェクト」を選択し、ヌルオブジェクトを作成します。

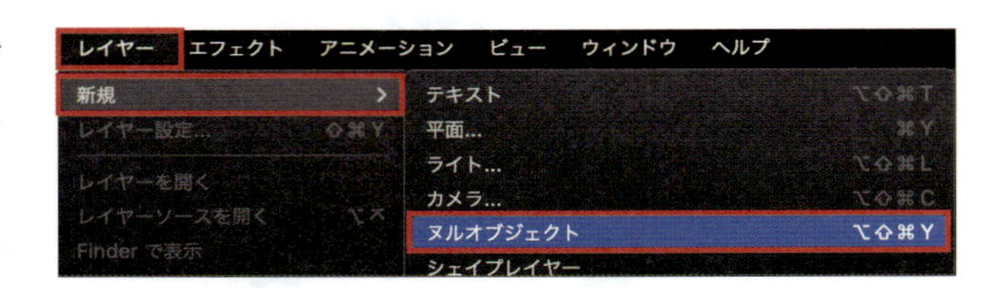

2 タイムラインに作成されたヌルオブジェクトを、ヘッダーアイコン（「ジェム」「コイン」「ライフ」「ランク表示」）の上に配置します❶。「ジェム」「コイン」「ライフ」「ランク表示」を選択した状態で、ヌルオブジェクトに渦巻きをドラッグ＆ドロップします❷。

3 これで親子関係が作られました。ヌルの名前を「位置_ヘッダー」に変更し❶、「位置」を右クリックして「次元に分割」を選択します❷。

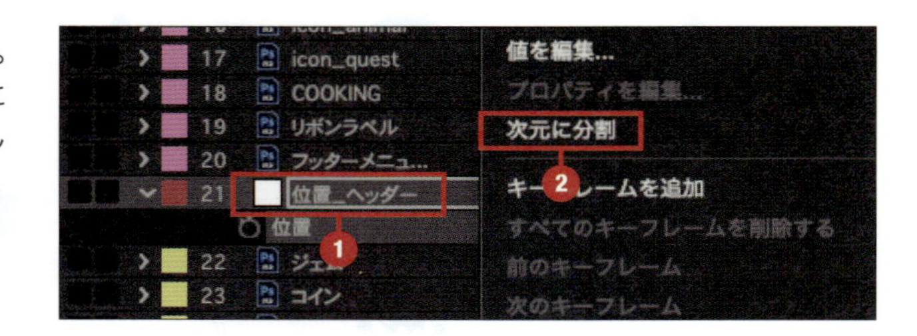

4 続いて、Y位置の記録を以下の設定にします。

10f　500❶
38f　540❷

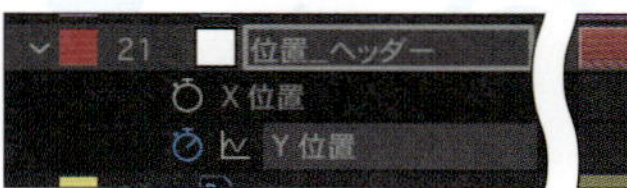

5 分割したY位置のキーフレームを選択し、右クリックで「キーフレーム補完」→「イージーイーズ」を選択します。

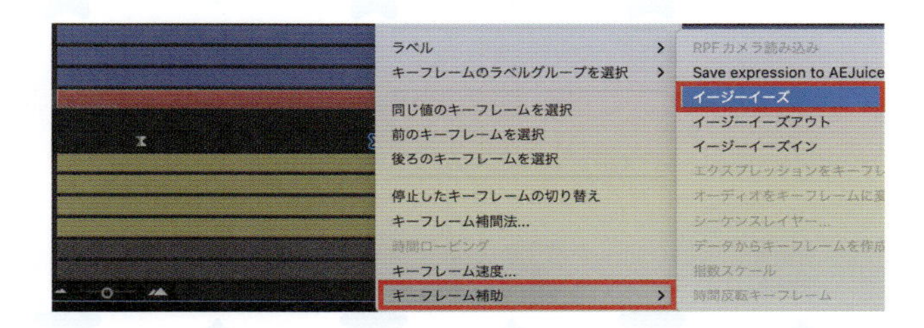

6 グラフエディターに切り替え❶、画面のようにハンドルを調整します❷。これで、ヘッダーアイコンの初速は速く、止まるときは柔らかく止まるようになります。

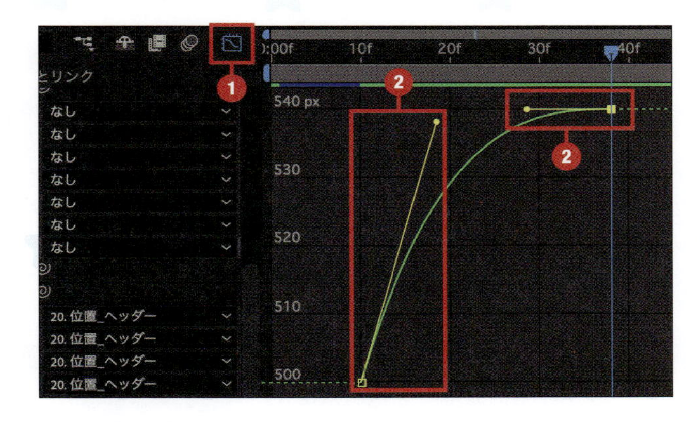

7 最後に、ヘッダーが自然に現れるようにするため、フェードインを設定します。「ジェム」「コイン」「ライフ」「ランク表示」を選択し❶、「不透明度」のストップウォッチをクリックします❷。10fに「不透明度」0%❸、30fに「不透明度」100%❹を設定します。

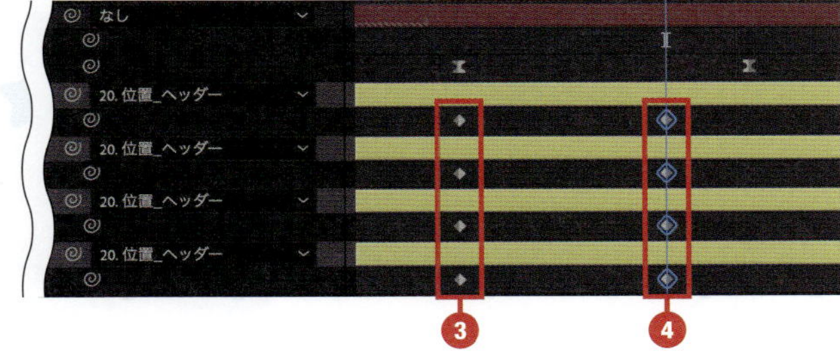

8 これで、ヘッダーの遷移アニメーションは完成になります。

ヘッダー
アニメーション
を作る

アイコンアニメーションを作る

右側のアイコンアニメーションを作ろう

続いて、アイコンアニメーションを作成します。最初に、右側にある「切り替えボタン」「ズームボタン」「メインメニューボタン」のアイコンアニメーションを作成します。ヘッダーのアニメーションと同じく、今回もヌルオブジェクトに親子関係をつけて作成していきます。

1 P.342と同様の方法でヌルオブジェクトを作成し、右側のボタン類の上へ配置します❶。「切り替えボタン」「ズームボタン」「メインメニューボタン」アイコンとヌルオブジェクトの間に、親子関係をつけます❷。ヌルオブジェクトの名前は「位置_右側アイコン」としています。

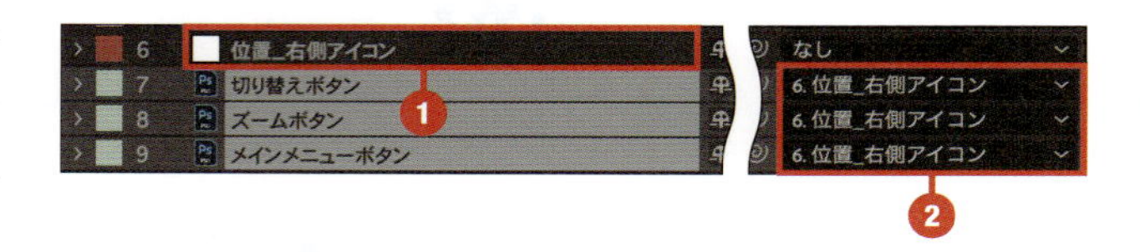

2 P.342の方法で「次元に分割」を行い、「位置」をXとYに分けます。ここではX位置にアニメーションをつけます。10fで1000❶、38fで960❷の位置に設定します。

3 グラフエディターに切り替え、画面のようにカーブを設定します。ヘッダーのアニメーションと同じタイミング、速度になるように調整しましょう。

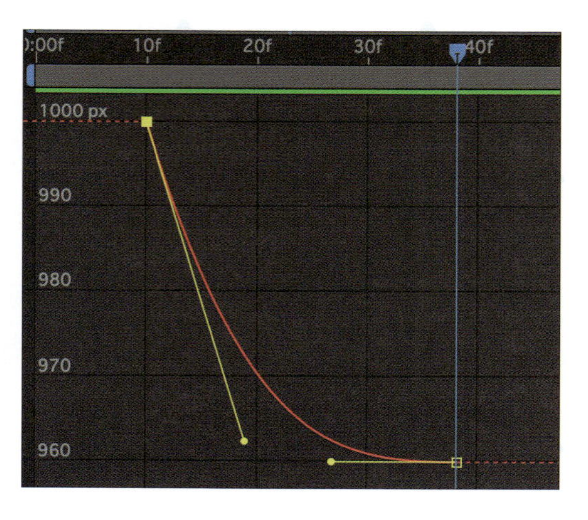

4 「切り替えボタン」「ズームボタン」「メインメニューボタン」の「不透明度」にアニメーションをつけます。10fを0%❶、30fを100%❷に設定します。

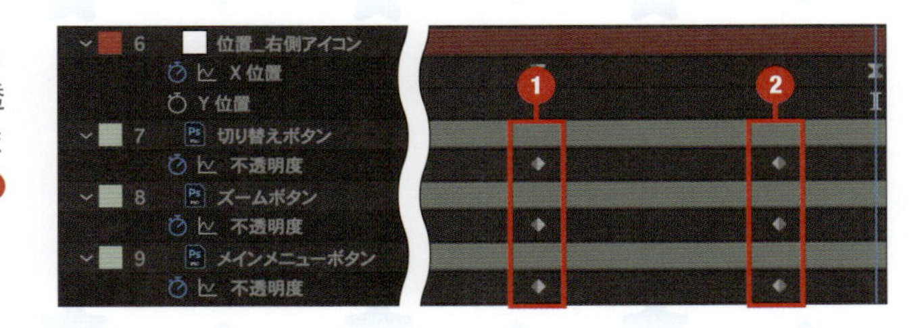

左側のアイコンアニメーションを作ろう

次に、左側にある「ギフト」「お知らせ」「ミッション」のアイコンアニメーションを作成します。バナーも左側に含まれるのですが、ここではバナーの設定は行わずに進めます。ヘッダー、右側のアイコンと同様、ヌルオブジェクトを作成し、親子関係を設定し、アニメーションを作成していきます。

1 P.342の方法でヌルオブジェクトを作成し、左側のボタン類の上へ配置し、親子関係をつけます。ヌルオブジェクトの名前は、「位置_左側アイコン」としています。

2 P.342の方法で「次元に分割」を行い、「位置」をXとYに分けます。X位置にアニメーションをつけます。10fで920❶、38fで960❷の位置に設定します。

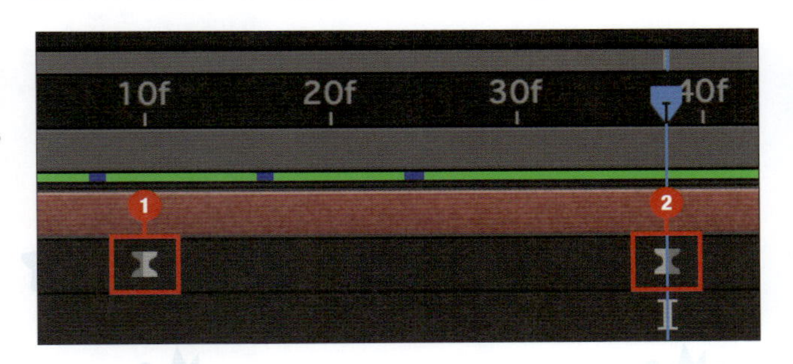

3 グラフエディターのカーブは、画面のように設定します。ヘッダーのアニメーションと同じタイミング、速度になるように調整しましょう。

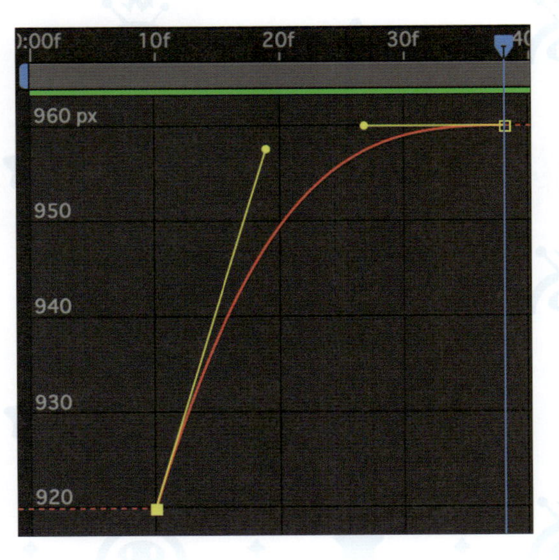

4 「ギフト」「お知らせ」「ミッション」の「不透明度」にアニメーションをつけます。10fを0%❶、30fを100%❷に設定します。

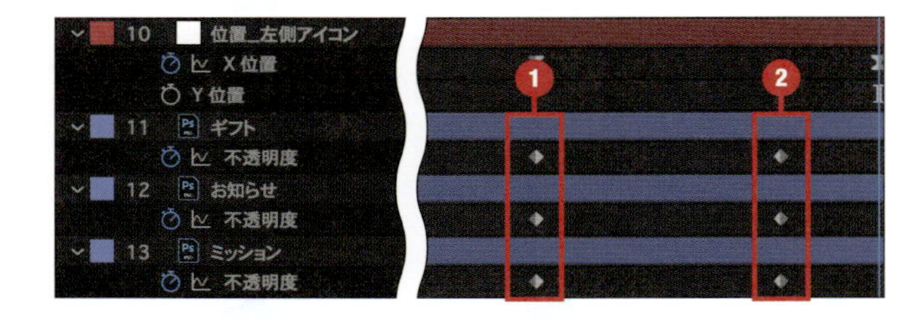

5 これで、アイコンのアニメーションは完成になります。

アイコン
アニメーション
を作る

ホーム画面のアニメーション 4

バナーのアイコン アニメーションを作る

バナーのアイコンアニメーションを作ろう

　バナーのアイコンが左右に自動スクロールするアニメーションを作成します。最初に、バナー自体が左から右に向かって遷移するように設定します。

1 「バナーフレーム」「banner」を選択し、親とリンクの渦巻きアイコンをドラッグして❶、「バナーベース」への親子関係の設定を行います❷。

2 続いて、左から右へ移動するヌルオブジェクトに親子関係の設定を行います。インジケーターを38fに移動し❶、バナーベースの渦巻きアイコン❷を「位置_左側アイコン」にドラッグ＆ドロップします❸。画面遷移によるアイコン移動が終わった後に親子関係を設定することで、他のアイコンに合わせた遷移アニメーションを行うことができます。

3 「バナーフレーム」「banner」「バナーベース」を選択し❶、「不透明度」を10fで0%❷、30fで100%❸に設定します。

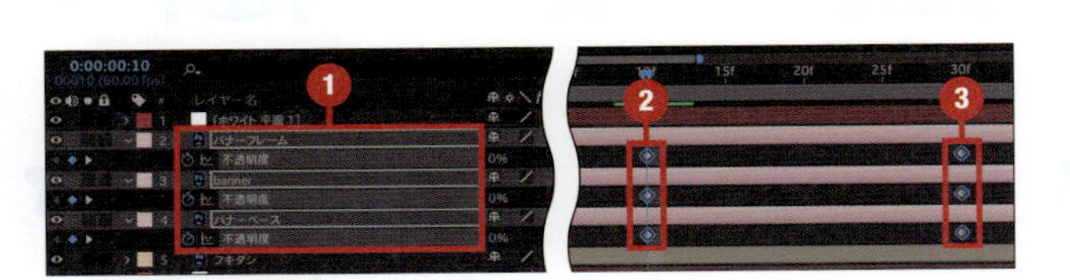

4 「banner」を選択し、Ctrl／Command＋Dキーで複製します❶。複製した「banner 2」のXの「位置」を801に設定し❷、画面のように「banner」が横に並ぶように配置します❸。

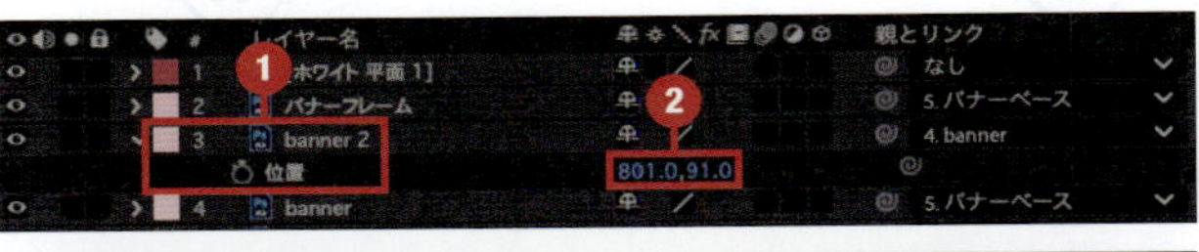

5 複製した「banner 2」の親子付けを行うので、渦巻きアイコンを「banner」に紐づけます。

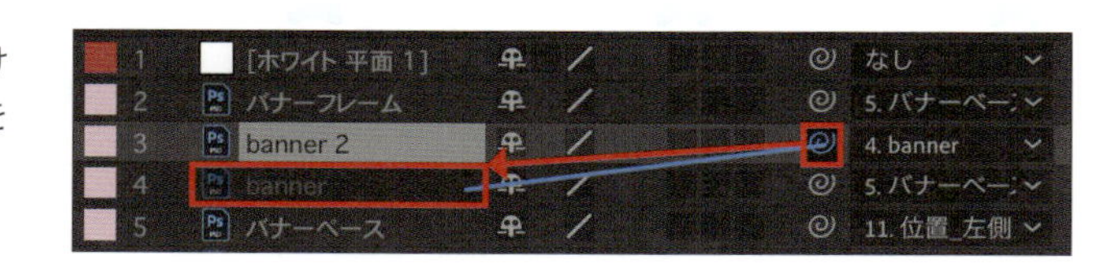

6 「banner」「banner 2」を選択し❶、左下にある「転送制御を表示」をオンにします❷。すると、新しいトラックマットがタイムライン上に表示されます❸。

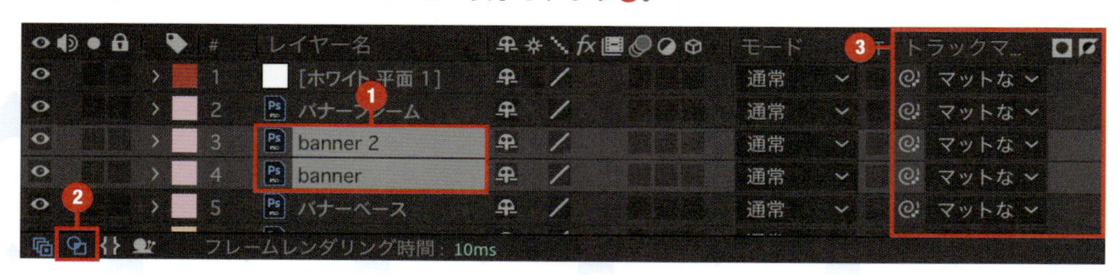

7 トラックマットの渦巻きを「バナーベース」にドラッグ&ドロップし❶、バナーベースの形にマスク化を行います。この時、バナーベースの表示が非表示になるため、左にある目のアイコンを押して表示させます❷。

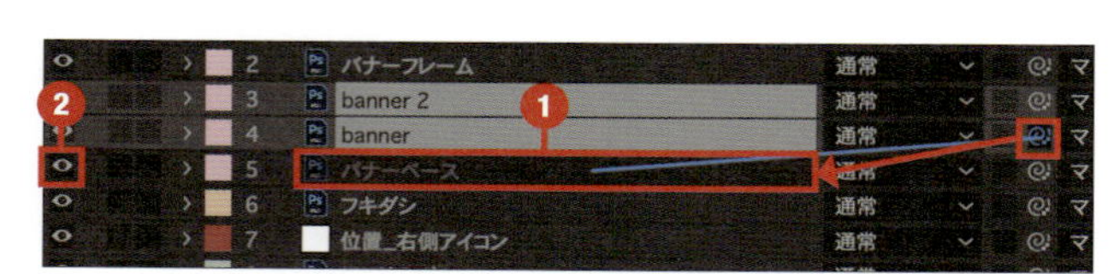

8 「banner」の「位置」を右クリックし、「次元に分割」を選択します❶。インジケーターを132fに移動させ❷、Xの「位置」のストップウォッチをクリックします❸。Xの位置を132fで267❹、162fで-267❺に設定します。

9 最後に「位置」のキーフレームにイージーイーズを適用し、グラフエディターでハンドルを画面のように調整します。

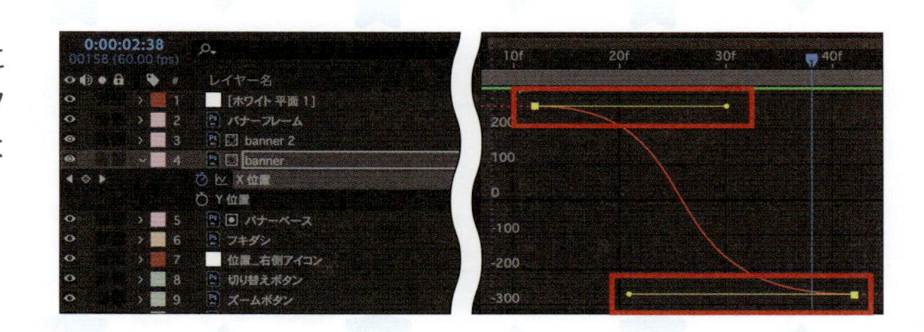

10 これで、バナーの遷移アニメーションと、右から左に切り替わるアニメーションが完成しました。

INアニメ

切り替わりアニメ

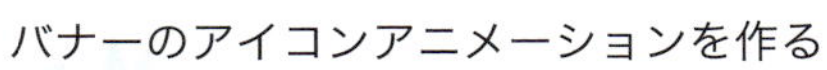
バナーのアイコンアニメーションを作る

フッターのボタンアニメーションを作る

フッターのボタンアニメーション

ここでは、フッターのボタンアニメーションを作ります。作り方は、他のボタンの遷移アニメーションと同様です。

1 ヌルオブジェクトを作成し、icon_homeレイヤーの上に配置します。名前を「位置_フッター」に設定します。

2 フッターの各種ボタンをすべて選択し❶、渦巻きアイコン❷を「位置_フッター」へドラッグ&ドロップします❸。これで親子関係が設定されます。

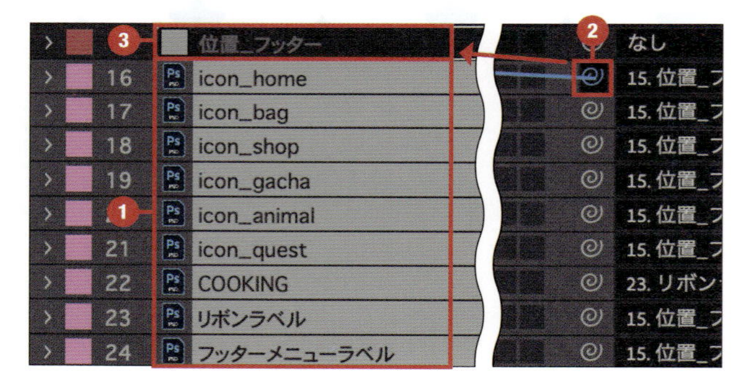

3 「位置_フッター」の「位置」を開き、右クリックして「次元に分割」を選択します。これで、X位置とY位置に分割されます。

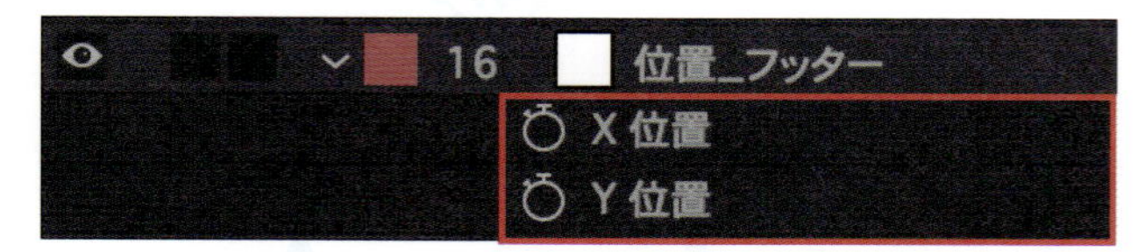

4 Y位置を10fで580❶、38fで540❷に設定します。設定したキーフレームを右クリックし、「キーフレーム補助」→「イージーイーズ」を選択します❸。

5 グラフエディターで、画面のようにカーブを設定します。

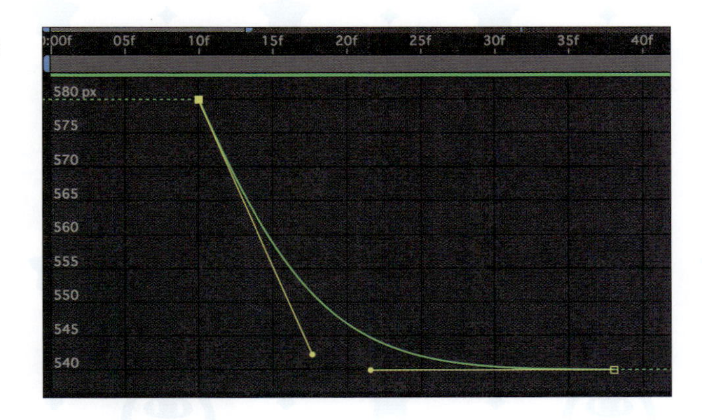

6 「icon_home」～「フッターメニューラベル」を選択し❶、「不透明度」を10fで0%❷、30fで100%❸に設定します。

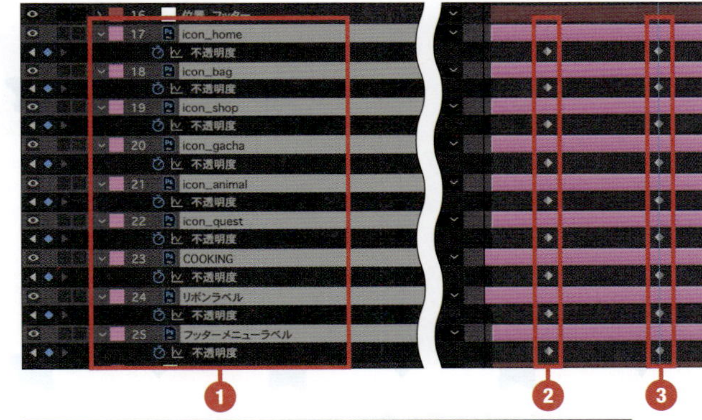

7 これで完成です。

フッターのボタンアニメーションを作る

ラベルにアニメーションをつける

フッターアニメーションはここまでで一通り完成したのですが、フッターは重要度の高いボタンが多いので、アニメーションを追加してほんの少し視線を誘導するようにしてみます。クエストボタンのラベルにアニメーションをつけ、遷移時にボタンを少しだけ発光させて目立たせます。

1 「COOKING」と「リボンラベル」の「不透明度」のキーフレームを表示(T)させ、10fに打たれたキーフレームを22f❶に移動、30Fに打たれたキーフレームを42f❷に移動させます。

2 「COOKING」の親とリンクの渦巻き❶を「リボンラベル」へドラッグ&ドロップし❷、親子関係を設定します。

3 リボンのラベルがバウンドするようなアニメーションをつけるため、「スケール」のストップウォッチをクリックし❶、27fを140,195❷、38fを87,87❸、42fを105,105❹、48fを100,100❺に設定します。スケールの値がXとYが同じになってしまう場合は、スケール値の左側の鎖アイコンをクリックしてoffにすることで、縦横比の固定を解除することができます。これで、バウンドするスケールアニメーションが作成されます。

4 手順❸で打ったスケールのキーフレームをすべて選択し、右クリックで「キーフレーム補助」→「イージーイーズ」を選択します。

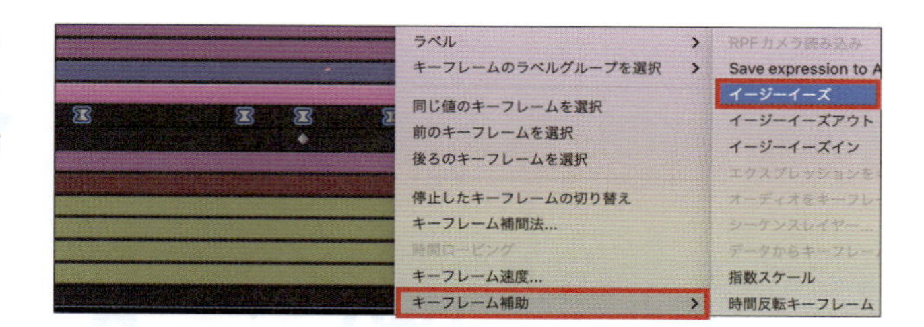

5 グラフエディターで、画面のようにカーブを設定します。

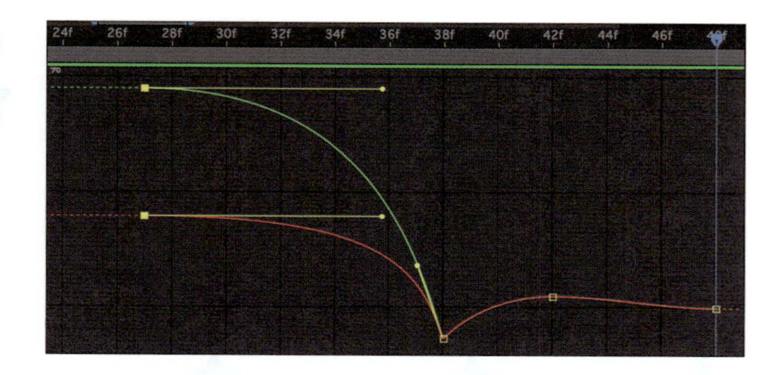

6 続いて、リボンのラベルに光のラインを走らせます。長方形ツールをクリックし❶、コンポジションパネル上でドラッグして長方形のシェイプを作ります❷。この時、他のレイヤーを選択しているとマスクモードになるので、何も選択していない状態で作成するようにします。

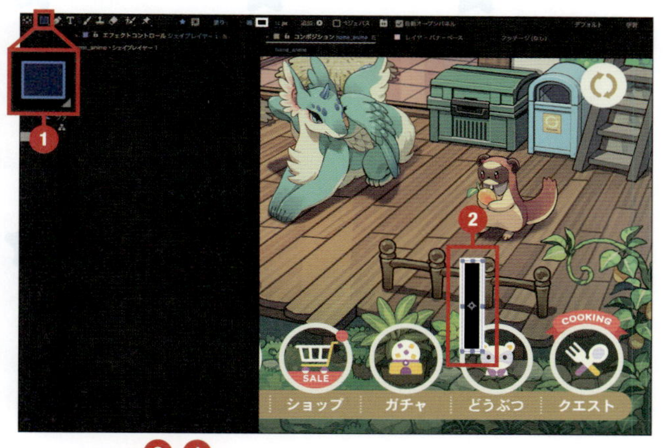

7 シェイプレイヤーの線は不要なので、「線」をクリックし❶、線オプションから「なし」を選択します❷。「OK」をクリックします。続いて「塗り」をクリックし❸、色を#6C5E30に設定し❹、「OK」をクリックします。

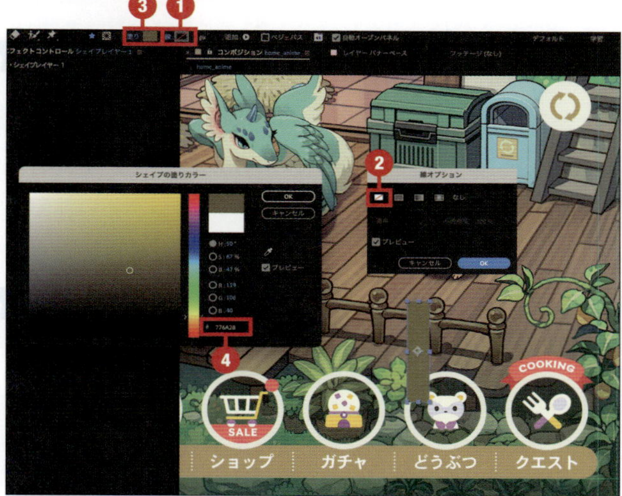

8 シェイプレイヤーの名前を「リボン_光」に変更し、リボンラベルの上にレイヤーを移動します。「位置」のストップウォッチをクリックし❶、35fを1648,822❷、85fを1907,822❸に設定します。

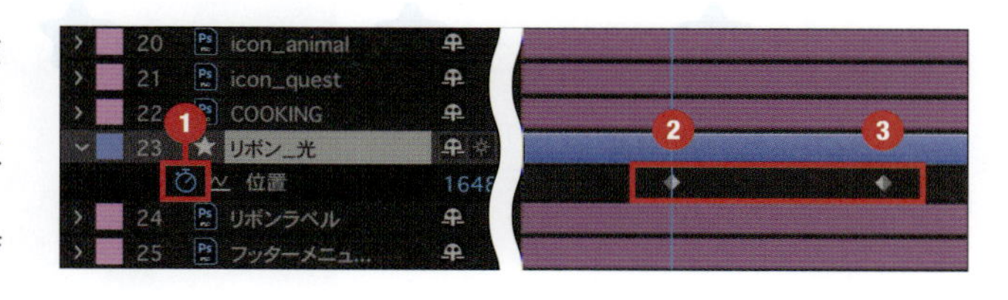

9 「※トラックマット」の渦巻き❶を、「リボンラベル」❷へドラッグ＆ドロップします。「リボンラベル」の目のアイコンが非表示になった場合は、表示させましょう。

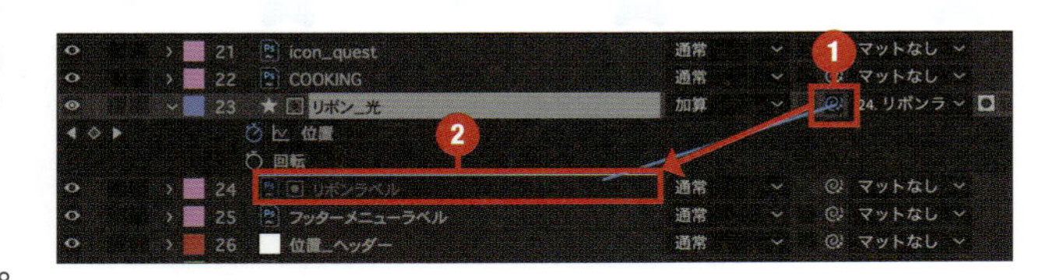

「※トラックマット」の項目がない場合は、タイムラインウインドウ左下にある「転送制御を表示または非表示」をオンにすることで表示されます。

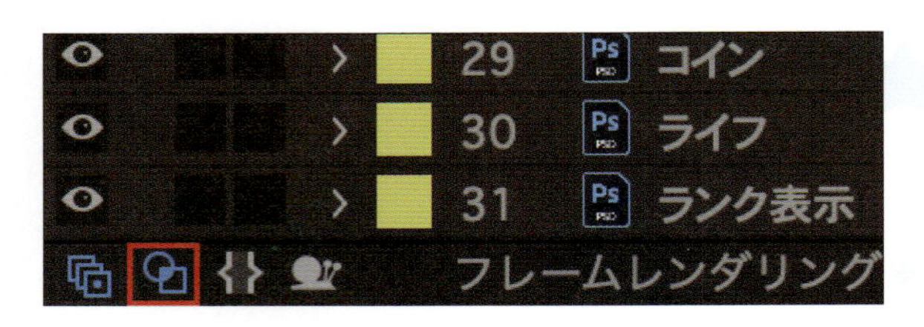

10 「回転」で角度を45°に設定し❶、モードを「加算」に設定します❷。これで、光の表現は完成です。再生させた時に長方形の大きさが足りない場合は縦横のサイズを変更し、ラベルに光が乗るように調整します。

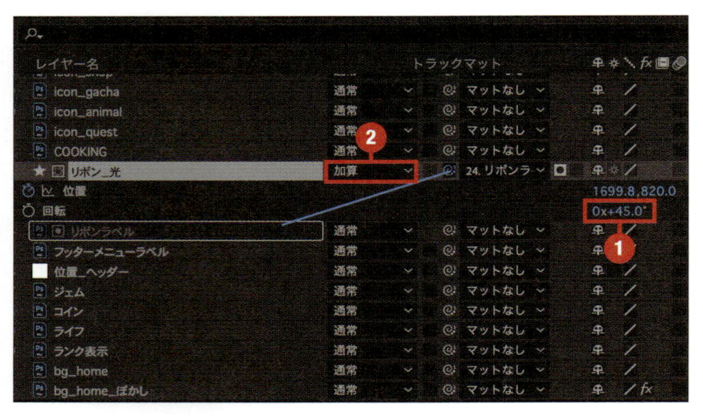

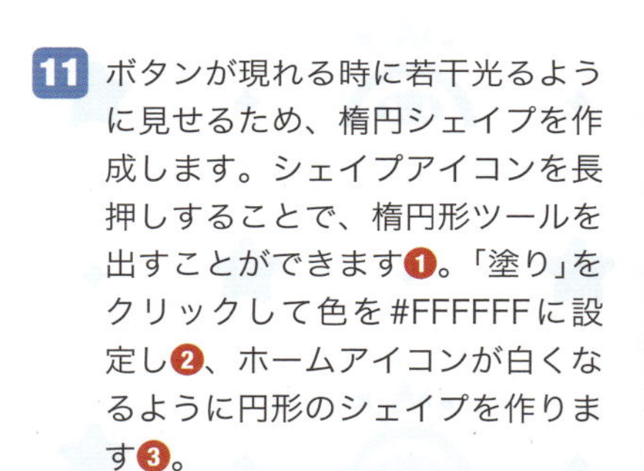

11 ボタンが現れる時に若干光るように見せるため、楕円シェイプを作成します。シェイプアイコンを長押しすることで、楕円形ツールを出すことができます❶。「塗り」をクリックして色を#FFFFFFに設定し❷、ホームアイコンが白くなるように円形のシェイプを作ります❸。

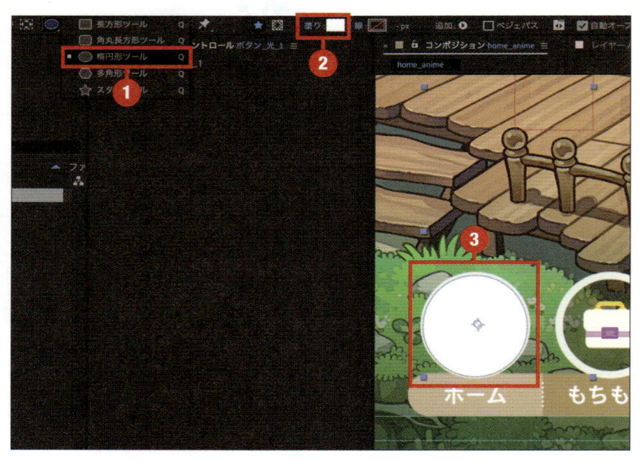

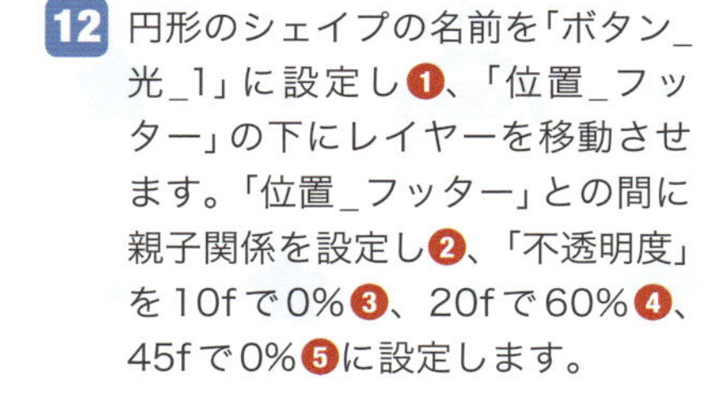

12 円形のシェイプの名前を「ボタン_光_1」に設定し❶、「位置_フッター」の下にレイヤーを移動させます。「位置_フッター」との間に親子関係を設定し❷、「不透明度」を10fで0%❸、20fで60%❹、45fで0%❺に設定します。

13 各アイコン分の白い円形を用意します。先ほど作成したシェイプを[Ctrl]／[Command]＋[D]キーで5つ複製し、画面のように各アイコンの上に来るように位置を調整します。

14 ここまでで、フッターのアニメーションは完了となります。下からアイコンが出てきて、リボンのアニメーションと白くアイコンが発光するアニメーションがついたことで、フッターが少しだけ目立つようになりました。

ラベルに
アニメーション
をつける

フキダシのアニメーションを作る

フキダシのアニメーション

最後に、フキダシのアニメーションを作ります。フキダシには、UI アニメーションが終わった後、最後に回転して目立たせる動きを入れていこうと思います。

1 フキダシの上にヌルオブジェクトを作成し、名前を「スケール_フキダシ」に変更します❶。「位置」を704,435に変更し❷、フキダシアイコンの位置と同じ位置へ移動させます。フキダシアイコンの「親とリンク」の渦巻きを「スケール_フキダシ」にドラッグ＆ドロップし、親子関係を設定します❸。

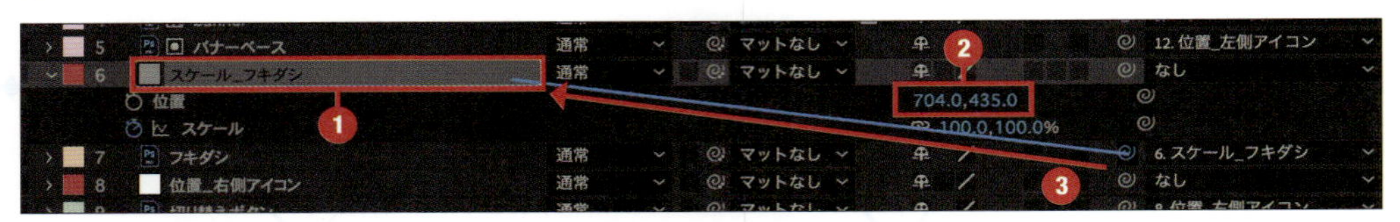

2 インジケーターを46fに移動します❶。「スケール_フキダシ」の「スケール」のストップウォッチをクリックし❷、アニメーションを記録します。「スケール」を46fで100,100%❸、54fで-100,100%❹、66fで100,100%❺に設定し、回転アニメーションを作ります。3つ打ったキーフレームには、イージングをかけておきましょう。

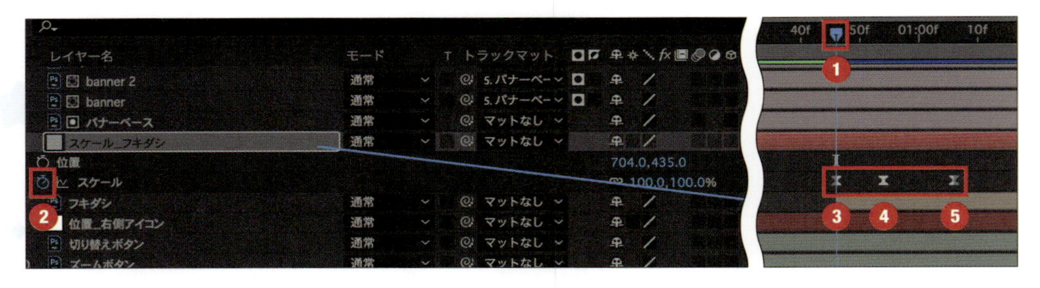

3 スケールのキーフレームを選択し、グラフエディターを開きます。グラフエディターで画面のようにハンドルを調整し、イージングを設定します。

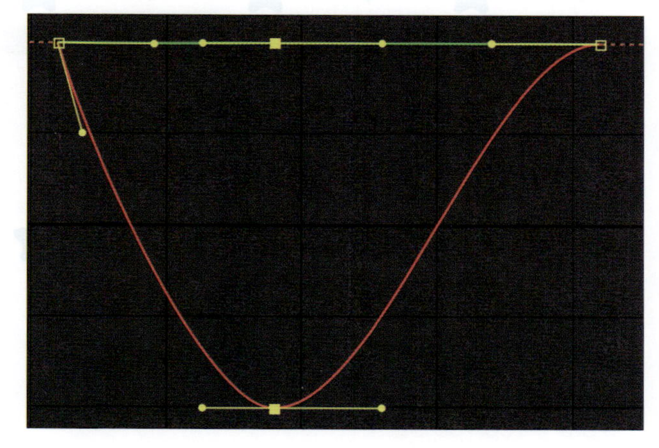

4 フキダシのアニメーションの起点が下から始まるようにします。「アンカーポイント」を54,118に設定します❶。「位置」を右クリックして「次元に分割」し、Y位置を60に設定します❷。

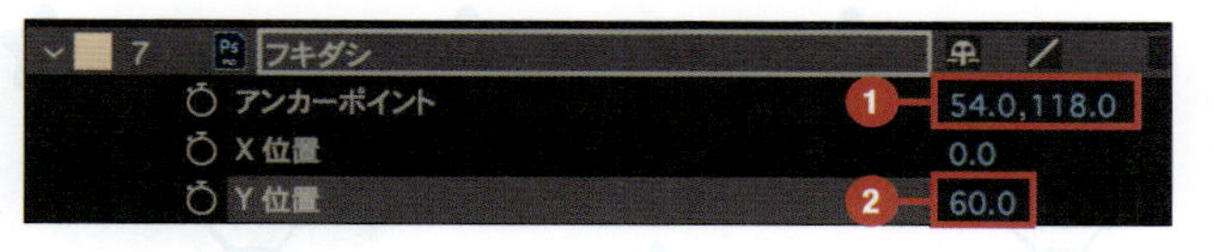

5 Y位置のストップウォッチをクリックし、以下のように設定します。これで、下から上へ出てくるフキダシのアニメーションを実現できます。数値設定後はキーフレーム補助からイージーイーズをかけて柔らかい動きにします。

46fで76.4❶
56fで46❷
67fで63,4❸
81fで48,2❹
101fで60❺
153fで48,2❻
209fで60❼

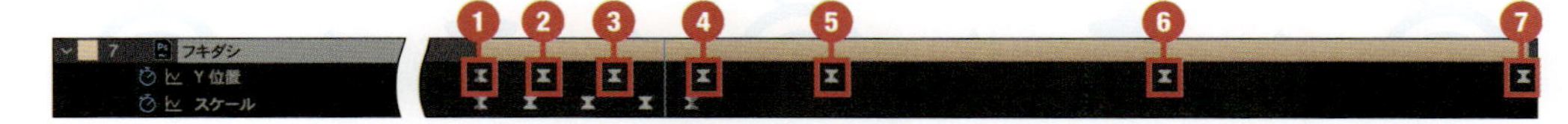

CHAPTER 8 ホーム画面のUIアニメーションを作ろう

6 スケールのストップウォッチをクリックし、以下のように設定します。これで、小さい状態から跳ねるような拡大縮小の動きを実現できます。数値設定後はキーフレーム補助からイージーイーズをかけて柔らかい動きにします。

46fで20,20%❶
54fで125,125%❷
63fで85,85%❸
72fで105,105%❹
80fで100,100%❺

7 最後に「フキダシ」のレイヤーを選択し❶、インジケーターを46fに合わせます❷。Alt +[でインポイントをトリミングします。

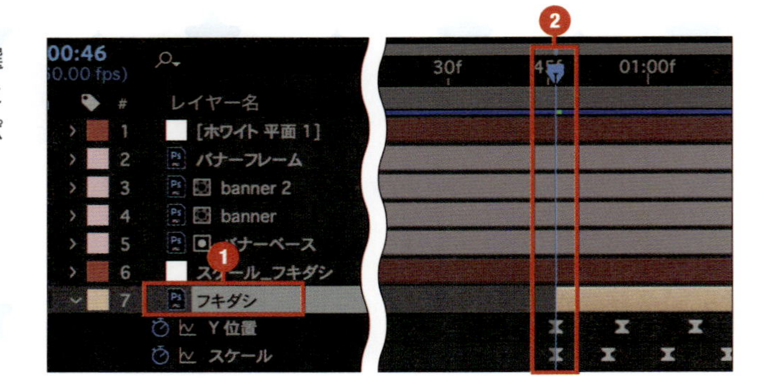

8 これで、ホーム画面のアニメーションが完成しました。

フキダシのアニメーションを作る

索 引

UIデザイン編

●英数字

●あ行

●か行

●さ行

●た行

●な行

●は行

●ま行

●さ行

●た・な行

●は行

●ま行

●や行

●ら・わ行

★ おわりに ★

本書を最後まで読んでいただき、本当にありがとうございます。

UI デザインや UI アニメーションに関する知識は、ゲーム制作において非常に重要な役割を持っていますので、本書を通じて、少しでも皆さんのお役に立てたならば、とても嬉しく思います。

ただし、本書で解説した内容はあくまで基礎にすぎません。ゲーム UI デザインやアニメーションの世界は奥が深く、実際の開発現場ではさらに高度な技術や知識が求められます。さらにスキルを磨きたい方は、より実践的なプロジェクトに取り組んだり、専門的な書籍を活用して学び続けることをおすすめします。

また、ゲーム制作は、UI デザイナーやアニメーターの他にも、エンジニアやプランナー、アーティストなど様々な職種の方と連携しながら作り上げていくものです。チームワークを大切にし、周囲と協力しながらよりよいゲーム体験を提供できるよう、日々努力を重ねていくことが重要です。

最後になりますが、本書を手に取っていただき、ここまで読み進めてくださったことに、心から感謝申し上げます。UI デザインやアニメーションに興味を持ち、楽しみながら学んでいただけたなら、著者としてこれ以上の喜びはありません。

これからもゲーム制作の世界で活躍し、素晴らしい作品を生み出していくことを願っています。

ありがとうございました！

ゲーム UI デザイナー はなさくの / UI アニメーションデザイナー たかゆ

THANK YOU

はなさくの

ゲームUIデザイナー

5年半ゲーム会社でUIデザイナーを務め、独立後はUIデザインやゲーム広告動画、バナー・ロゴ制作を手掛けている。多彩な経歴を活かし、セミナー登壇や講師、UIデザイン講座開設など幅広く活動中。その他にも、SNSやブログ、YouTubeで積極的に情報発信をしている。ポップで華やかなデザインを得意としつつ、幅広いジャンルのUIデザインを手がけている。

X(旧Twitter)：https://x.com/HanaSakuno

ブログ：https://hanasaqutto.com/

YouTube：https://www.youtube.com/@gameuiux

たかゆ

UIアニメーションデザイナー

株式会社サイバーエージェント SGEコアクリエイティブ本部 所属

10年以上ゲームアプリの業界に携わり、UIデザイン、2Dアセット、キャラクターアニメーション、エフェクト、PV制作、広告動画制作、UIアニメーションと様々な業務を対応。
現在はAfter Effects,Unityを使用したゲームのUIアニメーション、演出の制作を行う他、新卒研修やクリエイティブ x AIの研究を行っている。

X（旧Twitter）：https://x.com/takayuP4

ブログ：https://gameanimation.info/

カバーデザイン／西垂水敦・岸恵里香（krran）
イラスト／43ふじ
レイアウト・本文デザイン／株式会社ライラック
編集／大和田洋平
技術評論社Webページ／https://book.gihyo.jp/116

■お問い合わせについて

本書の内容に関するご質問は、下記の宛先までFAXまたは書面にてお送りください。なお電話によるご質問、および本書に記載されている内容以外の事柄に関するご質問にはお答えできかねます。あらかじめご了承ください。

〒162-0846
新宿区市谷左内町21-13
株式会社技術評論社　書籍編集部
「ゲームUI作り方講座
Photoshop & After Effectsで学ぶ、UIデザインとアニメーションの基本」質問係
FAX番号　03-3513-6183

なお、ご質問の際に記載いただいた個人情報は、ご質問の返答以外の目的には使用いたしません。
また、ご質問の返答後は速やかに破棄させていただきます。

ゲームUI作り方講座
Photoshop & After Effectsで学ぶ、UIデザインとアニメーションの基本

2025年4月30日　初版　第1刷発行

著　　者　はなさくの　たかゆ

発 行 者　片岡　巌
発 行 所　株式会社技術評論社
東京都新宿区市谷左内町21-13
電話　03-3513-6150　販売促進部
03-3513-6166　書籍編集部
印刷／製本　株式会社シナノ

ISBN978-4-297-14818-8 C3055
Printed in Japan